竹材科学技术丛书

竹材保护学

费本华　黄艳辉　覃道春　编著

科学出版社

北京

内 容 简 介

竹类植物是地球上生长速度最快的植物之一，是森林资源的重要组成部分，被公认为21世纪最具开发潜力的植物。本书简要介绍了竹材资源和保护现状、竹材保护学研究内容和发展方向，以及竹材基本性质与保护；重点阐述了竹材防霉、防腐、防蛀、阻燃、热处理、漂白、染色、涂饰、耐光老化、防变色等保护方法和技术。

本书的出版将促进竹材保护理论与技术的快速发展，并为相关方面的研究提供重要而全面的基础资料，适合木材科学与技术、林产化工等与林业工程相关的科研人员和相关专业的高等院校师生及企事业单位人员阅读。

审图号：GS（2021）8170号

图书在版编目（CIP）数据

竹材保护学 / 费本华，黄艳辉，覃道春编著．—北京：科学出版社，2022.2

（竹材科学技术丛书）

ISBN 978-7-03-068827-9

Ⅰ．①竹…　Ⅱ．①费…　②黄…　③覃…　Ⅲ．①竹材－保护－研究　Ⅳ．①S781.9

中国版本图书馆CIP数据核字（2021）第092030号

责任编辑：张会格　付丽娜 / 责任校对：严　娜

责任印制：肖　兴 / 封面设计：刘新新

科学出版社 出版

北京东黄城根北街16号

邮政编码：100717

http://www.sciencep.com

北京九天鸿程印刷有限责任公司印刷

科学出版社发行　各地新华书店经销

*

2022年2月第　一　版　开本：720×1000　1/16

2022年2月第一次印刷　印张：18 1/2

字数：373 000

定价：298.00元

（如有印装质量问题，我社负责调换）

《竹材保护学》编著者名单

主要编著者 费本华　国际竹藤中心

黄艳辉　北京林业大学

覃道春　国际竹藤中心

其他编著者（以拼音为序）

曹永建　广东省林业科学研究院

陈玉和　国家林业和草原局竹子研究开发中心

冯子兴　国际竹藤中心

郝景新　中南林业科技大学

何　盛　国家林业和草原局竹子研究开发中心

何雪香　广东省林业科学研究院

李景鹏　国家林业和草原局竹子研究开发中心

刘志佳　国际竹藤中心

吕黄飞　安徽农业大学

马红霞　广东省林业科学研究院

苏明垒　国际竹藤中心

孙芳利　浙江农林大学

杨建飞　国际竹藤中心

于丽丽　天津科技大学

序　一

《诗经》有云:“瞻彼淇奥,绿竹猗猗”。竹子自古以来都是品质高洁的君子象征，其虚心有节、挺拔常青、坚韧不屈的特色更是被中国文人所称赞，积淀形成了代表中式文化精髓的竹文化，成为中华文明发展史上极为耀眼的一部分。竹材强度高、可再生、成本低、资源丰富，从古至今始终是建筑、家具、农具等的绝佳用材，是人类赖以生存的重要生产资料和生活资料，为人类造福，在国民经济和社会发展中占有举足轻重的地位。

在生物质新能源、新材料、新产品方兴未艾的今天，竹材作为一种可永续利用的生物质资源、低碳环保材料和全生命周期制品，具备多功能性、绿色环保、固碳封碳的优势，受到全球持续、广泛和高度的关注。尤其是在建材、家居、造纸、纺织、碳材、工艺品及食品多个领域已广泛应用，在材料和能源领域的应用也占据一席之地。随着竹产业的蓬勃发展，竹产品应用领域日趋广泛，户外以及高温高湿条件下的应用也与日俱增。竹材及其制品在使用过程中的变形、开裂、变色、霉腐、虫蛀、易燃等问题，对竹产品的使用寿命和经济性影响显著，因此，如何更好地保护竹材，成为迫在眉睫的问题。

《竹材保护学》一书应时合宜,针对当前行业遇到的问题,立足竹材的资源现状，从竹材及其制品的防护性能和改性处理的方法、手段、工艺、技术出发，重点剖析了竹材的虫蛀、霉变、腐朽、开裂、阻燃、热处理、光老化、漂白、染色、涂饰、干燥和耐久性等方面的研究成果，以及基本原理、研究方法和通用技术。本书从理论到实践，深入浅出、高屋建瓴，全面细致、系统总结了近几十年来竹材保护的理论成果和实践积累，较全面反映了我国竹材保护领域的科研及学术成果，学术性、科普性强，能够为高校、科研院所、企业、协会等单位的读者提供教材和技术参考。本书主编费本华研究员，长期致力于竹材（木材）科学及加工利用研究，从微观到宏观，从基础理论到应用技术，建树颇丰，其研究团队比肩国际前沿，聚焦国家、行业需求，卓尔奋进，撰写成文。本书付梓出版，给业界提供了一本良好的工具书、学术专著和科普读物，对中国竹资源培育、加工利用、增值增效，以及实现碳达峰碳中和等具有重要作用，对推进竹产业高质量发展具有重要意义。

中国工程院院士

2022 年 2 月 8 日

序　二

竹类植物种类繁多，资源量大，具有生长速度快、生长周期短、可再生性强特点，一次种植永续利用，集生态、社会和经济效益于一体。竹材作为一种天然生物质材料，强度高、韧性好，具有广阔的应用空间和无尽的发展潜力。我国是全世界竹资源最丰富、品种最多的国家，竹产业发展历史悠久、文化底蕴深厚。2021年11月国家林业和草原局等十部门联合发布了《关于加快推进竹产业创新发展的意见》，为竹产业创新发展、振兴乡村经济带来了新的机遇。

然而，竹材组织构造不均，薄壁组织多，且含有大量淀粉、糖类、蛋白质等营养物质，在使用过程中，容易开裂变形，引起虫蛀和霉腐，每年因腐朽、虫蛀和破裂而损失的竹材约占全世界竹材产量的10%。竹材具有天然的吸湿性，在湿度变化大、户外等条件下使用时，易产生尺寸不稳定、开裂变形和劣化变色等问题，不采取正确防护措施会带来经济损失。如何扬长避短地保护、利用好竹材，实现竹材的高质、长效、大规模利用，创造更高的经济价值和环境效益，是落实国家发展战略、实现高质量发展的关键。

国际竹藤中心、北京林业大学等单位专家，联合编著了《竹材保护学》一书，是一项很有意义的基础性工作。该书立足于国家和行业发展需求，从竹材宏微观特性入手，针对竹材加工和使用过程中存在的霉变、腐朽、虫蛀、易燃、变色、开裂、光老化等关键性问题，进行系统阐述，总结了竹材保护的相关理论、方法、技术及应用实例，分析了竹材保护的重要性和行业作用，提出了竹材保护研究的发展方向，为竹材科学与技术研究奠定基础。全书理论与实践融为一体，学术性与科普性结合紧密，内容丰富、论点鲜明，对教学、科研和指导生产实际具有重要参考价值。该书付梓出版，不仅是竹材保护理论、技术和方法研究的一次系统总结，而且对助力竹产业创新发展、推进竹材资源高效利用具有重要作用，为读者提供了一本重要的学术和科普读物。

吴义强

中国工程院院士

2022年2月21日

前　言

竹类植物是陆地森林生态系统的重要组成部分，具有独特生物学特性，生长速度快，一次种植，永续利用。全球竹类植物88属1642种，竹林面积3200多万公顷，资源极为丰富。保护好、培育好和利用好竹类资源以实现“绿水青山就是金山银山”，已经成为美丽中国建设的重要战略举措。通过不断的技术创新和经验积累，竹材在建材、造纸、轻工、家居、碳材料、食品等行业得到广泛应用，形成了展平竹、重组竹、竹集成材、竹编工艺品、竹纤维制品、竹碳制品等100多个系列上万种产品，逐渐将形成以竹代塑、以竹代钢、保富增收的新兴产业，在国民经济建设中发挥不可替代的作用。

但是，竹材具有易霉变、虫蛀和腐朽等缺点，成为制约竹材、竹制品应用的突出问题。与木材相比，竹材的霉变、虫害、腐朽等更严重，处理手段和改性工艺也更复杂。竹材保护学是指采取科学的改性方法、手段、工艺或技术，对竹材或竹制品进行保护使其避免可能遭受的破坏或有害的影响，并赋予竹材特定功能的一门新兴学科。近20年来，我国针对竹材保护学的研究，开展了大量工作，取得了一定的成果，成效也十分显著。但是，其研究手段较为落后，方法简单，多借用木材等领域的方法；研究成果较为浅显，涉及面比较窄、分散，基础工作积累少；大型产业培育力度不够，科研力量和投入较少。因此，系统、全面地对竹材保护学进行梳理、总结十分必要。

本书不仅研究了竹材保护的发展现状，同时也对竹材保护技术的历史沿革进行了分析，总结了经验和不足，对竹类植物培育、加工利用、资源增值增效和延长产品生命周期等具有重要意义。本书集学术性、科普性于一体，可为高校、科研院所、企业、协会和生产厂家等单位的读者提供技术参考及教学工具，对人才培养、技术进步具有重要作用。

全书由费本华统稿，黄艳辉协助编辑整理。费本华、吕黄飞撰写第一章、第十二章，黄艳辉撰写第二章、第十章，孙芳利撰写第三章，覃道春、苏明垒、李景鹏撰写第四章、第十一章，马红霞、何雪香撰写第五章，费本华、于丽丽撰写第六章，刘志佳、曹永建、郝景新、冯子兴、杨建飞撰写第七章，何盛撰写第八章，陈玉和撰写第九章。在书稿撰写过程中，张融、岳祥华、靳肖贝、张方达、唐彤、方长华、苏娜、马欣欣、孙丰波、刘焕荣、张秀标等专家帮助提供了资料，在此一并致谢。

由于编著者水平有限，书中不妥之处在所难免，恳请各位读者批评指正。

编著者

2021年1月

目 录

第一章　绪　　论

竹类植物是地球上生长速度最快的植物之一，是森林资源的重要组成部分，被公认为21世纪最具开发潜力的植物。竹类植物物种多样、资源丰富、取之不尽、用之不竭，集生态价值与持续利用于一体。竹材是天然可再生高分子材料，具有韧性好、强度高、色泽高雅、原料丰富等诸多优点，是建筑材、家具材、装饰材、造纸材、纺织品材、工艺品材、碳材和食材等优良的原材料，具有良好的发展前景（图1-1）。伴随着人类的文明与进步，利用竹材为人类造福，已经具有悠久的发展历史。竹材与木材一样，在使用过程中必须进行保护和维护，才能保持一定的寿命。竹材保护是指在保持竹材的天然物理特性、高强度比、易加工性质等优点及性能的前提下，通过一系列的物理、化学处理手段，克服竹材尺寸稳定性差、各向异性、易燃、易霉、易腐、易变色等缺点。竹材保护学是指采取科学的改性方法、手段、工艺或技术，对竹材或竹制品进行保护使其避免可能遭受的破坏或有害的影响，并赋予竹材特定功能的一门新兴学科。竹材保护学不仅研究竹材保护的方法、手段、发展现状，同时也对竹材保护技术的历史沿革进行分析，总结经验和不足，对竹类植物培育、加工利用、资源增值增效和延长产品生命周期等具有重要意义。

图 1-1　常见工业利用竹种

第一节　竹材资源现状

一、竹材资源

竹子，单子叶植物纲（Monocotyledoneae）禾本科（Gramineae）竹亚科（Bambusoideae）植物，分为散生竹、丛生竹和混生竹。全世界有 88 属 1642 种，其中草本竹类 100 多种（Vorontsova，2018），竹林面积 3200 多万公顷，主要分布于北纬 46° 至南纬 47° 各大陆的热带、亚热带及暖温带地区，按地理分布可分为亚太竹区、美洲竹区和非洲竹区三大竹区（刘贤淼和费本华，2017）。其中美洲有 18 属 270 多种，竹林面积约 160 万 hm^2，且主要分布在南美洲，巴西最多，北美洲少量；非洲有 14 属约 50 种，埃塞俄比亚最多；亚洲是竹子分布的中心，也是世界竹产区之一，特别是东南亚季风带区域，竹林面积约占世界竹林总面积的 1/3，竹种资源约占世界竹种资源总数的 55%，约 50 属 900 多种。主要的产竹国家包括中国、印度、缅甸、泰国、孟加拉国、越南、印度尼西亚、马来西亚、菲律宾等（图 1-2）。

我国竹子有 48 属 837 种，分别约占世界竹属的 55% 和竹种的 51%，而竹种数位列世界第二的日本只有 13 属 230 余种（Vorontsova，2018）。中国特有竹子包含 10 属 48 种。中国是世界上竹子种类最丰富、分布最广的国家，根据第九次全国森林资源清查结果，我国竹林面积为 641 万 hm^2，约占我国森林面积的 3%，其中毛竹林面积为 468 万 hm^2，约占竹林面积的 73%（李玉敏和冯鹏飞，2019）。竹子主要集中分布于四川、浙江、江西、安徽、湖南、湖北、福建、广东，以及西

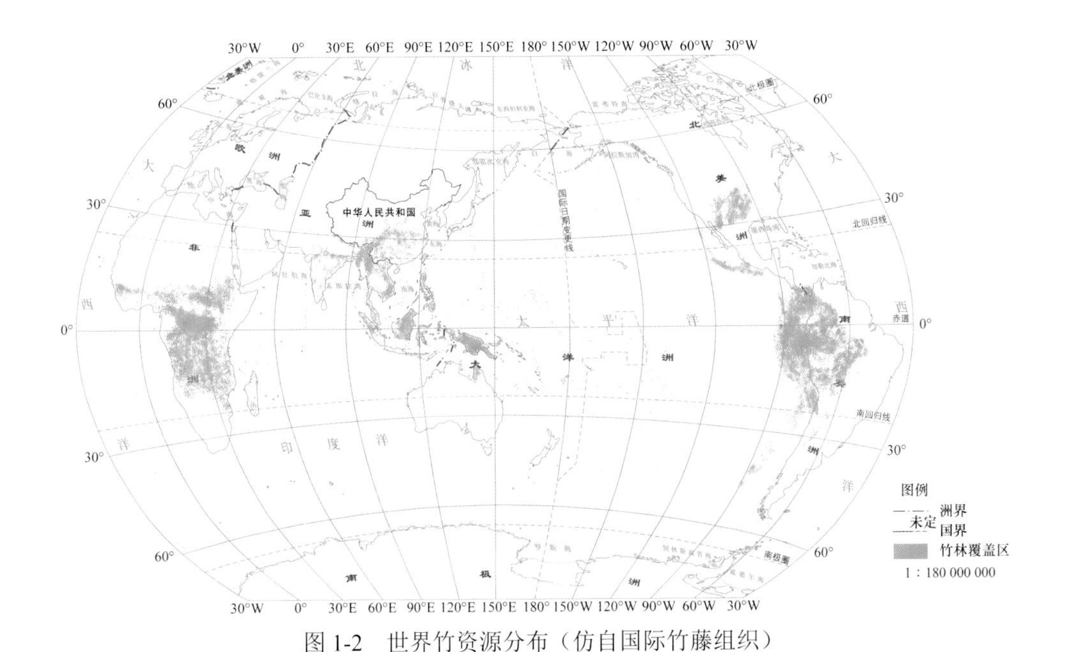

图 1-2 世界竹资源分布（仿自国际竹藤组织）

部地区的广西、贵州、重庆、云南等省（自治区、直辖市），其中以长江以南地区的福建、浙江、江西、湖南 4 省最多，约占全国竹林总面积的 70%（图 1-3）。毛竹是我国栽培历史悠久、面积最广、经济价值最高的竹种，通常 4 年便可达到材性相对稳定的状态。

由于气候条件、土质特点、地形变化及竹种特性的差异，我国竹类分布具有明显的区域性。以黄河以南至南岭以北地区为北方散生竹区，包括甘肃东南部、四川北部、陕西南部、河南、湖北、安徽、江苏及山东南部、河北南部等地区。该区域内以刚竹属等的竹种为主，还包括苦竹属、箭竹属、巴山木竹属、赤竹属、业平竹属等的一些竹种。以武夷山系、南岭山系、贵州南部、湖南、江西、浙江、安徽南部以及福建北部为江南混生竹区，该地区是我国竹子资源最丰富、面积最大的地区。江南混生竹区中散生竹和丛生竹在分布上呈点、面混合的特点，散生竹有刚竹属、箬竹属、苦竹属、大节竹属等，丛生竹类有簕竹属、箣竹属等。同时，江南混生竹区也是我国人工竹林面积最大、竹产量最高的地区，是毛竹分布的中心区域，竹产业较为发达。以两广南岭、福建戴云山脉、广西南部为华南丛生竹区，包括台湾、广东、广西、福建、云南等地区。该区域是我国丛生竹集中分布区，主要包括箣竹属、牡竹属、泰竹属、单枝竹属等。琼滇热带攀缘竹区包括海南中部和南部、云南南部和西部、西藏南部等，该地区水热资源丰富，竹类植物秆细枝长，该区的攀缘性丛生竹类主要有藤竹属、箼竹属及箣竹属（吴继林和郭起荣，2017）。

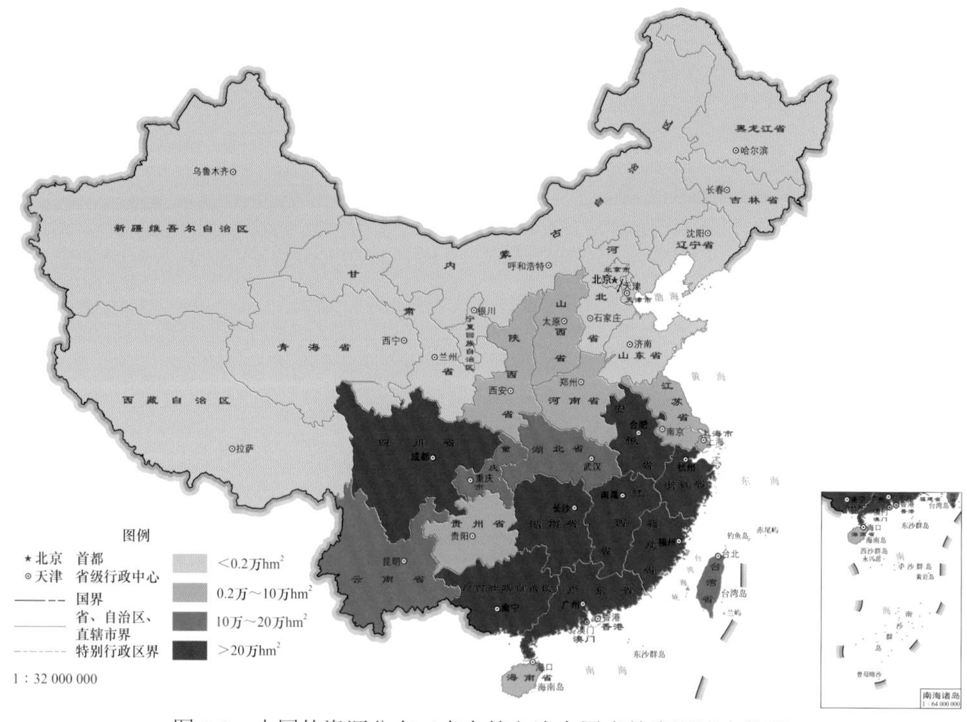

图 1-3　中国竹资源分布（来自第九次全国森林资源清查数据）

二、竹材利用

竹子由竹叶、竹秆、竹兜、竹鞭及竹笋等构成，竹材利用通常是利用竹子茎秆或竹兜部分制作用具、工艺品等。竹制品、竹文化伴随着农耕文明，与人类生活息息相关。1954 年，我国考古学家在西安半坡村发掘了距今约 6000 年的仰韶文化遗址，其中出土的陶器上可辨认出“竹”字符号。在距今约 7000 年的浙江余姚市河姆渡遗址内也发现了竹类器物，这是我国古代对竹子利用的确切证据，说明我国人民认识和利用竹子的历史至少可追溯到新石器时代。我国商代已知道竹子的各种用途，如竹简保存了东汉以前的大批珍贵文献。早在公元 9 世纪我国就开始用竹造纸，比欧洲早约千年，而在竹纸出现以前，制纸工具也离不开竹子。

竹材利用不仅历史悠久，应用领域也极其广泛，伴随着人类经济、社会、文化同步发展。常见的竹材利用形式有加工单元利用、圆竹利用、炭化利用和化学利用等多种类型，包括建筑、家具、装饰、造纸、纺织、碳材料、食品等多个领域，开发的应用产品有万余种。加工单元利用是指圆竹破篾或制成丝状之后，进行一次、二次或多次加工，制作半成品或成品。加工单元一般有竹篾、竹条、竹丝等形态，半成品一般有竹集成材、竹层积材、竹重组材、展平材等多种工程材料（图 1-4，

图 1-5）。再由半成品制造建筑物、家具、地板等终端产品。充分发挥竹材圆形结构，直接开发原态产品，是竹产业未来的发展方向，如弧形原态重组材。圆竹利用是充分利用竹材体圆、中空，以及具有良好生物力学结构、竹壁梯度结构等特点，把圆竹预处理后直接加工制作成竹产品，常用于建筑、家具、装饰、工艺品、乐器等，应用历史悠久、范围广泛。竹材利用的缺点是易开裂、易虫蛀，使用时必须提前预处理，后期也必须定期维护。近年来，发展竹制品越来越受到行业重视，研发

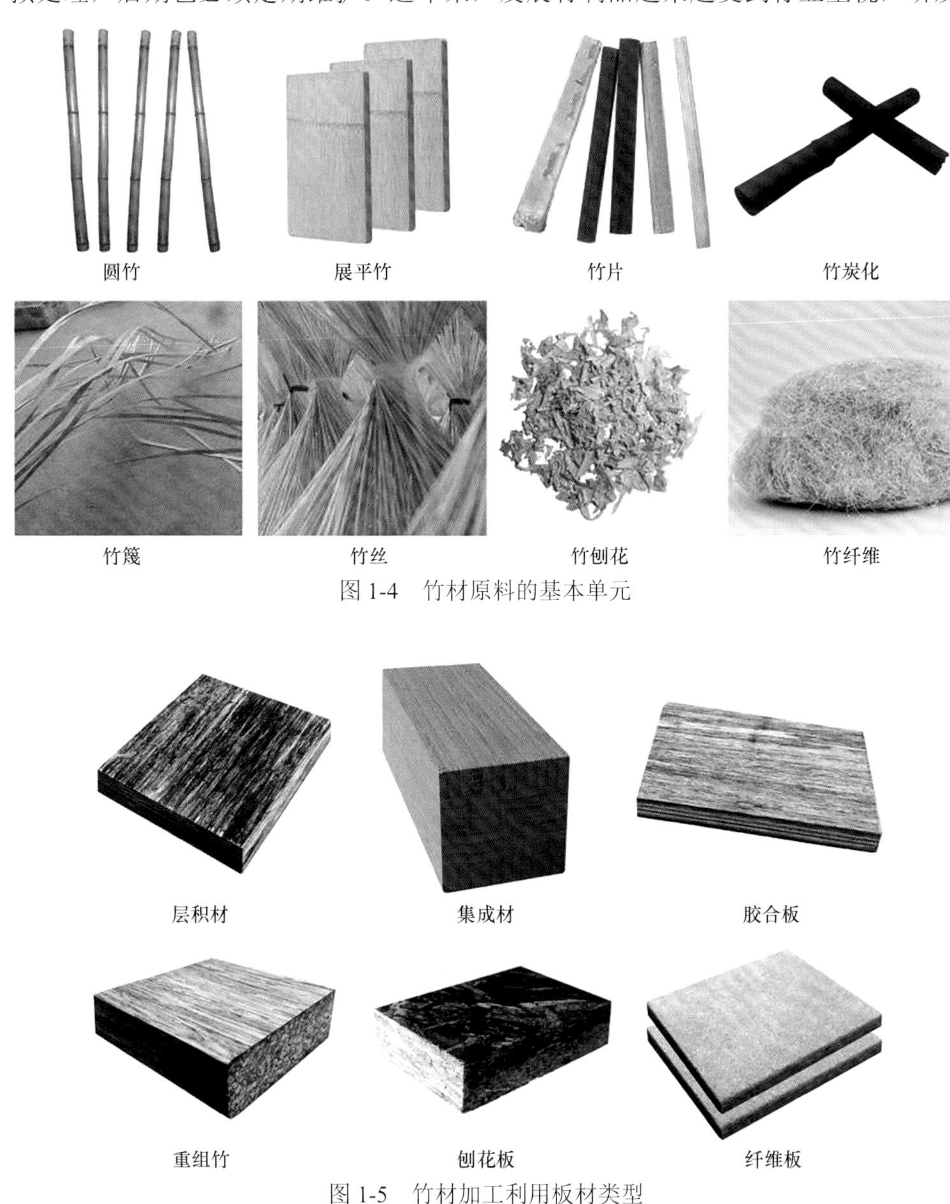

图 1-4　竹材原料的基本单元

图 1-5　竹材加工利用板材类型

竹材标准材体系十分重要。竹材也是造纸、纤维板、纺织工业和醋酸纤维、硝化纤维的重要原料，还可以加工制造竹炭、活性炭、竹醋液、黄酮，也可以加工成竹丝、竹篾，制造编织品等（图 1-4）。

第二节　竹材保护现状

竹材的微观构造主要由基本组织和维管束组成，基本组织约占 52%，维管束约占 48%。竹材的主要细胞组成为纤维细胞、薄壁细胞和导管，主要化学组成为纤维素、半纤维素和木质素，同时含有淀粉、糖类、蛋白质、脂肪等物质，其结构特点和化学成分使得竹材容易受到菌、虫的侵蚀而发生霉变、腐烂等现象（Liese and Kumar，2003）。竹材作为天然生物质材料，有诸多优点，同时在应用中也有不少缺陷，如竹材会因为周围温湿度变化以及微生物等的存在发生劣化，尺寸稳定性差、易腐朽霉变、易燃、易开裂等，导致其产品性能差，附加值低。因此，对竹材进行性能改良，改善竹材的这些缺陷，是实现竹材高效利用的重要手段（雷得定等，2009）。通过一系列改性技术，对竹材进行物理化学处理，使处理后的竹材在尺寸稳定性、抗变色、阻燃、耐腐、抗霉变等方面有较大程度的改善，同时兼具某些特殊的功能，可以有效地提高竹材的利用率，延长竹材的使用寿命，对提高竹材的附加值具有重要意义（林金国和徐永吉，2003）。由此可见，竹材防腐防霉技术的研究和推广应用是竹材工业化利用以及竹资源可持续利用的重要环节。

白蚁蛀蚀是竹材保护过程中常见的危害类型，往往使竹建筑、竹家具的外观、寿命和功能受到影响，故常常采用长效防虫蛀技术来防治。真菌是危害竹材的主要菌类之一，对竹材产生危害的真菌主要是变色菌、霉菌和腐朽菌。竹材变色菌和霉菌多以非细胞壁物质为养分，这类真菌的危害轻微，基本不影响竹材的机械强度，但有色的菌丝、孢子和菌丝分泌的色素会在竹材表面形成蓝、褐、灰色霉斑，甚至造成相当深度的染色，即使用漂白剂处理或表面刨削也难除净，使竹材失去其天然纹理和色泽，大大降低竹材及竹制品的价值（图 1-6）。竹材腐朽菌还能分泌纤维素、半纤维素水解酶系，从而降解纤维素、半纤维素甚至木质素等细胞壁物质来获取营养物质。它们蛀食的是整个细胞组织，并形成许多蛀道，使竹材机械强度受损，降低竹材、竹制品的使用价值，严重时，竹材大部分甚至几乎全部被蛀损，从而完全失去使用价值。

竹材保护通常采用物理法、化学法或物理-化学相结合的方法对竹材进行改性处理，通过填充、改变部分基团，甚至与细胞壁组分发生化学反应来改善竹材耐久性、尺寸稳定性、阻燃性及力学性能（谢延军等，2012）。热处理是通过高温加热（160 ～ 260℃）的物理化学方法使细胞壁物质在高温条件下热解或发生分

霉变 腐朽 虫蛀

图 1-6 竹材利用中常见的腐朽现象

子结构重组来改变竹材性能，能够提高竹材尺寸稳定性、降低吸湿性、抑菌防霉（Gabrielli and Kamke，2010）。乙酰化改性技术是通过疏水性乙酰基取代细胞壁组分的亲水性羟基，填充细胞壁，以此改善材料的尺寸稳定性（Feist and Williams，1991）。低分子量的酚醛树脂常被用作改性剂，主要是通过树脂在木材细胞腔、孔隙及细胞壁内填充，阻止水分子进入，甚至与细胞壁组分发生交联反应，从而提高材料的尺寸稳定性和部分力学性能（刘君良等，2000）。水载型保护剂是将保护剂溶于或分散在水中，达到处理竹材效果，相比油类或油载型保护剂，水载型保护剂价格低、处理后的竹材无刺激性气味，已被广泛应用，如铜唑、季铵铜、烷基铵化物、加铬砷酸铜等（方桂珍和李淑君，1999）。近年来，随着环保部门提出的对人类和动物无害、减少环境污染的要求，新型低毒高效的天然竹材保护剂逐步被采用，主要包括无机硼类保护剂（Laks and Pruner，1995）、有机胺类保护剂、有机杀菌消毒剂类保护剂（Baileys et al.，2003）、植物抽提物类保护剂（费本华和唐彤，2019）、纳米材料类保护剂等（秦莉等，2010）。

总之，竹材保护研究成果主要以借鉴木材保护技术居多，对霉变、菌腐、虫蛀等的改性机制分析基本与木材类似。然而，从材性比较来看，竹材与木材材性有相似之处，但是相互差异性也比较大。所以，在已有竹材保护技术基础上，吸取木材、金属等领域的成功经验，改进竹材长期以来积淀的传统技术，应用现代科学技术，集成创新，加强基础研究，推进竹产业发展，意义重大。

第三节 竹材保护学研究内容

与树木相比，竹类植物的外观形态、生长方式、利用方式有很大差异，此外，竹材的解剖性质、物理性质、化学性质和力学性质也存在显著性差异。因此，木材保护学及相关研究仅可为竹材保护提供参考。竹产业要走规模化、标准化道路，必须针对竹材的自身特点，对竹材保护进行系统研究，运用先进技术及创新理念改变传统的竹产业，对已有的技术进行梳理整合，集成、提高、再创新，形成竹材保护学完整的科学与技术学术读物。竹材保护学的研究内容包括竹材基本性质研究，重点开展竹材霉变、腐朽、虫蛀、开裂、阻燃、热处理、光老化、漂白、染色、涂饰、干燥和耐久性等方面的研究和成果总结，与物理学、力学、化学、生物学、计算机技术有密切联系及交叉，不但考虑单因子影响，而且根据用途和功能以多因子联合研究为主要内容。

一、基本材性

竹秆是竹子位于地表之上的茎的主干，它的形状一般为圆柱状，圆而中空，自下而上有一定尖削度。竹材一般是指竹秆部分，它是竹材工业利用的主体。由于竹子是各向异性的生物性材料，种类、地域不同，其材性存在较大差异。竹材在使用过程中，由于气候、光照、湿度、环境酸碱度等也带来一定的影响，因此，对竹材基本性质的研究非常重要。

竹材的基本性质一般分为解剖性质、物理力学性质、化学性质。解剖性质分为宏观构造和微观构造，宏观构造包括竹材密度、颜色、孔隙度、尖削度等，微观构造包括维管束、基本组织，以及导管、纤维细胞、薄壁细胞、纹孔等。竹材的物理性质包括密度、含水率、声学性质、电学性质、光学性质、热学性质等，力学性质包括抗拉强度、抗压强度、抗弯强度、抗剪强度、抗冲击韧性、抗劈性、硬度等。化学性质包括纤维素、半纤维素、木质素、淀粉、蛋白质等成分。

竹材加工利用的基本单元有圆竹、竹片、竹篾、竹帘、竹丝等，通过防霉、阻燃、防虫蛀等药剂处理，利用不同的工艺将其制成外形规则、性能稳定的材料。以截面规则的改性竹条为单元，经过胶合热压制成竹集成材，不但保持了竹材本身优美的纹理特征，而且机械强度高、韧性突出，是建筑领域的理想材料；以改性竹篾为基本单元，经编织、浸渍、干燥、热压等工艺制作成竹层积材，其纵向强度高、刚性好，具有显著的方向性，可应用于承载构件；以编织后的竹帘、竹席为构成单元，经压制后形成竹席竹帘胶合板，其在长度和宽度方向上均具有良好的力学稳定性；以竹束为单元，经过表面处理、浸胶、干燥、热压等工艺制作成竹丝复合材料，如竹重组材。

二、虫蛀

竹材在储藏、运输或使用过程中，常常易受虫蛀，尤其易遭白蚁蛀蚀，程度重时会导致材料严重降等，影响建筑、家具、工艺品等的外观、功能和使用寿命。

因此，采用相应的物理、化学方法等对竹材进行处理，抑制蛀虫的生长、发育和繁殖。传统物理防治方法主要包括高温法、喷雾法、烟熏法、水浸法等，简单易行，且成本低廉，对环境无污染。化学防治法是通过注入化学防腐剂，破坏蛀虫细胞、蛀虫代谢作用和生殖繁育等，从而实现效果好、残效期长、处理方便的一种方法，但该法处理成本相对较高，存在一定的环境污染。熏蒸法是应用比较成熟、效率最高的一种杀虫方法，介于物理与化学处理方法之间，主要用于竹材检疫杀虫处理。浸渍法、扩散法、树液置换法等也常被采用。研究竹材虫蛀规律，开发竹材及其复合材料的长效防虫蛀技术，解决建筑用竹材、家具材、装饰用材等抗蛀问题，对于保证竹材使用安全、延长竹制品寿命至关重要。

三、霉变

霉变是指霉菌在温暖潮湿的环境中生长和繁殖，导致建筑、家具、地板和日用品等发霉与变质的现象。霉变不仅影响产品外观，还会产生难闻的霉味，严重时引发呼吸道疾病，是设计师、制造商和消费者的最大顾虑之一。竹材富含纤维素、半纤维素、木质素、蛋白质和淀粉等生物体必需的营养物质，在使用过程中很容易产生霉变。防治霉变的方法一般包括物理法、化学法、生物防治法等，如控制竹材含水率、防霉剂处理和物理阻隔等。系统研究竹材霉变的发生规律，制定有效的防治措施和防治方法，是竹材工业化利用必不可少的环节，也是竹质材料应用中需要重视和解决的重要问题。

四、腐朽

腐朽是指腐朽菌在适宜温度、湿度、pH、光照等生长环境条件下，使竹材细胞壁中的骨架物质降解，导致机械强度降低乃至完全丧失的现象。相对于木材，竹材薄壁组织占比更高，且含有更多的糖分、蛋白质和盐类物质，但缺乏天然抗菌物质，所以更易引起腐朽。防止竹材腐朽的方法一般有物理法和化学法两种，物理法是在不添加任何药剂的前提下，采用各种物理手段改变竹材的性质，使其无法为腐朽菌提供生长繁殖所必需的营养、水分和空气条件，以达到防腐效果；化学法主要是采用化学药剂（统称防腐剂）对竹材进行浸注或涂刷处理。常见化学法有熏蒸法、常压浸渍法、喷雾法、涂刷法、热冷槽法、端部压注法、加（减）压注入法、树液置换法和扩散法等，常用的防腐剂有气体防腐剂、油类防腐剂、油载防腐剂和水载防腐剂等。近年来，纳米防腐剂、天然植物源防腐剂、天然动物源防腐剂等新型防腐剂也逐渐得以应用。

五、开裂

开裂是指竹材处于湿度较低、温度较高环境时，水分从较高含水率处向较低含水率处迁移，含水率梯度增大，竹青到竹黄尺寸变化不均匀，会产生开裂现象。与木材相比，竹材壁薄中空、尖削度大、壁厚不均匀，不同竹壁部位具有不同的维管束形态，在水分变化时更容易开裂。竹材开裂的主要原因是当环境温度和湿度变化时，内部水分移动不均匀或受热不均匀。防止竹材开裂的主要方法是物理法，即控制竹材均匀受热，干燥时水分移动均匀、有序，一般采用微波干燥法减少开裂，也可以采用过热蒸汽干燥法。也有采用化学方法的，如加入桐油、松香、石蜡乳液等。本书没有设立专门章节研究开裂问题，只在相关内容中涉及。

六、阻燃

阻燃是指当材料遇到火焰或被强热辐射时，阻止材料热解或燃烧的措施。竹材与木材组分相似，但竹材中抽提物、半纤维素含量较多，固体碳含量较少，因而与木材的热解过程差异明显，比木质材料更易燃烧，属于可燃性材料。当发生火灾时，竹材燃烧会放出大量的热，增大火灾载荷，造成严重的人员伤亡和重大的经济损失。因此，研究竹材的阻燃机制，开发有效的阻燃剂，可以减少竹材的热降解程度，降低火焰蔓延速度，将火灾伤害降到最小。竹材阻燃剂一般分为无机阻燃剂、有机阻燃剂、树脂型阻燃剂三大类，实际应用时，常常将两种以上的阻燃剂复配使用，以达到降低阻燃剂用量、提高阻燃性能的效果。

七、光老化

光老化是指竹材使用时，长时间受到阳光照射，产生变色、纹理粗糙、细胞壁物质流失等物理化学变化，导致竹材质量降低的一种现象。光老化是太阳光中的紫外线长期照射竹材表面，引起聚合物分子链断裂、化学结构变化产生的，是导致户外用竹材老化尤其是表面颜色变化的主要因素，影响竹材的使用价值和寿命。目前，常采用涂饰漆膜、添加光老化防护剂、化学和热处理等对竹材进行改性，从而达到抗光老化的目的。近年来，也开发了纳米材料改性处理、炭化处理、湿热处理等方法，改善光老化进程，增加竹材的耐久性。

八、热处理

竹材热处理是指在一定的温度条件下，以水蒸气、热油、空气或惰性气体为传热介质，在密闭空间内进行改性处理，使其微观结构发生物理变化、组分发生化学变化，提高使用性能的措施。竹材热处理主要有蒸汽处理、油热处理、氮气处理、碱水热处理、真空浸渍处理、炭化处理等方法，热处理特性主要包括干缩、颜色变化、水分移动等。不同的热处理条件会产生不同的效果，把握热处理的基准是竹材质量控制的首要条件。竹材热处理技术和工艺比较成熟，成本低廉，实施简便，已经成为竹材加工的重要改性措施和保护手段。

九、漂白

竹材漂白是指对竹材或竹制品本身或因霉变导致的颜色不均的竹制品，通过相应的改性处理，使竹材中发色基团、助色基团以及与着色相关的成分发生结构改变，从而使竹材颜色均匀的处理方式。按照漂白工艺分为常温漂白和高温漂白，按照产品质量要求可分为表面漂白和深度漂白，按照漂白工艺特点可分为涂刷漂白和浸渍漂白。竹材漂白效果受到漂白剂浓度、温度及漂白时间等因素的影响，要达到良好的漂白效果，选择适当的工艺参数十分重要。在竹材漂白研究中，不仅要开展优选漂白剂种类、漂白工艺参数研究，还要加大竹材含水率、渗透性等的研发力度。

十、染色

竹材染色是将染色剂与竹材或竹制品相结合，使竹材色泽均一，达到改善竹材表面视觉特性的目的。竹材染色是在木材染色技术基础上发展起来的，与木材相比，竹材结构致密，渗透性差，在形态结构、微观构造和材料性能上存在较大差异，其染色较木材染色更难。由于竹材通常只有自然色、漂白色和炭化色，色泽比较单一，因此，寻求符合竹材本身特点的染色方法、合适染料，深化竹材染色力度，具有重要应用价值。

十一、涂饰

竹材涂饰是指将涂料涂饰于竹材或竹制品的表面，两者之间形成一层既连续又坚韧、牢固的保护性薄膜。涂饰不仅可以改变竹材表面视觉特性，同时还可以提高竹制品表面的耐候性、阻湿性、尺寸稳定性等理化性能，起到防潮防水、防开裂变形以及防霉防腐的保护作用。涂饰成本低、规模化生产容易实现，是最为简单可行的竹材保护技术。深入研究竹材涂饰机制，开发高效的涂料和涂饰工艺及其产品，对提高竹材产品价值意义重大。

十二、干燥

竹材干燥是指在常压或热力作用下，采取蒸发或沸腾的汽化方式，将竹材中的水分排出，使体内含水率降低到一定程度的过程。竹材干燥对提高产品的使用稳定性及产品质量、减轻重量、延长使用寿命具有重要作用。干燥方法一般分为天然干燥（气干）和人工干燥，人工干燥方法主要有常规干燥、高温干燥、除湿干燥、太阳能干燥、真空干燥、高频干燥、微波干燥、烟气干燥等。竹材种类繁多，有圆竹、竹篾、竹条、竹丝等多种形态，干燥是竹材工业化利用不可缺少的一个重要环节。因此，系统研究竹材干燥特性，获得有效、成套的干燥方法和工艺，对提高竹材的利用价值，实现竹材工业化、标准化、规模化制造，具有重要意义。

第四节　竹材保护学的发展方向

我国具有丰富的竹材资源，为竹产业的发展提供了基础。目前，竹材利用率较低，生产工艺不完善，没有专门的竹材保护标准体系，竹材保护方面的研究开发与企业的需求脱节，相关保护及支撑技术也急需加强。针对这些问题，必须确定适合竹材保护的发展方向。

第一，充分利用竹资源。竹子生长快、成材早，对当年成熟竹材必须实时采伐，促进竹林健康生长，避免竹材退化。因此有计划地合理开发利用竹材资源，是实现竹林和竹材工业可持续发展的重中之重。

第二，竹材是基本生产资料。竹材与木材是国民经济建设的基本生产资料。在木材资源不足的情况下，充分发挥竹材优势，提高产品附加值，实现竹材加工产业现代化，拓展竹材的应用领域和产业规模，是解决国家木材短缺困境的重要途径。

第三，开发全竹高效利用的新产品、新工艺。大力发展竹木复合板、竹展平板、重组竹等竹材利用率高的产品，开发与这些产品相关的建筑、家具、地板、门窗等新产品、新工艺，为提高竹材利用效率提供基础。

第四，研发竹材保护技术。竹材结构致密，质感爽滑，纹理清晰，是非常好的装饰用材，但很容易遭受各种霉菌、腐朽菌的侵蚀，严重影响竹材的表面装饰性能。所以，研发低毒、长效的保护处理技术迫在眉睫。目前，由于颜色保护技术尚不成熟，竹制品表面色差大，因此，研发竹材保绿或保黄技术，对提高竹产品质量十分重要。

第五，加大对竹材保护市场的质检和管理力度。针对存在的质量问题，建议有关部门授权或组织相关机构定期对竹产品进行监督和质量认证，维护良好的市场秩序，同时加大技术投入，满足不同领域的使用要求。

第六，推广工程竹材在结构上的应用。由于改性竹材自重轻、造价低、施工方便，将其作为结构材料推广应用，可有效利用丰富的竹资源，同时能促进建筑结构技术的改进和创新。

总之，加强竹材保护，是实现竹材资源工业化利用的关键问题，是推动竹产业科技创新、产业升级及发展循环经济的重大举措。同时，能缓解木材供需矛盾，进一步提高竹材利用效率，为建设资源节约型、环境友好型社会做出重大贡献。

第二章　竹材基本性质与保护

通常所说的竹材，主要是指竹子的竹秆，它是竹子利用价值最大的部分，也是竹材加工利用的主体。竹秆是竹类植物位于地表之上的茎的主干，一般它的形状为圆柱状，圆而中空。竹材是各向异性的生物性材料，该变异性不仅存在于种间，还存在于种内，甚至株内。例如，竹秆的高度、径级和竹节数量在种间差异较大，即使属于同一竹种，它们的物理与化学成分等性质也会由于地理位置和气候及生长条件等的不同而不同。

竹秆由竹节和节间两部分组成，竹节的横隔壁把竹秆分隔成的空腔，即髓腔，分布在髓腔周围的壁称为竹壁。竹壁在宏观上由三部分组成，在生产习惯上，常将其自外表皮向内依次称为竹青、竹肉和竹黄。在竹秆节间，竹材内的维管束呈平行排列，赋予了竹材优异的抗拉、抗压及抗弯性能，而在竹节处，维管束呈弯曲走向且纵横交错形成节隔，该结构使竹材在横向上具备了一定的抗压、抗拉等力学增强能力。因此，竹材常被应用于力学性质要求高的建筑、桥梁、园林栈道、户外家具等领域。然而，竹材在使用过程中，常因生物、光照、雨雪等的影响，物理构造和化学成分发生劣化，使用寿命大为缩短，甚至引发严重的事故，因此，了解竹材的各项基本性质对于竹材保护至关重要。

现今，数字技术、信息技术和现代表征技术高速发展，机器学习方法已逐渐应用到竹材基因识别和分析中，通过比较 DNA 序列，可对不同物种进行快速、准确鉴别，进而对未知竹材样本的 DNA 条形码序列进行分类，在鉴别精度、技术操作性、便捷性等方面优势明显。例如，采用分子标记技术可构建大明竹属 25 种竹的数字 DNA 指纹图谱，为大明竹属的分类及种质鉴定提供了科学依据（黄树军等，2013）；毛竹全基因组测序及特定基因的识别和表达已经取得重要进展，其相关的生物和非生物调控机制也逐步被研究者揭示（Gao et al.，2019）。利用基因工程手段，通过克隆挖掘竹子的功能基因，并深入研究其表达机制，对竹子品种的改良以及转基因高产、高性能竹种的研发具有重要的意义（毕毓芳等，2011）。另外，智能识别和数字技术还将用在竹材各项生物学特性和理化特性分析以及纹理特征分析及应用上，这将快速推动竹子的选育、高产、高防护性及高附加值利用。

第一节　竹材宏微观构造

一、宏观构造

竹材的宏观构造是指用肉眼或者10倍放大镜能直接观察到的秆茎竹壁的结构。在秆茎竹壁的横切面上，有许多呈深色的菱形斑点，并在纵切面上呈顺纹股状组织，这部分为竹材构成中的维管束（江泽慧，2002；刘一星，2004）。维管束在竹壁内的分布一般由外至内由密变疏，含有纤维、导管、筛管，以及伴胞等细胞类型，周围是薄壁细胞组成的基本组织（图2-1）。越靠近竹青，维管束分布得越密，基本组织越少，故其质地致密，密度和力学强度较大，防护作用越强。反之，越靠近竹黄，维管束越稀少，因此其密度和力学强度也较小，防护作用较弱（钟莎，2011）。

竹壁在宏观上由三部分组成，即竹皮、竹肉和髓外组织（图2-1）。竹肉内侧与竹腔相邻的部分为髓环，无维管束分布。竹肉是介于竹皮和髓外组织之间的部分，在横切面上不仅含有维管束，还含有基本组织。在肉眼下通过观察可以看到花形斑点的维管束分布于基本组织中，并沿竹青向内逐渐减少。这种以维管束为增强体、基本组织为基质的复合体，又以近似梯状的分布，赋予了竹材天然独特的力学性质，从而使其得以在短时间的生长期内高高直立而不倾弯（徐有明，2006）。竹皮是竹壁的最外层，通常在竹壁横切面上看不到这个最外侧部分，它常含有硅质和蜡，对竹材的生长和利用起着重要的保护作用，可以防止内部水分的过量散失和外部雨雪以及霉菌、腐朽菌等的侵入。

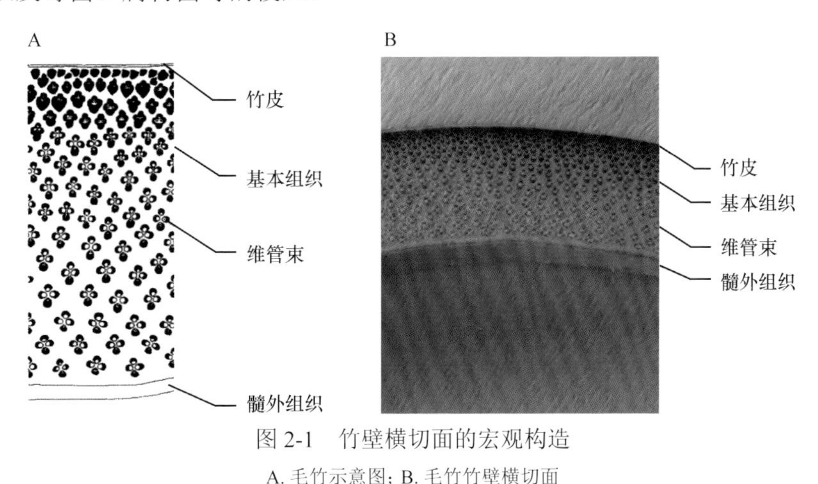

图2-1　竹壁横切面的宏观构造

A. 毛竹示意图；B. 毛竹竹壁横切面

二、微观构造

借助于光学显微镜能观察到的构造为显微构造特征，竹材的微观构造主要指竹材内部的细胞特征、细胞排列及组成等构造特征；应用 X 射线和电子显微镜显示竹材细胞壁在更高倍次下的结构，称为超微结构。竹材的结构特点和竹种间的结构差异都表现在竹材的显微结构上，而超微结构却更多呈现竹材结构的共性，因此，竹材微观构造方面的研究对工业利用和保护竹材有着非常重要的意义。

如图 2-2 所示，在显微镜下，可以观察到竹材由细胞组成，细胞又可以分为表层系统（表皮系统）、基本系统和维管系统三部分。其中，表层系统是竹皮，位于秆茎的最外方。基本系统包含基本薄壁组织、髓环和髓，髓环和髓位于最内侧，它们形成竹壁中的内、外夹壁，把基本薄壁组织和维管系统紧夹其间。维管束散布在竹壁的基本组织之中，在横切面上呈四瓣梅花状。维管束在显微镜下最易被观察到的是一对外观像眼睛形状的孔状细胞，这就是维管束内的后生木质部，与木材的显微结构有一定的不同（江泽慧，2002）。

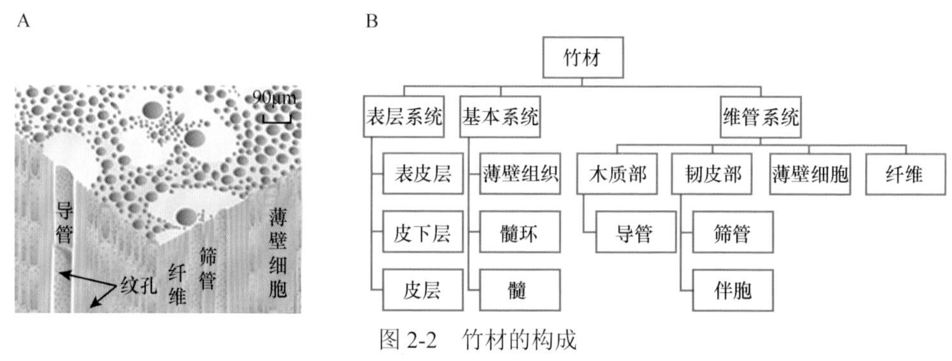

图 2-2　竹材的构成

A. 细胞构成立体示意图；B. 竹材构成及分类

（一）表层系统

在竹材秆茎的表层系统中（图 2-3），表皮层是竹秆壁最外面的一层细胞，也是细胞组分最丰富的层次，由长形细胞、硅质细胞、栓质细胞和气孔器构成。长形细胞占大部分表面积，纵向排列。硅质细胞和栓质细胞短小，以成对的方式结合，插生于长形细胞的纵行列之间。栓质细胞呈梯状（六面体），小头向外；硅质细胞近于三角状（六面体或五面体），顶角朝内，含硅质。竹材表层细胞的横切面多呈正方形或长方形，排列紧密，几乎没有缝隙，外壁通常增厚（刘一星，2004）。

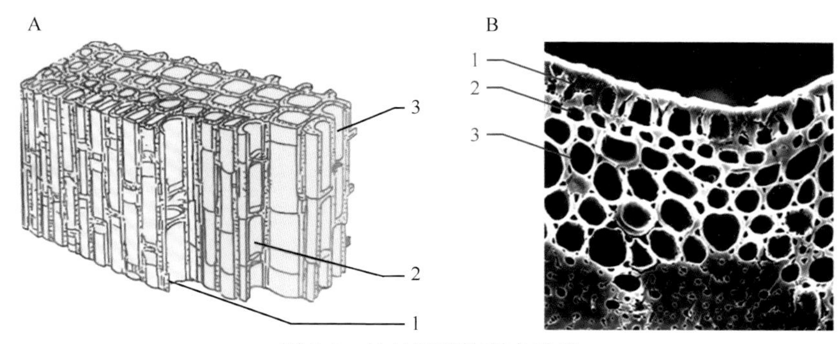

图 2-3 竹材秆茎的表皮系统

A. 竹材秆茎表皮系统示意图（江泽慧，2002；徐有明，2006）；B. 短穗竹秆中段表皮系统及相邻竹肉的横截面扫描电镜图（×700）（腰希申，2002）。1. 表皮层；2. 皮下层；3. 皮层

竹材的皮下层是紧接表皮层之下的组织，而皮层位于皮下层以内，这两部分均由纵向排列的柱状细胞所组成，与表皮层共同组成表层系统，从而保护竹材不受生物入侵及真菌和细菌的危害，同时对竹材内的水分蒸发进行合理调控。在不去竹青的圆竹利用过程中，表皮系统对于竹材利用、涂饰和改性处理影响较大。

（二）基本系统

竹材基本系统为主要分布在维管系统之间的薄壁组织，包括基本薄壁组织、髓环和髓。薄壁组织壁薄腔大、纹孔多，是霉菌和腐朽菌等微生物及水分入侵的重要通道。

1. 基本薄壁组织

竹材中的基本薄壁组织是竹材构成中的基本部分，由薄壁细胞组成，作用相当于填充物，主要分布在维管系统之间。基本薄壁组织的细胞一般比较大，大多数细胞壁比较薄，在横切面上多呈瓣形，具有明显的细胞间隙，并且纵壁上的单纹孔多于横壁（图 2-4）。依据纵切面的形态，可以分为长形细胞和近于正方形的短细胞两种，以长形细胞为主，短细胞分散于长形细胞之间（李晖等，2013）。

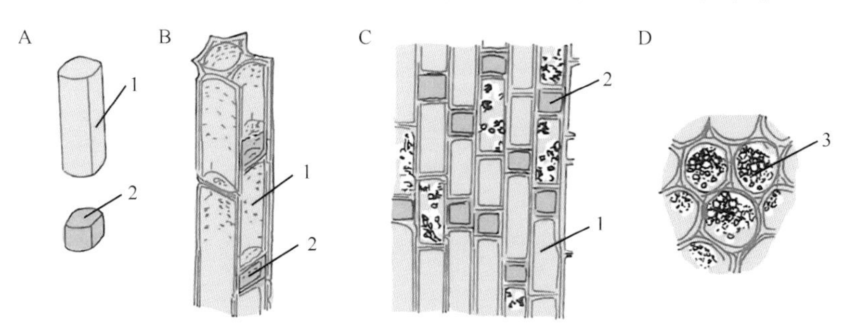

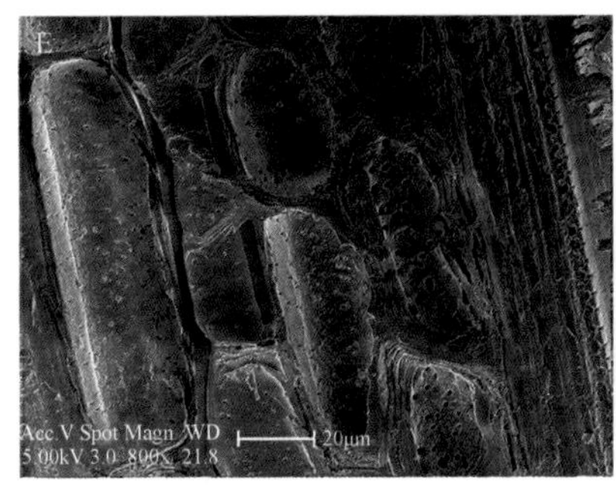

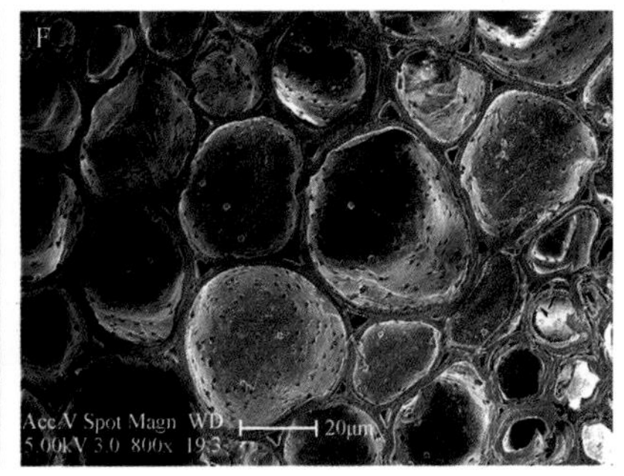

图 2-4 竹材秆茎中基本薄壁组织中的薄壁细胞

A. 薄壁细胞形态；B. 纵向成串的薄壁细胞；C. 薄壁细胞纵切面；D. 薄壁细胞横切面；E. 茶杆竹薄壁细胞径切面电镜图；F. 茶杆竹薄壁细胞横切面电镜图。1. 长形细胞；2. 短细胞；3. 淀粉粒

长形细胞的特征是细胞壁有多层结构，细胞壁中的木质素含量高，上面有瘤层出现。短细胞的特点是细胞壁薄，并且具有浓稠的细胞质和细胞核，即使在成熟秆茎中也不木质化（江泽慧，2002）。目前，对这两种形态薄壁细胞的生理机能尚未透彻了解。

2. 髓环

竹材的髓环位于髓腔竹膜的外围，它的细胞形态与基本薄壁组织不同，呈横卧短柱状，排列整齐紧密，其细胞壁会随竹龄而增加，或发展为石细胞。石细胞一般由薄壁组织细胞形成，最初这些细胞具有较大的细胞核，因此可以作为与邻近细胞区分的依据。随后这些细胞生长迅速，石细胞逐渐成熟，次生壁沉积变得非常厚，这种壁的增厚过程具有独特性，因此最后往往形成与周围薄壁组织不同的形态。

3. 髓

竹材的髓一般由大型薄壁细胞组成，髓组织破坏后留下的间隔，即竹秆的髓腔。髓呈一层半透明的薄膜黏附在秆腔内壁周围，俗称“竹衣”，但也有含髓的实心竹。

（三）维管系统

维管系统是由包藏在基本薄壁组织中的维管束群组成的，主要由向上输导水分和无机盐的木质部与向下输导光合作用产物的韧皮部组成。另外，还包含纤维、导管、筛管以及伴胞等。

维管束散布在竹壁的基本薄壁组织之中，是输导组织与机械组织的复合体，在横切面上一般呈四瓣梅花状。在显微镜下最易观察到的维管束的特征是一对外观像眼睛形状的孔状细胞（图 2-5A 中 1 所指），这就是维管束内的后生木质部，后生木质部在秆茎高生长完成后，材质成熟阶段中仍保持作用。初生木质部和初生韧皮部分布在后生木质部的上下两侧，外方为初生韧皮部，内方为初生木质部，其总轮廓大体为“V”形。

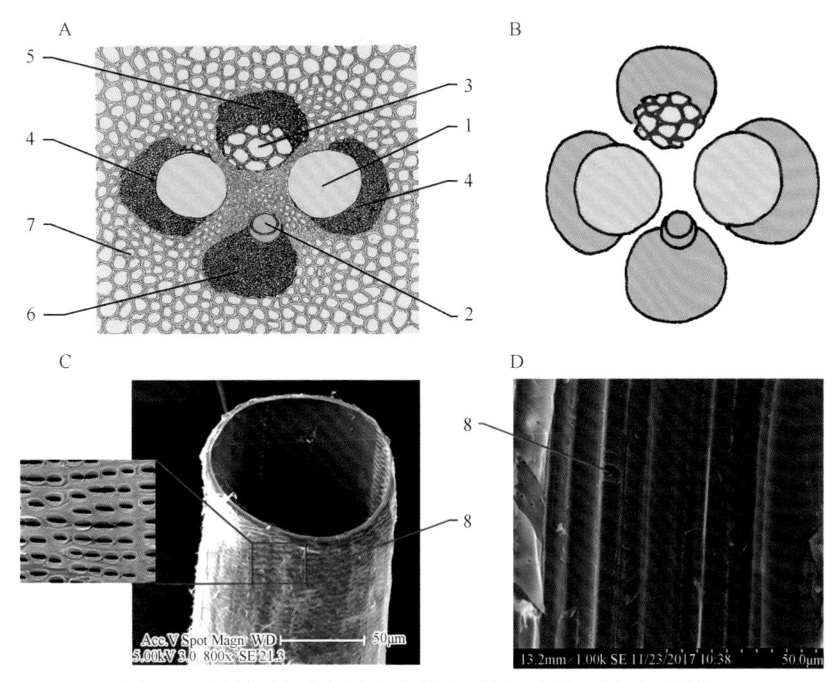

图 2-5　竹材秆茎中的维管束横切面及导管和纤维的电镜图

A. 维管束显微结构；B. 维管束示意图；C. 毛竹后生木质部导管的电镜图（纵向）；D. 茶秆竹维管束中纤维的电镜图（纵向）。1. 后生木质部梯纹导管；2. 原生木质部螺纹和环纹导管；3. 初生韧皮部；4. 侧方纤维帽；5. 外方纤维帽；6. 内方纤维帽；7. 薄壁细胞；8. 纹孔

木质部的特征细胞是导管，即由一连串轴向细胞末端和末端相连而成的管状组织，导管周围充满了薄壁组织和厚壁组织，整个木质部起到输导水分和无机盐的作用；初生韧皮部的特征细胞为筛管和伴胞，相互依存，起到向下输导光合作用产物的作用。竹材维管束中的韧皮部，它的结构相当于针、阔叶材的树皮部分；维管束中的原生木质部和后生木质部的总和，相当于针、阔叶材的木材部分（江泽慧，2002）。

1. 导管

导管是由一连串轴向细胞末端和末端相连而成的管状组织。构成导管的单细胞是导管分子。原生木质部位于“V”形的基部，它含环纹导管和螺纹导管，有填充体，环纹导管的直径相对较小，有环状增厚部分，同时被一些非全部木质化的薄壁细胞围绕。在“V”形两臂的后生木质部对称分布于一个大型的导管，后生木质部的导管壁全部增厚，仅留下具缘纹孔并且没有加厚，它的纹孔类型有对列或互列，导管壁上的增厚部分呈横条突出，与末端增厚部分间隔，呈梯状的类型为梯纹，导管壁上的增厚部分交错连接成网状（图 2-5C）。导管腔最大、纹孔最多，是微生物寄居和入侵的主要场所，其结构和性质对于竹材保护意义重大。

2. 薄壁细胞

在竹材维管系统中，初生木质部和初生韧皮部除外侧有纤维部分外，全部被木质化的薄壁细胞所包围。维管束内的薄壁细胞通常要比基本薄壁组织中的薄壁细胞小，并且其胞壁上具有较多的单纹孔（图 2-4E，F）。

3. 纤维

纤维是竹材微观结构中的一类特殊细胞，是纤维帽中的纤维细胞。一般竹材中纤维细胞的形态特点是形长，两端尖，有时在端部出现分叉，腔径相对较小，胞壁较厚，细胞壁上有明显的节状加厚，有少数小而圆的单纹孔（图 2-5D）（陈红，2014）。竹材中的纤维连接紧密，支撑能力强，通导能力弱，纤维聚集群几乎包围了组成维管束的其他细胞，其横断面积也超过其他细胞的横断面积之和，为维管束的主体部分，赋予了竹材优异的力学性质。一般来讲，竹材中纤维的壁厚会随着竹龄的增加而增加，成熟的毛竹纤维为两端尖削、结构致密的厚壁细胞，长为 1.5 ～ 4.5mm，长宽比大于 150，直径约为 15μm，该结构赋予了竹材较好的力学性能，是纸浆工业适宜的原材料（黄艳辉等，2010）。

三、超微构造

竹材优异的力学性质使其成为工程结构的最主要材料之一。实质细胞壁的理化构造尤其是超微构造，决定它独特的力学性质。在竹纤维细胞中，细胞壁是其实体物质，也是竹材力学、化学性能等各项性能的决定因素。然而，竹纤维细胞的壁层结构比木材要复杂得多，因此，关于竹纤维细胞细胞壁超微结构的研究，一直是研究者关注的重点（安鑫，2016；Hu et al.，2017）。

竹纤维细胞的细胞壁结构复杂，由初生壁和薄厚交替（微米级的厚层和纳米级的薄层）的多层次生壁复合而成。但纤维股和纤维鞘中的纤维在层数上有所差别。早在 1985 年，就有学者发现竹材纤维易打浆，并且其纤维壁层在打浆中有分离现象，且纤维壁向外膨胀，这些都与竹纤维的结构有着很大的关系。研究发现，纤维股纤维的细胞壁有 3 或 4 个厚层，各厚层之间为薄层，而纤维鞘纤维的细胞壁通常仅有 1 或 2 个薄层，虽然纤维股和纤维鞘中纤维细胞层次上有差别，但两者的结构基本相似（Wai et al.，1985）。

竹纤维束在秆壁外区域分布密集，内部区域稀疏，与基部相比集中分布在秆的上部。竹纤维在秆内的典型横截面呈现不规则的形状（束状），大小取决于它们在竹壁上的位置。每根纤维束无论其位置如何，都含有许多单根纤维，其截面为五边形或六边形或类圆形，排列成蜂窝状（图 2-6）。单根纤维细胞壁的最外层是初生壁（P），微纤丝呈网状无序排列，向内是依次重复薄厚层交替结构的次生壁，它的壁层数量可达 10 层以上，其数量与竹种、竹龄、纤维在竹材中的部位有关，最多可以达到 18 层（田根林，2015）。在厚层中，微纤丝方向近于与纤维轴一致，微纤丝角为 3° ～ 10°，且由外向内呈增大趋势，但由于各个厚层的厚度不同，因此应以微纤丝角度作为厚层的标志特征。薄层则主要表现为近乎横向的方向，与纤维轴方向基本垂直，微纤丝角为 30° ～ 60°（Khalil et al.，2012）。这种结构与普通的木材纤维细胞壁的三层次生壁结构不同，致使竹秆具有极高的抗拉强度，也是竹材优良力学性质和抗生物劣化性的物质基础。

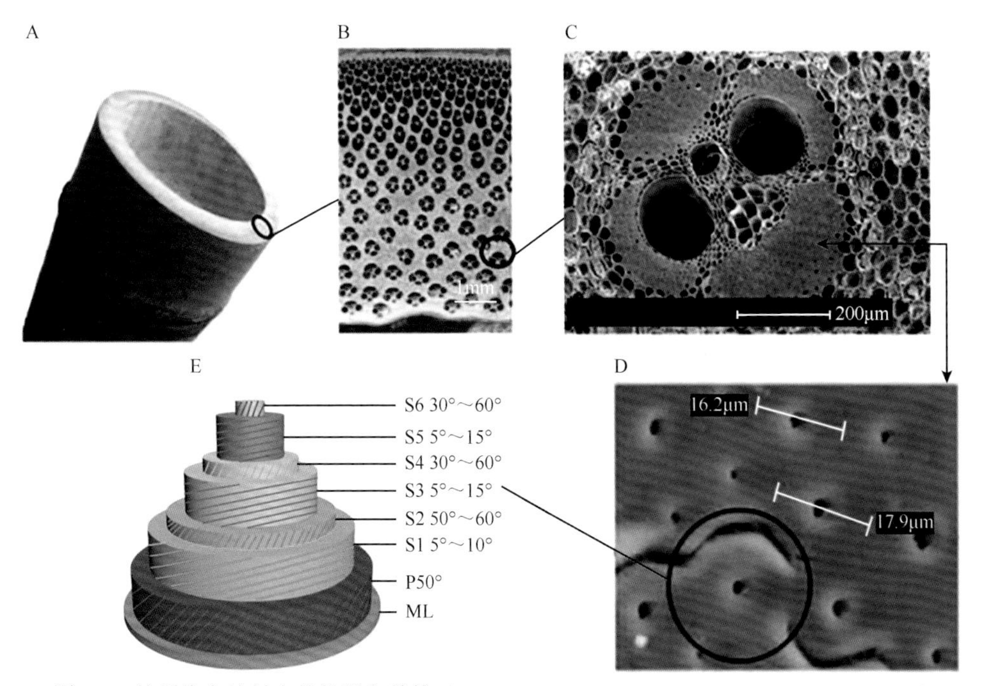

图 2-6 竹纤维在竹材中的位置和结构（Parameswaran and Liese，1976；Hu et al.，2017）

A. 竹秆；B. 竹秆横截面；C. 维管束微观结构；D. 竹纤维的基本截面形状；E. 竹纤维细胞壁模型。ML，胞间层；P，初生壁；S1 ～ S6，次生壁 1 ～ 6 层

第二节　竹材物理力学性质

从现代复合材料的观点看，大自然是当之无愧的复合材料结构设计大师，竹材是最具代表性的杰作之一，具有从亚细胞水平、细胞水平、组织水平到宏观尺度的多级复合结构，具备优良的物理力学性质而被应用于建筑工程、室内家具、户外地板、竹缠绕管等领域。

一、竹材物理性质

（一）含水率

竹材在生长时，含水率很高，并且会依据季节的变化而变化，在竹种间和秆茎内也有差别，气干后的平衡含水率随着大气温度和湿度的变化而增减。根据测定，毛竹在采伐时的平均含水率达 80% 左右，不同种源以及不同部位的含水率也具有一定的差异，种源带的总平均含水率是中带＜南带＜北带，如气干后的毛竹在北京地区的平均平衡含水率为 15.7%，在南方的平衡含水率就要大得多，南方的毛竹竹叶的含水率为 39% ～ 66%，竹枝为 26% ～ 37%，竹秆为 29% ～ 46%，竹鞭为 47% ～ 60%，其中竹叶的含水率最高，其次是竹鞭、竹秆、竹枝；毛竹各器官含水率在 4 ～ 5 月较高，5 ～ 6 月达到最大值，9 月以后便有所下降，无论是竹叶还是竹枝等，各个器官的平衡含水率均随竹龄的增加而减小（王汉坤，2010）。

含水率对竹材的力学性能、尺寸稳定性、防腐防霉、改性处理、化学性能、导电性能以及竹材弯曲、编织性能均有较大影响。例如，当竹材中的含水率大于纤维饱和点时，竹材的强度性质基本不变；在纤维饱和点以下时，其强度随着含水率的降低而增大，反之，因含水率的升高而减小，直至达到纤维饱和点。同样，当竹材含水率在纤维饱和点以上时，基本没有收缩、膨胀的变化，且导电性基本不变，但当含水率降低到纤维饱和点以下时，其随含水率的降低而收缩，反之，随含水率的升高而膨胀，直至达到纤维饱和点含水率，且其导电性随着含水率的增加而变化（牛帅红，2016）。

目前，竹制品生产厂家，针对南北方不同的干燥或湿润气候，对竹材经过严格的干燥，如南方的竹制产品的含水率控制在 12% 左右，北方的控制在 8% 左右，目的是适应南北方不同的气候，从而解决变形开裂以及霉变、腐朽等问题（王媛媛，2015）。一般而言，当竹家具的含水率控制在 12% 左右时，就不容易开裂变形，更不会霉变，使用寿命可以达到 40 年以上。

（二）密度

竹材的密度是其材性的重要指标之一，可用于有效预测竹材的力学性质，指导竹材分级，以保障竹产品质量安全。竹材的基本密度多在 0.40 ～ 0.8（0.9）g/cm³（表 2-1），数值高低主要取决于维管束的密度及其构成。一般秆茎密度自内向外、自下向上逐渐增大，随着秆茎的增高，竹壁厚度减小，秆壁内层的密度增加，而外部密度仅稍有变化，同时竹材的节部密度比节间稍大（王卿平等，2016）。

表 2-1　6 种竹材密度均值（g/cm³）（杨喜等，2013；莫军前和张文博，2019）

竹种	基本密度	气干密度	绝干密度
毛竹	—	0.62±0.03	0.59±0.04
梁山慈竹	0.53±0.05	0.59±0.06	0.57±0.07
硬头黄竹	0.58±0.03	0.69±0.04	0.65±0.02
撑绿杂交竹	0.50±0.03	0.60±0.03	0.56±0.03
龙竹	0.52±0.12	0.64±0.13	0.61±0.13
车筒竹	0.36±0.04	0.48±0.06	0.46±0.06

竹材密度会随着竹龄的增加呈增大趋势，但是进入老龄期后密度会降低，因此，用材竹的采伐年龄一般为三到四年。随着人们对竹材研究的逐渐深入，发现竹材在许多性能上都优于传统的木材，如密度、硬度、耐磨抗划能力，在家具及地板上具有很好的应用前景。随着竹产品开发深度和广度的不断拓展，越来越多的竹制产品相继出现，如目前应用十分广泛的重组竹（图 2-7），其密度远高于天然竹材，约为 1.22g/cm³，硬度、耐磨抗划能力及力学性能更强，可作为承重材料而广泛应用于建筑、装饰、园林景观、公园栈道以及室内外用地板、墙板、家具等（上官蔚蔚，2015）。

图 2-7　重组竹地板

（三）干缩湿胀

竹材采伐后具有干缩性，处于各种外部条件下，其内部的水分会不断蒸发，从而导致竹材的体积减小。竹材的干缩在不同方向上有显著的差异，同时纵向干缩要比横向干缩小得多，而弦向和径向的差异不大。在竹材秆壁的同一水平高度，内外干缩也具有一定的差异，竹青部分纵向干缩很小，可以忽略，而横向干缩最大，竹黄部分纵向干缩较竹青大，但横向干缩明显小于竹青（武猛祥，2008）。竹材失水比较特殊，与木材不同的是，当含水率较高时，竹材的干缩主要是竹材维管束中的导管失水，而维管束的分布疏密不一，导管数量多、尺寸大，所以竹材在干燥时失水速度非常快，且很不均匀，易造成径向裂纹。一旦裂纹扩大，在高湿条件下，霉菌和腐朽菌极易滋生，并沿裂纹表面扩散，影响竹制品的使用。

由表 2-2 可以看出，3 年及以上椽竹的气干和全干体积干缩率分别为 9.6% 和 13.6%，而毛竹的相应干缩率测试值为 4.6% 和 9.7%，表明椽竹的干缩性大于毛竹。无论是气干还是全干状态，椽竹的径向干缩率（气干时 5.5%，全干时 7.3%）都大于弦向（气干时 4.3%，全干时 6.2%），远高于纵向干缩率（气干时 0.8%，全干时 0.9%），而毛竹的弦向干缩率大于径向干缩率，远大于纵向干缩率，两者的变化规律不同，说明竹材的干缩变化差异较大（高珊珊等，2010；张玮等，2013）。

表 2-2　椽竹与毛竹的干缩率

竹种	年龄	部位	气干材含水率/%	干缩率/%							
				气干				全干			
				径向	弦向	纵向	体积	径向	弦向	纵向	体积
椽竹	≥ 3	基	10.6	5.3	3.9	0.7	8.8	7.5	6.9	0.9	14.1
		中	10.2	5.4	4.3	0.9	9.5	6.8	5.7	0.7	12.6
		梢	10.7	5.8	4.6	0.8	10.6	7.7	6.2	1.0	14.2
		平均	10.5	5.5	4.3	0.8	9.6	7.3	6.2	0.9	13.6
毛竹	6	基	11.1	2.1	3.1	0.5	4.0	4.5	6	0.6	9.7
		中	12.6	2.3	2.8	0.6	3.4	4.4	5.4	0.9	8.2
		梢	12.5	2.1	2.1	0.5	6.5	4.9	5.0	0.8	11.1
		平均	12.1	2.2	2.7	0.5	4.6	4.6	5.5	0.8	9.7

二、竹材宏观力学性质

竹材的力学性能是指竹材抵抗外力作用的能力，主要包括抗拉强度、抗压强度、抗弯强度、抗剪切性能、硬度、耐磨性、抗劈裂性等。宏观上，与木材相比，竹材的抗拉强度远超生长 20 余年的木材，横纹断裂韧性与铝合金相当，比强度是钢材的 3 ～ 4 倍，弯曲延展性是云杉的 3.5 倍，抗压强度比木材高 10%，竹材集高强、高韧、高延展性于一身，被誉为“植物钢铁”（Yu et al.，2007；陈红，2014）。由于这些特性，竹材常被加工成各种复杂的异形结构制品，以及工程风电叶片、火力发电站冷凝装置等高科技制品。

竹材是非均质体，为各向异性材料，力学性质极不稳定，三个方向的力学性质差异较大。例如，竹材的顺纹抗拉强度远大于横纹，竹材的纵向抗压强度远大于横向，顺纹的抗劈裂性远小于横纹。随含水率、竹秆部位、竹种、竹龄和立地条件的变化，竹材的力学性质亦有变化。

一般而言，密度和含水率是影响竹材宏观力学性能最主要的因素。竹材密度越大，力学性质越好。当在纤维饱和点以下时，含水率越低，力学性能越强，但含水率低于 8% 左右时，力学性能反而下降。在纤维饱和点以上时，竹材力学性能比较稳定，保持一定值。这是因为，竹材对外力的抗力是因结合水的增减而异的，强度随结合水的增加而降低，与自由水的增减无关，结合水会进入细胞壁的非结晶区，与半纤维素上的羟基形成氢键，从而改变大分子的结构内聚力，而自由水却只以水分子的状态存在于细胞腔内。

竹秆部位是影响竹材宏观力学性能的又一因素。毛竹的顺纹抗拉弹性模量和顺纹抗拉强度的径向变异很大，竹材的顺纹抗拉弹性模量为 8.49 ～ 32.49GPa，最外层竹材的顺纹抗拉弹性模量是最内层的 3 ～ 4 倍；竹材的顺纹抗拉强度为 115.94 ～ 328.15MPa，最外层竹材的顺纹抗拉强度是最内层的 2 ～ 3 倍。

由表 2-3 的对比可知，慈竹各项力学性能优良，顺纹抗拉强度和弯曲强度在几个竹种中表现较为突出，另外，它弹性模量很高，硬度与毛竹相当，韧性大于毛竹，可以作为建筑用材（杨喜等，2013）。如表 2-4 所示，竹龄是影响竹材宏观纵向力学性质的一个重要因素，随着竹龄的增加，木质化程度提高，竹材不断密实化，力学强度也随之提高。

表 2-3　8 种常见竹材力学强度比较

竹种	顺纹抗压强度/MPa	顺纹抗拉强度/MPa	弯曲强度/MPa	顺纹抗剪强度/MPa	参考文献
慈竹	55.619	273.30	255.701	11.729	杨喜等，2013
黄竹	67.856	268.32	119.756	10.515	
龙竹	52.259	240.79	109.870	11.224	
车筒竹	43.294	205.03	89.502	8.529	
撑绿杂交竹	60.835	230.87	84.980	10.982	

续表

竹种	顺纹抗压强度/MPa	顺纹抗拉强度/MPa	弯曲强度/MPa	顺纹抗剪强度/MPa	参考文献
毛竹	77.8	232.1	175.3	16.6	苏文会等，2006
大木竹	75.1	238.0	139.0	11.9	
箣竹	56.8	279.2	112.1	9.7	彭颖，2010

表 2-4 毛竹竹龄对力学强度的影响（崔敏等，2010）

	竹龄/年						
	1	3	4	6	7	9	10
抗拉强度/MPa	132.65	195.56	182.43	177.03	188.56	181.59	181.90
抗压强度/MPa	48.07	64.08	68.12	68.12	66.11	63.60	61.43

一般 2 年以下的幼竹材质柔软，强度较低，之后力学强度会逐年提高，4 年以上的成熟竹材质坚韧而富有弹性，力学性质稳定在较高的水平，为采伐利用的最佳时机。8 年以上的老龄竹材质变脆，力学强度逐渐降低。不同竹种达到材质稳定的年限不同，但总体来说，力学性质受竹龄影响的变化趋势基本一致。腐朽对竹材力学性能的影响也与竹龄有关，在对 6.5 年及以下竹龄的巨草竹（*Gigantochloa scortechinii*）的研究中发现，竹龄越大，木质素和硅含量越高，耐腐能力越强，力学性能降得越小；还与竹材的微观构造有关，菌丝在细胞腔最大的导管中生长最快也最多，其次是淀粉含量丰富的薄壁细胞，最后是木质素含量高、细胞腔最小的竹纤维（图 2-8）（Hamid et al.，2012）。

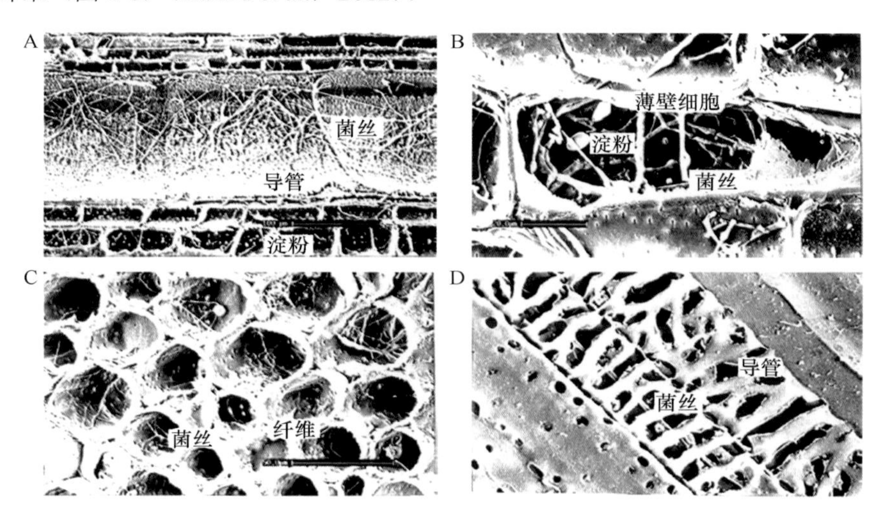

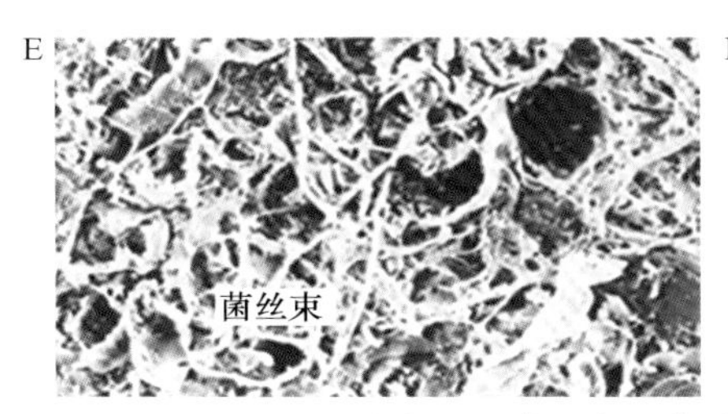

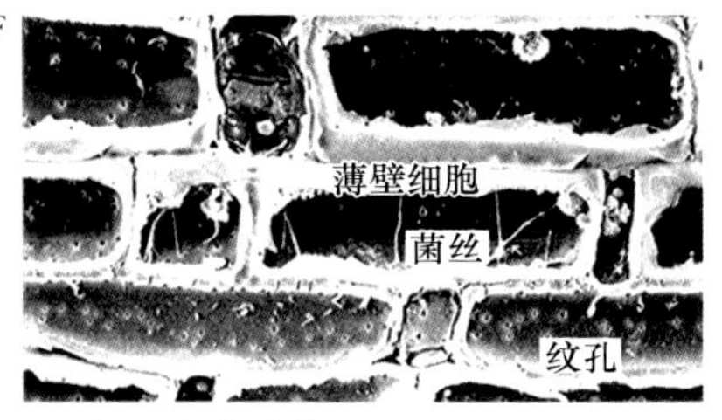

图 2-8　菌丝在巨草竹不同细胞中的分布

A. 白腐菌丝在导管腔内的渗透（纵切面，650 倍）；B. 白腐菌丝在薄壁细胞中的分布与其中的淀粉颗粒（纵切面，1000 倍）；C. 白腐菌丝在纤维腔内的渗透（横切面，618 倍）；D. 褐腐菌丝在导管腔内的渗透（纵切面，1670 倍）；E. 褐腐菌丝束围绕导管腔（横切面，600 倍）；F. 褐腐菌丝通过纹孔渗透入薄壁细胞（纵切面，650 倍）

当竹材受到霉变后，宏观力学性质变化不大。然而，霉变常会导致竹材发生腐朽，且随着时间的延长有加剧作用，使竹材的内部结构发生根本性的变化，力学性能显著降低。如表 2-5 所示，勃氏甜龙竹（*Dendrocalamus brandisii*）的霉变时间越长，失重率及主要力学性能损失越大，主要是因为霉菌可打开竹材内部的通道，加快腐朽的速度，随着霉变时间的延长，腐朽速率加快；霉变到一定的天数后，腐朽深度及程度基本保持不变（赵总等，2014）。

表 2-5　腐朽 90d 后再霉变不同时间的勃氏甜龙竹的失重率及力学性能损失百分比

指标（质量及力学性能损失）	腐朽菌（霉变 20 天）		腐朽菌（霉变 40 天）		腐朽菌（霉变 60 天）	
	白腐	褐腐	白腐	褐腐	白腐	褐腐
失重率/%	12.9	7.2	15.0	8.5	15.4	8.8
静曲弹性模量损失百分比/%	13.0	17.3	16.0	20.7	17.0	21.2
纵向静曲强度损失百分比/%	16.0	16.0	14.0	22.0	20.0	24.0

三、竹材微观力学性能

一般认为，毛竹的强度来自维管束，特别是来自维管束中的竹纤维细胞，其对竹材的力学强度有着很大的影响，如竹秆从基部到梢部，从竹黄到竹青，维管束密度逐渐增加，也就是起增强作用的纤维含量逐渐增加，纵向力学强度逐渐增大，呈现出明显的功能梯度材料特性。单根纤维拉伸技术是测试纤维细胞纵向力学性质的最直接手段，它是对化学或机械离析的单根纤维直接进行轴向拉伸的技术，可以得到单根竹纤维的纵向弹性模量、纵向抗拉强度、断裂应变等重要指标，还可以研究不同含水率、不同改性处理条件下竹纤维的力学响应特性。

对单根纤维细胞力学性质的研究最早可以追溯到 1925 年，Ruhlemann 经过初步研究得到了化学离析杉木（*Cunninghamia lanceolata*）管胞的断裂强度（黄艳辉等，

2010），Klauditz 等（1947）对脱木质素的木材纤维的力学性质进行了一系列研究。之后，Mark 撰写《管胞的细胞壁力学》（*Cell Wall Mechanics of Trachieds*）一书，加拿大制浆造纸研究院 Page 等（1971）在 *Nature* 上发表了单根针叶材管胞力学特性及其测定方法的报道，之后，单根纤维的研究迅速成为研究热点。随着研究的不断深入，单根纤维拉伸过程中的微纤丝结构和化学成分变化以及影响因素被进一步揭示。

近几年来，笔者所在课题组以毛竹为实验材料研究其单根纤维的性能，发现毛竹单根纤维的断裂载荷最大达到 303.8mN，平均为 158.0mN，断裂载荷的变异系数较大，达到 34.4%；纵向抗拉强度最大值达到 1494.1MPa，最小值仅为 373.5MPa（表 2-6）（黄艳辉等，2010）。另外，对竹材单根纤维在不同湿度条件下的力学性质也进行了更深一步的研究，发现在含水率低于 10.8% 时，随湿度的变化，竹纤维纵向弹性模量的变化比纵向抗拉强度更为敏感（图 2-9）（Yu et al.，2011a）。

表 2-6　毛竹单根纤维的测试结果

	直径/μm	跨距/μm	断裂载荷/mN	纵向抗拉强度/MPa	纵向弹性模量/GPa	断裂应变/%
最大值	21.24	1270.0	303.8	1494.1	36.2	7.95
最小值	11.01	475.0	58.4	373.5	14.6	1.81
平均值	16.31	821.1	158.0	752.0	23.3	3.34
标准差	2.25	156.4	54.3	204.2	4.9	0.90
变异系数	13.8%	19.1%	34.4%	27.2%	21.0%	27.0%

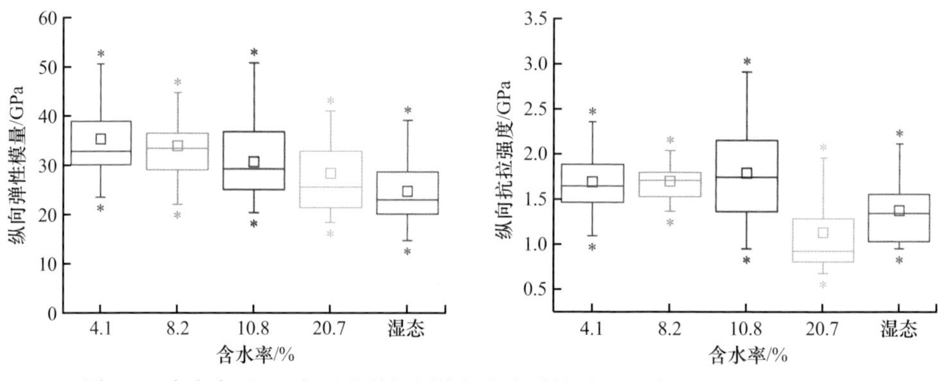

图 2-9　含水率对 4.5 年毛竹单根纤维纵向力学性质的影响（Yu et al.，2011a）

图中 *，框上方表示最大值，框下方表示最小值；□表示平均值

对细胞壁的研究始于 1997 年，Wimmer 等（1997）首次使用纳米压痕技术测量了红云杉（*Picea rubens*）管胞 S2 层和中间层的纵向弹性模量和硬度，为研究单根管胞的力学性质开辟了新的研究途径。随后，Gindl 等（2002）以及 Gindl 和

Schoberl（2004）使用该技术研究了微纤丝角与木质化程度对管胞次生壁纵向弹性模量、硬度的影响，指出 S2 层的纵向弹性模量比横向弹性模量大 10 倍，认为玻氏类型探针为具有一定角度的金字塔形探针，使用该探针得到的纵向弹性模量会受横向弹性模量的影响，导致测得的纵向弹性模量低于实际值。

日本的 Okubo 等（2004）对竹基聚合物的力学性质进行了研究，其在购买的商业竹屑片中筛选出直径为 88 ～ 125μm、长为 50mm 左右的竹纤维束，用岛津微型力学试验机测定得到竹纤维束的抗拉强度为 441MPa，弹性模量为 35.9GPa，远远高于黄麻纤维束，指出竹纤维束的力学性质优异。除此之外，该研究者还尝试用蒸汽爆破法获得了力学性能更好的竹纤维束。

江泽慧、余雁、费本华等 2004 年在前人研究的基础上，首次运用纳米硬度测量技术中最新发展起来的连续刚度测量法，对测定人工林杉木早晚材管胞细胞壁的纵向弹性模量和硬度的试验技术进行了探索。紧接着，该研究团队使用原位成像纳米压痕技术对毛竹细胞壁的力学性质进行了研究，发现竹纤维细胞细胞壁纵向弹性模量和横向显著不同，分别为 16.1GPa 和 5.91GPa，但是硬度在纵横向差异不大；竹材薄壁组织细胞壁的纵向弹性模量和硬度分别为 5.8GPa 和 0.23GPa，相当于竹纤维的 33% 和 63%；从竹黄到竹青，竹纤维纵向弹性模量没有显著变化，但硬度呈增加趋势（Yu et al.，2007）。

Huang 等（2016）对不同竹龄（三年及以下竹龄）的毛竹纤维细胞次生壁 S2 层的力学性质进行了测定，认为随竹龄的增加，纤维细胞次生壁 S2 层的弹性模量变化不大，而压痕硬度呈增大趋势，指出微纤丝角大小和木质素含量是影响细胞壁力学性质的主要因素（图 2-10）。另外，含水率（Yu et al.，2007）、温度、热压等因素对竹纤维细胞细胞壁力学性质影响方面的研究也不断涌现，有研究指出，毛竹纤维细胞细胞壁的弹性模量和硬度随热处理温度的升高而逐渐增大，但是 170℃以后趋势变缓（Li et al.，2015c），也有对竹纤维细胞细胞壁的动态黏弹性进行分析的报道。

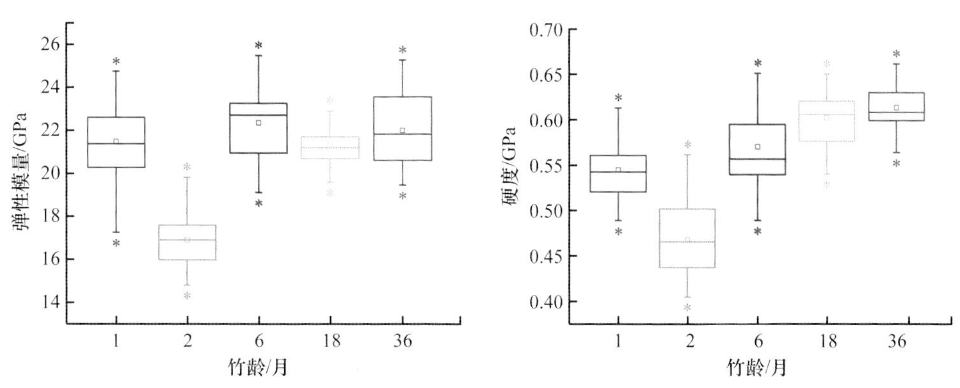

图 2-10　不同竹龄毛竹纤维细胞次生壁弹性模量和硬度的均值及分布

图中 *，框上方表示最大值，框下方表示最小值；▫表示平均值

目前，在细胞壁层面上，竹材纤维细胞次生壁的纵向力学性质虽然已经量化到次生壁的不同位置，但是受纳米压痕设备的压针尺寸和测试精度的限制，测量并不能精确定位到次生壁的各个壁层，尤其是厚度较小的薄层，因此急需开发出直径更小、精度更高的纳米级探针；另外，由于竹纤维较硬，而纳米压痕测试要求样品表面的平整、光滑度高，后期样品的表面抛光会大大降低昂贵的钻石刀的使用寿命，造成试验成本过高，因此，制样方法和技术有待进一步提高；另外，不同化学成分含量、不同改性处理、不同腐朽程度对细胞壁力学性能影响的研究成果还非常有限，急需进一步深入。总之，竹纤维细胞力学性质的研究工作才刚刚开始，虽然已经取得了一定的进展，但没有与宏观力学性质联系起来，更没有与竹材的防护紧密结合，因此，需要进行更深入的研究，以便更深层次、更综合性地探讨它们之间的相互作用机制，了解竹材的生物力学设计及防护机制，为现代化仿生及应用服务。

第三节　竹材化学性质

构成竹材的主要化学成分有纤维素、半纤维素和木质素。在细胞壁中纤维素分子链聚集成有序的微纤丝束，这部分是竹材的骨架物质；半纤维素以无定形状态渗透在骨架物质之中，连接着纤维素和木质素，起到“黏合剂”的作用；木质素填充于纤维素骨架的孔隙中从而使细胞壁的机械强度增强，起到“填充剂”的作用。竹材中纤维素、半纤维素以及木质素的总质量占竹材总质量的 80% ～ 95%。除此之外，竹材中还含有少量的抽提物和灰分，主要包括无机盐、单宁、色素、淀粉、果胶质、萜烯类、树脂酸、酚类、甾醇、蜡、香精油等，这些物质会随着竹种、生态环境以及竹材木质化生长过程的不同而发生变化（刘梦雪等，2016）。我国 4 种竹种的竹秆在不同竹龄阶段的化学成分变化见表 2-7（蒋乃翔，2011）。

一、纤维素

纤维素是组成植物纤维原料最主要的成分，也是自然界中资源最丰富的有机物之一。它同时也是竹材细胞壁的主要组成成分，与半纤维素及木质素一起组成了竹材的细胞壁。研究表明，毛竹中的纤维素含量达到 59%，慈竹约 56%，刚竹 47% 左右，淡竹 48% 左右，且一般纤维素的含量会随竹龄变化而逐渐降低。

如图 2-11 所示，纤维素是 β-D-葡萄糖基通过 1,4-糖苷键连接而成的线状高分子聚合物，天然纤维素的聚合度一般高于 1000，有的可达几万甚至几十万。纤维素在细胞中一般以微纤丝形式存在，每条微纤丝的横截面平均有 36 条 β-D-葡聚糖

表 2-7　我国 4 种竹种的竹秆在不同竹龄阶段的化学成分变化（蒋乃翔，2011）

竹种	灰分/%	水分/%	冷水提取物/%	热水提取物/%	苯醇提取物/%	1% NaOH 提取物/%	综纤维素/%	α-纤维素/%	硫酸木质素/%	多戊糖/%	竹龄	产地
毛竹	1.77	9.00	5.41	3.26	1.60	27.34	76.62	61.97	26.36	22.19	半年生	浙江
	1.13	9.79	8.13	6.31	3.67	29.34	75.07	59.82	24.77	22.97	一年生	安吉
	0.69	8.55	7.10	5.11	3.88	26.91	75.09	60.55	26.20	22.11	三年生	
	0.52	8.51	7.14	5.17	4.78	26.83	74.98	59.09	26.75	22.04	七年生	
青皮竹	2.39	9.09	6.64	8.03	4.59	32.27	77.71	51.96	18.67	22.22	半年生	广州
	2.08	10.58	6.30	7.55	3.72	30.57	79.39	50.40	19.39	20.83	一年生	市郊
	1.58	10.33	6.84	8.75	5.43	28.01	73.37	45.50	23.81	18.87	三年生	
粉单竹	2.37	2.73	8.10	9.70	4.16	35.17	79.00	47.63	17.58	23.91	半年生	广州
	2.10	2.10	8.07	9.46	4.35	29.97	73.72	47.76	21.41	18.72	一年生	市郊
	1.50	1.50	6.34	9.24	3.98	30.57	71.70	43.65	22.70	18.88	三年生	
紫竹	1.98	10.31	6.72	8.30	4.12	31.83	70.77	45.38	22.21	22.21	半年生	浙江
	1.81	7.70	10.69	8.53	5.29	33.24	73.61	58.85	22.08	22.08	一年生	安吉
	1.71	11.61	6.50	8.36	5.58	33.65	68.64	13.79	22.30	22.30	三年生	

注：毛竹，*Phyllostachys pubescens*；青皮竹，*Bambusa textilis*；粉单竹，*Lingnania chungii*；紫竹，*Phyllostachys nigra*

链，糖链之间以氢键结合成直径 5 ～ 10nm 的结晶结构，上千条葡聚糖链相互连接成一条微纤丝，长度达几百微米，甚至可穿越纤维素的几个结晶区和非结晶区。

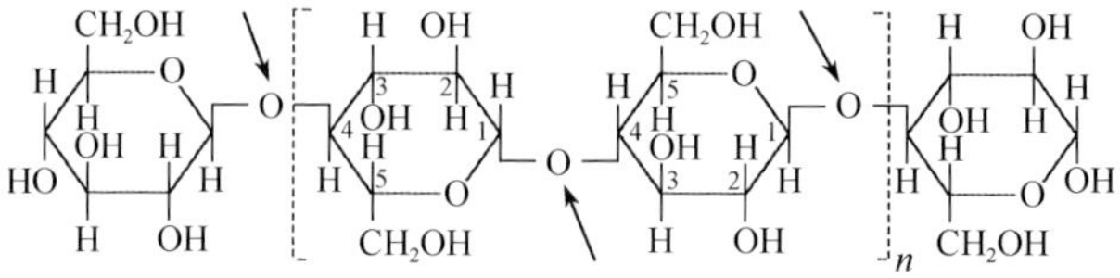

图 2-11　纤维素的化学分子结构

在纤维素大分子聚集的区域，一部分分子排列较整齐，称为结晶区；另一部分的分子链排列不整齐、较松弛，取向大致与纤维主轴平行，这部分称为无定形区。在纤维素的结晶区旁存在非常多的孔隙，孔隙的大小为 100 ～ 1000nm，最大的达 10 000nm。而竹材的改性及防护处理一般都是针对结构疏松的非结晶区来进行的。天然纤维素的结晶结构为单斜晶体的纤维素 Ⅰ 结构。

纤维素的每个葡萄糖基上都含有 3 个羟基，分别处于葡萄糖基环的 2,3,6 位，其中，2,3 位是仲醇羟基，6 位为伯醇羟基。这些羟基的存在直接影响着纤维素的酯化、醚化、氧化、接枝共聚等化学性质，同时会影响纤维素分子间的氢键作用。例如，纤维素纤维的润胀和溶解与氢键直接相关。

纤维素上的游离羟基对极性溶剂和溶液有非常大的吸引力。极性的水分子可进入纤维素的无定形区，与纤维素的羟基形成结合水，当纤维素吸湿达到纤维饱和点后，水分子可继续进入纤维的细胞腔和各级孔隙中，形成多层吸附水或毛细管水，这部分水分子称为游离水。结合水的水分子受纤维素羟基的吸引，排列具有一定的方向，密度较高，能降低电解质的溶解能力从而使冰点下降，并且可以使纤维素发生润胀。

纤维素自身含有呈负电性的糖醛酸基、极性羟基等基团，因此可用带正电的碱性染料直接进行染色。若使用酸性染料，则必须加入明矾来改变纤维表面的电性，才能使染料被纤维吸附，从而达到染色的目的。

纤维素的降解反应包括酸水解、碱水解、氧化、微生物降解以及热降解。酸水解主要是使相邻葡萄糖单体间的糖苷键被酸裂解，而碱水解反应则是使部分配糖键发生断裂导致聚合度下降。氧化降解主要发生在葡萄糖基环的 C2、C3、C6 位的游离羟基上，同时在纤维素还原性末端基的 C1 位置有时也会发生反应。纤维素的热降解过程，温度需要控制在 120 ～ 250℃，其所发生的反应主要包括解聚、水解、氧化、脱水和脱羧基反应。随着结晶度的减小，样品受热降解会更加迅速。温度之所以要控制在低温，是因为低温条件下会出现环间或环内的脱水，环间脱水可以增加稳定的醚连接，环内脱水将得到一种酮-烯醇互变异构体。而在高温阶段，物质会迅速挥发，伴随形成左旋聚葡萄糖，并形成炭黑。

二、半纤维素

半纤维素是由两种或两种以上糖基组成的复合聚糖的总称，其糖基主要包括：D-木糖基、D-葡萄糖基、D-甘露糖基、D-半乳糖基、L-阿拉伯糖基、D-半乳糖醛酸基、D-葡萄糖醛酸基、4-*O*-甲基-D-葡萄糖醛酸基，以及少量的L-鼠李糖基、L-岩藻糖基及各种带有甲氧基、乙酰基的中性糖基。乙酰基以乙酸酯的形式存在，常因酸水解或碱水解而变成乙酸或盐类。大多数的半纤维素带有各种短的数量不等的支链，但主要是线状的，半纤维素是一种无定形的聚合度较低（小于200，多数为80～120）的物质，且含有大量的可及性强的羟基，这些羟基极易吸水润胀，因此，竹材及竹制品在制造和使用过程中的干缩湿胀及尺寸变形大多数是受到其中所含的半纤维素的影响。

竹材中90%以上的半纤维素是D-葡萄糖醛酸基阿拉伯糖基木聚糖（图2-12，图2-13），它包含4-*O*-甲基-D-葡萄糖醛酸、L-阿拉伯糖和D-木糖，分子比为1.0∶1.0∶1.3。在阿拉伯糖基木聚糖的组成上，竹材与针、阔叶材有所不同，此外，竹材木聚糖的聚合度比木材要高，竹材中戊糖含量为19%～23%，接近阔叶材的戊糖含量，比针叶材（10%～15%）高得多。

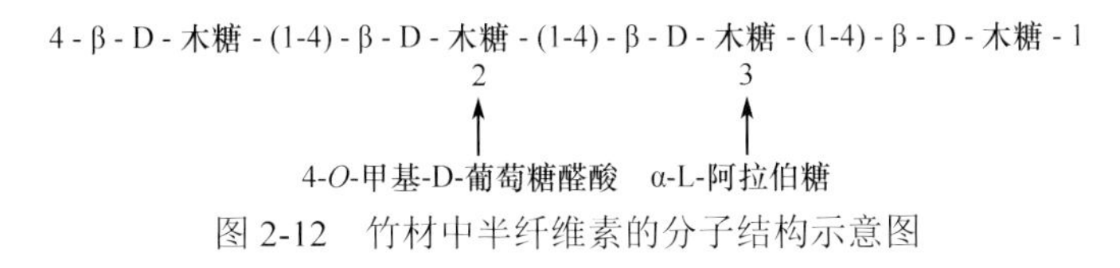

图2-12　竹材中半纤维素的分子结构示意图

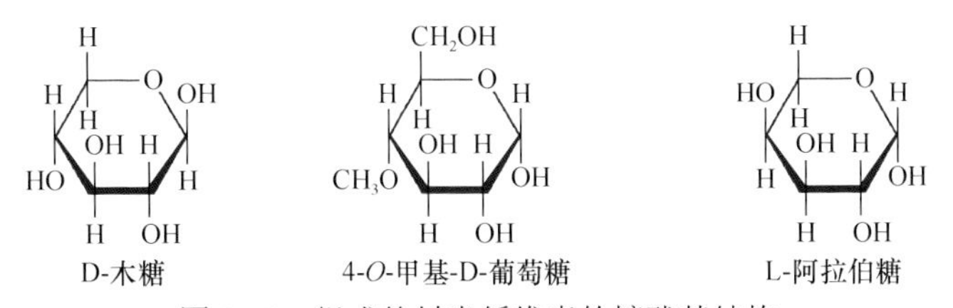

图2-13　组成竹材半纤维素的糖残基结构

半纤维素的水解与纤维素的水解机制基本一致，但反应情况更为剧烈和复杂。半纤维素在酸性介质中会因糖苷键裂开而发生降解；在碱性介质中也会发生碱性水解和剥皮反应。现实生活中，竹材造纸就是利用竹材中半纤维素易水解的性质进行制浆和打浆的，同时竹材的染色也是利用所含半纤维素及抽提物的酸碱性进行着色处理的。

在加热条件下，半纤维素会发生降解，在组成竹材的三种主成分中，半纤维素开始降解时所需的温度最低，大约从120℃开始，当有水存在的条件下，会在更低的温度下发生软化，随后在软化点上进行降解。半纤维素的降解幅度是三种主成分中最大的，它开始热解的反应与纤维素类似，首先是糖苷键开裂解聚，同时伴随着氧化、脱水和脱羧基反应（江泽慧，2002；刘一星，2004）。

三、木质素

木质素是一种在自然界的分布和含量仅次于纤维素的纯天然有机高分子聚合物。木质素占竹材质量的 15% ～ 25%，在竹材细胞壁中起加固和填充作用，在胞间层中起黏结相邻两细胞的作用。

木质素是一种具有三维网状支链结构的芳香族天然高分子聚合物，由苯基丙烷结构单元（即 C6-C3 单元）通过醚键、碳-碳键连接而成。主要包括愈创木基结构、紫丁香基结构和对羟基结构三种基本结构单元（图 2-14）。不同原料的木质素含量及组成不同。针叶材木质素结构单元为愈创木基苯丙烷，阔叶材木质素结构单元为紫丁香基苯丙烷和愈创木基苯丙烷，而竹秆木质素结构单元主要为愈创木基苯丙烷和紫丁香基苯丙烷，除此之外，竹材中还含有少量的对羟基苯丙烷单元结构。五年生毛竹的木质素主要是由对羟基苯丙烷单元（H，1% ～ 2%）、愈创木基苯丙烷单元（G，21% ～ 31%）和紫丁香基苯丙烷单元（S，67% ～ 78%）组成。

图 2-14　木质素的三种基本结构单元示意图（从左到右简写依次为 G、S、H）

木质素的基本结构单元以多种形式结合，从而构成不规则分布的无定形高分子聚合物，在竹材内呈立体网状分布，木质素的基本结构单元中含有甲氧基（—OCH_3）、羟基（—OH）、羰基（—C═O）等多种功能基团。其中，甲氧基是木质素最有特征的功能基团之一。木质素中的甲氧基一般比较稳定，但在高温作用下，如当竹片用氢氧化钠或硫酸盐法蒸煮时，木质素甲氧基中的甲基将裂开，从而形成甲醇。根据数据统计，针叶材木质素中的甲氧基含量为 14% ～ 16%，阔叶材为 19% ～ 22%，与竹材类似的草类为 14% ～ 15%（文甲龙，2014）。

羟基是木质素中最重要的功能基团之一，根据其存在的状态可分为两种类型：一种是存在于木质素结构单元苯环上的酚羟基，另一种是存在于木质素结构单元侧链上的脂肪族羟基。在苯环上的酚羟基中，有一小部分以游离酚羟基的形式存在，但大部分呈醚化的形式与其他木质素结构单元相连接。

木质素苯基丙烷结构单元之间以醚键或碳-碳键相连接，其中，醚键是木质素结构单元间的主要连接键。在木质素大分子中，有 60% ～ 70% 的苯丙烷结构单元是以醚键的形式连接到相邻的单元上的，而剩余 30% ～ 40% 的结构单元之间则以碳-碳键相连接。

醚键连接按其类型有酚醚键连接（包括烷基芳基醚和二芳基醚）和二烷基醚连接。在木质素结构中，酚醚键连接是以苯基丙烷结构中苯环的第四个碳原子与另一个苯基丙烷单元侧链以醚键形式连接，是醚键的主要形式；如果连在另一个结构单元侧链的 α-位置上，则称为 α-烷基-芳基醚键，简称为（α-*O*-4）连接；如果连在 β-位置上，则称为 β-烷基-芳基醚键，简称为（β-*O*-4）连接（图 2-15）。木质素经化学处理或者受到蒸煮药液的作用，这种结构的醚键将会断开，从而引起木质素大分子的降解。因此，这种结构在木质素的溶解和降解中起着重要的作用。竹材在高温水热或湿热处理时，β-*O*-4 键极不稳定，非常容易发生断裂，并且它的稳定性与温度紧密相关（文甲龙，2014；Wen et al.，2015）。

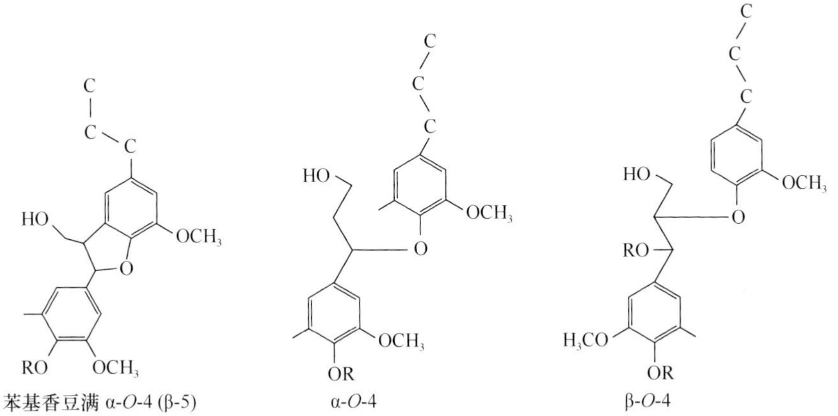

苯基香豆满 α-*O*-4 (β-5)　　α-*O*-4　　β-*O*-4

图 2-15　木质素中醚键的主要类型

木质素大分子的形状类似于球状或块状，相对分子质量在几百到几百万之间。在自然界，不存在天然的木质素，各种纯的木质素都是通过不同的化学分离方法得到的，其相对分子质量随分离的方法和条件变化而异。木质素和半纤维素相同，都是热塑性的高分子化合物，在玻璃化温度以下，木质素呈玻璃固态，但若在玻璃化温度以上，分子键发生运动，木质素发生软化（软化点 130 ～ 210℃），同时具有弯曲变形的能力。当木质素吸水润胀时，软化点可降到 80℃以下，此时可用水煮或气蒸的方法来软化和加工竹材。生产上，竹材弯曲、软化、薄木切削、热压定型等生产过程的顺利实施，均由木质素的热塑性和软化温度所决定。例如，目前使用广泛的竹集成材，主要就是在圆竹的基础上通过高温，把竹材弯曲成各种形状，材质坚韧且致密，这些都与竹材的木质素及化学结构息息相关。

目前，木材、竹材木质素的具体结构仍然没有定论，5 年生球磨毛竹木质素的结构特征示意图见图 2-16，其为典型的 HGS 型木质素，主要由 β-*O*-4 芳基醚键，β-β、β-5 连接键和 β-1 螺旋二烯酮连接键，以及 α,β-二芳基醚键组成，此外，在磨木木质素中，对香豆酸酯化在木质素侧链的 γ 位置，但在碱木质素中，仅有一小部分对香豆酸酯连接在木质素的侧链上；磨木木质素可能主要来自胞间层，且结构受球磨过程影响（含有更多的酚式羟基），而碱木质素则主要来自次生壁 S2 层，含有更多的紫丁香基单元和芳基醚键，且含有更多的 α,β-二芳基醚键，说明原本木质素不仅在竹材不同部位的含量有所差异，在成分和结构上也有所不同（文甲龙，2014；Wen et al.，2015）。

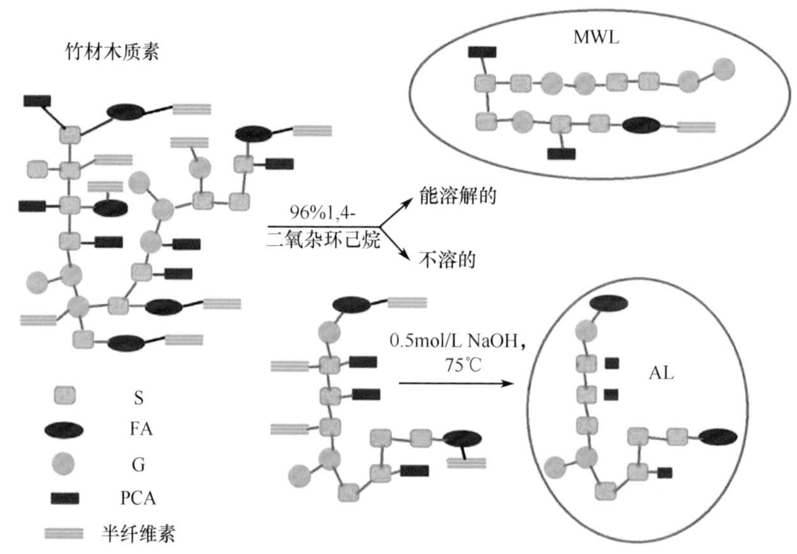

图 2-16　5 年生球磨毛竹木质素的结构特征示意图（文甲龙，2014；Wen et al.，2015）

AL，碱木质素；MWL，磨木木质素；FA，阿魏酸酯；PCA，羟基肉桂酸；S，S 型单元；G，G 型单元

第四节　竹材性质与保护

竹材是天然可再生高分子材料，生物合成速度快，具有韧性好、强度高、耐磨损、色泽高雅等诸多优点，作为结构材料或装饰材料都具有良好的前景，但竹材中的化学成分能为许多微生物提供充足的营养物质，尤其易遭白蚁蛀蚀，导致建筑材料降级，甚至造成严重的经济损失和人员伤亡（Kaminski et al.，2016）。除此之外，

竹材常常因为环境的温湿度变化以及微生物的存在而发生劣化，表现为尺寸稳定性差、易腐朽霉变、易燃易开裂，导致其产品耐久性能差，附加值低。因此，对竹材进行防护，改善竹材的这些缺陷，能够使竹材的尺寸稳定性、抗变色、阻燃、耐腐、抗霉变等方面的性能有较大程度的提高，同时兼具某些特殊的功能，具有重要的理论和现实意义（陆方等，2015）。

一、物理力学性能与防护

（一）多孔结构与防护

竹材是多孔性结构，具有中空的导管、纤维、薄壁细胞等细胞类型，这些细胞的细胞壁上还含有一定数量的单纹孔或具缘纹孔，因此，天然多孔的竹材能为许多种类的细菌、真菌和蛀虫提供充足的生存空间及营养物质，导致其极易被生物劣化。而竹材人造板、竹集成材、竹重组材等，使用了耐生物侵蚀的胶黏剂以及添加剂等材料，不但减少了竹材的孔隙率，而且提高了竹材的防护性能（贺勇和戈振扬，2009）。

使用防霉剂、防腐剂、改性剂、漂白剂等对竹材进行加工和处理，是提高竹材防护性能的最有效方法，这正是利用了竹材内部的多孔结构，使处理剂等物质能从竹材表面渗透到竹材内部，从而起到长久的防护作用。然而，竹材在横向和纵向的渗透性不同，表现为强烈的各向异性和不均匀性，从竹黄向外，渗透性逐渐下降，这主要受竹材的纹孔数量和密实化纤维细胞多少的影响（Huang et al.，2017）。为了提高渗透处理效果，获得均一、稳定的产品，常利用超声、压痕、低浓度盐酸结合微波处理来提高竹材的孔隙度和渗透性。研究发现，在 100℃条件下，用 0.5% 的稀盐酸处理毛竹 3h，能够润胀毛竹纤维素的结晶区，再使用 200 ～ 1200W 的微波处理 10min（样品泡于水中防止燃烧），能使竹材内部的水分转变成蒸汽并在喷出过程中破坏导管、筛管和薄壁细胞的细胞壁，从而显著提高毛竹的渗透性，使其吸水性提高约 30%，并保持一定的力学性质（Huang et al.，2015b）。再如室外使用的竹材家具、公园栈道或园林建筑，在加工时须进行防护处理，从而增加其服务期限（吴岩等，2008）。

（二）颜色与防护

目前，对竹材进行颜色处理的方法主要有漂白、染色、高温炭化处理等，这些方法主要是通过改变竹材内部的物理或化学结构，从而改变竹材的颜色，并使其外观颜色更加均匀、一致，尺寸稳定性和耐久性也会有所提高。例如，漂白可以破坏竹材中的淀粉结构，减少了虫蛀的危害，而高温炭化处理则主要是减少了竹材中半纤维素的羟基数量，从而增加竹材的尺寸稳定性，降低吸湿性，其间发生的氧化反应使竹材的颜色更深、更均一（胡够英，2012）。笔者在对竹材湿热处理的研究中发现，180℃处理后，木质素氧化，抽提物外移，毛竹的颜色由浅黄色转变成沉稳的深棕色；非结晶区中的半纤维素和木质素发生降解，导致孔隙率增加，相对结晶度变大，细胞壁力学性能增强；半纤维素中的游离羟基减少，形成更稳定的氢键，尺寸稳定性提升，抗变形能力增强，防护性能提高（黄艳辉，2019）。

（三）含水率与防护

竹材中的含水率与木材类似，会随着环境温湿度的变化而波动。竹材在高湿条件下使用时（80% 以上），极易发霉。当竹材含水率达到 20% 时，真菌就可寄生存活（Kaminski et al.，2016）。例如，家庭常用的竹砧板，在使用时常接触水分，如不及时晾干，就会迅速发霉，所产生的霉菌对人有强致癌作用。另外，竹材砍伐时，含水率多在 60% 以上，最好立即对其进行气干或强制干燥，使其含水率低于 12%，从而不发生霉变劣化，以满足不同的使用要求（李晖等，2017）。常用的竹材及其制品，如家具、地板、工艺品，一般将其含水率控制在 8% ～ 12%。

除此之外，涂饰和封边处理也是一种非常有效的隔绝水分和湿气的方法。基本上，目前所使用的竹家具、竹基材料等都会进行涂饰或封边处理。在常见的板式家具中，所使用的封边技术大多是热熔胶作为胶黏剂，聚氯乙烯（PVC）进行封边，而这种加工方法在多数情况下会存在缝隙（激光封边除外），缝隙处的竹材易发生吸湿膨胀，导致封边脱落，从而不能有效地使竹材隔绝水分和湿气，所以，在对竹材进行含水率防护处理时，最有效的方法是进行涂饰和激光封边，从而将外界的水分和湿气完全隔绝。

（四）密度与防护

竹材种类不一样，密度也不同，一般而言，密度低时易进行防霉、防腐、防蛀、阻燃等处理，能够达到好的防护效果。对于竹材来讲，根据使用目的可以将其划分为不同的密度等级，从而应用于不同的领域，同时可以通过对竹质材料的密度进行设计，达到竹材防护的目的（侯新毅等，2010）。例如，现在新研发的气凝胶就是一种密度极小的材料，而竹薄壁细胞又是非常好的用于气凝胶制备的材料，因此，通过研发这种材料，不仅可以使竹材得到高附加值利用，同时起到了节约竹材、保护竹材的作用。类似地，竹材人造板、竹木复合材，这些都属于中密度材料，质量适中，适合搬运，同时又能达到使用时对力学性质的要求。

展平竹、重组竹等新型竹材，它们的共同特点是密度大、力学强度好，因此，在使用它们做家具时，可以适当减小家具的尺寸，节约用材，使家具显得轻盈、有设计感。另外，由于重组竹等新型竹材在制造时易被挤压，密度大幅增加，内部的孔隙率大大降低，从而减少了真菌、蛀虫等微生物的生存空间及所需要的氧气，起到一定的防护作用，延长其使用寿命，适合制造户外制品（林举媚，2008）。

（五）力学性能与防护

与木材相比，竹材具有非常好的力学性能，如抗拉、抗压、抗剪切、抗长期荷载性能等，这些都影响着竹材的加工和利用。然而，竹材是易吸湿、易霉腐、易燃烧的材料，若不进行防护，力学性能就会下降甚至失效。目前，有关竹基材料的研究，大部分都是对竹材的物理力学性能进行防护加工，从而使竹材的力学强度、刚性、尺寸稳定性等有所增强。例如，竹木复合集装箱底板就是利用机械强度和耐磨性较好的竹材为面层材料，采用马尾松旋切单板或性能相当的速生树种旋切单板作为芯层材料，以酚醛树脂为胶黏剂，经组坯热压制成竹木复合材，它强度高、刚性好、加工尺寸误差小、外形美观，是竹材力学设计和优化的典范，对于节约竹材、实现竹材的最优利用具有重要的意义，也是一种可持续的竹材防护措施（张双燕等，2011）。

同时，竹材既是典型的梯度结构，又是天然的两相复合材料（维管束为增强体，薄壁细胞为基质），其韧性、编织性及抗压性能较其他材料优越许多，因此，常被用于大型风力发电叶片、竹缠绕管、编织制品等工程材料中。但是，天然的竹材耐腐性差、易开裂变形，所以，在使用时，常将竹材与合成树脂进行复合（如重组竹），以寻求在力学上最优化、在材料上可持续、在防护上具备较好的防腐性和较长的使用期限（上官蔚蔚，2015；Kumar et al.，2018）。

二、化学组分与防护

竹材主要由木质素、纤维素和半纤维素三大成分组成，同时还有 2% ～ 6% 的淀粉、2% 的除淀粉外的其他糖类、1.5% ～ 6% 的蛋白质、无机盐、果胶质、单宁、色素等抽提物（Sun et al.，2011），而含量远比木材中高的淀粉、其他糖类和蛋白质都是真菌、蛀虫等非常喜爱的食物，致使竹材极易遭受菌、虫侵害而发生变色和材质劣化（Tomak et al.，2013；李晖等，2018）。例如，印度的 Bhat 等（2005）研究印度簕竹（*Bambusa bambos*）中的淀粉含量和粉囊虫对其的危害关系，发现两者关系密切，淀粉含量较高的竹中部分遭受粉囊虫的危害较为严重，而淀粉含量较低的竹青部分被危害的程度较轻。因此，对竹材的化学成分进行适当的防护，如加工竹单板或微薄竹时，可利用软化的热水将竹材内部的淀粉洗掉；再如干燥或热处理时，可利用高温将半纤维素、木质素、淀粉及其他糖类、蛋白质和水分的成分改变或消除，从而得到防护性能好的产品（Cheng et al.，2013）。

竹材中的半纤维素分子结构中含有大量羟基，这些羟基易与水分子结合，使竹材的含水率和尺寸发生变化，导致其发生开裂、变形、霉变、腐朽。因此，竹材加工时需要对其进行干燥处理，利用时需保持通风、干燥，并做好防水防护处理，可以刷油漆，也可以采用结构设计上的防护，如厨房用的砧板可以使用有力学束缚的框架结构，也可以定期刷桐油进行防护。

依据竹材的化学成分特点，发展环保高效的竹材保护试剂及保护方法，开发专用于竹材保护的新配方、新工艺，是进行竹材防护的有效途径。如今，环保的竹材改性试剂逐渐被研发出来，如纳米 ZnO 薄膜改性试剂，这种试剂可显著改善竹材防霉和抗光变色性能，且无须昂贵设备、无毒无害，对周围环境无影响，达到了长效的“三防”处理防护效果（宋剑刚等，2017a）。再如，电晕处理也是一种高效清洁的材料表面物理改性方法，经电晕、磷酸/硅烷偶联剂（KH550）溶液联合处理后，竹材表面产生了刻蚀、聚合、交联等一系列复杂的物理化学变化，其界面性能显著提高。除了改性试剂，通过炭化处理降低半纤维素及其游离羟基含量的方法，也可以达到竹材防护的目的，处理后的竹材亲水性降低，淀粉和蛋白质成分降解，在干缩湿胀、尺寸稳定性、抗变色、阻燃、耐腐、抗霉变等方面有较大程度的改善，同时兼具某些特殊的功能，可以有效地提高竹材的利用率，延长其使用寿命，提高其附加值（陆方等，2015）。

公共场合中大量使用的防火门、天花板、地板或其他建筑构件等，被要求必须达到一定的阻燃级别，而竹材是易燃性材料，因此，须提高竹材的阻燃防护性能，才能扩大竹材的应用范围（张玉红等，2018）。目前，环保、高效的化学阻燃试剂的开发是竹材防护的主要渠道，如用环保的纳米 ZnO 提高竹材的阻燃性能，用新型 PNB 阻燃剂处理竹材（余雁等，2009）。另外，竹材强重比高，可将竹材脱去部分半纤维素、木质素化学成分后再密实化处理，将其应用于力学性能要求高的建筑领域、家具制品及智能产品，如制备 10mm 或更薄的高强超薄板材，该板材在柜类产品中具有广阔的应用前景。

第三章　竹材防霉

竹材及其制品以原材料速生、丰产、再生能力强等特点成为人们普遍关注的低碳环保材料。随着竹产业的迅猛发展，产品的种类和应用领域不断延伸，从传统的工艺品和日用品发展到家具、地板、门窗及电脑键盘等领域，从室内应用拓展到户外建筑，呈现出国民经济建设广阔的应用前景。但是，这些竹材在加工、贮存、运输和使用过程中都有可能发生霉变。竹材的霉变不仅影响了加工企业的市场竞争力，也成为消费者选用竹制品的最大顾虑。因此，竹材防霉是竹材工业化利用必不可少的环节。

第一节　防霉的定义及重要性

霉菌分布广泛，在温暖潮湿的环境中，生长和繁殖十分迅速，导致家具、地板、墙板、梁柱等装饰和装修材料霉变（图 3-1），产生难闻的霉味，不仅影响外观，还可能引发呼吸道疾病。防霉就是采用各种方法，保护易霉变材料不受霉菌侵染的一种处理方法，一般采用物理、化学、生物或者机械的方式隔离霉菌或抑制霉菌孢子的萌发和菌丝体的生长。

图 3-1　竹材霉变

竹材的基本组织由薄壁细胞组成，常含有大量淀粉（图 3-2），是其易发霉、变色和虫蛀的主要原因。此外，竹材主要成分与木材相同，由纤维素、半纤维素和木质素组成，竹材半纤维素以戊聚糖为主。因此，竹材也容易遭受腐朽菌侵染。与腐朽相比，竹材的霉变更为普遍。

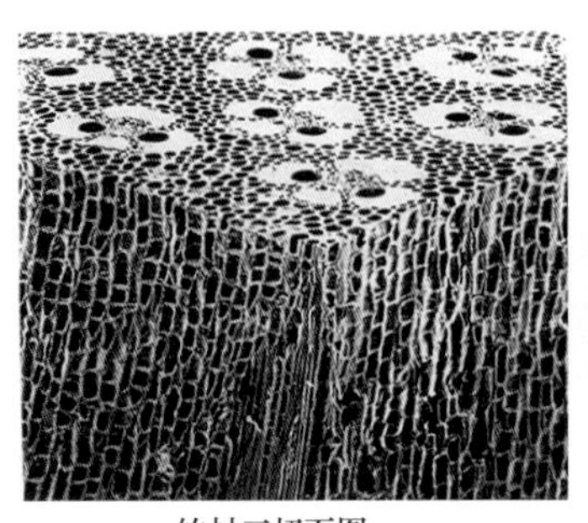
竹材三切面图

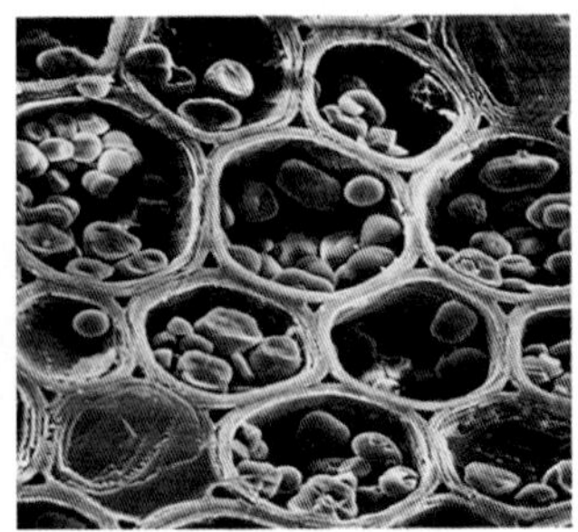
竹材薄壁细胞中的淀粉粒

图 3-2　竹材三切面及竹材薄壁细胞中的淀粉粒

竹结构或竹建筑的霉变，严重影响产品的外观，成为设计师、建筑师和消费者应用竹材的最大顾虑。竹家具、竹地板、竹工艺品和日用品等在运输过程中发霉会给企业造成巨大损失。因此，霉变是竹质材料应用中需要重视和解决的主要问题。

第二节　竹材霉菌特征

一、霉菌的形态结构

霉菌，是丝状真菌的俗称。构成霉菌体的基本单位称为菌丝，在显微镜下观察呈管状（图 3-3），直径 2 ～ 10μm。菌丝无隔膜或有隔膜，具 1 至多个细胞核。

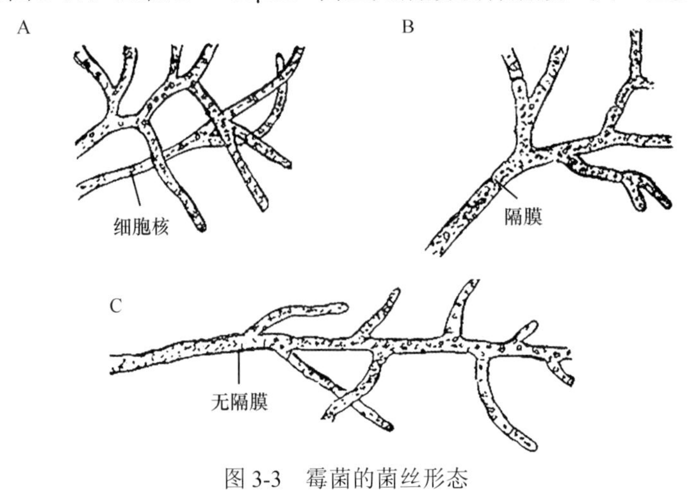

图 3-3　霉菌的菌丝形态

霉菌在竹材上生长时，部分菌丝侵入竹材吸收养料，称为营养菌丝（也称基内菌丝，图3-4）。另一部分菌丝向空中伸展，称为气生菌丝，这些菌丝可进一步发育为繁殖菌丝，产生孢子。大量菌丝交织成绒毛状、絮状或网状等，称为菌丝体。菌丝体常呈白色、褐色或灰色等，有的可产生色素，污染竹材表面（邢来君等，2016）。霉菌孢子含有不同的色素，使竹材表面产生绿色、黑色、褐色、棕色和黄色等污染。

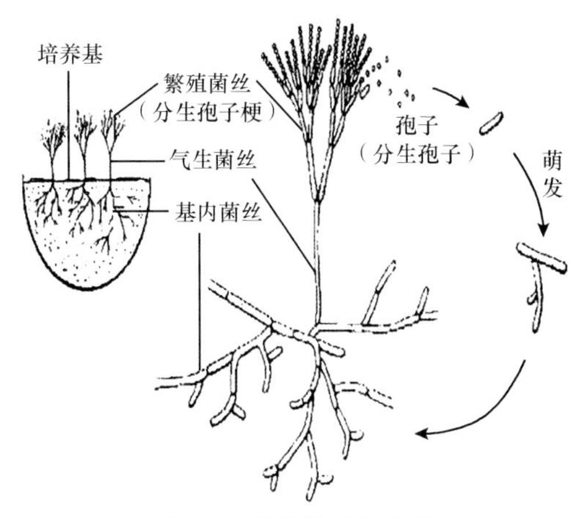

图3-4 霉菌的菌丝类型

二、霉菌的生长与繁殖

（一）霉菌的生长

霉菌的生长一般是由孢子萌发产生一个短的芽管，菌丝从这个点向各个方向生长，菌丝的顶端是生长点，成熟的菌丝壁上能产生新的顶端，从而产生分枝，第一次分枝上产生第二次分枝，周而复始连续不断，最终形成网状的菌丝体。霉菌与其他生物一样，为了生长和繁殖，就必须不断地从周围环境吸收营养物质，通过新陈代谢作用获得能量并合成新的细胞物质，同时，将体内的废物排出体外。环境条件的改变可使霉菌的形态、生理、生长和繁殖等特征发生改变。在适宜的环境中，霉菌能旺盛地生长和繁殖；在不适宜的环境中，霉菌的生长和繁殖受到抑制或改变原来的特性；在恶劣的环境中，霉菌就会死亡。霉菌的生长和繁殖需要以下条件。

1. 营养

通常情况下，霉菌缺乏分解纤维素、半纤维素和木质素的能力，因此不降解竹材细胞壁，不影响强度。霉菌菌丝多从细胞壁的纹孔穿过去，吸取和利用竹材薄壁组织中贮存的糖类、蛋白质、磷脂等内含物。竹材含有较多的糖等营养物质，易遭受霉菌侵染。概括来说，霉菌在竹材上能利用的营养物质主要包括碳源营养物质、氮源营养物质、无机盐和生长素等。碳源化合物是构成菌体的重要营养物质，又是产生各种代谢产物和细胞内贮藏物质的主要原料，同时也是异养微生物的能量来源。霉菌所需的碳源营养主要包括糖类等碳水化合物。氮素是构成霉菌菌体细胞蛋白质和核酸的主要元素之一，因此氮源营养对霉菌非常重要。竹材中的蛋白质、硝酸盐和氨基酸等含氮物质均可以被霉菌利用。

2. 水分

水分对霉菌的生长和繁殖起重要作用。霉菌的细胞周围有一层水膜，便于营养的吸收和酶的扩散。干燥环境不利于霉菌的生长和繁殖，保持竹材干燥不容易霉变。水分太多也不利于霉菌生长，如浸泡在水中的竹材一般不会霉变，原因在于霉菌在水中难以形成孢子，同时水中缺乏氧气而限制霉菌生长。

与霉菌生长发育密切相关的是水分活度（water activity，Aw）。水分活度是指在密闭空间中，材料中水的蒸汽压与相同温度下纯水的饱和蒸汽压的比值，可用水分活度仪进行测试。

$$\mathrm{Aw} = p/p_0 \tag{3-1}$$

式中，p 是某种材料在密闭容器中达到平衡状态时的水蒸气分压；p_0 是相同温度下纯水的饱和蒸汽压。p/p_0 又可以称为相对蒸汽压。

水分活度表示基质中水分存在的状态，反映微生物可利用的水分程度，数值上等于空气的平衡相对湿度，为 0 ～ 1。水分活度值与材料含水率、大气相对湿度和温度等有关。

水分活度值越高，可利用的水分越多；反之，越少。Aw 值在 0.65 以下只有少数霉菌能生长，称为干性霉菌。竹材在贮藏和运输过程中，如果将 Aw 值降低到 0.65 左右，基本上可以消除霉菌的污染。当水分活度在 0.93 ～ 0.97 时，大多数霉菌生长最快（吴旦人，1992）。一般说来，菌类的生活细胞（菌丝）对干燥比较敏感，干燥常可引起死亡。但是，它们的孢子对干燥的抵抗力却很强。如果不经高温、辐射或药剂处理，霉菌孢子一般可保持生命力几年甚至几十年，只是在干燥状态不能萌发而已。

3. 温度

温度是影响霉菌存活、生长与繁殖的重要因素之一。霉菌有其最适生长温度、最高生长温度和最低生长温度。例如，指状青霉、桔青霉、黑根霉的孢子萌发温度分别为 15 ～ 35℃、15 ～ 35℃和 15 ～ 40℃，黑曲霉和黄曲霉均为 25 ～ 40℃。指状青霉和桔青霉菌落的生长温度为 15 ～ 35℃，最适生长温度为 25℃，黑根霉、黑曲霉、黄曲霉的生长温度为15～40℃，最适生长温度为30℃（翁月霞和吴开云，1991；冉隆贤等，1997）。

在一定温度范围内，霉菌的代谢活动和生长繁殖随着温度的升高而增加，当温度上升到一定程度，开始对菌体产生不利影响，如温度继续升高，菌体的组成物质如核酸、酶及其他蛋白质等可能遭受不可逆的破坏，导致霉菌细胞功能急剧下降以至死亡。当温度从最适生长温度下降到最低生长温度时，微生物的生长速率也随之下降甚至完全停止。一般来讲，微生物对低温的抵抗能力较之对高温的抵抗能力强。多数霉菌在低温下进入休眠状态而不死亡，或形成保护性结构来渡过不适宜的环境条件。霉菌生长过程中如果环境条件发生剧烈变化，群体中的大多数个体会死亡，其中个别个体会发生变异而适应新的环境，在霉菌的防治工作中，常因其发生变异产生耐药性而给防霉工作带来困难（王恺等，2002）。

4. 酸碱度

环境中的酸碱度（pH）对霉菌的生长和繁殖有很大的影响。大多数霉菌的最适pH为4～6。但霉菌对pH的适应性很强，黑曲霉、指状青霉、桔青霉、黄曲霉和黑根霉在pH为3～11的培养液中均能生长。研究表明，通过改变竹材的pH能够起到防霉作用，如采用1%的盐酸溶液和1%的氢氧化钠溶液分别对竹材进行抽提处理，然后以木霉、青霉和黑曲霉为试菌进行室内防霉测试，结果发现，酸处理和碱处理均能提高竹材的防霉性能，尤其是酸处理能在短期内防止竹材霉变。但是，随着时间的推移，霉菌逐渐适应竹材环境开始蔓延（Sun et al.，2011；Tang et al.，2012）。虽然酸或碱能赋予竹材一定的防霉性能，但是需要注意的是，酸处理会对竹材强度产生影响，碱处理会引起竹材变色。

5. 氧气

多数霉菌需要在有氧的环境中生长，但是霉菌所需要的氧气很少。氧气参与霉菌的呼吸代谢和能量转化。氧气供应的缺乏可能会影响霉菌生长速度，甚至改变菌丝体和孢子产生的色素。竹材是多孔性材料，通常含有霉菌所需的氧气。

（二）霉菌的繁殖

霉菌可以借助菌丝或者孢子在竹材上蔓延和繁殖。霉菌孢子小而轻，易于借助空气传播，也能通过水滴和昆虫等传播扩散。当孢子落到竹材上，温湿度等条件适宜的情况下就开始萌发，产生菌丝，侵染竹材，时机成熟时再产生大量的孢子，继续侵染周围竹材。

霉菌有着极强的繁殖能力。其繁殖方式多种多样，但主要繁殖方式（图3-5）是通过产生无性孢子和有性孢子繁殖（邢来君等，2016）。

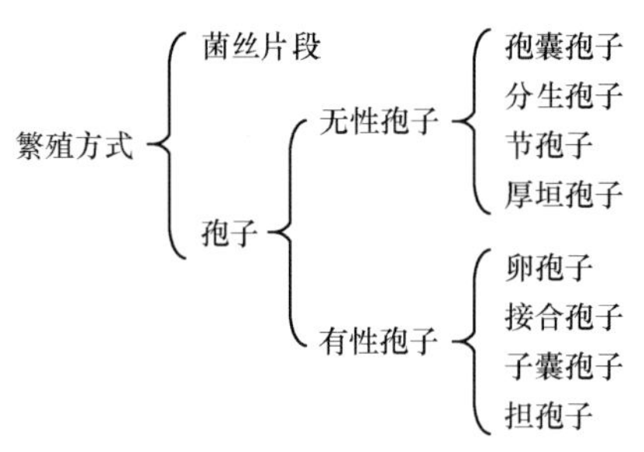

图 3-5　霉菌的繁殖方式

1. 无性孢子繁殖

霉菌的无性孢子由繁殖菌丝分化形成，常见的有厚垣孢子、节孢子、孢囊孢子和分生孢子。厚垣孢子又称厚壁孢子，多数真菌可形成这类孢子，壁厚，寿命长，能抗御不良外界环境，通常由菌丝中间个别细胞膨大，原生质浓缩，壁变厚而形成，如毛霉属中的总状毛霉（*Mucor racemosus*）。节孢子由菌丝隔膜断裂形成。菌丝生长到一定阶段，出现许多隔膜，然后从隔膜处断裂，产生许多孢子。分生孢子由菌丝顶端或分生孢子梗特化而成，是一种外生孢子。有隔菌丝的霉菌如青霉、曲霉、木霉和交链孢霉等大多数真菌均属于分生孢子繁殖。孢囊孢子指生在孢子囊内的孢子，是一种内生孢子。孢子成熟后孢子囊破裂，散出孢囊孢子。无隔菌丝的霉菌如毛霉、根霉主要形成孢囊孢子。

霉菌无性繁殖产生的孢子数量大，而且孢子具有一定的抗性，这也是霉菌污染严重、难以控制的主要原因。

2. 有性孢子繁殖

霉菌的有性繁殖多发生在特定条件下，不如无性繁殖普遍。不同霉菌有性繁殖方式不同，有些霉菌营养菌丝就可以结合，而多数霉菌由菌丝分化形成的特殊性细胞结合，产生有性孢子而繁殖。常见的有性孢子有卵孢子、子囊孢子、接合孢子和担孢子。

1）卵孢子

菌丝分化成雄器和藏卵器，当雄器与藏卵器相配时，雄器中细胞质与细胞核通过受精管进入藏卵器与卵球结合而形成卵孢子。

2）子囊孢子

子囊孢子是产生在子囊菌子囊内的孢子，是子囊菌的主要特性。子囊是一种囊状结构，呈球形、棒形或圆筒形。一般每个子囊中形成 8 个子囊孢子。子囊孢子的形态、大小、颜色及形成方式等均为子囊菌的菌种特征，常作为子囊菌分类的依据。

3）接合孢子

接合孢子是由相邻菌丝相遇，生出结构基本相似、形态相同或略有不同的两个配子囊结合形成的。

4）担孢子

担孢子是担子菌所特有，是经两性细胞核配合后产生的外生孢子。

三、危害竹材的主要霉菌

危害竹材的霉菌多数隶属于子囊菌纲和半知菌纲的真菌。不同霉菌分生孢子的颜色不同，竹材感染霉菌后表面可形成黑、绿、黄红、蓝绿等不同颜色的霉斑。竹材上最常见的霉菌有木霉属（*Trichoderma*）（变绿）、曲霉属（*Aspergillus*）（变黑）、青霉属（*Penicillium*）（变绿）、根霉属（*Rhizopus*）（变黑）、粘帚霉属（*Gliocladium*）和毛霉属（*Mucor*）的真菌等（段新芳，2005）。

（一）木霉属真菌

木霉菌属于半知菌类的丝孢纲丛梗孢目丛梗孢科，广泛存在于土壤、木材、竹材及其他制品表面，其菌丝无色或浅色，有分隔，能分泌纤维素酶，使纤维原料分解。由菌丝分化出不规则分枝的分生孢子柄对生或互生，一般有 2 ～ 3 次分枝，侧枝上长出小梗，小梗上的分生孢子成簇，每簇有 4 ～ 20 个分生孢子，分生孢子多为绿色或蓝绿色。木霉菌适应能力强，产孢量大。

竹材染菌后初期产生白色纤细的致密菌丝，逐渐形成无定形菌落，之后从菌落中心到边缘逐渐产生分生孢子，使菌落由浅绿变成深绿色霉层，通常菌落扩展很快。木霉属真菌中的绿色木霉（*Trichoderma viride*，图 3-6）是竹材发霉的主要真菌之一，受这种真菌感染的竹材表面呈绿色，感染速度很快，在温暖潮湿的环境中，只要几天时间，就能覆盖竹材表面。

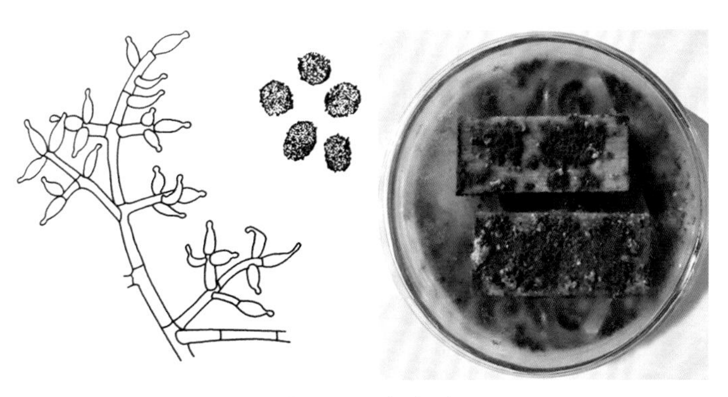

图 3-6　绿色木霉

（二）曲霉属真菌

曲霉菌丝有隔膜，为多细胞霉菌。部分气生菌丝可以分化生成分生孢子梗，分生孢子梗顶端膨大成为顶囊，顶囊一般呈球形。在顶囊表面以辐射状生出一层或两层小梗，在小梗上着生一串串分生孢子，见图 3-7。以上这几部分合在一起称为孢子梗。分生孢子呈绿、黄、橙、褐和黑等颜色，竹材感染不同种类的曲霉后产生不同颜色。最常见的是黑曲霉（*Aspergillus niger*），自然界中分布广泛，绝大多数菌株对人类和动物是无毒害作用的。黑曲霉菌丝发达且分枝比较多，顶端可看见顶囊，分生孢子头为黑褐色放射状，宛如菊花状，见图 3-8。竹材感染这种

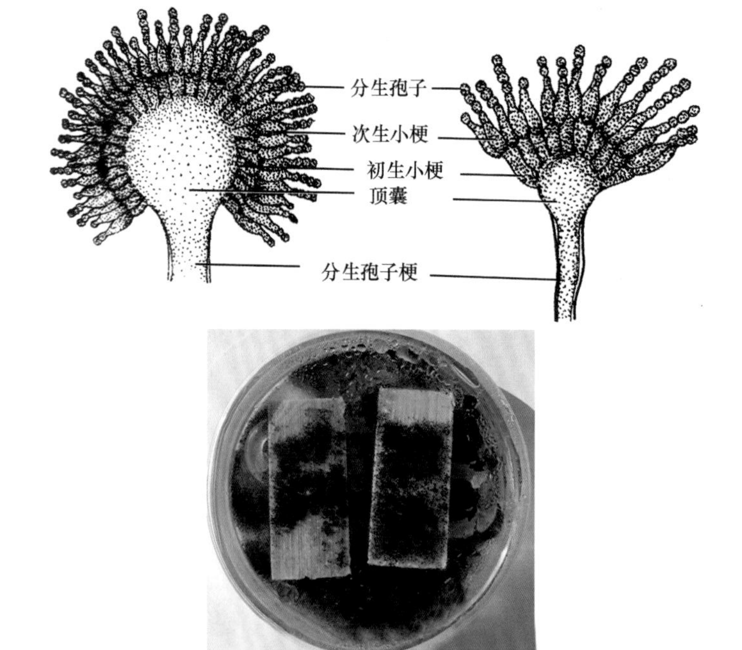

图 3-7　曲霉属真菌——黑曲霉

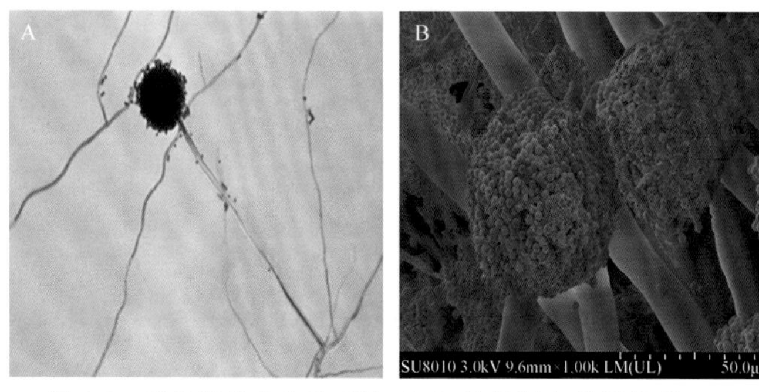

图 3-8　黑曲霉的分生孢子头（A）和竹材上的黑曲霉（B）

霉菌后，表面呈黑色斑点，有时连成片。黑曲霉菌落生长10～14天，直径可达3cm。菌丝生长开始为白色，厚绒状，分生孢子头幼时为球形，渐变为放射形或裂成几个放射的柱状物，一般700～800μm，呈黑褐色。

（三）青霉属真菌

青霉属（*Penicillium*）真菌在自然界分布很广，常生长在腐烂的柑橘皮上，也侵染食品、饲料等，呈青绿色、灰绿色、黄绿色等。青霉菌菌丝有隔膜，分生孢子梗的顶端不膨大，无顶囊，通过多次分枝产生几轮对称或不对称的小梗，然后在小梗顶端产生成串的分生孢子（图3-9），分生孢子一般呈蓝绿色。青霉中有些真菌，如桔青霉（*Penicillium citrinum*）、产黄青霉（*Penicillium chrysogenum*）等能引起水果腐烂、食品变质和竹材发霉。

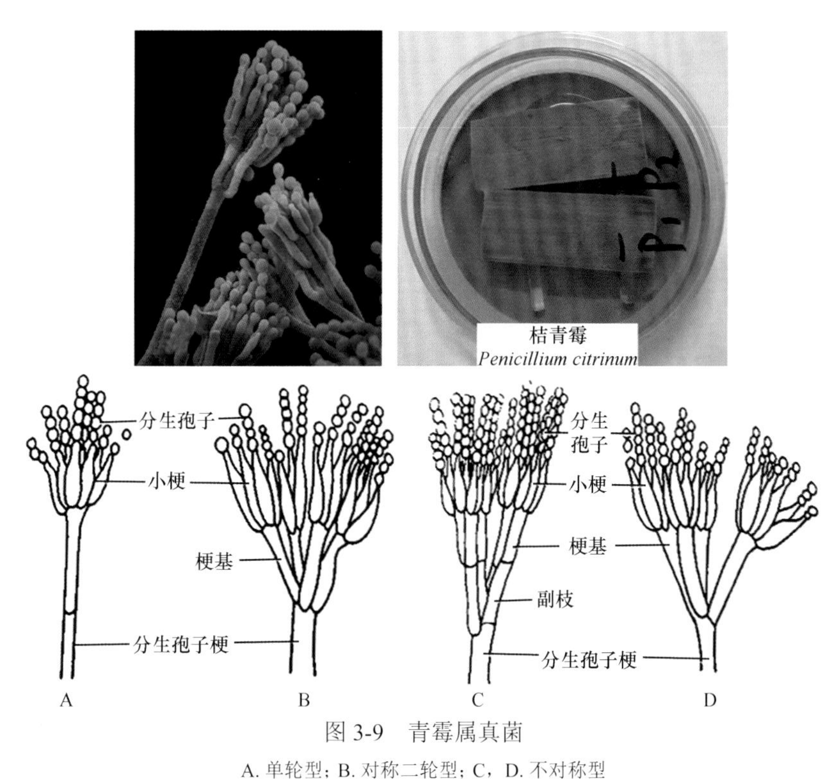

图3-9 青霉属真菌

A. 单轮型；B. 对称二轮型；C，D. 不对称型

（四）粘帚霉属真菌

粘帚霉（*Gliocladium* spp.）属半知菌亚门的丝孢纲真菌，主要存在于土壤中，其形态与青霉属相似，但分生孢子不呈链状结构而集结于由子实体所分泌的黏液中，其中融粘帚霉（*Gliocladium deliquescens*）菌落产生孢子的区域呈暗绿色，分

生孢子 (3 ～ 3.5)μm×(2 ～ 2.5)μm，帚状枝常轮状分枝 3 次或 4 次，能在纺织物和竹材上生长。

（五）交链孢霉属真菌

交链孢霉（*Alternaria alternata*，链格孢菌）菌落呈绒毛状，多为灰黑色至黑色，以分生孢子进行无性繁殖。分生孢子梗呈暗色、单枝、长短不一、顶生不分枝或者偶尔分枝的孢子链。分生孢子呈黑色，有纵横隔膜，倒棍棒形、椭圆形或卵形，常形成链，单生的较少，顶端有喙状的附属丝。此菌侵害竹材后使其表面呈黑色斑点。

霉菌只能利用竹材表层薄壁细胞中的抽提物作为养分，它们对细胞壁无明显的破坏作用，对竹材的强度影响甚微。霉菌菌丝体多为无色，在其生长初期可擦洗除去，对竹材外观无明显影响，但在其生殖生长阶段能产生大量有色孢子，污染竹材表面。污染严重的竹材表面呈褐色或黑色。由于色素的渗透作用，污染可达数毫米的深度，以致洗刷甚至刨削也不能完全除去，影响竹材和竹制品的外观质量。

第三节　竹材防霉处理方法及常用防霉剂

霉菌对不良条件的抵抗力大于木腐菌，对抗菌剂的耐药性也超过木腐菌，许多霉菌还能耐高温。但与腐朽菌降解竹材细胞壁物质、影响竹材强度相比，霉菌主要污染竹材表面，而对竹材的强度影响不大。尽管如此，霉变引起的竹材表面污染不仅严重减低了竹材的外观品质，也会造成空气污染，影响人体健康。因此，需要采取一定的措施对竹材进行防霉处理。由于霉菌主要污染竹材表面，常采用表面处理的方式进行防霉处理。但是，竹材的开裂会使霉菌向竹材内部蔓延。户外使用的竹材不仅出现开裂，表面还可能发生老化和风蚀。因此，户外等特殊环境下使用的竹材还需进行深层防霉处理。

竹材的构造与化学组成对防霉处理方法和效果均有较大的影响。竹材中的输导组织仅占 8%，远低于针叶材的 70%、阔叶材的 20% ～ 30% 和藤材的 30%，且输导组织分布不均匀，从而使药剂处理既困难又耗时，同时难以均匀分布。竹材缺乏像木材那样的横向运输组织木射线，其横向运输主要依赖细胞壁上的纹孔和缓慢的扩散作用。竹节部位组织排列紊乱也对竹材的渗透性造成较大影响。对于圆竹来说，最外层的竹皮（竹青）和内层木质化的竹黄进一步降低了竹材的渗透性。由此看来，竹材的可处理性较差。但是，竹材也有自身的特点，致密的竹青层和疏水的竹黄层形成封闭结构，可利用其纵向渗透性好的特点，采用端部加压等方式提高药剂的渗透性。因此，结合竹材自身特点，深入、系统地研究竹材处理技术必将使竹材的保护处理取得新的突破。

一、防霉处理方法

竹材防霉可以通过控制霉菌赖以生存的条件如水分、营养和温度等实现，主要有三种途径：一是将竹材与霉菌隔离。先采用一定的措施杀灭竹材霉菌，然后进行封闭处理，隔离霉菌。二是控制竹材含水率。将竹材置于干燥、通风和低温的环境中，使其含水率保持在20%以下，或者采用表面或内部疏水处理减小水分的变化。三是改变竹材的成分。采用水或其他溶剂减少竹材中的可溶性糖和淀粉，抑制霉菌的侵染和生长。也可通过添加防霉药剂或对竹材组成成分进行化学改性，以改变霉菌赖以生存的营养成分。防霉药剂处理是一种成本低廉、操作简单和效果较持久的竹材防霉措施，因而得到广泛应用。该方法能使霉菌直接或间接与防霉药剂接触，从而引起霉菌在生理上发生变化而被杀灭。

（一）竹材灭菌并封闭

通过高温、光照、微波、电磁波、红外和超声波等方式杀灭竹材霉菌，然后进行封闭处理，能够保障竹材在贮存和运输中不被霉菌侵染。霉菌广泛存在于空气、土壤和纤维制品上，极易传播到竹材表面，条件适宜就会生长和繁殖，造成竹材霉变。因此，灭菌后的竹制品可采用涂油漆、打蜡、涂覆防水涂料、真空或氮气包装等方式防止环境中的霉菌孢子或菌丝再次侵染竹制品。但是，该方法只能保证隔离保护层不受破坏的情况下竹材不被霉菌感染。一旦隔离保护层破损或老化，霉菌仍然会侵染竹制品。竹材灭菌可采用多种方式，较为普遍的方法是高温灭菌和辐照灭菌。

1. 高温灭菌

将竹材或竹制品置于霉菌致死温度的环境下，经过一定时间杀死霉菌，如烘烤、日晒、蒸煮等。烘烤法是将竹材置于烘房，加热杀死附着在竹材表面上的霉菌，烘烤时间可根据竹材及其制品的厚薄、体积和加热温度而定。日晒法是将竹材及其制品放在日光下照射以防霉变。日晒法一般在夏季晴好的天气进行。其作用机制与烘烤法相似，但要防止日晒过程中开裂和变形。蒸煮可以除去竹材中部分易霉变的糖类物质，杀死霉菌，减少其危害。汽蒸法是利用湿热的蒸汽处理竹材及其制品，杀死霉菌以达到防霉效果。高温热处理竹材就是将竹材置于密闭的容器中，在真空、饱和蒸汽、热油或者氮气保护环境下进行高温处理，一方面杀死竹材中的真菌和蛀虫，另一方面改变竹材颜色和尺寸稳定性。经过高温热处理的竹材具有一定的防霉性能，但是霉菌孢子侵染后，在合适的温湿度条件下仍然会发霉，需要进一步的保护处理。

2. 辐照灭菌

辐照灭菌可以采用微波、电磁波和超声波等方式。微波是波长为 10^3 ～ 10^6μm 或频率为 3 万 kHz 至 3 亿 kHz 范围的电磁波的总称。微波加热是一种介质加热，不依赖热的传导，是高频率电磁能转化为热能的加热方式。微波比远红外线加热干燥和杀菌的速度更快，穿透力更强，效果更好。例如，用微波处理黑曲霉、青霉、黑根霉等霉菌的孢子时，照射 2min，控制温度为 65℃，接种的孢子全部死亡，而用一般加热处理，在 65℃加热 60min 才能达到同样效果。当微波照射到竹材及其制品时，其中的极性分子（如水分子、脂肪、有机物质等）就会大量吸收微波而发生振动和旋转，在分子间产生激烈的摩擦而引起发热，使被处理材的温度急剧上升。竹材中的霉腐微生物也能吸收微波能，引起温度上升，破坏蛋白质及维持霉菌体生命活动的重要成分，从而杀灭霉菌。

（二）竹材含水率控制

水分对霉菌的生长和繁殖起重要作用，控制竹材含水率是一种简单环保的防霉方式，如对竹材进行干燥，并将含水率控制在 20% 以下，能有效抑制竹材的霉变。对干燥后的竹材进行打蜡、油漆和包覆等封闭处理能大大减少竹材的霉变。控制环境的相对湿度以保持竹材处于干燥状态也能防止竹材的霉变。对于大多数霉菌，如黑曲霉、黄曲霉、指状青霉、桔青霉和黑根霉等，在温度为 25 ～ 30℃、相对湿度 93% 以上，霉菌孢子萌发和生长最快，而当相对湿度低于 65% 时，多数霉菌孢子不萌发，菌落不生长（翁月霞和吴开云，1991；冉隆贤等，1997）。

此外，在竹建筑结构设计中，注重竹建筑构件的通风、防潮和防积水能大大减少竹材霉变，屋顶设计对竹墙壁和窗户等的防霉至关重要，屋顶应能防止雨水和阳光等直接接触竹材。

高温热处理不仅能杀灭竹材内部和表面的真菌及虫卵，而且能减缓竹材对水分的吸收。高温热处理过程中竹材的结晶度增加，主要成分如半纤维素发生降解和缩聚，亲水基团减少的同时，疏水性物质增加，平衡含水率降低（张亚梅等，2011；孙润鹤等，2012，2013）。处理材的性质和防霉效果取决于热处理介质与工艺（Cheng et al.，2018；费本华和唐彤，2019）。

疏水改性是控制竹材含水率的有效途径，因而对提高竹材防霉性能也有一定的作用。通过乙酰化改性减少竹材中的吸水羟基，能够赋予竹材一定的尺寸稳定性和耐腐性能，然而处理材的防霉性能未见报道（周慧明等，1985；黄赛赛，2019）。将乙烯类单体如丙烯酸、丙烯酰胺、甲基丙烯酸甲酯、甲基丙烯酸羟乙酯等单体单独或混合注入竹材，聚合后的树脂填充于竹材孔隙中或与竹材成分反应，用此方法制备的竹塑复合材能提高竹材的疏水性和防霉性能（孙芳利等，2004；Wu et al.，2018；李万菊等，2018）。糠醇可在竹材中反应形成体型聚合物，同时与竹材成分如木质素等反应接枝于竹材中（Nordstierna et al.，2008），这种疏水性物质的形成提高了竹材的尺寸稳定性，同时提高了竹材的防霉性能（何莉等，2012；李万菊，2016）。在竹材表面构建疏水或超疏水结构也能改善竹材的霉变性能。该内容将在第四章介绍。

（三）改变竹材的成分

1. 浸水法

改变竹材成分最简单的方式是浸水法，即将竹材及其制品放在流水或者活水中一段时间，使竹材中的可溶性糖和淀粉等营养物质溶出，同时可使竹材霉菌窒息死亡（Kaur et al.，2016a）。该方法至今仍被一些亚洲和拉丁美洲国家的竹农用于贮存或水运竹材，也用于对竹材柔韧性要求高的工艺品或竹席原材料的保存和处理。在经历了 3 ～ 4 周的贮存或水运后，竹材中的淀粉和可溶性糖会流失一部分，从而提高竹材的防霉性能（图 3-10）。但是，该方法耗时且不能长久保护竹材不受霉菌侵染。处理过的竹材如不及时干燥，当条件适宜时仍会发霉。采用淀粉酶先降解竹材中的淀粉和可溶性糖，再进行水洗或者浸泡，能显著提高竹材的防霉性能（黄晓东等，2019）。与水相比，稀盐酸或氢氧化钠水溶液能够抽提更多的竹材成分，特别是可溶性糖和淀粉等霉菌喜食的营养物质，处理后的竹材发霉时间明显推迟，霉菌生长缓慢（Sun et al.，2011）。此外，有机酸也能对竹材起到暂时的防霉作用，如采用 10% 的丙酸处理越南常见竹材泰竹（*Thyrostachys siamensis*）、马来甜龙竹（*Dendrocalamus aspera*）和莿竹（*Bambusa stenostachya*）等，将处理材置于户外，在不接触土壤且表面盖有塑料、平均温度为 28℃、相对湿度 80% ～ 90% 的条件下 8 周未出现发霉。但是，采用稀酸或者稀碱处理竹材对设备要求较高，且会改变竹材的颜色，其防霉效果可能还会因为雨水冲刷而降低。

图 3-10　水运和水贮竹材

2. 防霉剂处理

采用防霉剂处理竹材是目前常用的防霉方法。防霉剂是指对霉菌具有抑制或者杀灭作用、防止霉菌滋生的化学药剂。防霉剂按照其状态分为固体、液体和气体三种类型，广泛应用于塑料、橡胶、纺织品、皮革、化妆品和食品等领域。竹材防霉剂以液体为主，通过物理吸附或者化学反应改变竹材的营养成分，使霉菌不愿取食或食用后造成生长或繁殖障碍，从而达到防霉的目的。常用防霉剂将在本节第三部分具体讲述，这里重点讲述防霉剂处理方法。竹材防霉处理通常采用浸渍、喷淋和涂刷的方法。浸渍处理可分为常温常压法、扩散法、热冷槽法和真空加压法等。

（1）常温常压法

竹材霉变主要发生于表面，因此喷淋、涂刷或者常温常压浸渍防霉剂是目前竹材防霉的主要方式。但是，处理材如需经过打磨、刨光等后续加工，或者用作户外材，则需要防霉剂有一定的渗透深度。由于竹材缺乏横向运输组织，因此防霉剂主要通过端面渗透。维管束的导管、筛管和细胞间隙是药剂渗入竹材的主要通道，它们孤立于一些木质化的厚壁细胞之间，依靠纹孔向周围细胞渗透，不仅渗透效率低，而且不均匀。通常来说，干材采用喷洒及涂刷方法只能渗进 1 ～ 3mm，在水溶液中常温浸渍 24h 通常能渗进 5 ～ 10mm。如果处理材再次进行精加工，药剂处理层被去除，加工面可能又重新受到菌虫的侵染。此外，户外用材受到风吹、日晒和雨水冲刷等作用而易于开裂，裂缝也是霉菌侵染竹材并向内部蔓延的通道，因此防霉剂的渗透深度可能影响户外材的防霉效果。

（2）扩散法

将竹材置于浓度较高的防霉液中（10% ～ 30% 或更浓）浸泡或涂刷，使药剂附在竹材表面上。然后堆起来用塑料布密封存放 2 ～ 3 周，利用药剂浓度差在竹材中扩散。此法要求使用水溶性药剂，药剂的分子量小，适用于含水率在 30% 以上的竹材。

（3）热冷槽法

将竹材置于温度较高的药剂中煮一定时间，取出后立即浸入冷的药剂中，利用气体的热胀冷缩在竹材中产生压力差，将防霉剂吸入竹材内部。该方法较常温常压浸渍处理在药剂的吸收量和进入深度方面效果好。

（4）真空加压法

采用真空加压处理能够显著提高药剂在竹材中的渗透性。真空加压法适合处理含水率在 20% 以下的竹材。与木材相比，竹材缺乏横向运输组织且维管束分布不均匀，因此药剂较难渗透。但是用于重组竹、竹集成材或竹胶板等材料的原料多为竹单元，单个竹单元尺寸相对较小，真空加压处理较容易。也有对成型后的板材进行真空加压处理的，低浓度防霉剂处理时真空加压后板材防霉效果优于常温常压浸渍板材，高浓度时区别较小（杜海慧等，2013）。

3. 化学改性法

除了采用对霉菌有抑制或者杀灭作用的化学药剂实现竹材防霉，也可通过化学改性如表面或内部的硅溶胶处理、超疏水改性、乙酰化处理、糠醇改性、树脂浸注和原位聚合等方式。这些处理一方面减少竹材对水分的吸收和吸着，另一方面改变了霉菌赖以生存的营养成分，从而提高竹材的防霉性能。通过化学改性方式进行防霉处理目前尚处于研究阶段，将在本章第四节中作为防霉新进展举例描述。

二、圆竹防霉处理方法

圆竹，也称原竹，是型圆而中空有节的竹子秆茎，由竹节和节间两部分组成，经过简单加工处理即可实现全竹利用。与重组竹、竹集成材和竹刨花板等不同，圆竹中空有节、表面光滑，色泽美观，具有外刚内柔、韧性好和强度高的特性，不仅承载着深厚的文化内涵，也是从古至今备受关注的天然材料，已在家具、建筑、工艺品和乐器材等方面得到了广泛应用。圆竹家具和建筑历史悠久，受到印度、菲律宾、埃塞俄比亚人民及我国少数民族人民的喜爱，其中竹楼是圆竹利用的最典型代表。近年圆竹建筑受到国内外众多设计师和建筑师的关注，圆竹建筑也从传统的竹楼走向新的、具有时代气息的风格（图 3-11）。但是，圆竹建筑的霉变严重影响了其推广应用。

纳曼度假村

沈阳熊猫馆

2019年世园会圆竹建筑全景

2019年世园会圆竹建筑内部

图 3-11　圆竹建筑

市场上常用的圆竹主要有两类，一是未经过任何处理，颜色翠绿或黄绿的新鲜圆竹，称为青竹；二是砍伐后经过碱煮，颜色呈金黄色的圆竹，称为黄竹。前者由于未经任何处理，营养丰富，易于腐朽、霉变和虫蛀；后者经过碱处理虽有一定的防霉性，但其防霉效果有限，难以满足建筑材要求。圆竹虽然致密而疏水，但是未经处理的圆竹在温暖潮湿的气候条件下仍易遭受真菌侵染而霉变，开裂与户外光劣化加剧了霉变的发生和向内部蔓延。因此，有必要对圆竹进行保护处理。

竹材自身缺乏横向运输的木射线，主要依靠纹孔和药剂的扩散作用实现横向渗透。圆竹中输导组织仅占 8%，与针叶材（70%）和阔叶材（30%）的输导组织相比明显较少。圆竹外表皮（竹青）致密且含有疏水的物质，内表皮（竹黄）高度木质化且缺少输导组织，再加上建筑用竹秆通常较长且被竹节分隔（图 3-12，图 3-13），这些特点使圆竹保护处理耗时且药剂难以均匀、深入渗透。

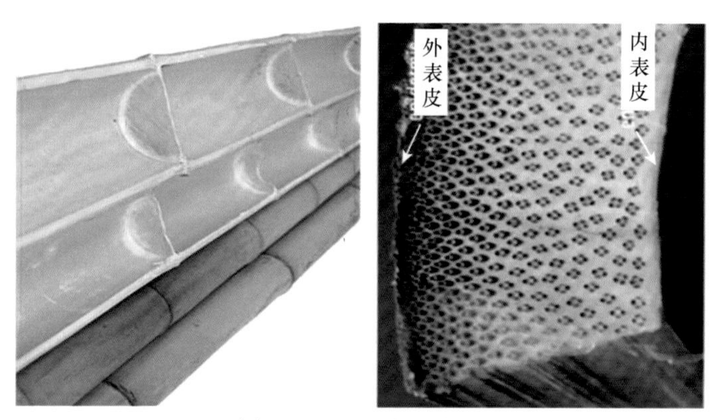

图 3-12　圆竹宏观构造

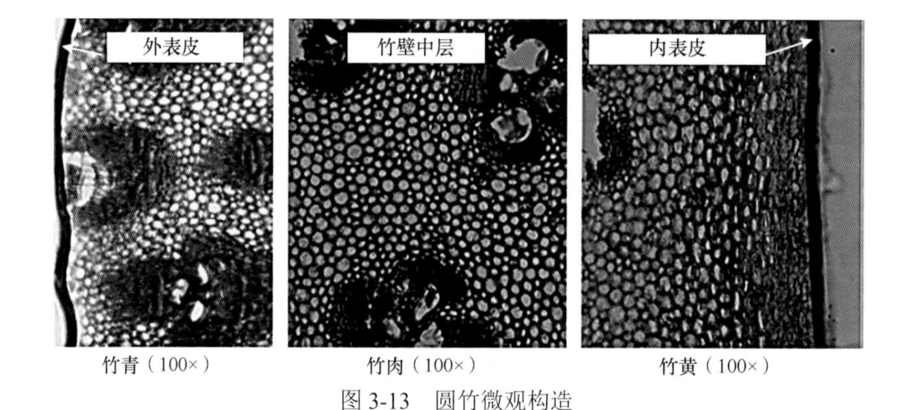

图 3-13　圆竹微观构造

圆竹防霉主要借鉴木材和竹板材的处理方式，针对圆竹特点的防霉技术较少，大致分为以下两种。

（一）封闭处理

采用表面油漆或者打蜡等涂饰工艺是较为简单和常用的圆竹保护处理方式，也有在圆竹表面包覆塑料以防水防潮，达到防霉目的。该方法通常要求圆竹含水率降到纤维饱和点以下，最好低于20%。但是，新鲜圆竹在干燥中容易开裂，遇到温暖潮湿的季节有可能在干燥过程中就已经发霉。因此需要制定合理的干燥工艺以保证在不开裂的情况下将圆竹含水率迅速降到纤维饱和点以下。封闭处理是一种简单和低成本的处理方式，但是保护层易受环境影响而产生裂隙或脱落，失去保护作用。

（二）防霉剂处理

1. 浸渍处理

常温常压浸渍或者涂刷防霉剂是目前防止圆竹霉变的主要方式。圆竹表面有坚硬防水的竹青，竹黄内附竹衣，节子将圆竹秆分成相对独立的空间，因此防霉剂主要通过端面渗透。对于较长的圆竹，防霉剂较难渗透到竹秆中部，因此中间段药剂含量较少，甚至没有防霉剂。圆竹一旦出现裂纹就容易发霉，该现象在节间和竹节部位均易发生。为了解决这一问题，将圆竹浸入溶有防护药剂的树脂中，干燥固化后起到防霉和防裂作用（周晓剑等，2019），但是该方法可能会影响防霉剂的释放，从而降低防霉作用。

由于目前圆竹缺乏有效的人工干燥方法，通常采用气干的方式降低含水率，限于干燥周期和周围环境的温湿度，圆竹含水率通常很难降到30%以下，尤其是靠近竹秆中心部位。对于含水率较高的圆竹或者新鲜圆竹，采用药剂扩散法处理是一种简易实用的处理方式。但是这种防霉处理方法通常需要3周以上,比较耗时，因而难以大规模应用。热冷槽法和真空加压处理可增加防霉剂的注入量和注入深度。

1）热冷槽法

热冷槽法利用气体的热胀冷缩在圆竹中产生压力差，将防霉剂吸入圆竹内部，对于纵向渗透性好且尺寸较长的圆竹较为适宜，其效果优于常温常压浸渍法。而且在热槽处理过程中还可以对圆竹进行干燥。但是，在应用中需要控制好热槽温度和热冷槽的温差，以防处理过程中圆竹开裂。

2）真空加压处理

采用真空加压处理能够显著提高药剂在圆竹中的渗透性，但是需要控制好真空加压处理工艺，以防处理过程中开裂。圆竹中的竹节打通与否对真空加压处理效果有一定的影响。一般来说，打通竹节有利于药剂的渗透。然而竹节不仅能增加圆竹的强度，也能在一定程度上抑制开裂。因此打通竹节在实际应用中并不提倡。采用竹节部位打孔能在不破坏竹节功能的状态下增加保护剂的流动性和渗透性，提高其保持量和渗透深度（孙茂盛等，2012）。该方法还能避免圆竹在加压浸注时横向爆裂，且使处理后圆竹竹筒内的保护剂快而多地溢出。

真空加压法适合处理干燥圆竹，含水率在 20% 以下。但是，与木材相比，圆竹干燥目前尚缺乏成熟的干燥工艺，多采用气干方式。气干过程中圆竹开裂较多。现阶段，有关圆竹采用真空加压进行防护处理的研究和应用案例较少。圆竹含有较多的营养物质，尤其是新鲜圆竹，其蛋白质含量为 1.5% ～ 6.0%，可溶性糖类约为 2%，淀粉类为 2.2% ～ 5.2%，脂肪和蜡质为 2.18% ～ 3.55%，极易引起虫蛀、腐朽和霉变。市场上常用的碱煮圆竹虽然营养物质含量有所减少，在一定程度上减轻霉变和虫蛀的侵染，但是用于户外依然会遭受腐朽菌、霉菌、变色菌和有害昆虫的侵袭，且不同菌、菌和虫之间可能存在互作。户外用木材尚且需要真空加压处理才能满足国家和行业有关标准中规定的载药量，难以浸注的圆竹也需采取一定的措施使药剂均匀而深入地渗透到圆竹内部，以满足户外防霉防腐等要求。圆竹的真空加压处理与木材不同，根据圆竹自身特点提高载药量尚有大量的工作要做。

2. 树液置换法

将刚砍伐的竹材一端浸渍在防腐剂中利用枝叶的蒸腾作用吸收防霉剂，或者根据竹材的特点进行端部真空吸药，这些是简单实用的处理工艺。前者是将圆竹端部约 0.25m 浸渍于防霉剂溶液中，利用枝叶的蒸腾作用将防霉剂扩散到圆竹整个竹秆，这一过程需要 7 ～ 14 天，时间越长处理效果越好。为了进一步提高圆竹的处理效率，在圆竹顶端放置防霉剂溶液，利用重力使防霉剂进入圆竹秆中。也可以对防霉剂溶液施加 100 ～ 140kPa 的压力，称为端部加压法（Singh and Tewari，1979）。该处理的优点是简单，低成本，对场地要求低，无须昂贵设备和特殊技术。缺点是耗时较长，难以适应工业化生产，且处理效果与防霉剂和竹材本身有一定的关系。

此外，伐倒的圆竹可以采用另一种端部加压法进行处理。圆竹基部一端套上一个紧箍住的“帽子”，“帽子”通过管子连着一个加压容器。加压容器中的药剂就可以压入竹材，顺着导管流向梢部，待梢部断口上看到药液流出时就可结束（Shukla and Indra，2000；杨宇明等，2016）。这种方法虽然麻烦，但药剂可进入全部竹材中，所需设备比较简单，对一些价值高的特殊用材可采用此法处理。利用圆竹自身特点采用端部加压注入药剂能够进一步提高圆竹的渗透性，比较适合径级较大的圆竹。

3. 活竹注射法

选择采伐前的适当时间，在竹秆基部或竹秆地面以上斜向打孔，注入防霉药剂，防霉剂通过枝叶的蒸腾作用进入竹秆中，赋予圆竹一定的防霉性，该方法常用于竹子病虫害的预防。

4. 烟熏法

烟熏法处理圆竹材在我国、越南和日本等国家的民间具有悠久的历史，目前仍应用于圆竹建筑中，如武仲仪（Vo Trong Nghia）设计的绿梯（Green Ladder，位于悉尼）圆竹建筑就采用该方法处理（赵洁，2015）。烟熏处理后竹材的碱抽提物、淀粉含量和含水率显著下降，木质素含量增加，竹材的耐腐性提高，同时赋予竹材一定的防霉和防蛀性能（Kaur et al.，2016b）。在民间采用柴火长期熏蒸圆竹，其表面变成褐色或古铜色且具有光泽。烟熏处理的圆竹不易遭受菌虫危害，也具有较好的防开裂性。但是烟熏竹材不适宜用于地面接触的环境。

三、常用防霉剂

卤代酚及其钠盐（如五氯酚及五氯酚钠）是较早使用的防霉防蛀剂，但由于含有致癌物质多氯代二苯并-对-二噁英（polychlorinated dibenzo-p-dioxin，PCDD），许多国家和地区先后禁止或限制与人体接触的竹材使用卤代酚防霉剂，并致力于研究开发低毒防霉剂，如含硼化合物、季铵盐、有机金属化合物及三唑类、百菌清、有机碘、有机硫、异噻唑啉酮类等有机杀菌剂。有机杀菌剂具有高效、不改变竹材颜色等优点，是目前常用的竹材防霉剂。但是，有机杀菌剂目前面临的最大问题是户外条件下光、热、水和土壤微生物等的降解作用（孙芳利等，2012）。以有机杀菌剂为主剂，加入防水剂、抗氧化剂和金属螯合剂等对改善户外用竹材防霉剂的长效性具有一定的作用。最常用的防水剂有石蜡、硅油、植物油等，抗氧化剂有二叔丁基对甲酚、苯并三氮唑等，螯合剂如壳聚糖、乙二胺四乙酸二钠（EDTA-2Na）等（Sun et al.，2012；周月英等，2013）。市场上防霉剂品牌较多，竹材中应用较多的有虫霉灵、安利森和竹防Ⅱ号等。常用防霉剂及其活性成分如表 3-1 所示。

表 3-1 常用防霉剂及其活性成分

种类	活性成分
取代芳烃类	五氯酚及其钠盐（PCP、PCP-Na）、2,4,5,6-四氯-1,3-苯二腈（CTL，百菌清）和邻苯基苯酚等
硼化合物	硼酸、硼砂、八硼酸钠等

续表

种类	活性成分
季铵盐类	十二烷基二甲基苄基溴化铵（新洁尔灭）、二癸基二甲基氯化铵（DDAC，百杀得）、有机硅季铵盐等
有机金属类抗菌剂	8-羟基喹啉铜（Cu-8）、环烷酸铜（CuN）、三丁基氧化锡（TBTO）等
三唑类化合物	氟环唑、戊唑醇、环唑醇、丙环唑、烯唑醇等
苯并咪唑和噻苯咪唑类杀菌剂	*N*-（2-苯并咪唑基）-氨基甲酸甲酯（BCM，多菌灵）、2-(-4-噻唑基-)-苯并咪唑（TBZ，噻菌灵）和2-(硫氰酸甲基巯基）苯并噻唑（苯噻氰）等
异噻唑啉酮类化合物	*N*-辛基-4-异噻唑啉-3-酮（OIT）、2-甲基-4-异噻唑啉-3-酮（MIT）、1,2-苯并异噻唑啉-3-酮（BIT）、4,5-二氯-2-辛基-4-异噻唑啉-3-酮（DCOIT）等
有机硫杀菌剂	乙撑双二硫代氨基甲酸锌（代森锌）、乙撑双二硫代氨基甲酸锰和锌离子的配合物（代森锰锌）和二硫氰基甲烷（MBT）等
有机碘化合物	3-碘-2-丙炔基丁基氨基甲酸酯（IPBC）

下面列举几个常用防霉剂成分进行具体描述。

（一）五氯酚钠

五氯酚钠简称PCP-Na，分子式C_6Cl_5ONa，结构式见图3-14，为白色针状或鳞片状结晶，工业品为灰色或淡红色鳞片状晶体。一般用其水溶液。

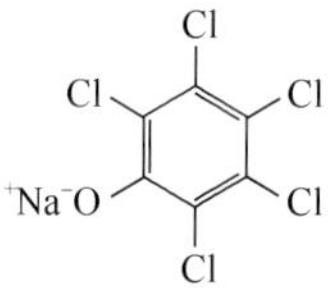

图3-14　五氯酚钠

五氯酚钠是大家公认的效果较佳、价格适中的木材、竹材防霉剂，木材、竹材及其制品经2%的五氯酚钠溶液浸泡处理就能有效防霉。所以，长期以来橡胶木、竹材等的生产企业所用的防霉防变色剂多以五氯酚钠为主。但是，由于五氯酚钠中常含有微量多氯代二苯并-对-二噁英，这种物质对哺乳动物有剧毒，并有致癌作用，中毒常发生于高温夏季。人的刺激阈为$0.60mg/m^3$，粉尘浓度＞$1mg/m^3$时可刺激眼及上呼吸道。国内外多数地区已停止使用该药剂。

（二）硼化合物

硼化合物主要包括硼酸、硼砂和八硼酸钠等。硼化合物因具有毒性低、抗菌防虫、阻燃等多功能特性，是竹质门窗、桁架等产品的常用保护剂。但硼盐对竹材霉菌的抑制效果远低于五氯酚钠和一些有机杀菌剂，需要较高浓度才能达到同等效果。硼酸和硼砂在水中溶解度小，加热溶解后又易析出，因此应用受到一定限制。四水八硼酸钠（DOT）克服了硼酸和硼砂的缺点，不仅溶解度大，扩散能力强，而且含硼量高，于1949年开始大量应用于室内且不与地面接触的木制品保护中。硼化合物易流失，不宜用于与水和土壤接触的环境中（Ramos et al.，2006）。众多学者致力于提高硼盐的抗流失性，如添加单宁、六亚甲基四胺、蛋白质、乙烯类单体、交联剂（如甲醛和戊二醛）、糠醇、酚醛树脂、聚乙二醇、硅酸和防水剂等。虽然在硼盐抗流失方面取得了一定的进展，但由于长效性不明显、处理工艺复杂和成本高等限制了其应用（Ratajczak and Mazela，2007；Thévenon et al.，2010；余丽萍和谢莉华，2014；孙芳利等，2017a）。

（三）百菌清

百菌清化学名称为2,4,5,6-四氯-1,3苯二腈，结构式如图3-15所示，是一种广泛使用的农用广谱杀菌剂，不会导致哺乳动物基因突变，能与土壤颗粒结合而有一定的抗流失性，但是对蜜蜂有一定毒性，对鱼等水生动物毒性较大，因此，在多数国家尚未大量应用。百菌清对控制担子菌和子囊菌具有良好的效果，能与真菌细胞中的三磷酸甘油醛脱氢酶发生作用，与该酶中含有半胱氨酸的蛋白质相结合，从而破坏酶活性，使真菌细胞的新陈代谢受破坏而失去生命力。1993年，美国木材防腐者协会（AWPA）将百菌清列入油溶性防腐剂标准P8。

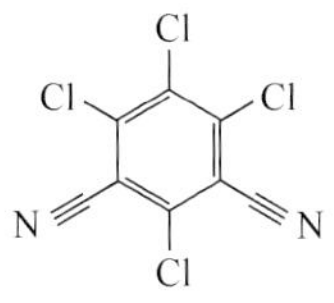

图3-15 百菌清

（四）丙环唑和戊唑醇

近20年来，美国杜邦公司和德国拜耳公司等已相继研制与开发出丙环唑、戊唑醇、三唑酮和烯唑醇等20多种三唑类杀菌剂，其中用于木竹材保护的品种主要有丙环唑和戊唑醇，结构式见图3-16。三唑类化合物对光和热较稳定，经高温处理后仍具有较好的防霉性能（刘彬彬等，2015）。三唑类化合物的抗菌机制较为复杂，主要通过抑制麦角甾醇的生物合成而影响真菌细胞膜的渗透性，从而抑制菌丝的生长和孢子的形成，用于防治子囊菌、担子菌和半知菌引起的病害。丙环唑原药对大鼠急性经口半数致死量（LD_{50}）＞1517mg/kg，急性经皮LD_{50}＞4000mg/kg。戊唑醇对大鼠急性经口LD_{50}约为4000mg/kg，急性经皮LD_{50}＞5000mg/kg。

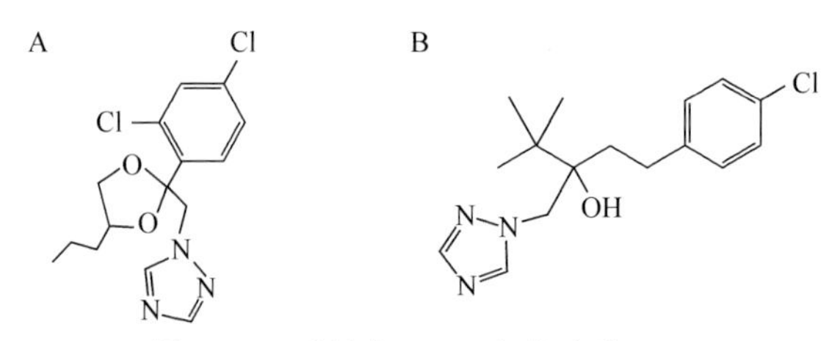

图 3-16　丙环唑（A）和戊唑醇（B）

（五）3-碘-2-丙炔基丁基氨基甲酸酯

3-碘-2-丙炔基丁基氨基甲酸酯（IPBC）是一种氨基甲酸酯类化合物，结构式见图 3-17，为白色结晶性粉末，对霉菌和酵母菌具有很好的抑制功效，毒性低，已应用于日用品、涂料、塑料、油墨、皮革、纺织品等行业中，是目前应用较为广泛的杀菌剂之一。IPBC 对木材霉菌和变色菌有较强的抑制作用，被列入 AWPA 标准。但是，由于 IPBC 中含有碘，因此在高温或者光照等条件下很容易形成其他化合物而导致变色和防霉性能降低（章叶萍和刘明秋，2017）。

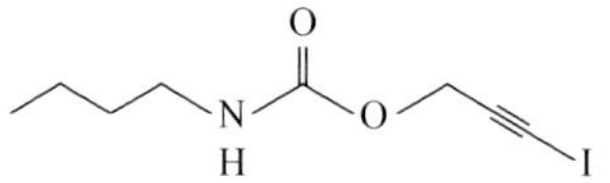

图 3-17　3-碘-2-丙炔基丁基氨基甲酸酯

（六）二癸基二甲基氯化铵

二癸基二甲基氯化铵（DDAC）是一种阳离子表面活性剂，对部分菌虫有一定的抑制和杀灭作用，常被用于纺织品的防蛀、油田注水和工业循环冷却水的杀菌剂及杀菌灭藻剂。虽然季铵盐抗菌效果不强，但抗菌谱广、环保、在竹材中固着性好，且能使多种有机杀菌剂增效（Huang et al.，2018）。

（七）异噻唑啉酮类

异噻唑啉酮类衍生物是指含有异噻唑啉酮环的系列化合物的总称，结构单元见图 3-18A。作为一种杂环结构，其杀菌原理主要依靠杂环上的活性部分破坏真菌细胞内的 DNA 分子，使霉菌失去活性。国内外研究者已经开发出 10 多种异噻唑啉酮的衍生物杀菌剂，用于木材、竹材的主要有 *N*-辛基-4-异噻唑啉-3-酮（OIT）、4,5-二氯-2-辛基-4-异噻唑啉-3-酮（DCOIT）、5-氯-2 甲基-4-异噻唑啉-3-酮和 2-甲基-4-异噻唑啉-3-酮（CMIT/MIT，称为卡松）等。其中 DCOIT 常用于防霉和防变色，其结构式见图 3-18B。DCOIT 纯品为白色粉末，具有优异的杀菌和灭藻能力，广泛应用于塑料、皮革、涂料、污水和造纸等行业。

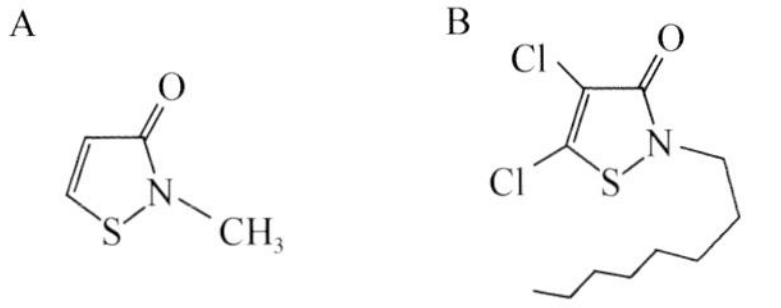

A B Cl O Cl S N O S N CH3

图 3-18　异噻唑啉酮类结构单元（A）和 4,5-二氯-2-辛基-4-异噻唑啉-3-酮（B）

（八）多菌灵

多菌灵为苯并咪唑类杀菌剂，化学名为*N*-(2-苯并咪唑基)-氨基甲酸甲酯，结构式见图 3-19，为白色结晶粉末，工业品为淡黄褐色粉末，对皮肤和眼睛有刺激，难溶于水和有机溶剂，易溶于无机酸和有机酸，形成相应的盐。在阴凉干燥处，原药可保存 2 ～ 3 年，对酸和碱不稳定。多菌灵是一种广谱内吸性杀菌剂，对人、畜、鱼类、蜜蜂等低毒，对竹材霉菌和变色菌有一定的抑菌效果。多菌灵可干扰病原菌有丝分裂中纺锤体的形成，影响细胞分裂，起到杀菌作用。

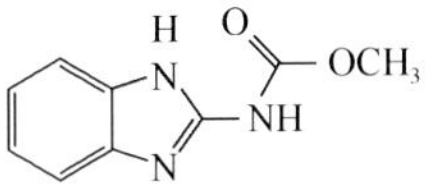

H O N OCH3 NH N

图 3-19　多菌灵

四、防霉剂的防霉机制

防霉剂的活性基团主要有金属离子如 Cu^{2+}、Ag^{+}、Hg^{2+}、Zn^{2+} 等，以及卤素（—F、—Cl、—Br、—I）、氨基—NH_2、硫醇基—SH 等，防霉剂的作用效果不仅取决于活性基团，还与取代基的特性和空间结构等有关。概括来说，防霉剂对竹材霉菌的作用通过两方面来实现：①抑制霉菌的生长繁殖，使霉菌数量增加速度降低；②杀灭霉菌个体，降低体系中霉菌绝对数量（邢来君等，2016）。前一种称为抑菌，后一种称为杀菌，抑菌和杀菌作用是相对而言的，往往与药剂的浓度有关，当药剂浓度高时，对微生物显示杀死作用；当低浓度下处理时，则对微生物显示抑制作用。

防霉剂主要破坏霉菌细胞生命活动所必不可少的各种代谢机制，如细胞壁的合成、细胞膜的功能、蛋白质的合成、核酸的合成和能量代谢等，或作用于与这些代谢机制有关的各种酶系，具体如下。

（一）破坏细胞结构

霉菌细胞主要由细胞壁、细胞膜、细胞核、内质网、核糖体、液泡、线粒体等组成，见图 3-20（吴旦人，1992）。

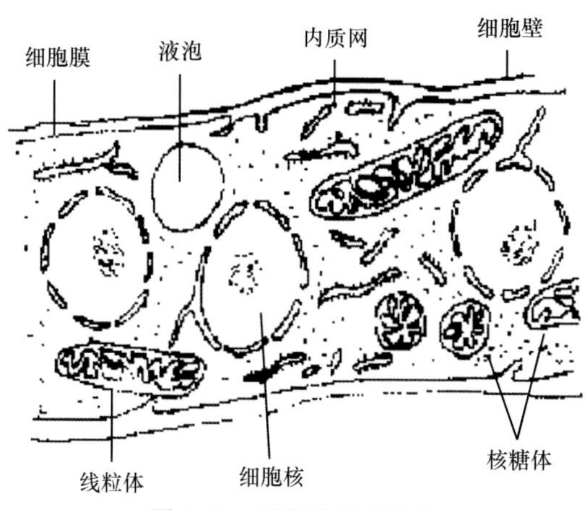

图 3-20　霉菌的细胞结构

有些抗菌物质能损伤细胞壁或通过抑制合成细胞壁的酶来抑制细胞壁的合成，如季铵盐类可吸附带负电荷的真菌，使细胞壁结构损害，引起细胞内含物的漏出。细胞膜是一层具有高度选择性的半透性薄膜，主要生理功能是控制细胞内外一些物质的交换渗透作用。有些防霉剂能破坏真菌细胞膜的通透性，如金属离子会抑制膜蛋白表面阴离子的活性从而改变细胞膜的通透性，也能破坏真菌细胞的酶蛋白的结构，使酶变性失活。含氮杂环化合物如嘧啶、咪唑、三唑、吡啶等，是麦角固醇等磷质成分选择性合成的抑制剂，由于组成细胞膜成分的麦角固醇等的合成受到抑制，因而抑制了细胞膜的生长。

（二）影响代谢作用

新陈代谢是真菌的基本特征之一。微生物体内的代谢活动都是由酶催化进行的，如果酶的结构或者活性受到破坏，则微生物的生长繁殖就会受到抑制甚至死亡。许多防霉剂能影响酶的活性，如甲醛、酚、乙醇等都能破坏酶蛋白的立体构型，使酶变性失活。百菌清能够破坏真菌细胞中的三磷酸甘油醛脱氢酶，导致真菌细胞的新陈代谢受到影响而失去生命力。酶是生化反应的催化剂，金属离子 Ag^{+}、Cu^{2+}、Zn^{2+}、Hg^{2+} 使酶失活，导致真菌的能量代谢和物质代谢受阻。有些防霉剂能螯合真菌所需的微量铁、铜、锌和锰等，破坏酶的活性基，由此达到杀菌的目的，如有机硫杀菌剂释放出的硫化氢能与酶上的金属离子生成不溶性的金属硫化物。异噻唑啉酮能够切断细胞营养物质供应，破坏细胞内部新陈代谢，阻止细胞内能量产生，从而起到抑菌杀菌的作用。

（三）破坏核酸结构

核酸由 RNA 和 DNA 组成，是生命基本的遗传物质，在蛋白质的生物合成上也具有重要作用。有些防霉剂可与组成DNA的氨基或羟基等反应，使真菌不能合成所需的重要蛋白质（包括酶），或者干扰有丝分裂，从而影响微生物的繁殖。苯并咪唑类抗真菌剂如苯菌灵等能抑制或干扰真菌中核酸物质的合成。芳烃类化合物和二甲酰亚胺类杀菌剂会引起菌体细胞有丝分裂不稳定，增加二倍体有丝分裂重组次数。进入细胞内的金属离子也可以与核酸结合，破坏细胞的分裂繁殖能力。

第四节 竹材防霉研究进展

一、环保和长效的防霉技术成为竹材防霉新趋势

竹材防霉有效成分已从以五氯酚钠为主剂的高毒防霉剂转向以季铵盐、三唑类、氨基甲酸酯类和异噻唑啉酮类等为主剂的低毒防霉剂。杉木、松属木材、肉桂树皮、日本扁柏和胡桃楸树皮等的提取物对霉腐真菌有较强的抑制作用（Singh and Singh，2012；Yang et al.，2016）。利用这类植物提取物保护木竹材免遭真菌破坏成为欧洲一些国家关注的处理方式，也在我国与食品和人体接触的竹制品中逐步得以应用。竹醋液是竹材热解得到的液体产物，其主要成分是水、有机酸、酚类、酮类、醇类等物质，具有抗菌消炎作用，能抑制腐朽菌和霉菌的生长（沈哲红等，2009）。如果在竹醋液中添加具有抑菌和杀菌作用的天然提取物如喜树的叶及果提取物，则可进一步提高抗菌性能，开发出性能优越的竹醋液基竹材防霉剂。由于大多数活性高的天然提取物提取成本高、难以广泛应用，目前仅用于与食品和人体接触的竹制品防霉处理。利用生物的拮抗作用保护竹材免受霉菌侵染是一种替代化学药剂的防霉处理方式。选用一些不降解也不污染竹材的细菌、放线菌或酵母菌等，利用其快速繁殖形成优势菌群或产生次生代谢物对霉菌的抑制作用实现对竹材的保护。但是，生物防霉由于采用活生物，其生长受环境因素和竹材中化学物质等的影响。目前尚未有能够与化学药剂的防霉效果相当的合适菌种，但是这一技术还在不断研究和开发中。采用生物酶如漆酶催化氧化，将碘和百里酚接枝于竹材木质素上是一种环保、抗流失的竹材防霉方法，可望应用于与人体或者食品接触类竹材的处理（Prosper et al.，2018）。

二、户外竹材人造板的防霉仍需进一步加强

竹集成材、重组竹、竹胶板和竹刨花板等竹材人造板已大量应用于室外家具、装饰及建筑领域。目前常用的防霉方法是采用涂刷、浸泡或喷淋防霉剂的方式对成品进行处理。由于竹材本身的渗透性较差，加之竹单元表面有固化的胶黏剂，

防霉剂难以充分浸渍竹板材。由于环境因素作用而暴露的竹单元，如果未接触防霉剂或未包覆防霉剂，可能会受到霉菌侵染，从而导致竹板材霉变。将成品竹板材进行高温热油处理，提高其疏水性的同时起到防霉作用，处理温度越高防霉和防水效果越好（费本华和唐彤，2019）。与成品板防霉处理相比较，先处理竹片、竹束、竹丝或竹刨花等基本单元，然后再施胶和压板，所得板材防霉效果较长效。由于处理竹材单元增加了竹材人造板的成本，一些重组竹生产企业采用240℃以上的高温热处理（深度炭化）竹束，由其制成的板材颜色深。与浅炭化相比，深度炭化能在一定程度上提高竹材的防霉性能。制成的重组竹也由于颜色较黑在使用过程中即使出现霉变也难以分辨，具有一定的掩饰作用。但是，这种工艺生产的重组竹由于颜色黑，其应用领域也受到一定的限制。竹材人造板的防霉处理需要结合人造板特性、生产成本和防霉效果的长效性进行技术创新。作为户外使用的竹材人造板还需注重防腐处理。

三、圆竹防霉迫在眉睫

随着圆竹从室内走向室外，其防霉要求也逐步提高。目前圆竹建筑应用较多的防霉处理方法是浸泡防霉剂，然后进行表面封闭涂饰。该方法在户内或者有遮挡的半户外条件下防霉效果较好，但在户外条件下效果有限。采用防霉剂与单体浸渍圆竹，然后用蜡或油进一步固化和干燥，在提高其防霉和尺寸稳定性的同时，赋予圆竹表面一定的防水性（孙芳利等，2017b）。由于圆竹自身的结构特点，防霉剂较难均匀深入地渗透到内部，一旦圆竹出现开裂，仍然会受到霉菌侵染。越来越多的圆竹设计师、生产者和消费者希望圆竹应用于户外建筑。户外用圆竹不仅需要防霉，更需要防腐和防蛀以延长其使用寿命。因此，圆竹保护要在借鉴木材防腐处理的基础上加强防霉，并结合圆竹自身的特点探寻有效的处理工艺，实现圆竹的长效保护。

四、化学改性成为户外竹材长效防霉的重要解决方案

通过改变竹材表面或者内部的化学组成提高竹材的尺寸稳定性，防止竹材开裂和变形的同时，利用化学药剂对真菌的毒性实现防霉防腐，这是一种较为长效的竹材保护技术。近年来，研究者利用仿生技术在竹材表面构建超疏水和光诱导杀菌结构，赋予竹材超疏水性的同时达到防霉的效果。例如，竹材表面构建纳米二氧化钛不但能抑制竹材的光变色，而且在光的作用下能将氧气活化成活性氧，杀灭竹材中有害真菌，起到防霉作用（宋烨等，2009；孙丰波等，2010；Chen et al.，2019）。另据报道，通过反复提拉浸渍法在竹材表面构建氧化锌/石墨烯复

合涂层，该涂层对木霉和黑曲霉具有一定的抑制作用（Li et al.，2017）。自组装构建载药纳米胶束是医药领域发展起来并广泛应用的药物控释技术，将其应用于竹木材保护剂的开发，能提高活性成分的抑菌和杀菌效率（张旭等，2012）。通过原位聚合在竹材内部构建具有适度物理交联和化学交联、能负载防霉药剂的聚合物，如聚甲基丙烯酸甲酯/甲基丙烯酸羟乙酯或聚丙烯酸/聚乙二醇，在提高竹材尺寸稳定性的同时增加了竹材的防霉性能（刘彬彬等，2016；Wu et al.，2018）。将含铜和硼的化合物浸注到竹丝中，并通过溶胶-凝胶法在其表面形成多孔的硅铝胶膜，浸胶热压后的重组竹具有一定的防霉性能（杨守禄等，2016b；黄道榜等，2018）。将具有阻燃作用的磷酸脒基脲、硅溶胶和纳米氧化锌注入竹材，反应后所得竹材不仅具有较好的阻燃作用，防霉性能也得到提高，实现竹材的一剂多效保护处理（Li et al.，2018；李晖等，2018）。

第四章　竹 材 防 腐

竹子因其资源丰富、生长周期短、强度大等优点，广泛应用于建筑结构、室内装饰、家具、人造板、造纸等领域。竹子的薄壁组织多，且相对于木材来说，含有较多的淀粉、可溶性糖、蛋白质和盐类物质，又缺乏天然抗菌物质，因此更易发生腐朽。各种竹腐真菌均能降解竹材细胞壁中起骨架作用的纤维素和起强化作用的半纤维素，白腐菌还能降解木质素，使竹材强度降低乃至完全丧失。据统计，竹材在堆放储存中由于腐朽等生物降解每年损失达 20% ～ 25%（Guha and Chandra，1979；Liese，1985），因此，天然耐腐性差是竹材利用中必须面对的问题。

竹材防腐是通过阻断真菌赖以生存的必要条件，或者通过与菌体细胞发生化学反应以达到杀灭真菌或者影响其代谢、繁殖的目的。对竹材进行适当处理，可以延长其使用寿命，如涂饰后的竹构架和椽在有利环境下可以坚持 10 ～ 15 年（Kumar et al.，1994）；经铜铬砷（CCA）处理的防腐竹材作为农作物支撑材使用，其寿命较未处理材可延长 3 倍以上（曾武等，2013）。竹材进行防腐处理在间接增加竹材供给量的同时还节约了材料更换的劳动和时间成本，具有重要的现实意义。

第一节　竹材的腐朽

一、竹材的天然耐腐性

未经防腐处理的竹材暴露于室外环境下并与地面接触时，使用寿命一般少于两年，具体的使用年限因竹种、使用环境和气候而异。例如，广东产的毛竹（*Phyllostachys edulis*）、马来甜龙竹（*Dendrocalamus aspera*）、撑篙竹（*Bambusa pervariabilis*）、麻竹（*Dendrocalamus latiflorus*）等 6 种竹材天然耐腐平均月数不超过 24 个月（刘磊等，2005）。在有利的环境下，竹材可以保存 4 ～ 5 年或者更久（Tewari，1979；Liese，1980；Kumar et al.，1994）。例如，考古发掘出的商周、西汉时期的铜矿、墓葬中的竹简、竹笥和竹筐等制品能够历经千年而不朽，其原因可能是居于地下水位以下，与空气隔绝，或者地下水中含有硫酸铜、氧化铜等化合物，对竹子起到了杀菌防腐的作用（潘艺和杨一蔷，2002；蓝晓光，2003）。

抽提物的种类和含量决定了竹材天然耐腐性的高低。由于竹子生长 3 ～ 5 年即被利用，茎秆中活的薄壁细胞多，有大量细胞内含物。竹材的抽提物尤其是冷水、热水抽提物和 1% 的 NaOH 抽提物中可溶性糖类、脂肪类、蛋白质类物质远较木材高，为霉菌和腐朽菌的孢子萌发提供了丰富的养分。木质素对真菌有一定的抗性，竹子中含 20% ～ 25% 的木质素，含量较针叶材低，且缺少像木材那样含有大量酚性物质而具有良好天然抗性的心材。因此竹材的天然耐腐性比大多数木材差，更需要进行防腐处理（王文久和辉朝茂，1999；覃道春，2004）。

此外，竹子的天然耐腐性还取决于竹种、竹龄、部位、菌种、砍伐时间、砍伐方式和竹结构单元类型等因素。

（1）竹种。刚竹（*Phyllostachys sulphurea* var. *viridis*）、青皮竹（*Bambusa textilis*）、粉单竹（*Lingnania chungii*）、淡竹（*Phyllostachys glauca*）和撑篙竹（*Bambusa pervariabilis*）5 种竹材中，刚竹天然耐腐性最优（刘秀英，1997a）；撑篙竹、刚竹的竹黄抗褐腐性能略强，而粉单竹、淡竹的竹黄则抗白腐菌性能稍强（刘秀英，1997b）；在与土地接触和暴露的情况下，篦簩竹（*Schizostachyum pseudolima*）有相当的抵抗力（辉朝茂和杨宇明，1998）；龙竹（*Dendrocalamus giganteus*）等 12 种云南丛生竹的天然抗性均不如毛竹（王文久和辉朝茂，1999），可见不同竹种间的天然耐腐性差异较大。

（2）竹龄。竹龄也是影响竹材耐腐性能的重要因素之一，毛竹的腐朽失重率随竹龄的增大呈现逐渐减小的趋势，幼竹在腐朽菌侵蚀初期最易被侵蚀，六年生竹材侵腐初期耐腐性较其他的好。

（3）部位。沿着竹秆的长度和壁的厚度方向上竹材耐腐性也有变化。竹秆基部耐腐性能优于中上部，这可能是由各种竹材不同部位的结构、化学组分等方面存在差异造成的。竹青的耐腐性普遍高于竹黄。例如，淡竹的竹青、竹黄室内耐腐性试验数据表明，经彩绒革盖菌处理 4 个月后，竹青的平均失重率约为 11%，竹黄的失重率约为 33%（刘秀英，1997b）。

（4）砍伐时间。竹秆中淀粉的含量随早晚时间而变化，清晨竹子开始将淀粉从根部输送到叶子，淀粉含量达到顶峰，而在日出之前（晚上 12 点到早上 6 点之间），大部分的淀粉还在根茎和根系中，因此日出前是采收竹子的最佳时间，且此时采伐的竹子对昆虫的吸引力较小，运输重量较轻，容易干燥，竹材的天然耐腐性较好（Liese and Köhl，2015）。竹秆中糖分含量随季节的变化而变化，雨季末和旱季初采伐的竹材耐腐性也较好，因为这一时期竹材的淀粉含量最低；冬季砍伐的竹子耐腐性较好，因为冬天的竹子淀粉含量比春天低。此外，开过花的竹子竹秆耐腐性较好，因为其淀粉已耗尽（Liese，1992）。

（5）砍伐方式。将竹子从底部截断之后，放置一段时间，待竹秆中的淀粉和可溶性糖随着组织呼吸作用消耗殆尽后再去除竹枝和竹叶，可以减少真菌对竹秆的腐蚀。

（6）腐朽菌种类。撑篙竹对褐腐菌的耐腐性高于白腐菌；刚竹、青皮竹、粉单竹、淡竹对褐腐菌的耐腐性普遍低于对白腐菌的耐腐性；竹青耐褐腐菌能力普遍低于耐白腐菌的性能。这主要是由两种腐朽菌对竹材腐朽作用方式不同造成的。

（7）竹结构单元。竹筒比劈裂加工成的竹片、竹篾、竹丝单元天然耐腐性好，因为劈裂后竹子内部实质组织直接暴露于外界环境中，更容易受到腐朽菌的侵蚀。

二、竹材腐朽的种类

根据腐朽材的外观，腐朽真菌一般分为三种类型：①白腐菌，既可分解纤维素和半纤维素，又可分解木质素，竹材在分解过程中不着色，保留白色；②褐腐菌，主要分解纤维素，留下的木质素形成褐色的网，腐朽材呈褐色，不过有时部分木质素也会被分解；③软腐菌，在潮湿条件下分解竹材，一般只能分解纤维素和半纤维素，木质素被完整地保留。白腐菌和褐腐菌隶属于担子菌门（Basidiomycota），其菌丝主要生长在细胞腔内，而软腐菌则隶属于子囊菌门（Ascomycota）和半知菌类，其菌丝主要生长在细胞壁内（周与良和邢来君，1986）。腐朽菌侵入竹材的一般过程为：菌丝由外部细胞壁纹孔侵入竹材内部，沿着后生木质部导管、原生木质部和薄壁组织细胞壁之间的孔隙蔓延，填充到竹材的维管束中（马星霞等，2011a，2012）。

（一）白腐

白腐是使竹木材外观变白的腐朽类型，一般认为白腐是竹材腐朽最主要的类型。白腐早期，竹材变微褐色，并有条纹出现，表面软化，但不发生块状开裂；腐朽后期，竹材开始出现干缩（覃道春，2004）。白腐竹材通常只有竹青面褪色变白，其他各面由于被霉菌和变色菌所产生的大量黑色素所覆盖而呈黑色。白腐竹材照片如图 4-1A 所示。白腐主要由担子菌门的诸多成员所引起，一些非担子菌也可能引起白腐，如子囊菌门炭角菌属（*Xylaria*）、炭团菌属（*Hypoxylon*）、轮层炭菌属（*Daldinia*）、焦菌属（*Ustulina*）等的一些成员仍存在争议（罗杰·罗维尔，1988）。裂褶菌（*Schizophyllum commune*）在白腐竹材上极为常见，是典型的竹材白腐菌。另从竹材上分离鉴定的子囊亚门 1 目 2 科 2 属 3 种中，就有白腐菌。据福州市竹制品研究所资料记载（1965 年），子囊菌有 4 目 8 科 9 属 11 种能引起竹材霉腐，其中部分属于白腐菌。白腐菌彩绒革盖菌如图 4-1B 所示。

（二）褐腐

褐腐是使竹木材外观变成褐色的腐朽类型。木材褐腐后期，由于碳水化合物的大量消耗，干燥时会发生体积收缩，纵向和横向均深度开裂，形成块状裂缝。但由于竹材无横向组织和心材、竹壁不厚、腐朽较均匀，只有竹筒会发生纵向开裂，而竹片一般无裂缝形成。褐腐是内部腐朽，只有在空气相对湿度很大时，才可在腐朽材表面看到绒毛状菌丝体。褐腐使竹材强度降低，严重时，用手指也能将腐朽材捻成粉末。褐腐主要是由担子菌门层菌纲（Hymenomycetes）非褶菌目（Aphyllophorales）的众多成员及伞菌目（Agaricales）和花耳目（Dacrymycetales）的一些成员引起。多孔菌科（Polyporaceae）和粉孢革菌科（Coniophoraceae）的诸多成员是典型的木材褐腐菌。在竹材和腐朽竹上采集鉴定的非褶菌目、伞菌目和花耳目担子菌 7 科 12 属 15 种中，多数应属竹材褐腐菌。与褐腐菌相比，竹材更易被软腐菌和白腐菌所侵袭。因此白腐是竹材的主要腐朽形式，但在竹材的实际腐朽过程中白腐菌和褐腐菌有着密切的关系（Liese，1959）。褐腐菌密粘褶菌（*Gloeophyllum trabeum*）如图 4-1C 所示。

图 4-1　竹材腐朽菌及腐朽竹材（Liese and Kumar，2003）

A. 竹材白腐照片；B. 白腐菌彩绒革盖菌；C. 褐腐菌密粘褶菌

（三）软腐

软腐是使竹木材表面形成不同深度的软化层的腐朽类型，主要侵蚀纤维素和半纤维素。软腐真菌可以忍受高湿低氧的环境，还能抵抗许多有毒的化学防腐剂。通常与地面接触的竹秆容易受到软腐真菌的攻击。软腐竹材表面形成乳酪状软化层，并明显变成暗褐色，软化层之下的材质完好，软化层被水冲刷时会被带走。

软腐是由子囊菌门和半知菌类真菌引起的。子囊菌门核菌纲（Pyrenomycetes）毛壳菌属（*Chaetomium*）的一些成员和半知菌类丝孢纲的一些成员是软腐菌。已知有400余种是可能的木材软腐菌（伊顿，1992）。王文久等（2000a，2000b）从竹材中分离鉴定的有子囊菌亚门毛壳菌属2种，半知菌亚门暗色孢科枝孢属、节棱孢属、链格孢属、*Phaeostalagmus*、轮枝孢属等5属10种，它们多数是竹材软腐菌。

三、腐朽菌生长的条件

与所有生物一样，腐朽菌的生长和繁殖需要足够的营养与适宜的环境，其中营养因子包括碳源、氮源、水分、矿物质和维生素等，环境因子包括适宜的温度、湿度、pH、光照和空气等。竹材中的糖类、脂肪、蛋白质等是腐朽菌生活所需要的碳源和氮源养分；竹材中大量的孔隙（导管、筛管和薄壁细胞腔）是水分、空气的通道（覃道春，2004）。此外，腐朽菌的生长还需要一定的湿度和温度，腐朽菌适宜生长的温度为25～30℃，温度过低会抑制其生长和繁殖，温度过高则会杀死腐朽菌；腐朽菌适宜在含水率为20%～70%的竹材中生存，含水率过低会导致腐朽菌缺乏生长所需的水分，含水率过高则会导致腐朽菌缺乏生长所必需的氧气，从而影响其生长和繁殖（杨乐，2010）。

四、腐朽竹材的材性变化

竹材腐朽过程中化学成分、微观结构和力学性质会发生一系列的变化，研究腐朽竹材的材性变化对了解腐朽机制及指导竹产品防腐具有重要意义。

（一）竹材质量损失

腐朽真菌侵入竹材后会在竹材内部繁殖，并分解和消耗竹材，造成竹材质量的减少。任红玲等（2013）采用一种白腐菌彩绒革盖菌、两种褐腐菌密粘褶菌和绵腐卧孔菌（*Poria placenta*）对竹材进行了腐朽试验，发现三种菌中褐腐菌密粘褶菌对竹材造成的损失最为严重，且在腐朽前期（前20天内），特别是在15～20天，失重率上升速度最快，25天以后损失率增加不明显，具体如图4-2所示。

（二）化学组分变化

竹秆的主要成分是纤维素、半纤维素和木质素，次要成分包括各种可溶性多糖、蛋白质、树脂、单宁、蜡和少量的灰分，主要化学成分与木材相似。白腐菌对竹材木质素、纤维素和半纤维素有不同程度的降解，但对木质素有更强的降解能力，在竹材白腐初期，腐朽菌主要分解利用半纤维素；白腐后期，对木质素的分解速度

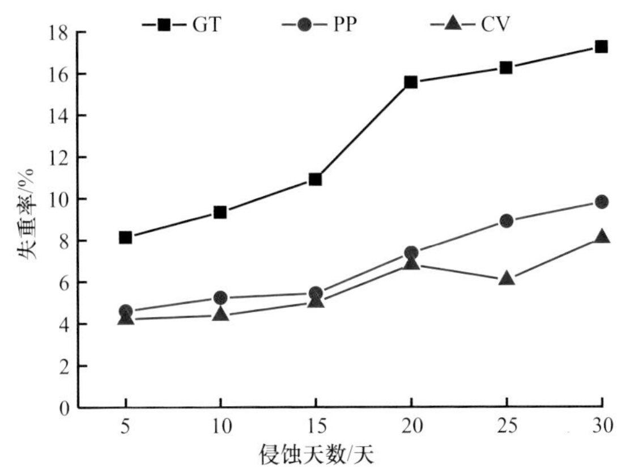

图 4-2 腐朽时间（侵蚀天数）对竹材试样失重率的影响（任红玲等，2013）

GT. 褐腐菌密粘褶菌；PP. 褐腐菌绵腐卧孔菌；CV. 白腐菌彩绒革盖菌

加快，导致最终木质素的分解量大于半纤维素。白腐对木质素的降解并不是发生在某一层或某一区域，而是贯穿整个细胞壁的所有区域（李明月，2012;任红玲等，2013）。褐腐菌对竹材的纤维素具有更强的降解能力，且褐腐菌中密粘褶菌的降解能力强于绵腐卧孔菌。褐腐菌密粘褶菌在侵蚀竹纤维后，其纤维素在降解的同时，胞间层中的对羟苯基木质素单体尤其是细胞角隅中的木质素单体同样会发生一定的降解（Cho et al.，2008）。

（三）显微结构变化

竹材受到腐朽菌侵蚀时，各组织细胞并非同时发生腐朽。以褐腐菌侵染为例，发生降解的顺序是：先是木质部导管细胞壁，后是基本薄壁组织细胞壁，最后是纤维。马星霞等（2012）深入研究了褐腐菌密粘褶菌降解竹材的过程，大致为：穿过细胞壁的菌丝在周围的胞壁上形成孔洞，孔洞逐步扩展，各孔洞连成片，最终导致组织的破损和崩解。褐腐菌密粘褶菌侵染竹材的宏观和微观变化如图 4-3 和图 4-4 所示。

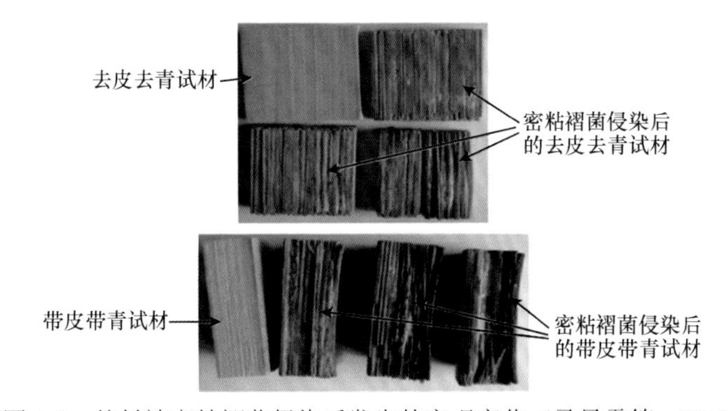

图 4-3 竹材被密粘褶菌侵染后发生的宏观变化（马星霞等，2012）

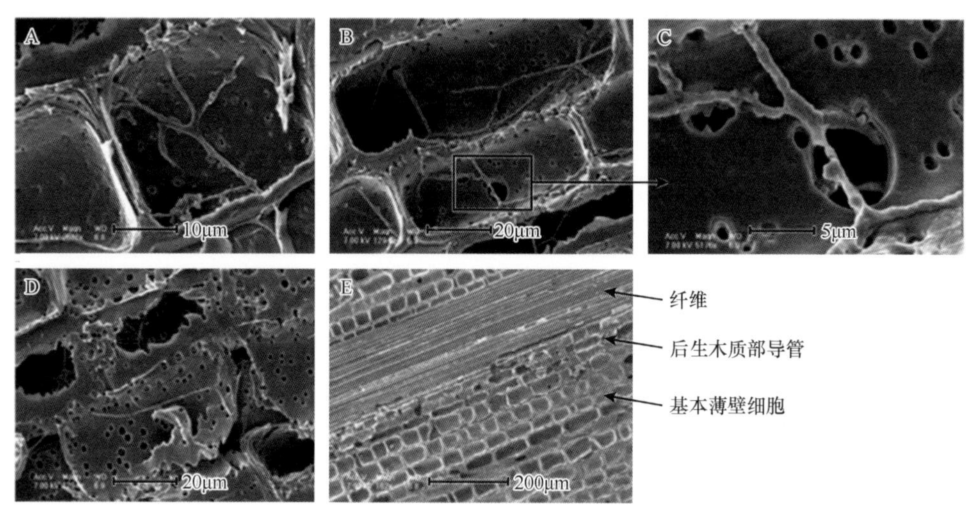

图 4-4　密粘褶菌侵染竹材 12 周的扫描电镜照片（马星霞等，2012）

（四）超微构造变化

白腐菌对竹材细胞的降解从细胞腔开始，从次生壁开始脱除木质素，然后延伸到胞间层（覃道春，2004；熊建华等，2010）。竹纤维褐腐和木材褐腐类似，竹纤维细胞壁没有和菌丝直接接触。当竹纤维受到褐腐菌侵蚀时，多层次生壁的内层受到侵蚀，但外层次生壁保持较完整；褐腐多发生于多层次生壁的宽层上，而窄层因为木质素浓度较高显现出较优的抗性，褐腐在壁层中的发生部位如图 4-5 所示（Cho et al.，2008），褐腐初期细胞次生壁在发生降解的同时，细胞角隅和胞间层也遭到破坏，其木质素也被降解。木质素的微区分布和竹纤维的多壁层结构是影响竹纤维腐朽过程的重要因素。

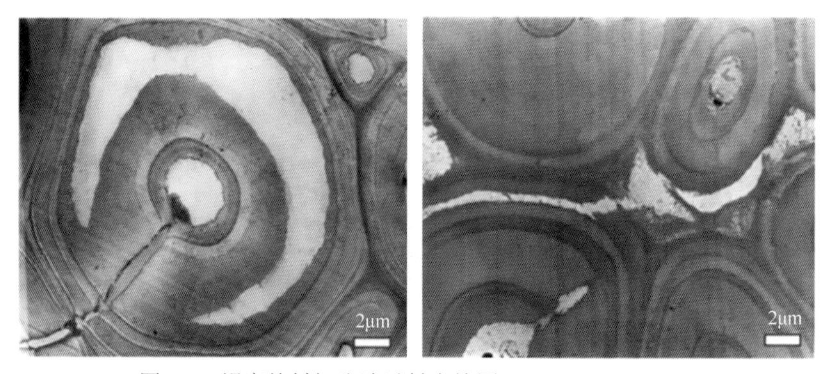

图 4-5　褐腐竹材细胞壁透射电镜图（Cho et al.，2008）

细胞壁结晶区和微纤丝均属竹材细胞壁的超微构造，了解腐朽竹材细胞壁这些超微构造的变化，可以为腐朽材品质评定和后期防腐应用提供指导。研究表明，毛竹被白腐菌彩绒革盖菌和褐腐菌绵腐卧孔菌侵染后，其结晶度随腐朽时间的增加而降低。腐朽后竹材谱图峰位出现偏移，半峰宽变小，峰的对称性变差，主要是腐朽菌产生的酶致使纤维素大分子链断裂，将部分结晶区破坏转变为非结晶区。而褐腐菌主要侵蚀竹材的纤维素，因此在腐朽的前期，褐腐竹材表现出结晶度下降较快的趋势（李明月，2012；任红玲等，2013）。

（五）力学强度变化

腐朽菌是以竹材的主要成分纤维素、半纤维素、木质素等结构性物质为破坏对象的，腐朽菌产生的酶降解导致细胞壁物质的损失，直接引起竹材力学强度下降。即使在轻微的颜色变化或质量损失不明显时，强度性能也会大大降低，特别是冲击弯曲强度。研究发现，同单位质量损失状况下，褐腐的竹材力学损失要比白腐大，原因是褐腐侵蚀的是竹材的结构构架物质纤维素（赵总等，2014）。因此，即使是竹材的早期腐朽也应引起高度重视，否则竹纤维强度的骤然下降会对建筑的安全造成严重后果。

第二节　竹材防腐处理

一、竹材防腐原理

腐朽菌的生长和繁殖必须具备一定的营养、水分、温度及空气条件。因此，竹材的防腐处理就是通过各种手段，消除腐朽菌赖以生存的必要条件以达到阻止腐朽菌生长繁殖的目的。例如，在实际应用中，将竹材的含水率控制在20%以下，使腐朽菌的生长繁殖没有充足的水分而受到抑制（Liese and Köhl，2015）；或通过水浸法保存竹材，阻断腐朽菌生长必需的氧气，达到防腐的目的；亦可以采用涂刷油漆等涂料将竹材表面保护起来，阻止竹材与外界微生物接触，以达到防腐的目的。工业应用中通常采用防腐剂处理竹材，将对腐朽菌有毒的化学物质浸渍入竹材中，能够阻碍真菌的基本代谢，如DNA、RNA、蛋白质、类脂、细胞壁的合成及有丝分裂等，以达到防腐的目的（铃木直治等，1985）。

二、竹材防腐处理方法

竹材防腐处理主要分为物理法、化学法两种（马星霞等，2011a）。

（一）物理法

物理法就是在不添加任何药剂的前提下，采用各种物理手段改变竹材的性质，使其无法为腐朽菌提供生长繁殖所必需的营养、水分和空气条件，以达到防腐的目的，通常采用的方法有水浸、蒸煮、烘烤、烟熏、高温加热、涂刷等。

1. 水浸

泡水时间一般为 4 ～ 12 周。新鲜的竹材泡在水中时，大部分的竹液被沥出，可减少竹子表层及其内部淀粉、可溶性糖和其他营养物质，并获得较好的防腐效果（Kaur et al.，2013）。

2. 蒸煮

新鲜的竹秆在水中蒸煮 30 ～ 60min，若置于 0.5% ～ 1% 的氢氧化钠溶液中蒸煮 30min 或者在碳酸钠溶液中蒸煮 60min 可以获得更好的防腐效果。蒸煮可以使竹材中的淀粉渗出或变性，从而提高对真菌的抵抗力，但蒸煮时间过长会引起竹材色泽变暗（Liese and Köhl，2015）。

3. 烘烤

利用新鲜竹筒表面的油燃烧烘焙，使外表皮迅速干燥并且导致部分炭化以及淀粉和其他糖类的分解，同时可以进行竹子矫直，但过度加热或干燥会引起严重溃陷（Rehman and Ishaq，1947）。

4. 烟熏

用烟气熏烤竹材可以在其表面覆盖一层炭质保护膜以隔断空气，防止真菌的孢子与竹秆发生接触，同时可以降低竹材的含水率并减少竹材开裂。传统烟熏的方法在日本应用并得以推广发展，具体操作：将半干竹材置于 14m×4m×4m 的干燥设备中，采用有机物燃烧加热 12 ～ 20 天，直至含水率达到 12% 以下。竹材在加热过程中发生部分热解，烟灰和竹材热化产物覆盖在竹材表面，使其具有一定的生物抗性（Liese and Köhl，2015）。

5. 高温加热

对竹条进行高温处理，当加热温度达到 150℃以上时，可以显著降低竹材的吸湿性，获得较好的尺寸稳定性，同时也能杀死已经进入竹材的菌、虫；高温可导致竹子中多糖等有机物性质发生变化，从而提高了生物抗性。具体可用汽蒸、远红外加热、微波加热（程文正和叶宇煌，1999）等，但是过长时间或过高温度的加热处理会导致竹材的力学性能尤其是弹性模量和强度明显降低。

6. 涂刷

用石灰、焦油等涂刷在竹材表面是一种传统的处理方法。在竹材表面涂抹熟石灰，待干燥之后转化为碳酸钙，可抑制水分的吸收，同时使竹材表面变为碱性而抑制真菌的侵蚀。在竹材表面涂刷焦油以隔绝空气的方式也可阻止真菌生长和繁殖。

物理法的处理成本较低，操作简单，一般对环境无污染，但没有持久的保护性，一旦处理材被进一步加工或发生磨损和开裂，若周围环境适宜，则腐朽菌还会再度侵害竹材，所以物理法一般不单独使用（Liese，1997）。

（二）化学法

化学法是目前最常用的竹材防腐处理方法，主要采用有防腐效果的化学药剂（统称防腐剂）对竹材进行浸注或涂刷处理。常见的竹材化学防腐处理方法包括：熏蒸法、常压浸渍法、喷雾法、涂刷法、热冷槽法、端部压注法、加（减）压浸渍法、树液置换法和扩散法等。

1. 熏蒸法

熏蒸法即采用气体防腐剂（熏剂）对竹材进行熏蒸处理，主要针对已有虫蛀和已经染菌的竹材、竹制品，以及不方便拆卸的竹构件。其优点是药剂渗透速度快，处理后竹材无须干燥。但药剂一般不能长久地保留在竹材中，对真菌没有长效性，多用于杀虫；操作时熏蒸室必须密闭，操作人员需戴防毒面具。

2. 常压浸渍法

将新砍的竹秆直立在装有水溶性防腐剂浓缩液（5% ～ 10%）的容器中，保证基部以上 25cm 都浸在药剂中。处理时间取决于竹秆的长度，一般 7 ～ 14 天，对容器中损失的药剂应及时添加以维持初始水平。该方法无须任何设备，处理成本低，但处理时间长，且药剂暴露在外容易污染环境。

3. 树液置换法

树液置换法又名生理竹液置换，主要针对整株新伐竹防护。将夏天新采的竹子基端浸入药剂中，利用枝叶的蒸腾作用和毛细管作用将药剂吸入，10m 高毛竹大约 8 天可以处理完毕，平均吸液量 3.1kg/株。

4. 端部压注法

端部压注法是采用专用设备在加压条件下从竹材端部注入防护药剂，也可将聚乙二醇（PEG）、酚醛树脂等注入竹材进行改性，主要针对新鲜竹材防腐、防霉、防裂。该方法处理效率较高，操作简单，比较适合竹材的防护处理，适合处理作为柱材使用的大径级丛生竹，但需要专用设备。

5. 扩散法/浸泡法

扩散法/浸泡法即在常压下浸泡竹材，处理时间 10 ～ 20 天，主要针对新鲜竹材/气干竹材的防护。无须任何设备，操作简单，是最简单的防护处理方法。但药剂在竹筒中扩散速度较慢，需打通横隔，或在节的附近做小刻痕，以使溶液自由地到达竹子的内表皮，并使其后多余的药剂能够自竹秆中排出。

6. 热冷槽法

将竹材放置在配有蒸汽螺旋管等加热装置的槽中，在一定温度下热煮，然后取出浸渍在冷的药剂中，主要针对气干竹材的防护。一般经过 1.5h 热煮 →48h 冷浸 →常压浸渍 20 天左右即可达到预期的药剂吸收量和透入度。优点是药剂渗入量大，效果持久。但适用面窄，有些药剂的热稳定性差，加热易沉淀。

7. 加（减）压浸渍法

浸渍法是工业上最常用的竹木材防腐处理方法（周慧明，1991；Purushotham，1963），基本的高压浸注有满细胞法、空细胞法和半空细胞法三种方法，此外还有多种改良的作业方法。满细胞法处理过程分为三个阶段：①前真空，将竹材置于密闭的处理罐内，先抽前真空 15 ～ 60min，使真空度达到 70kPa 左右；②注入药剂并加压，保持真空，将药剂泵进容器管道，随即加压，达到预定的压力后保压，到规定的时间后，排出剩余的药剂；③后真空，排尽残液后，抽真空（＜ 80kPa）10 ～ 30min，使竹材中多余的药剂排出，返回储液罐中待用，解除真空，打开罐门，取出竹材。

加（减）压浸渍法处理时间短、效果好，但需要专用设备。针对不同条件的竹材一般采用不同的处理方法。对于新鲜的竹子，适宜采用端部压注法、树液置换法和扩散法；对于干的竹子，适宜采用常压浸渍法、热冷槽法和加（减）压浸渍法。采用热冷槽法和常压浸渍法，竹材防腐剂的吸收率随竹材高度增加而增加；而采用树液置换法，竹材防腐剂的吸收率则随着竹材高度增加而降低，形成纵向药剂含量梯度。药剂在竹材径向的分布从竹青到竹黄逐步增大（Higuchi，1986；张厚培，1986；汤宜庄和袁亦生，1990）。加（减）压处理能够提高竹材的内外压力差，这个压力差成为驱动力；减压（真空）处理还可以减少阻碍液体流入竹材的空气反弹力；两种方法均能提高浸注的速率和深度（Sonti et al.，1989；Akhter et al.，2001）。

三、竹材防腐处理效果的影响因素

防腐处理效果是评价防腐剂实用性的一个关键性指标，它涉及三个方面的因素：竹材性质、防腐剂性质和处理工艺。竹材性质指竹材的化学组分、解剖结构、含水率、竹种、年龄、厚度、密度等因素；防腐剂性质指防腐剂的黏度、溶解的气体、颗粒度和配体（溶剂）类型等；处理工艺指处理过程中的因素，包括压力、防腐剂浓度、处理时间等；这三个因素对防腐剂的渗透深度、速度以及吸药量有着显著的影响（覃道春，2004；马星霞等，2011a）。其中，竹材自身的化学组分、解剖构造、含水率等性质及外界温度条件对防腐处理效果的影响显著。

（一）化学组分

竹材内部含有丰富的淀粉，还含有比较多的蛋白质（1.5% ～ 6.0%）、可溶性糖（2%）、脂肪和蜡质类（2.18% ～ 3.55%），为细菌、真菌和昆虫等提供了丰富的营养物质，使得竹材在使用过程中更容易受到侵害，增大了防腐难度。此外，竹材组织细胞腔内的抽提物在干燥后沉积在细胞壁和纹孔口上，也会降低竹材的渗透性，影响化学药剂的渗透。

（二）解剖构造

竹材特殊的解剖构造对防腐剂的渗透性影响极其显著，从宏观结构看，竹子的竹青上覆盖着富含硅和蜡质的坚硬薄层，竹黄上覆盖着一层胶质（吴旦人，1992），导致竹材对液体的吸收十分缓慢，如毛竹端面的吸液量最大，占总量的62%，径面次之，内壁（竹黄）面较小，外壁（竹青）面最小。从微观结构看，竹子的组织由薄壁细胞和维管束（导管和厚壁纤维）组成，首尾相连的导管使得新鲜的竹子中纵向流动非常迅速。但维管束在竹秆里分布不均匀，在竹秆的外围部分维管束小而多，在中央部分维管束大而少（Kumar and Dobriyal，1992）。而且竹子的内部缺乏横向传导系统，缺少像木材那样径向分布的薄壁细胞和射线细胞。离导管越远，渗透性也越低，这造成防腐剂在竹材中分布不均匀，导管仅占竹秆体积的 10%，所以防腐剂渗透到导管周围其他组织的能力尤为重要，因为未经处理部分尤其是薄壁组织会成为真菌早期侵袭的突破口。这些解剖特征造成在防腐处理时防腐剂难以渗透进竹筒。在选择合适的防腐剂时，必须考虑竹秆这种特殊的解剖构造。

（三）含水率

竹材含水率对防腐剂的处理效果有显著的影响，在含水率很高的新鲜竹材中，防腐剂以扩散的方式运动；在干的竹材中，防腐剂主要靠毛细管作用运动。干燥会降低竹材的渗透性，导管中的汁液沉淀凝结并堵塞通往毗连组织的开口，薄壁组织细胞中的纹孔被原生质所覆盖，致使其液体浸透性稍有降低。各种组织中被俘获的空气增加了渗透流体的界面张力，从而限制了药剂的流动。竹材的含水率随年龄、季节和位置而变化，这些差异对于用常压方法均衡而适当地处理竹材很重要（Liese，1959）。

（四）温度

温度每上升 10 ～ 20℃，防腐剂扩散速率几乎增加一倍（Kumar and Bains，1979）。不过 CCA、酸性铬酸铜（ACC）和铜铬硼（CCB）溶液受热时会产生沉淀。扩散速率还取决于散播离子的性质及其与扩散媒介的相互作用，胺/氨基溶液的防腐剂不但扩散速率比较快，而且可以通过加热在短期内获得更好的渗透性和吸药量（Dev et al.，1991）。

第三节　竹材常用防腐剂

基于竹材与木材的化学结构以及侵害菌的相似性，竹材常用的化学类防腐剂大多借鉴自木材，一般分为气体防腐剂、油类防腐剂、油载防腐剂和水载防腐剂 4 种（覃道春，2004；杨乐，2010；马星霞等，2011a）。

一、气体防腐剂

气体防腐剂一般是挥发性化合物，主要有甲醛、溴甲烷、氯化苦、磷化铝、硼酸三甲酯等。这类防腐剂可以在竹材中快速渗透，而且可以将竹材的防腐和干燥处理同步进行。但除硼酸三甲酯外这类防腐剂不能长时间保留在竹材中，只能暂时起到杀虫和杀菌作用，一般多用作杀虫剂（覃道春，2004；杨乐，2010）。

二、油类防腐剂

油类防腐剂包括煤焦油及其分馏物煤焦杂酚油、蒽油和煤焦杂酚油与石油混合液。油类防腐剂不溶于水，是一种广谱性保护剂，其处理的竹材具有拒水性，有利于隔绝生物及微生物生长繁殖必需的水，对多种菌、虫和钻孔动物均有显著效果，且耐候性好，对金属腐蚀性弱，但煤焦油处理过的竹材表面呈褐色并有刺激性气味，且对后续油漆、胶合等性能有影响，燃烧时会产生大量刺激性浓烟，不适用于室内装饰材料的防腐处理，主要用于电杆、枕木等户外建筑（覃道春，2004；杨乐，2010）。

三、油载防腐剂

油载防腐剂是以有机溶剂为载体，将一些具有杀菌作用的物质溶于其中而制成的防腐剂，常见的低毒高效油载防腐剂主要包括：环烷酸铜/锌、百菌清、有机碘化物、拟除虫菊酯、三唑等，其优点是抗腐能力强，持久性好，不腐蚀金属；处理材的表面干净、不必干燥即可进行胶合和涂漆处理；由于防腐元素只溶于有机溶剂，不溶于水，因此其抗流失性强，并且尺寸稳定性好，但处理成本高，防火要求高。

百菌清，是世界上广泛使用的杀菌剂，美国已在35种实用作物上使用，高效低毒。目前其制剂在国外已用于竹/木材防霉及防蓝变，也是多用途的工业防霉剂，广泛用于纤维、造纸、涂料、皮革等工业的防霉。对霉菌防护效果较好的有以下几种制剂：① 1.0% 百菌清可湿性粉剂；② 0.5% 百菌清 + 0.5% 三唑；③ 1.0% 百菌清乳剂；④ 0.5% 百菌清 + 0.5% 二癸基二甲基氯化铵（DDAC）；⑤ 0.5% 百菌清 + 0.1% IPBC。它们与 0.4% PCP-Na 防霉效果相当（Laks et al.，1999）。

含有三个氮原子的五元芳杂环化合物称为三唑，目前常用的三唑化合物有丙环唑和戊唑醇两种。丙环唑具有广谱杀菌、活性高、杀菌速度快、持效期长、内吸传导性强等特点，已经成为三唑类新兴广谱性杀菌剂代表品种。戊唑醇是一种高效、广谱、内吸性三唑类杀菌剂，具有保护、治疗、铲除三大功能，杀菌谱广、持效期长。三唑化合物的抗菌机制很复杂，主要通过抑制麦角甾醇的生物合成来抑制或干扰菌体附着孢及吸器的发育，影响菌丝的生长和孢子的形成（Valcke，1989）。常用于防治子囊菌、担子菌和半知菌引起的病害。三唑化合物的化学结构与生物活性之间有密切的关系，西安杨森制药有限公司的研究结果表明，在苯基、二氧戊环及1,2,4-三唑三个母体结构上，以2,4位取代苯基的化合物杀菌活性最高，以卤素取代基活性最好。经筛选，以2,4位被Cl取代的苯基与4位上有烷基取代二氧戊环结合而成的化合物具有最高的杀菌活性（覃道春，2004；张安将等，2001）。

四、水载防腐剂

有效成分能溶于水的防腐剂被称为水载防腐剂，一般通过浸渍或涂刷的方式处理竹材，水分蒸发后有效成分留在竹材内部或表面以达到抵抗真菌侵蚀的目的。它是世界上应用广泛、种类繁多的一类防腐剂，约占防腐剂使用总量的3/4。其优点是价格低廉、毒性低、效果好，处理材的表面干净、无异味、可进行胶合和涂漆处理，但处理材必须进行干燥，否则会导致尺寸和形状的变化，并且一些水载防腐剂的抗流失性差，为了解决这个问题，现在一般将几种有效成分和一些助剂按一定比例混合成复合型防腐剂，以提高防腐剂的抗流失性，并扩大其抗菌范围（吴旦人，1992；覃道春，2004）。根据防腐剂有效成分能否与竹材发生化学结合又分为固着型水载防腐剂和非固着型水载防腐剂（Liese and Köhl，2015）。

（一）非固着型水载防腐剂

非固着型水载防腐剂溶剂主要通过扩散作用渗透到竹材内部，适用于室内装饰材料，若应用于室外暴露于雨中，化学物质受冲刷易于流失而失去防腐性能。目前已开发的低毒高效水溶性防腐剂主要包括以下几种。

烷基铵化合物（AAC）是由长链季铵盐和叔铵盐类化合物组成的，它具有广谱的生物抗性，对环境的影响小、自然降解性好，处理材的外观和加工性能与未处理材相似，具有应用潜力，但其抗流失效力较铜铬砷类防腐剂低。

硼化物（SBX）是由硼酸、硼砂按1∶1.54复配而成的混合物，是竹材最常用的防腐剂之一，具有较高的溶解性（Kumar et al.，1994）。对多种真菌、昆虫、蛀虫都有防治效果，但对软腐菌的防治效力较差。硼化物处理后的竹材表面洁净，无刺激性气味，对人畜和环境安全，其pH接近中性，处理后竹材色泽不变，对力学强度影响也较低，便于着色、油漆和胶合。根据含水率和处理方式不同，硼化物适用浓度一般为5%～10%。

（二）固着型水载防腐剂

固着型水载防腐剂的化学物质与细胞壁组分产生化学键结合，紧紧地固着在细胞壁上，不易被水溶出，因此具有较强的耐候性，可同时应用于室内和室外装饰材料。固着型水载防腐剂主要包括氨溶季铵铜（ACQ）、铜铬硼（CCB）和铜酪砷（CCA）等。

氨溶季铵铜，由季铵盐与无机铜盐复配而成，具有良好的防腐、防霉和防虫性能，渗透性好，对大规格木竹材处理十分有效，铜化物可以通过离子交换快速固着在竹材纤维素和半纤维素上，因此具有较好的抗流失性，且对环境影响小，但其抗流失效力和适用的危害等级比 CCA 稍低，并且价格较高。

二癸基二甲基氯化铵（DDAC）是季铵盐的一种，易溶于水，具有广谱性、低毒性和环保性的优点。DDAC 可以与木竹材中的羟基发生离子交换反应，并固定于木竹材之中，在实验室中表现出耐腐性极强、抗流失性好。但是野外实验却出现相反的结果，主要有两方面影响因素：一是部分防腐剂会从木竹材中流失；二是土壤中微生物会对 DDAC 的有效成分进行消化吸收而降低其耐腐性能，从而限制了其使用场所。但 DDAC 处理材在室外具有优异的耐老化性能，同时符合环保要求，因此国内学者开始通过加入添加剂进行改性，从而增强其室外耐腐性（畦亚萍，2008；汪亮，2010）。

铜铬硼（CCB），由硼酸、五水硫酸铜和重铬酸钠/钾以 1.5∶3∶4 混合而成，具有优良的杀菌、杀虫性能，但较 CCA 的杀菌效果稍差，固着性能低，尤其是硼组分的固着性不好。

有机杂环类杀菌剂铜唑（CuAz）是目前正在推广应用的新一代水溶性竹材防腐药剂，它对担子菌有很好的防腐效果，作为竹材防腐剂有良好的应用前景。铜唑类防腐剂是由二价铜离子与三唑化合物复配而成。美国木材防腐者协会标准（AWPA P5-10，2011 年）中有 3 种铜唑配方：A 型（CBA-A，1995 年收入标准）、B 型（CA-B，2002 年收入标准）和 C 型（CA-C，2009 年收入标准），所采用的三唑化合物是戊唑醇和丙环唑。铜唑类防腐剂对环境友好，一方面铜唑类防腐剂的流失性较低，另一方面其主要成分（铜和三唑）对人都是低毒的（覃道春，2004）。

二甲基二硫代氨基甲酸铜（CDDC），是先用乙醇胺铜或硫酸铜处理，接着再用二甲基二硫代氨基甲酸钠（SDDC）进行双重处理后，通过配位体交换与竹材组分相互作用，在竹材中形成的不溶于水的螯合物，在这种螯合物中，铜与 SDDC 摩尔比为 1∶2。CDDC 防白腐和软腐的效果也较 CCA 好，抗流失性较 CCA 和氨溶砷酸铜（ACA）均强，且固着时间短（处理后 1h 即固定）（方桂珍等，2001）。

铜铬砷（CCA），由铜、铬和砷盐配制而成，处理到竹材中能很快地相互作用，生成不溶性化合物铬酸铜、砷酸铬和铬酸铬等，固着在纤维细胞上，不易流失，是一种快速固着型防腐剂，对环境污染较小。工业上由五水硫酸铜、重铬酸钠/钾和五氧化二砷以 3∶4∶1 混合而成的加铬砷酸铜防腐剂，具有较好的杀菌效果和固着性（Kumar et al.，1994）。

CCA 是目前世界上用量最大的防腐剂，由于其中含有毒成分 As 和 Cr^{6+}，被限制使用，从 2003 年开始，美国不允许其用于民用建筑，欧盟于 2004 年全面禁止与限用含有铬和砷的防腐剂，取而代之的是含铜防腐剂，如 ACQ、CuAz、CDDC 等。随着人们对环境问题的日益关注，防腐剂配方中的铜等金属成分对环境和人体安全存在潜在危险，对金属固件的腐蚀，以及单独使用时防护性能不理想和含金属木竹材废弃物处理等问题，终将会限制其在木竹材防腐剂中的使用。因此，目前科研学者比较关注以有机杀菌剂为主要成分的防腐剂，如丙环唑、百菌清、二癸基二甲基氯化铵、异噻唑啉酮和有机碘化物（孙芳利等，2012）。

第四节　新型竹材防腐剂

一、纳米防腐剂

纳米防腐剂是一类具备抑菌性能的新型材料，由于纳米材料的高比表面积和高反应活性的特殊效应，大大提高了材料的防腐效果。其中无机纳米材料不但具有广谱、高效、持久抗菌性能，而且使用安全，对环境友好，为绿色环保家居装饰材料的生产开辟了新的方向。无机纳米防腐剂使用的金属离子多限于对人体安全的银、铜、锌、钛等几种。纳米氧化铜、纳米银、纳米二氧化钛、纳米氧化锌是目前广泛应用于棉织物中的抗菌材料，近年来其在竹材防腐中的研究也逐渐增多。

纳米氧化铜抗菌材料价格较低廉且毒性小，具有良好的渗透性、耐久性、稳定性、抗流失性、防潮性和环保性等优异性能，是防腐材料的较佳选择。经过纳米氧化铜防腐剂处理的大青杨木材，防腐能力大大提高，药剂浓度为1.6%时处理的试件可达到强耐腐等级；纳米氧化铜与壳聚糖复合防腐剂具有很好的抗流失性能（王佳贺等，2013）。CuO-ZnO纳米复合防腐剂应用于杨木上，对白腐菌和褐腐菌均有一定的抑菌性，且处理后的木材防腐性和抗流失性均较好，当药剂浓度为1.25%时，可达到强耐腐Ⅰ级标准（许民等，2014）。研究发现将纳米ZnO、CuO、Ag_2O涂料分别应用于建筑材料时，纳米ZnO的综合抑菌效果最优（Huang et al.，2015a），因此目前对纳米ZnO在木材防腐方面的应用研究较多。

纳米银粒径小、比表面积大，具有强效杀菌、广谱抗菌、无耐药性的特点，且纳米银粒子的抗流失性能要优于纳米铜粒子（Pařil et al.，2017）。其主要抑菌机制是，微量银离子与带负电荷的细胞膜相互吸附，造成细菌细胞膜被破坏，细胞内含物外泄（黎彧等，2014）。有研究在竹材表面制备介孔TiO_2层，然后在介孔中原位生长纳米银粒子，在实现对纳米银负载的同时，又达到了纳米银和TiO_2协同抗菌的效果，获得竹材在日常光线和黑暗条件下同时具有对绿色木霉较好的抗菌效果（Li et al.，2019）。也有研究采用聚多巴胺对竹材进行改性以改善纳米粒子的抗浸出性，同时纳米TiO_2的光催化作用和纳米银粒子的杀菌作用显著提高了竹材的抗菌性能（Liu et al.，2019）。

纳米氧化锌作为一种廉价、环保的抗菌材料，具有广泛的适用性、安全性和长效性。通过涂刷的方法，将几种纳米复合涂层应用于竹制品表面时，发现纳米 ZnO 的抑菌效果最优（钱素平等，2010）；采用热压方法制备的含有纳米 ZnO 的木塑复合材料对软腐菌和褐腐菌的生长也具有一定的抑制作用（Mohammad and Fatemeh，2013）；纳米氧化锌和硼酸锌处理后的松木对褐腐真菌具有生物抗性（Lykidis et al.，2013），且硼酸锌处理材较纳米氧化锌处理材具有更好的防褐腐菌性能（Lykidis et al.，2016）。在竹材表面制备 20μm 厚的 ZnO-TiO_2 纳米层后，经室外为期两个月的抗真菌试验发现，具有 ZnO-TiO_2 纳米层的竹材上没有可见的真菌生长，而仅有 TiO_2 纳米层的竹材表面真菌感染 43%，仅有 ZnO 纳米层的竹材在 6 周时已全部感染真菌。电子自旋共振（ESR）分析表明，在可见光照射下（$\lambda > 420$nm），ZnO-TiO_2 表面产生了活性氧（ROS），其被认为是真菌失活的主要原因（Ren et al.，2018）。此外，在竹材表面沉积 ZnO/GO（氧化石墨烯）纳米复合材料后对大肠杆菌和枯草芽孢杆菌具有显著抗菌活性（Zhang et al.，2017）。同时在纳米防腐材料流失性研究中发现，纳米 ZnO 的抗流失性能最好，流失率不到 4%，纳米 B_2O_3、CuO、TiO_2、CeO_2、SnO_2 的流失率都在 60% 左右（Terzi et al.，2016），且纳米 ZnO 的抗流失性能优于 $ZnSO_4$（流失率 13% ～ 25%）（Clausen et al.，2011）。

尽管纳米技术在木竹材加工领域飞速发展，但仍然存在使用寿命短、机械强度差、流失性高等问题。目前针对木竹材防霉、防腐的研究中所用到的纳米材料，抑菌时间往往较短，不能起到长效、耐久的抑制效果，且单一纳米材料不能够起到一剂多效的抑菌效果。纳米材料在木竹材表面虽然可以通过静电吸附、化学键、氢键等结合，但是其机械稳定性较差，很容易从材料表面脱落（李景鹏等，2019）。

二、天然防腐剂

天然防腐剂是从生物体中提取出来并加工而成的安全、高效的药剂。天然防腐剂主要应用于食品和药品研究领域，因其具有对人畜安全、副作用小、使用范围广泛等优点（范超等，2017），逐渐被应用于木竹装饰材防腐上。

（一）植物源防腐剂

植物体在生长过程中会分泌一些能够抵御外界生物侵害的抽提物，可以提高木竹材的耐久性。木材抽提物主要包含单宁、树脂、树胶、精油、色素、生物碱、蜡、糖等多种物质，研究发现单宁、精油、生物碱等抽提物对木竹材具有保护作用，可以作为潜在的环保防腐剂。例如，桑（*Morus alba*）、水曲柳（*Fraxinus mandshurica*）、圆柏（*Sabina chinensis*）和华北落叶松（*Larix principis-rupprechtii*）4 种树种心材提取物中桑的抑菌活性最强，对白腐菌、褐腐菌和变色菌的抑制率均达到 85% 以上（李素英，2009）。采用赤松心材提取物可以有效提升木材耐腐性等级（李丹等，2018）；柚木（*Tectona grandis*）心材乙醇提取物同样可以显著改变处理木材对褐腐菌和白腐菌的耐腐性，但对软腐真菌的抗性较差（Brocco et al., 2017）。树叶提取物中含有低聚糖类、树脂酸、脂肪酸类、醇类、酚类、烯类、萜类以及果胶质类化合物，其中大多数烯类、萜类、酚类物质具有抗菌和杀菌活性。研究发现，木竹材经樟树叶提取物和脲醛树脂混合浸渍处理后可达到Ⅱ级耐腐等级（刘君良等，2000）。在其他植物提取物的研究中发现显齿蛇葡萄提取物处理过的竹材具有抗菌、防虫作用，且对褐腐菌（密粘褶菌）和白腐菌（彩绒革盖菌）具有很好的抑制作用，当溶液处理浓度达到 12% 以上时可达到Ⅰ级耐腐等级（欧阳辉，2014a）。同样含黄芩提取物的竹材防腐剂对白腐菌（彩绒革盖菌）和褐腐菌（密粘褶菌）有很好的抑制作用，并随着药液浓度和防腐剂保持量增加，当浓度 4% 以上即可达到Ⅰ级耐腐等级，浓度为 10% 时达到了最佳防腐效果（欧阳辉，2014b）。蒋世一等（2014）在中药防腐性能上做了大量工作，曾研究了 20 种中草药水提液对白腐菌和褐腐菌的抑菌作用，得出对白腐菌抑菌效果最好的中药是皂角和川椒，而对褐腐菌抑菌效果最好的中药是皂角。

植物提取物类防腐剂根据抑菌活性成分不同又分为挥发油类、黄酮类、多糖类、单宁类等，应用于木竹材防腐防霉较多的为挥发油类和单宁类防腐剂。挥发油又称精油，是植物体内次级代谢产物，在常温下具有挥发性并伴有芳香气味，其通过破坏菌体细胞膜的完整性，使细胞内含物外泄以杀死细菌，并达到抑菌效果。研究表明，杂交柏树（*Cupressocyparis*×*leylandii*）、大果柏（*Cupressus macrocarpa*）、北美西部圆柏（*Juniperus occidentalis*）树叶提取的精油中单萜类化合物占 90% 以上，因此具有一定的抗真菌能力，研究还发现雪松精油具有极强的抗菌能力，但防治效力无法达到 100%。桐油是由大戟科油桐属种子经压榨或用溶剂浸出制得的干性油，具有防腐的特性，早在古代桐油就已经开始用于涂抹船舶、家具、农具、器皿（刘玄启，2007），很多贵州山区木房建筑现在仍采用桐油防腐处理，以增强建筑材料的使用寿命。徐懿（2015）对经桐油处理的竹材进行野外暴露试验发现其具有一定的防腐、防蛀性能，但长时间的光照雨淋会降低其防护效果。单宁又称为鞣质，是存在于植物体内结构比较复杂的水溶性多元酚类化合物。单宁能与蛋白质结合形成不溶于水的沉淀，改变菌体细胞膜的通透性，来达到抑菌效果，具有广谱抗菌特性。为了开发环保型木材防腐剂，Thevenon 等（2009）采用缩合的单宁与硼交联反应制备防腐剂，对木材真菌和昆虫具有防护作用。间苯二酚缩聚单宁和儿茶酚缩聚单宁能够防止真菌腐蚀，这种化学改性单宁对白腐真菌和褐腐真菌的生长具有抑制作用（Yamaguchi and Okuda，1998；Yamaguchi et al.，2002）。采用单宁-己内酰胺和单宁-聚乙二醇对硼的固定性能进行改进后发现，防腐剂应用于室外能提高真菌和白蚁的生物抗性，并且具有较好的耐候性和尺寸稳定性（Hu et al.，2017）。

虽然植物提取物防腐剂比较安全环保，但由于植物提取物含量低，直接应用于竹材防腐，价格昂贵，因此通过确定提取物中主要物质的化学结构，再用人工合成的方法制备，成为天然防腐剂推广利用的重要途径（李坚，2013）。

（二）动物源防腐剂

动物源防腐剂是从动物中提取出来的，包括蜂胶、鱼精蛋白、壳聚糖等，其中壳聚糖防腐剂最为常见。壳聚糖是从虾壳或蟹壳中提取出来的一种对真菌、细菌均有抑制作用的多糖类物质，它可以损伤菌体的细胞壁并改变其通透性，使菌体内有重要作用的酶溶出，从而达到杀菌目的（Singh et al.，2008）。壳聚糖因其来源广泛、成本低、无毒、无污染等优点，已成为天然防腐剂应用研究的热点，目前在食品的防腐保鲜中应用研究较多，并且逐渐开始在木竹材防腐防霉中被应用。

研究表明，壳聚糖可以杀死木材降解真菌（毛胜凤等，2006），采用壳聚糖铜配合物和壳聚糖锌配合物处理竹材，可以提高金属离子的抗流失性能，且高于铜铬硼处理竹材的耐白腐性能，但其耐褐腐性能不及季铵盐处理竹材，但随着溶液处理浓度的增加，竹材耐褐腐性能明显增加（孙芳利等，2007a，2007b）；以戊二醛为交联剂在竹材内部原位构建壳聚糖/聚乙烯醇聚合物网络，在提高竹材尺寸稳定性的同时还赋予竹材防霉和防腐能力（杨秀树等，2018）；壳聚糖亦可以应用于竹塑复合材料，研究表明掺杂壳聚糖制备的竹粉/PVC 复合材的拉伸强度、冲击强度和弯曲强度分别提高了 44.7%、58.2% 和 79.6%，且白腐和褐腐腐蚀质量损失率分别降低了 94.1% 和 75.0%（姚雪霞等，2018）；采用壳聚糖与氧化后的竹浆纤维发生交联反应制备的抗菌壳聚糖改性竹浆纤维，对大肠杆菌和金黄色葡萄球菌的抑菌率高达 96% 以上，且壳聚糖改性竹浆纤维具有良好的抗菌耐洗涤性能（何银地和许云辉，2017）。

第五节 防腐竹材性能研究及发展趋势

防腐处理对竹材物理力学性能和后期胶合加工性能的影响以及防腐竹材抗流失性是防腐竹材性能研究的重要内容，其研究有利于实现对防腐竹材在户外使用年限、安全性及耐久性的综合评价。

一、防腐竹材物理力学及胶合性能

为了保证最终竹制品的强度、外观和尺寸稳定性，防腐剂处理应遵循不影响处理材物理力学性能、吸湿性及胶合性能的原则。例如，采用水载型防腐剂铜唑和季铵盐处理的竹集成材仍具有良好的力学性能，且处理材的抗弯强度和弹性模量不受影响（王雅梅等，2006；张禄晟，2014）。同样采用铜唑、季铵铜和环烷酸铜处理竹刨花的研究表明，所制得的3种刨花板的各项物理力学性能均满足标准，其中季铵铜处理刨花板的综合性能略差（金菊婉等，2009）。使用铜唑和季铵盐处理竹条对酚醛树脂胶黏剂的固化影响很小，且防腐处理能够改善竹材表面的润湿性能，使竹集成材的胶层剪切性能达到或超过未经防腐处理的对照样（张禄晟，2014）。但铜唑和季铵盐处理毛竹对处理材的表面润湿性影响显著，其中竹黄面的表面自由能略高于竹青面，随着载药量升高表面自由能呈现先上升后下降的趋势（靳肖贝等，2015b）。关于不同防腐处理方法对竹材力学性能影响的研究发现，炭化处理后竹片抗拉强度最优，其次是未经过炭化的竹片，最后是经过加压浸注方法处理的竹片（赵章荣等，2016）；漂白或热处理竹束制备重组竹材，虽不能改善竹材防霉性能，但可提高其防腐性能，且有利于提高重组竹的顺纹静曲强度和顺纹弹性模量（张建等，2018）；在野外暴露和野外埋地试验中，采用天然桐油处理的竹材抗压强度和抗拉强度均高于未处理材（徐懿，2015）。

二、防腐竹材抗流失性

有些防腐剂在使用过程中存在易流失、稳定性差、有毒有害、污染环境等问题。例如，在铜类防腐剂流失性研究中发现，CCA防腐剂的铜抗流失性最好，氨溶季铵铜和铜唑抗流失性次之，浸出试验的铜流失率在50%左右（Temiz et al.，2015）。因此，如何改善防腐剂的抗流失性，实现防腐剂的缓慢释放和长久防护，成为新型防腐剂制备的重点解决问题。竹材抗流失性处理的方法主要有三种，分别为竹材表面处理法、竹材预处理法和添加助剂法。

（一）竹材表面处理法

对竹材表面进行涂层处理是一种常见的方法。采用树脂、清漆和石蜡进行涂饰用以隔绝空气与水分进入竹材内部，在提高竹材耐久性的同时，也延缓了防腐剂的流失，但此方法需要定期维护。例如，采用生物油基树脂涂刷处理，阻止材料表面与水的接触，也可有效抑制防腐材中铜离子的流失；树脂亦可以用来固定防腐剂，如酚醛树脂与热裂解油共混后可以对铜离子和硼离子进行固定，且实验结果表明铜浸出率较未处理材的减少了95%（Mourant et al.，2009）。在铜-乙醇胺浸渍处理的云杉木上，涂饰两层水性丙烯酸涂料，处理材的接触角增大，疏水性增强，并且能有效地防止铜离子浸出（Humar et al.，2011）。Wang等（2020）将脲醛树脂（UF）/桐油微胶囊加入普通聚氨酯清漆和丙烯酸酯清漆中，制备了自愈性涂料。

将其涂覆在竹材表面可以降低异噻唑啉酮（MCI/MI）在竹材中的浸出率，从而延长竹材使用寿命。除了油漆，目前研究较多采用高分子材料纳米粒子等疏水性物质，处理竹材可以获得疏水性能，亦可以提高竹材表面防腐剂抗流失性能。吴义强等（2010）采用热压的方法在木竹材表面形成一层微纳米硅炭化的密实多孔薄膜，获得了一种微纳米硅炭化超疏水防腐木竹材，该微纳米硅炭化超疏水木竹材与水的接触角为150°～170°，水滴在薄膜表面的滚动角小于10°，具有很好的防腐性。

（二）竹材预处理法

采用热处理、微波处理、冻干处理、超声处理的方法对竹材进行预处理，能够有效提高防腐剂的抗流失性能和防腐的综合效力，其机制一是预处理可以改变竹材结构，提高竹材孔隙率和渗透性，以提高载药量和浸渍深度，使防腐剂活性成分与竹材组分充分结合或反应（杨守禄等，2016a）；二是预处理过程增加了细胞内部分可溶性糖的溶出，减少了细菌生存必需的营养物质，提高了综合防霉效力。

（1）热处理可破坏竹材的细胞壁及纹孔等微观结构，增大细胞壁的孔隙率和竹纤维的表面积，改善竹材的渗透性并增加了药剂在竹材中的流通路径，从而增加防腐材的载药量，促使防腐剂更容易渗透到竹材的各类细胞，使防腐剂活性成分有效固着，从而增强防腐剂的抗流失性和处理材的耐久性。采用热处理可以改善氧化锌和纳米银颗粒的渗透性，使纳米银颗粒在细胞中的浸渍量提高了50%以上（Ghorbani et al.，2012）。

（2）微波处理使竹材细胞内部形成蒸汽压力，压力较大时会冲破细胞壁上的纹孔膜，破坏竹材内部结构，从而促进防腐剂的渗透。采用微波技术处理竹材可以显著提高竹材对防腐剂的吸药量，但微波处理在增加吸药量的同时，防腐剂与竹材间形成化学结合才能有效地提高竹材的抗流失性（宋广等，2013）。

（3）等离子预处理能够在不损伤竹材基体的前提下，对材料表面进行改性进而使表面性能获得优化。宋广等（2013）研究发现经过等离子预处理，在真空条件下竹材的吸药性能达到了最高水平，而预处理条件、防腐剂浓度和防腐处理压力对水溶性蛋白铵铜硼盐防腐剂处理竹材的抗流失性能没有显著影响。

（4）真空冷冻干燥技术处理毛竹，利用竹材中固态水升华在薄壁细胞上形成的微小孔洞，同样可以提高竹材的渗透率，增加防霉剂浸渍深度（Xu et al.，2018），同时提高防霉剂综合防霉效力，此技术可应用于竹材防腐防霉处理。

（5）超声波处理竹材，可以有效地去除竹材内部的淀粉颗粒，促进竹材的渗透性，有利于防腐剂的渗透。超声处理技术应用于浸渍过程，有利于纳米Ag/TiO_2进入木材内部并附着在细胞壁上，提高分散性和浸渍深度，减少团聚现象，同时发现随着超声功率增加，木材载药量增加，抗流失率逐渐增加（林琳等，2017）。

（三）添加助剂法

在防腐剂中添加各种助剂，使防腐剂黏附在竹材表面或产生易于附着在竹材表面新的物质，以增强防腐剂抗流失性能。例如，采用溶胶凝胶法制备的硅凝胶固着铜防霉剂处理竹材，结果表明处理材的铜流失率较氨溶季铵铜（ACQ）处理材和铜铬砷（CCA）处理材分别降低了 78.8% 和 67.2%，硅凝胶固着铜防霉剂沉积在导管中，且与纤维素羟基形成了氢键结合，与竹材纤维素上活性较强的伯醇羟基发生反应生成羧酸铜，形成 Si-O、Si-O-Cu 键，改善了铜在竹材中的固着性（杨守禄等，2016b）。夏炎和赵毅力（2012）利用羽毛蛋白与铜盐、硼盐形成了氨基酸金属盐、氨基酸盐，可以提高铜、硼在竹材中的固着性能，且经蛋白铵铜硼盐防腐剂处理的竹材具有较好的耐腐性能。

三、防腐竹材抗流失新技术

近年来，缓释技术逐渐成为一种新型且安全有效的技术，在医药、化肥、农药等领域得到了广泛的应用（Lvov et al.，2016），并逐渐应用在木竹材防护中。将防腐剂用缓释载体或微胶囊包覆能够有效降低其用量，延长使用期限，成为目前防腐竹材抗流失性研究的热点。利用载体或微胶囊等对药物进行负载的缓释技术，可实现对药物释放速率的控制，延长体系药剂持续释放的时间，提高药剂的利用效率，减少药剂的流失和分解，减少对环境的污染（Hári et al.，2016）。

（一）微胶囊包覆

微胶囊技术是一种将固体、液体或气体包封形成微小粒子的保护技术（Kwon et al.，2013）。微胶囊技术的优势在于可以实现芯材物质的完全包覆，使其与外界环境隔离，同时仍能保留其原有特性。在竹质材料中，将防护药剂用微胶囊进行包覆，可获得具有可控释放和高效阻隔性质的防护处理材，同时又为竹质材料防腐防霉改性中存在流失性差的问题提供新的解决思路（Kwon et al.，2013；胡拉等，2016）。

木材本身是多孔性的天然聚合物材料，当微胶囊包覆的防腐剂颗粒直径小于 20μm 时，可以通过加压处理方式直接进入木材的孔隙从而起到防护作用（Hayward et al.，2016）。通过微波膨化技术对杉木进行处理，其纹孔孔径由 553.7nm 增大到 921.1nm，并出现了微孔结构，增大的木材孔隙将更有利于木材防护药液和大微胶囊颗粒的有效导入（He et al.，2014）。竹材同样作为天然多孔材料，可通过将有机防腐剂溶于有机溶剂中，分散至水溶液中形成乳液，该乳液可以通过喷雾、浸渍等方式应用于竹质材料表面，也可通过加压浸渍处理使微胶囊防腐剂渗入竹材内部。研究发现，采用乙酸乙酯作为溶剂制备的包含 IPBC 的微胶囊，其尺寸大小能控制在 20μm 范围内，所含 IPBC 有效成分以每月质量比 0.5% 左右的速率释放，能够保证所保护的产品使用时间超过 15 年，大大提高了药剂的耐久性（布·芒努斯·尼登等，2012）。专利 CN 104336013A 中指出采用乳化溶剂挥发法制得的戊唑醇微胶囊颗粒微小且分布均匀，平均粒径达 200nm 左右，缓释性能良好，持效期长久，具有较好的防治霉菌的效力，有望应用于竹材防腐上（陈安良等，2015）。

微胶囊技术以其特有的控释性和阻隔性，在木竹材料的功能化领域具有良好的发展前景。然而，微胶囊生产成本偏高，功能的稳定性和耐久性问题尚未得到有效解决，且在制备、储存及使用过程中易发生团聚现象，成为制约其在木竹材料领域推广应用的主要因素。

（二）埃洛石纳米管负载

最近几年，在医药、农业、矿产等领域使用较多的天然纳米管——埃洛石（HNT）是一种中空管状的纳米粒子，能够使负载的抗菌剂、生物酶、除草剂、驱虫剂等获得缓释功能，延长作用时间，对于竹质材料的防护表现出极大的应用潜力。采用埃洛石对药物进行吸附改性，发现吸附后的药物释放时间延长 50 ～ 100 倍（Yuri et al.，2008）；在埃洛石中负载疏水性药物（地塞米松、呋喃苯胺酸和硝苯地平），同样发现其从埃洛石管腔中的溶出速度比单纯的药物晶体降低了 96% 以上，且释放速度随着负载量的增大而变快（Veerabadran et al.，2007）；在埃洛石内腔中负载有机防腐剂（苯丙三唑、巯基苯并噻唑、巯基苯并咪唑），并利用脲醛树脂预聚物与 Cu^{2+} 及防腐剂的螯合作用封闭埃洛石管口，防霉剂获得了较好的缓释效果，且极大地改善了金属的耐腐蚀性能（Joshi et al.，2012）。采用埃洛石纳米管改性 IPBC 防霉乳液后涂饰于竹材表面，可在竹材表面形成埃洛石保护层，提高竹材的疏水性，研究表明改性竹材的防霉和防蓝变效力达到 100%，且水洗对处理材的防霉防蓝变效力无明显影响，说明埃洛石负载防护剂涂料具有广阔的应用前景（李瑜瑶，2016）。埃洛石的管状结构空间有限，因此靳肖贝（2018）采用酸刻蚀的埃洛石负载 IPBC，大大提高了对防护剂的负载效率，不仅能获得较好的缓释性能，降低药物的流失性，有利于竹材的长效防护，还能提高 IPBC 抗紫外分解的能力，埃洛石样品扫描电子显微镜（SEM）图和纳米埃洛石负载 IPBC 前后的透射电镜（TEM）图见图 4-6，IPBC 主要负载于埃洛石的内腔中，并将内腔部分堵塞。

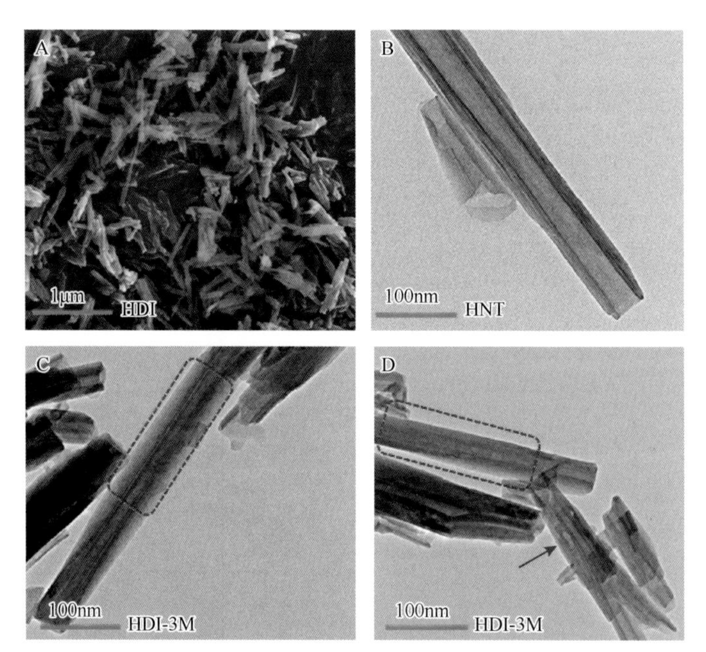

图 4-6 埃洛石样品 SEM 图（A）及纳米埃洛石负载 IPBC 前后的 TEM 图（B ～ D）（靳肖贝，2018）

HNT，埃洛石；HDI 和 HDI-3M，负载 IPBC 的埃洛石

（三）纳米水凝胶负载

纳米水凝胶是一种以化学键或物理交联作用形成的亲水性聚合物，内部为交联网状结构，具有较高的稳定性，较大的比表面积，内部可装载生物活性组分且不易失活，可应用于药物输送。其中，温敏性水凝胶在外界环境温度产生变化时会发生溶胀或收缩，水凝胶的这种特性可应用于环境可控的药物控释。将具有抗菌性的纳米材料负载于水凝胶中，尤其是温敏性水凝胶，当外界环境发生变化时，水凝胶释放药剂，以达到可控的长效抗菌效果，有望应用于木竹材料长效防腐防霉中（黄秋丽等，2017）。目前研究较多的纳米抗菌水凝胶有载 Ag 纳米抗菌水凝胶和载 ZnO 纳米抗菌水凝胶。纳米银作为杀菌效果最好的纳米金属材料，其载入水凝胶中表现出显著的杀菌效果，并且随纳米银含量的增加抑菌效果明显增强（范士军等，2009），其对微生物的生长也有一定的抑制作用（Agnihotri et al.，2012）。载 ZnO 纳米抗菌水凝胶在紫外光照射下，能够产生活化性极强的活化氧，能与菌体细胞壁发生反应而达到杀菌的目的，具有较好的抗菌、抑菌效果（周玉惠，2013；Yadollahi et al.，2015）。纳米水凝胶的研究多集中于生物医药领域，在木竹材料防腐剂上应用较少，采用纳米抗菌水凝胶对防腐剂进行负载和可控释放有利于实现木竹材料的长效防护。

四、竹材防腐发展趋势

未来竹材防腐技术发展应综合考虑防腐竹材综合性能评价，如物理力学性能，抗流失性和耐候性，以及配套的竹材防腐处理设备研发。其中，开发环保高效低成本的新型防腐剂仍是竹材防腐研究的关键方向。新型环保竹材防腐剂的开发主要分为三个方面。

（一）铜基防腐剂微粒化和纳米化

由于铜的广谱杀菌性且对人畜低毒，因此铜类防腐剂得以广泛应用，然而铜离子在使用过程中容易受到雨水的冲刷而流失，污染环境，影响人类健康。因此为了保持铜类防腐剂的高效利用，需要对铜离子进行固着处理，增强其抗流失性是未来研究的重要方向。新型微化铜基防腐剂和纳米金属防腐剂的开发是目前研究的热点。微化铜（铜颗粒尺寸 1nm 至 25μm）的防腐性能更优，在接触水和土壤条件下抗流失性更好。目前微粒化防腐工艺是防腐剂应用领域的一个重要趋势，但同时要注意防止微化铜粉尘对人体的伤害。虽然盐溶液中的 Cu^{2+} 具有杀菌效果，但在应用中需要添加一定的量才能达到效果。相比而言，纳米金属及其氧化物粒径小，其高比表面积和高反应活性的特殊效应，大大提高了其整体的抗菌能力。纳米防腐剂是一类具备抑菌性能的新型防腐剂，在纺织材料中表现出优异的抗菌性能，在木材中也表现出良好的防腐性能，其在竹材上防腐防霉性能的研究上还具有很大的发展空间。

（二）有机杀菌剂开发

有机类防腐剂具有高效、低毒、无金属离子、对环境影响小的特点，将是未来环保型防腐剂的发展方向。其活性成分是具有杀死病原菌或抑制其生长发育的有机化合物，目前主要来自农用杀菌剂。虽然该类防腐剂在实际应用中对竹材保护的长效性还不甚明确，而且成本相对偏高，但因其比较环保，多种有机杀菌剂已被 AWPA 列入标准名录。要使有机杀菌剂在竹材防腐中得到广泛应用，需筛选广谱抗菌的有机杀菌剂，通过复配解决有机杀菌剂抑制作用单一的问题；提高保护剂对木竹材的长效保护作用，降低有机杀菌剂在户外条件下（光、热、水和土壤微生物等）的降解作用，提高稳定性；明确木竹材中有机杀菌剂对人体健康和环境的影响（孙芳利等，2012，2017a）。

（三）天然防腐剂筛选

筛选天然防腐剂是未来安全无毒防腐剂的重点开发方向之一，其有助于减少防腐剂处理材后期综合管理以及回收处理等问题，有助于减少环境污染。但天然防腐剂对人类和环境的影响仍需大量试验验证。天然防腐剂应用于竹材主要存在两方面的问题：①植物源防腐剂中植物提取物含量较低，其提取物中的有效成分含量更低，并且提取过程复杂。②植物提取物中有效抗菌成分的鉴定和分离需要进行大量的筛选与分析工作，且含量和性质往往随着植物的品种、产地、年龄变化而变化，开发难度高、试验量巨大。

总之，无论是传统的化学防腐剂还是新型的纳米防腐剂，以及较为环保的有机防腐剂和天然防腐剂，都应具有优良的防腐性、固着性和处理性能，并且安全低毒，对环境友好，价格低廉。借鉴于木材防腐剂的发展历程，以及考虑到竹材自身特性，未来竹材防腐剂的研发应当符合以下原则。

（1）安全高效。药剂本身对人畜无害，仅对真菌有毒，安全环保的防腐剂开发是今后防腐剂研发的重点。

（2）简单易用。竹材防腐剂的使用方法倾向于简单、易用，如直接添加到油漆、染料、胶黏剂等中，可以直接涂刷于竹材及竹制品的表面，不影响涂饰、胶合以及加工性能，且便于进行定期维护，以提高竹产品的使用寿命。

（3）渗透性好。竹材渗透性差是其在药剂浸渍性能过程中难以逾越的屏障，通过增加竹材的渗透性或改善药剂的渗透性，使防腐剂容易渗入竹材内部，并且均匀分布在竹材组织结构内部，是从整体上提高竹材防腐性能的重要手段。

（4）抗流失性强。普通防腐剂（包括天然防腐剂）一般都存在稳定性差、易流失的问题，因此，在不影响药剂综合防腐效力的情况下，抗流失性仍有待提高。

（5）一剂多效。竹制品在实际使用过程中同时会受到真菌、昆虫，以及环境中风吹、日晒、雨淋等多种因素的影响，因此研究和开发同时具有防霉、防腐、防蛀、抗紫外、抗流失甚至阻燃功能的一剂多效复合型防腐剂是今后重要的研究方向。

（6）成本低。药剂原材料来源广，容易获取，价格便宜，制备工艺简单，且制备过程中不造成环境污染，才能得到广泛使用。

第五章　竹 材 防 蛀

竹材具有多种优良特性，但由于其含有丰富的淀粉、可溶性糖分、蛋白质、矿物质等多种成分，很容易遭受昆虫的侵害。在昆虫传播季节，竹材砍伐后的24小时内就会受到甲虫的蛀食，特别是对竹种并无选择性的蠹虫、白蚁等蛀虫（王文久等，2001；安鑫，2016）。调查数据显示，成都地区竹材虫蛀平均危害率达39%以上。被蛀食的竹制品轻则影响美观，降低其经济价值；重则失去使用价值，如造成竹器无法使用，竹建筑物发生倒塌等。因此，为延长竹材的使用年限，提升竹材产业化利用水平，竹材及其制品必须进行防虫处理。同时，竹材蛀虫可随竹制品进行远距离传播，竹材防蛀对我国竹制品出口也具有重要意义。

第一节　竹 材 蛀 虫

危害竹材及竹制品的害虫有10科80余种（徐天森和王浩杰，2004），以鞘翅目的甲虫和蜚蠊目的白蚁为主；竹材用于海水环境下，也会受到蛤类、贝类等海生动物的侵蚀。此外还有一些膜翅目木蜂，虽然它们不以竹材为食，但会在竹材内部筑巢，破坏竹材强度，影响竹材使用。

一、鞘翅目蛀虫

鞘翅目昆虫通常称为甲虫，是昆虫纲中最大的一目，因前翅为坚硬角质（称为鞘翅）而得名。这类昆虫的共同特征为，口器发达，都是咀嚼式；成虫的触角为10～11节；前胸发达，前翅为坚硬角质，后翅为膜翅，不用时可折在鞘翅的下面，也有后翅短或完全退化的。鞘翅目蛀虫发育分为卵、幼虫、蛹和成虫4个阶段，为完全变态型；蛹为裸蛹，幼虫多为寡足型。

鞘翅目蛀虫是危害竹材和竹制品最常见的一类害虫，更喜欢蛀食夏春季采伐的竹材，冬伐材受害相对较少。被害竹材上往往被蛀出许多孔洞，从洞口有粉屑排出。被害严重的竹材除竹青及竹黄外，竹肉几乎全部被蛀食（图5-1，图5-2）。

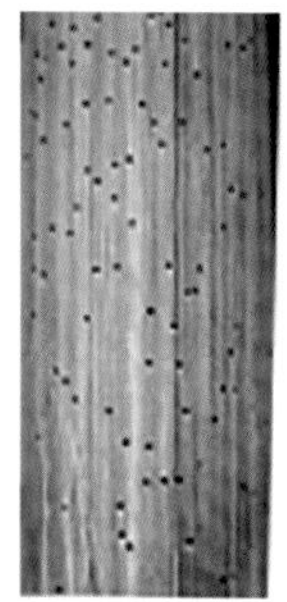

图 5-1　蠹虫蛀食竹材（Liese and Kumar，2003）

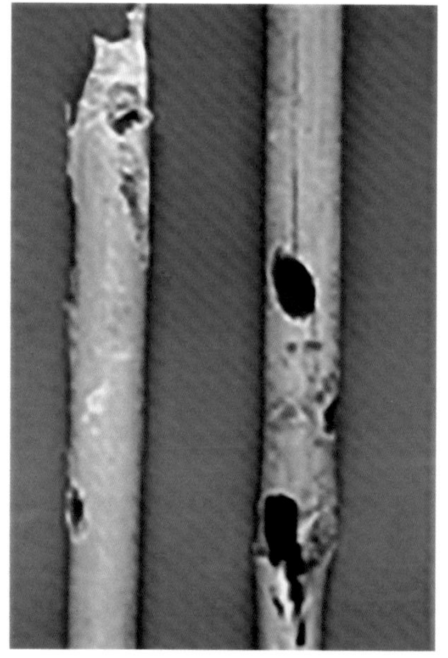

图 5-2　天牛蛀食竹材构件（Liese and Kumar，2003）

蠹虫类雌性蛀虫通常从新鲜砍伐的竹材横断面或竹材受损部位进入竹秆内部，产卵于维管束中的导管内；天牛类蛀虫多将卵产于竹节上方竹枝与竹秆相连处的腋内，也有产于竹材粗糙的截面或裂缝伤痕处的。虫卵孵化后的整个幼虫期和性成熟前的成虫期均在竹材内部生活取食，是危害竹材最严重的两个阶段。幼虫一般首先蛀食竹节部位，随后深入竹秆内部，形成许多纵向或横向蛀道，成虫蛀食时常有虫粉从蛀孔内排出，性成熟后从竹秆中钻出，在竹材表面留下孔洞。蛀屑形态和蛀孔形态均是区分为害竹材蛀虫种类的重要特征。

为害竹材的主要鞘翅目害虫形态特征、生活习性等如表 5-1 所示（程振衡和刘益晟，1964；吴旦人，1992；蔡勋红，2003；林峰等，2008b）。

表 5-1　为害竹材的主要鞘翅目害虫形态特征、生活习性等

科类	种名	形态特征	生活习性	生活史及虫态历期	分布范围	为害情况
长蠹科	竹长蠹（*Dinoderus minutus*）	长圆筒形，体长 2.5 ～ 3.5mm，宽 1.0 ～ 1.5mm。全身赤褐色，有光泽。头部黑褐色，刻点粗密而均匀，触角 10 节，末 3 节膨大。前胸背板强烈隆起，最宽处在基部 1/3 处。近基部中央明显具 1 对近圆形凹窝。小盾片横矩形。鞘翅长为前胸背板的 1.5 倍，两侧缘自基缘向后略平行延伸，斜面翅缝缘不隆起。足为棕红色，跗节 5 节，前足跗节第 1 节不长于第 3 或第 4 节	· 从竹片侧面、竹黄或竹青受损处蛀入，蛀孔直径 1.3 ～ 1.5mm · 喜欢在新砍伐竹材的纤维导管中产卵。每个雌虫产卵 20 粒左右，单个散产 · 有纵向、横向两种蛀道，有蛀粉从孔道排出 · 耐药性较强，并有假死性	一般一年发生 2 ～ 3 个世代，广州一年发生约 5 个世代。以幼虫或成虫越冬，也发现蛹越冬的情况。4 月中旬到 8 月上旬为产卵期。在 7 ～ 8 月平均气温为 28℃的情况下，卵期约为 6 天，幼虫期 21 ～ 23 天，蛹期 4 天，产卵前期约 10 天。成虫寿命在冬、春较冷的气候下可达 150 天以上	广泛分布在浙江、福建、江苏、湖南、湖北、广东、四川、云南、贵州、江西、河南、山东、北京、上海、天津等地	为害竹制品最普遍、最主要的害虫。蛀食大部分竹材及其制品
	日本竹长蠹（*Dinoderus japonicus*）	圆筒形，体长 3.0 ～ 4.0mm，宽 1.2 ～ 1.5mm。黑褐色，具光泽；有时翅基部有红色斑，须、触角及跗节褐色或红黄色。头部刻点粗密；触角 11 节，末 3 节膨大。前胸背板黑褐色，长宽约相等，最宽处在近基部 1/3 处，近基部无凹窝，两侧宽圆，鞘翅长为前胸背板的 2 倍，两侧缘自基缘向后略平行延伸，至翅后 1/4 处收尾，端缘圆形。前足跗节第 1 节比第 3 或 4 节长，被长毛	· 在竹材砍伐部位或节间的破皮处蛀入，小孔直径约为 1.5mm · 在竹黄部位的纤维导管中产卵，每个雌虫产卵 30 ～ 140 粒，单个散产 · 以纵向蛀道为主，蛀道中充满蛀粉 · 成虫具有避光性，飞行能力不强	一般一年发生 1 ～ 2 个世代。以成虫越冬较多。5 月上旬至 7 月初为产卵期，7 月上旬开始进入前蛹期和蛹期，8 月下旬羽化完毕。成虫历期最长达 200 天左右	我国长江以南广大产竹地区	主要蛀食刚竹、毛竹等竹材及其制品，对隔年陈竹及其制品很少蛀食
	大竹蠹（*Bostrychopsis parallela*）	长圆筒形，体长 8 ～ 14mm，宽 4 ～ 5.2mm。黑褐色。头呈圆锤形，触角 10 节，末 3 节膨大。前胸红褐色，背板前缘凹陷，末端有一大而宽的钩形角，这是区别其与其他竹蠹虫的显著标志之一。鞘翅后端倾斜部两侧缘中央各生一个大棘状胝，胝长约 4mm。足为黑褐色，跗节 5 节	· 幼虫沿竹纤维蛀食 · 蛀道不规则，严重时将竹肉和竹黄全部蛀食完，仅剩下一层竹青 · 排泄的竹粉较粗，充满蛀道 · 成虫喜欢温暖潮湿的环境，畏强光，有飞翔能力	一般一年发生 1 个世代。以成虫或幼虫越冬。5 月下旬至 7 月中旬为产卵期，卵 10 ～ 15 天孵化为幼虫	主要分布于湖南、湖北、四川、云南等地	喜欢蛀食毛竹、刚竹等竹材及其圆竹制品

续表

科类	种名	形态特征	生活习性	生活史及虫态历期	分布范围	为害情况
长蠹科	角胸长蠹（*Bostrychoplites cornutus*）	长筒形，体长 6.5 ～ 17.5mm，宽 1.8 ～ 5.5mm。体为红褐色或黑色，被黄褐色毛。头顶明显窄于前胸背板。前胸背板的背面有粗糙的刻点或突齿，前缘倾斜凹陷。鞘翅坚硬，是前胸背板长的 2 倍。足棕黑色或黑褐色，跗节 5 节	·幼虫沿竹纤维蛀食 ·纵向、横向蛀道。蛀道内充满蛀粉，粉粒较竹长蠹、日本竹长蠹、褐粉蠹和中华粉蠹粗 ·成虫喜欢温暖和潮湿的环境，畏强光，有飞行能力 ·在温度为 23 ～ 28℃、相对湿度为 75% ～ 85% 的环境下，蛀食活动最厉害	一般一年发生 1 个世代。以成虫或幼虫越冬。5 月中旬钻出，6 月上旬或中旬开始产卵，卵经过 10 ～ 15 天孵化为幼虫	主要分布于湖南、湖北、四川、山东、安徽、北京、上海等地	喜食竹竿、竹制货棚和较厚竹材的圆竹制品、竹片等
粉蠹科	褐粉蠹（*Lyctus brunneus*）	长扁形，体长 3 ～ 4mm，黄褐色或红棕色。头黑褐色或红棕色，有两个黑色复眼突出在头部两侧。前胸背板不遮盖头部，能从身体背面看到。触角 11 节，呈棍棒状，末端有两个膨大的栉片。从头的基部两侧向后至背部中央有“Y”形凹陷，全部密被刻点。鞘翅较长，比头和前胸合起来还长约一倍，颜色淡红，有时为黄褐色，较光滑。腹部腹面有 5 个明显的腹节，足的跗节有 5 节	·产卵于新砍伐竹材切口的导管口，单个散产 ·以纵向蛀道为主，蛀道中充满蛀粉，有粉末状虫粪从虫孔排出 ·成虫喜欢气候温暖和潮湿的环境。在温度为 22 ～ 33℃、相对湿度为 70% ～ 80% 时，蛀食活动最厉害 ·畏强光，飞行能力不强	一般一年发生 1 个世代。以成虫或幼虫越冬，4 ～ 8 月均有成虫。5 月下旬至 7 月中旬为产卵期，成卵经过 10 ～ 15 天化为幼虫。幼虫化蛹一般在被蛀竹材的蛀道末端	主要分布于湖南、湖北、福建、江苏、浙江、江西、安徽、北京和台湾等地	大部分竹材及其制品
	中华粉蠹（*Lyctus sinensis*）	近似长筒形，体长 3 ～ 4mm。全身红棕色或赤褐色，不发亮。头部为圆锥形，触角 11 节，呈棍棒状，末端两节膨大，末节二角圆滑。头部和前胸背板密被金黄色细毛，前胸背板后端三分之二处和鞘翅缝区为黑褐色。鞘翅比头和前胸合起来还长约三分之二。足的跗节有 5 节	·产卵于新砍伐竹材的横蛀孔中。蛀孔直径 1 ～ 2mm ·纵向蛀道 ·成虫喜欢气候温暖和潮湿的环境，畏强光，飞行能力弱	一般一年发生 1 ～ 2 个世代。以幼虫或成虫越冬。成虫于 5 月中、下旬开始产卵，孵化期为 6 月上旬或 7 月中旬	主要分布于四川、云南、贵州、安徽、江苏、湖南、湖北、河南、河北、山西、青海、宁夏、辽宁、内蒙古等地	大部分竹材及其制品

续表

科类	种名	形态特征	生活习性	生活史及虫态历期	分布范围	为害情况
天牛科	竹绿虎天牛（*Chlorophorus annularis*）	成虫体长10～16mm，体宽2.5～4.5mm。体躯为棕色或棕黑色，头部有类似颗粒状刻点，密被黄色绒毛，腹面被白绒毛。触角约为体长的一半或更长，柄节与第三节至第五节等长。前胸背板球形，有4个长方形黑斑，中央2个至前端合并。鞘翅基部有一近卵圆形黑环，中部有一黑横条，外侧与黑环相接触；端部有一近似椭圆形黑斑。足为棕色或棕黑色，后足第一跗节相当于余下三节的总长	·多产卵于竹杈与竹秆相连处的腋内，少数产卵于竹材粗糙截面或裂缝伤痕处 ·蛀道开始时纵横交错，后期以纵向为主，横截面为扁圆形，里面充满蛀粉。蛀粉细，干后结成硬块，无蛀粉排出	一般一年发生1个世代。以幼虫越冬为主，次年3月底至5月间化蛹。4～8月出现成虫，成虫期2～3个月	主要分布于福建、江苏、江西、云南、四川、广东湖南、湖北、河北、出西、陕西等地	对多种竹材及其制品危害严重，特别是新采伐的嫩竹
	竹红天牛（*Purpuricenus temminckii*）	成虫体长14～18mm、宽4～6.5mm。头、复眼、触角、足黑色，前胸背板及鞘翅朱红色。头短，雌虫触角接近鞘翅后缘，雄虫触角约为体长的1.5倍。前胸背板宽约为长的2倍，上有5个黑斑，前面两个大而圆，后面三个较小。鞘翅两侧缘平行，胸部和翅面密布刻点	·产卵于新砍伐竹材梢部、竹节或已枯死竹秆节部。也有在2～3年以上活竹节上产卵的 ·蛀道为块状，蛀粉较粗，干后不结块。竹秆内部常积水发臭，严重被害，地下可见蛀粉 ·竹身布满被竹屑堵塞的虫孔及圆形羽化孔，竹材表面变为深猪肝色，有时仅剩一层竹皮	一般一年或两年发生1个世代。以成虫越冬。次年4月中旬开始从蛀孔中钻出产卵，卵经数日孵化成幼虫，幼虫在8月化蛹，经过15天左右羽化	在我国主要分布于浙江、福建、江苏、安徽、江西、云南、贵州、湖北、河南、河北、山西、陕西、辽宁、广东、广西和台湾等地	喜食毛竹、刚竹等竹材，不喜欢蛀食干燥的竹材及其制品

续表

科类	种名	形态特征	生活习性	生活史及虫态历期	分布范围	为害情况
天牛科	拟吉丁天牛（*Niphona furcata*）	成虫体长 13 ～ 18mm，宽 3.9 ～ 5.4mm，基底为棕色至黑褐色，全体被覆白、灰白、浅黄、灰黄色倒伏绒毛。头部密被灰白、灰黄色绒毛，头顶平，无中沟；额方形具中沟。雄虫触角长度大于体长；前胸背板密被灰黄色和少许灰白色绒毛，前缘具黑褐点状毛斑，中央具明显纵隆脊，两侧有不规则纵脊或瘤突。鞘翅肩部宽，并向翅末逐渐收窄	· 雌虫将小竹咬一横椭圆形刻槽，掉转头产卵，卵产于竹筒内，紧贴竹内壁，单卵 · 幼虫沿竹内壁取食竹黄，蛀道极浅，极易脱落蛀道落到节上并钻入竹材内部蛀食竹肉部分，仅剩一层竹青 · 竹内充满细粪便和细粉末，很少往外排 · 幼虫取食竹黄和竹肉，仅剩一层竹青 · 成虫羽化孔为椭圆形或圆形	长沙地区一年 1 个世代，跨两个年度。以成虫越冬。翌年 4 月上旬飞出，卵期为 4 月中旬至 5 月下旬，历期 11 ～ 19 天；幼虫历期 110 ～ 116 天；8 月下旬开始化蛹，历期 14 ～ 22 天；成虫于 9 月中旬开始陆续羽化	分布于山东、江苏、江西、浙江、福建、台湾、河南、贵州、四川、云南和湖南的部分县市	为害新伐小径竹及其编织的竹帘、竹篱笆等用具。羽化飞出的成虫喜食当年生刚木质化的新鲜小竹枝，其次是尚未展开的卷曲嫩竹叶和破裂处的竹材，偶尔取食少量老竹叶

双棘长蠹、粉蠹、竹绿虎天牛分别见图 5-3 ～图 5-5。

图 5-3　双棘长蠹

图 5-4　粉蠹

图 5-5　竹绿虎天牛（黄永槐提供）

二、木蜂

木蜂是膜翅目蜜蜂科木蜂属的统称。该类群外部形态与木蜂亚科的其他物种有较大差别，其个体较大且强壮，一般体长为 13 ～ 30mm。该属物种全世界除南极洲外均有分布，但主要分布在热带和亚热带地区，少数分布在温带地区。我国已知木蜂属有 40 种，其中云南分布最多，有 20 余种（贺春玲等，2009）。

除突眼木蜂亚属在土中筑巢外，其他木蜂均在枯木、中空的茎秆和竹子中筑巢，使建筑用材变脆弱，容易从蛀洞处折断，造成建筑物倒塌。其中蜂巢结构为线状不分支型的木蜂均会在竹材中筑巢，在我国分布的蛀竹木蜂以双月木蜂亚属为主，包括长木蜂（*Xylocopa tranquabarorum*）、金翅木蜂（*Xylocopa auripennis*）和竹木蜂（*Xylocopa nasalis*）。长木蜂和竹木蜂成虫的区别如表 5-2 所示。金翅木蜂仅在云南省有分布，暂无相关资料。

表 5-2　两种木峰成虫的区别（邓望喜，1992；Maeta et al.，1985；贺春玲等，2009）

种名	形态特征	生活习性	生活史及虫态历期	分布范围	为害情况
长木蜂（*Xylocopa tranquabarorum*）	雌虫体长 23 ～ 26mm，雄虫体长 22 ～ 27mm。体黑色，颚部 2 齿，基部刻点极少；额脊明显；小盾片端缘及腹部第一节背板基缘圆，腹部背板中部刻点稀少，两侧较密。翅深褐色，透明，端部色更深。体被黑毛，足被黑褐色毛，中足及后足胫节、跗节被长红黑褐色毛	巢室的结构为线状不分支型。巢口位于竹节的一端，多数在竹节的基部附近，巢室从上端靠节处筑起，渐次下移。少数巢孔位于竹节端部附近，巢室从下端靠节处筑起，渐次上移。不同的竹种其巢孔的位置有差别。在白夹竹上巢口均在竹节的节间处。巢口长 5.5 ～ 9mm，宽 5.5 ～ 8.0mm；每个蜂巢有 6 ～ 8 个巢室，每个巢室 1 个卵，巢室之间有膜状封隔。长木蜂一生只筑一次新巢，巢穴重复使用	在江苏南京 1 年发生 1 代。以成蜂在巢穴内越冬，翌年 3 月下旬成蜂外出活动，4 月越冬成蜂开始大量筑巢	江苏、浙江、安徽、江西、湖北、湖南、福建、台湾、广东、海南、广西、四川、云南等地	为害孝顺竹、短穗竹、毛环短穗竹、毛环竹、早竹、京竹、黄槽石绿竹、金镶玉竹、唐竹和白夹竹等。最喜欢在直径 1.2 ～ 2.5cm 的孝顺竹和刚竹属的竹种上筑巢
竹木蜂（*Xylocopa nasalis*）	雌虫体长 23 ～ 24mm，雄虫体长 27 ～ 28mm。头、胸、腹部及足均为黑色，复眼黄褐色。前后翅呈紫蓝色而有光泽，前翅基片黑色。胸部各节背板两侧和足均被有长而硬的黑毛。上颚粗大，齿端锐利	竹节间筑巢，巢穴长度 21 ～ 30cm，单向排列。每个蜂巢有 6 ～ 8 个巢室，每个巢室 1 个卵。巢室之间有隔膜，中间有通道。同一巢内，近巢口一端巢室所栖住的是蛹，其次是幼虫，再次是卵。同一枝毛竹上蜂巢数目为 1 ～ 3 个	每年 4 ～ 10 月是木蜂成虫活动期，5 ～ 8 月为活动盛期	安徽、江苏、浙江、江西、湖南、湖北、四川、云南、贵州、广东、广西、福建等地	主要为害毛竹

三、等翅下目蛀虫

白蚁隶属于蜚蠊目 Blattaria 等翅下目（Engel et al.，2009），主要分布于南、北纬 45° 之间的热带和亚热带地区，少数种类分布于温带。中国发现并报道的白蚁共有 5 科 41 属 477 种（程冬保等，2014），除黑龙江、内蒙古、宁夏、新疆和青海 5 个省（自治区）外，其他省（自治区、直辖市）均有白蚁的分布。

白蚁属于渐变态的社会性昆虫。一个蚁群个体数量从几百个、几千个到多达 200 万个以上。群体内有不同的品级分化和复杂的组织分工，从形态、机能上可以分为繁殖型和非繁殖型白蚁。其中繁殖型白蚁的职责是保持旧群体和创立新群体。非繁殖型白蚁主要担负劳作或作战的任务，其中工蚁是蛀食竹材的主体。一个成熟的白蚁群体从繁殖蚁婚配起至群体内首次产生下一代有翅成虫需 7 ～ 10 年的时间。也有部分白蚁种类，由于部分工蚁和少量兵蚁离开主群体寻食找水时，与主群体完全失去联系，群体内部会产生补充型蚁王和蚁后，成为独立群体。

白蚁营巢穴生活，喜阴暗潮湿、隐蔽的场所。根据蚁巢修建地点，我国白蚁蚁巢主要分为木栖、土栖和土木两栖三类。木栖白蚁会在竹秆、木材内部或较高的树干上筑巢，如堆砂白蚁属。在繁殖季节，白蚁可通过竹秆上的裂缝或横截面开口飞入竹秆，破坏地上部分结构。土栖白蚁依土筑巢，一般靠近木材根部或土壤中的木竹材料；根据巢穴特点，又有地下巢和地上巢之分。土木两栖白蚁可在干木、生活树木或埋在土中的木竹材内筑巢，也可在土中筑巢，木中筑巢有蚁路与土壤相连，如华南地区为害最严重的家白蚁属。

大多数白蚁对木质纤维情有独钟，白蚁肠道内存在丰富的原生生物，因此白蚁是少数能够以纤维素为食的昆虫（梁世优等，2019）。它们破坏竹材非常迅速（图 5-6），且为害具有隐蔽性，短短几个月，被害竹材就只留下薄薄的一层竹青。为害我国竹材的主要白蚁形态和生活习性见表 5-3（朱海清和赵刚，1982；邵起等，2002；刘源智，2003；马星霞等，2011b）。

图 5-6　白蚁蛀食竹材

表 5-3　为害我国竹材的主要白蚁形态和生活习性

科类	种名	兵蚁形态特征	筑巢习性	为害情况	分布范围
鼻白蚁科	台湾乳白蚁（*Coptotermes formosanus*）	兵蚁头部卵形、淡黄色，上颚镰刀状，囟门大，前额中央有圆形开口分泌孔，可喷出乳白色浆液，前胸背板平坦比头窄	土木两栖白蚁通常在地下不深处筑大型巢，也在室内筑巢（多在阴暗潮湿不通风处，如厨房、厕所有水源处），还可在地上及树上筑巢 巢外特征：排积物、分群孔明显	主要为害建筑木竹材、埋地电缆、储藏物资及野外树木等，是我国长江以南各省为害房屋建筑、桥梁和四旁绿化树木最严重的一种白蚁	分布在我国的安徽、江苏、上海、浙江、江西、湖北、湖南、四川、福建、台湾、广东、海南、广西、云南、香港、澳门等地区
	黑胸散白蚁（*Reticulitermes chinensis*）	兵蚁头、触角黄色或褐黄色，上颚暗红褐色。囟门小，点状，前额微隆起，不高出头后水平。上唇透明端短，前缘圆钝。头部毛稀疏，头长扁圆筒形，后缘中部直，侧缘近平行。额峰突起，峰间凹陷	土木两栖白蚁栖居分散，不筑大巢。蚁巢营建在接近地面或埋入土壤的木质材料中	一般为害地板、门框、楼梯脚、柱基等 2m 以下部位，其中以 1m 以下尤为严重。建筑物底层室内装饰装修后如墙裙门套内往往形成黑暗封闭的内部空间，其危害可至 2m 以上，一般不上楼。如楼上发生漏水，木构件长期处在阴暗潮湿环境，偶尔也会在 2 楼以上发现其踪迹	河北、北京、山东、河南、江苏、上海、浙江、福建、安徽、江西、湖北、湖南、广西、云南、陕西、甘肃、山西等地
	黄胸散白蚁（*Reticulitermes faviceps*）	兵蚁头部黄褐色，上颚紫褐色。头呈长方形，四角略圆，囟门小，点状，前额显著隆起，明显高出头后水平；上唇仅有 2 根端毛，无侧端毛；前胸背板毛较少，中间毛在 10 根以内	同黑胸散白蚁	同黑胸散白蚁	辽宁、山东、河北等地

续表

科类	种名	兵蚁形态特征	筑巢习性	为害情况	分布范围
木白蚁科	铲头堆砂白蚁（*Cryptotermes declivis*）	赤褐色；前胸背板与头等宽或宽于头部，额部呈坡面，与上颚交角远大于90°，似铲形	木栖白蚁，蛀食通道即为巢，不需要从外部获得水源，不筑外露蚁路，粪便似小砂粒，部分由蛀孔排除巢外，跌落地面似堆砂	喜欢蛀食坚硬和干燥的木材和竹材。为害木构件（梁、柱、门、窗等）、家具（床、桌、椅、柜等）以及生活树木，如荔枝、榕树、紫薇等	浙江、湖南、福建、广东、广西、海南、四川、贵州、云南等地
	截头堆砂白蚁（*Cryptotermes domesticus*）	前胸背板与头等宽或宽于头部。额部垂直；额部与上颚几成90°交角，似截形	同铲头堆砂白蚁	同铲头堆砂白蚁	台湾、广东、广西、海南、云南、福建等地
白蚁科	黑翅土白蚁（*Odontotermes formosanus*）	头部深黄色，胸、腹部淡黄色至灰白色。头部发达，左上颚内缘前段1/3有明显的齿；头在中部以后最宽；后颏略拱出。前胸背板比头狭窄。前胸背板前半部翘起，似马鞍状。前、后缘中央皆有凹刻个体较大；头宽1.2～1.3mm。工蚁单态	在地下筑巢，深可达2～3m，由诸多菌圃组成巢群，分群孔呈小土堆凸起	主要为害堤坝及农作物、房屋地面木结构	我国黄河、长江以南各省市地区。河南、安徽、陕西、甘肃、江苏、浙江、湖北、湖南、贵州、四川、重庆、江西、福建等地

台湾乳白蚁、黄胸散白蚁、截头堆砂白蚁分别见图 5-7 ～图 5-9。

图 5-7　台湾乳白蚁（何奉明供图）

图 5-8　黄胸散白蚁（刘炳荣供图）

图 5-9　截头堆砂白蚁（何奉明供图）

四、海洋钻孔生物

海洋钻孔生物是指专门蛀食海上竹木质结构（如海水养殖用竹桩、竹筏、海港码头、桥梁护木、桩木等）的海洋无脊椎动物，主要包括船蛆属（*Teredo*）、海笋科（Pholadidae）等双壳类软体动物，以及蛀木水虱属（*Limnoria*）、团水虱（*Sphaeroma* spp.）等甲壳动物。

海洋钻孔生物主要以海中浮游生物为食，竹材主要作为它们的栖身之所。它们在竹材中的钻孔形式分为两类。一类是如船蛆、海笋等软体动物，它们从幼虫变态后即钻入竹材内部，以后随着身体的增长逐渐深入，终生不再出来。这类动物蛀食的竹材表面可观察到针尖大小的小孔，内部则已经千疮百孔，短短几个月就会对竹材造成结构性破坏。另一类是如蛀木水虱等甲壳动物，它们在竹材中以穴居为主，从外向内破坏竹材，被蛀食的竹材表面呈海绵状孔洞，破坏速度相对较软体动物慢（Lises and Kumar，2003）。

（一）船蛆

船蛆也称“凿船贝”（图5-10），属海螂目船蛤科，常栖息在温带及热带海洋地区，尤以温带数量最多，主要分布于韩国、中国及欧洲等地。目前已知的船蛆有160多种，中国沿海已发现30多种。

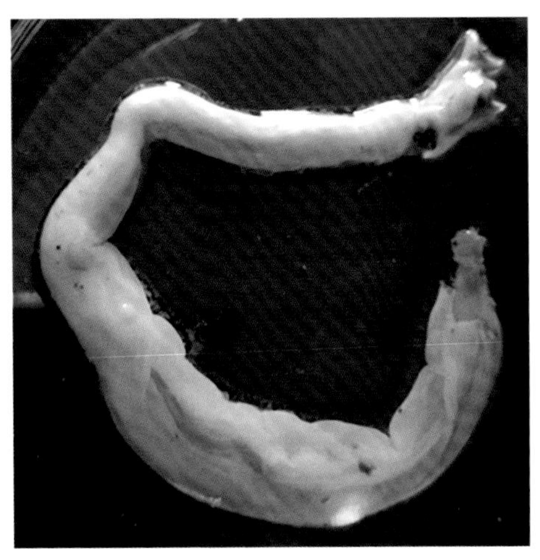

图5-10　船蛆

船蛆外形细长呈蛆状，自身能分泌一种黏液，形成薄薄的石灰质管子，把柔软的身体保护起来。前面有一对小而薄、对称的外壳，包住身体前端（刘福丹等，2006）。船蛆身体末端有两根细长的管子，管子基部有一对石灰质的铠。船蛆靠两个水管与外界相通。活动时两个水管自洞口伸出，海水和一些微生物、有机碎屑由进水管流进体内，而排泄物、生殖产物则经出水管排出体外。船蛆一旦受到敌害威胁、惊扰或感到外界环境不适时，水管便立即回缩，铠伸出体外，并堵塞洞口自卫。

船蛆个头差异很大，小的只有2～3cm长，大的有1m长。船蛆繁殖能力强，一只船蛆每次产卵数目可达一亿个以上，且附着后生长速度很快。有一种船蛆16天就可以长成原来的100倍，36天就可以长成原来的1000倍，生长一个月左右，便达到性成熟（张玺和齐钟彦，1975）。

（二）海笋

海笋属于海螂目海笋科，在世界各大洋均有广泛分布，中国南北沿海约有20种。

海笋科贝壳结构独特而复杂，除主壳外，在背、腹面和后端还有各种形状的副壳。通常壳质薄脆，前、后端开口。海笋身体呈长卵形。贝壳表面的中部，由背面向腹面有一条稍微向后方倾斜的线沟，把贝壳分为前后两个部分。前部稍稍凸出，表面生有很明显的齿纹；后部平滑，表面没有齿纹而生有环形的生长线。海笋和船蛆一样，在它身体的末端有两个水管，不过它的这两个水管除了末端很小的部分分开，其余的部分都是彼此愈合在一起的，所以从外表看好像只有一根水管。

（三）蛀木水虱

蛀木水虱，别称吃木虫，属等足目蛀木水虱科，在我国沿海分布普遍。目前已知蛀木水虱有 20 余种。蛀木水虱个体较小，长约 5mm，体长圆形，黄白色。头部有无柄的眼和两对略等长的触角。胸部 7 节，每节有一对胸肢。腹部 6 节，具二枝型的腹肢，有游泳、呼吸功能。尾节宽，后缘圆形，有刚毛，尾肢为二枝型，外肢稍弯曲，比内肢短。

（四）团水虱

团水虱因为身体能蜷缩成团而得名（图 5-11），俗称潮虫，属等足目团水虱科。团水虱在我国长江口以南各省沿海分布很广，淡水、半咸水、潮间带及深达 1800m 的深海均有分布。我国报道的团水虱科有 12 种，隶属于 8 属（于海燕和李新正，2003）。

图 5-11　团水虱

团水虱形态与蛀木水虱较为接近，个体上略大于蛀木水虱。不同团水虱体长 4.0 ～ 15.0mm，不同种类之间可以通过大结节的数量和排列方式，以及在尾足外肢锯齿的数量、突起的形状、刚毛的分布和第二、第七步足长来鉴别。团水虱产卵在全年均可发生，但繁殖高峰期一般在秋季和春末夏初，每次抱卵数为 5 ～ 26 个，受精卵在雌性团水虱育儿袋内发育成胚胎，胚胎发育成幼体后离开母体。

第二节　竹材蛀虫防治

竹材防蛀是通过物理、化学方法等使蛀虫不能在竹材中生长、发育或繁殖。防治对象或防治要求不同，选择的处理方法不同。传统物理防治方法包括高温杀虫法、气调杀虫法、烟熏防虫法、水浸防虫法等，处理成本低，一般对环境无污染，但防护时间短，预防效果差；化学防治法是通过破坏蛀虫细胞、蛀虫代谢作用和蛀虫生殖繁育等功能来达到防蛀目的，优点是效果好、残效期长，具有处理方便、不损害竹材物化性等优点，但处理成本相对较高，可能存在药剂环保问题。熏蒸法是目前应用最成熟、效率最高的一种杀虫方法，主要用于竹材检疫杀虫处理；浸渍法、扩散法、树液置换法等方法主要用于新鲜竹材防蛀处理，通过竹材内部水分将药剂扩散到竹材中，其处理效果受竹材含水率影响很大；常压浸渍法、冷热槽法和加压处理法主要处理干燥处理后的竹材。

一、竹材蛀虫防治方法

（一）物理防治法

1. 高温杀虫法

高温杀虫法是采用热处理方式对带虫竹材进行杀菌灭虫的一种方法，其原理是将环境温度上升到害虫致死温度范围，达到杀灭害虫的目的。传统加热方法包括烘烤、曝晒、汽蒸、沸煮、微波等。目前生产中以化学药剂溶液煮沸法最为常见，根据竹制品要求不同，在沸水中添加不同的化学药剂。例如，苛性碱煮沸法、漂白粉煮沸法可用于竹筷等竹制食具；氟化钠煮沸法用于包装物竹片等竹材。

高温杀虫法需要根据处理竹材体积的大小，平衡好温度、时间和竹材物理力学性能之间的关系，在保证处理竹材内部达到蛀虫致死温度一定时间的情况下，可将竹材内的成虫、卵、幼虫和蛹全部杀死。林峰等（2008a）针对小型竹材加工户，探索了水煮法和烘干法等热处理方法的杀虫效果，结果认为新伐竹材水煮温度 86℃，处理时间 5min，竹心温度达到 75℃，天牛死亡率达到 100%；烘干房温度为 54℃，处理 40min，竹心温度达到 48℃时，天牛死亡率达到 100%。

2. 气调杀虫法

气调杀虫法是通过降低空气中氧气含量，使受虫蛀竹材处于严重缺氧环境中从而杀死蛀虫的一类方法。在竹制品害虫防治工作中，主要采用抽真空法、空气燃烧脱氧法、充氮气等方法来形成空气缺氧的环境。该类方法应保证空气中氧含量低于 4%，否则杀虫效果不显著。该方法可杀死大部分竹制品害虫，适用于包括食具和美术工艺品在内的多种竹制品。此外，温度对气调杀虫法效果有一定影响，环境温度过低不宜采用气调杀虫法。

3. 烟熏防虫法

烟熏防虫法是将竹制品放置在炉灶高处，让柴火烟熏竹制品，当表面变为棕色时即可。该方法是借助柴火烟中的甲醛、有机酸、杂酚油等物质杀死竹材中的害虫，同时降低竹材中的含水率，具有一定防蛀、防霉作用。该方法操作简便，防治蠹虫、天牛蛀蚀效果好，但处理时间较长，主要适用于竹篾编织品。

4. 水浸防虫法

水浸防虫法是将竹材浸没在流水中，使寄生在竹材中的害虫窒息死亡，同时浸出竹材中可溶性糖分和胶质，减少和防止害虫蛀食。该方法操作简便，不污染环境，防蛀效果显著，主要适用于刚砍伐的竹材；但水浸需要时间较长，一般为 30 ～ 45 天，甚至 90 天（彭华安，1981；吴旦人，1992）。

（二）化学防治法

1. 熏蒸法

熏蒸法是将容易挥发出有毒气体的化学药剂投放到密闭环境中对竹材进行熏蒸处理以杀死蛀虫的一种方法。该方法具有广谱、高效、操作简便等优点，适用于一切竹材和竹制品（包括竹制食具和制作食具的竹材）。但是熏蒸效果容易受温度、湿度、压力和密闭条件的影响，同时熏蒸剂对人体有危害。因此，熏蒸处理前必须做好安全预防措施（王丹青等，2016）。

目前熏蒸剂以溴甲烷为主，但因其对大气臭氧层具有破坏作用，《蒙特利尔公约》将溴甲烷列为受控物质。其间，研究人员一直致力于寻找溴甲烷的替代药剂。涉及木竹材及其制品用的熏蒸剂，其优缺点及应用前景如表 5-4 所示（吴旦人，1992；叶熙萌和张一宾，2013；李雄亚等，2019），部分药剂处于推广应用阶段。

表 5-4 不同熏蒸剂的优缺点及应用前景

熏蒸剂	优点	缺点	应用前景
溴甲烷	扩散和渗透性强、广谱高效	破坏臭氧层、污染环境	对大气臭氧层产生破坏，将逐步被淘汰
硫酰氟	渗透性强、广谱高效、解吸快、毒性小	存在氟，污染环境，对卵的灭杀效果差	有使用标准和实际应用，但可能产生温室效应

续表

熏蒸剂	优点	缺点	应用前景
磷化铝（磷化氢）	广谱高效、便宜、使用方便、低残留	低温药效差、有腐蚀性、易燃、菌虫易产生抗体	有实际应用，但易产生抗性
乙二腈	广谱高效、穿透能力强	有待深入研究	部分国家注册使用
环氧乙烷	扩散性强、毒性小	常压穿透性强、吸附率高，易燃易爆	应用受限
氧硫化碳	高效、易分解、吸附率低、解吸快	有臭鸡蛋气味，成本高	天然环保熏蒸剂，但熏蒸制品有臭鸡蛋气味
异硫氰酸甲酯	兼具杀虫与杀菌作用、使用方便	对光热敏感、性能不稳定	使用范围受限
氰化氢	高效、渗透性强、低残留	毒性大、贮存不稳定、吸附率高	应用前景受限

2. 表面处理法

涂刷和浸泡处理以处理竹材表面为主，药剂难以渗透到竹材内部。竹材出现开裂、破损时，则难以达到防虫效果。目前表面处理法多用于不易拆卸大型构件的维护，以及在施工现场对防护处理材料进行锯切加工时产生的新锯口。

为了改善处理效果，可在浸泡液中设置超声波、加热装置、添加表面活性剂等，改进药剂的渗透量和渗透深度，提高防虫效果的持久性。其中在常温浸泡基础上改进的冷热槽法将竹材放入配有加热装置的槽中蒸煮一段时间，然后取出再浸渍在常温药剂中。该方法的优点是药剂渗入量比常温浸泡法大，效果相对持久，但不适用于热稳定性差的药剂。

3. 扩散处理法

扩散处理法是根据分子扩散原理，以竹材中的水分为药剂扩散载体，药剂由高浓度向低浓度的竹材内部扩散的一种方法。扩散处理法一般采用渗透性能好的硼类药剂浸泡或涂刷处理竹材，然后将竹材堆起来，用塑料布密封存放 2 ～ 3 个星期。该方法要求竹材含水率高，通常为 35% ～ 40% 甚至以上，处理生材效果最好（郭梦麟等，2010）。

基于扩散原理的垂直浸泡扩散法（vertical soak diffusion）是 Liese 开发的一种竹材处理方法（图 5-12）。具体步骤为：将刚砍伐的竹秆垂直放在药液池中，刺破竹材中除最底部竹隔外的所有竹隔；用泵将药剂打入竹秆内部，浸泡大约 14 天；然后将最底部的竹隔刺破排空竹材内的药剂。该方法通过药剂扩散，赋予竹材防虫效果，特别是竹秆内壁可得到有效保护（Liese and Kumar，2003）。

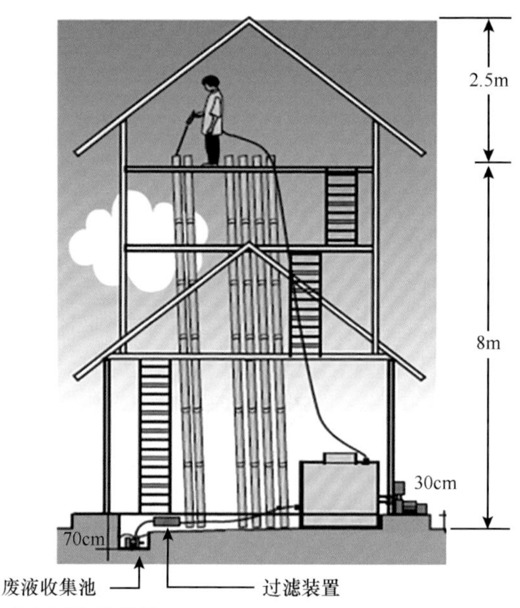

图 5-12　垂直浸泡扩散法（Environmental Bamboo Foundation，2003）

4. 树液置换法

树液置换法是利用专用加压设备将药剂从竹材端部注入，药液在压力作用下，通过导管的纹孔向四周薄壁细胞以及纤维细胞渗透。具体步骤为：将新砍伐的竹秆顶端截去，将端部套在一耐压皮管内，并将皮管捆紧，皮管的另一端接药液贮罐。在药液贮罐上加压 0.1 ～ 0.5MPa，药液受压后顺着竹材导管流向梢部，待梢部端口看到药液流出即可结束。一般浸渍用的药液都可以采用这个方法。该方法虽然麻烦，但竹材整体均有药剂分布，所需设备比较简单，适合价值较高的特殊用材（Kumar et al.，1994；许斌和张齐生，2002）。

5. 加压处理法

加压处理法是利用动力压差迫使液体向低压区流动的原理，采用加压方式强制药剂浸注竹材内部。目前，竹材加压处理多采用满细胞法，加压压力应达到 1.5MPa 以上，加压时间大于 60min。加压处理法可控制药量，具有透入度较深、处理时间短、处理效果好等特点，适合集中加工大量的干燥竹材，是竹条类材料常用方法。该方法需要专门压力罐等设备，如果处理竹筒，则容易发生开裂，在处理前需要将竹材内部横隔打通。

6. 竹基复合材料防蛀

随着竹材人造板在户外、结构建筑中的广泛应用，其防虫处理也日益受到人们的关注。竹材人造板防虫处理途径有三种：第一种是单元材料预处理。先将单元材料用药剂处理后，再施胶制板。采用该方法材料防虫效果最佳，但需要增加生产工序和设备，同时必须考虑药剂热稳定性、对胶黏剂胶合性能的影响和加工废弃物（边条和砂光粉尘等）的处理问题。第二种是制板过程中一体化处理。将防虫药剂与胶黏剂混合后，一起添加到单元材料中。该方法操作简单，但药剂不能影响胶黏剂固化性能，且必须与胶黏剂具有很好的相容性。第三种是成品后处理法。该方法不用考虑药剂热降解以及对胶黏剂固化的影响，但需要考虑如何使防腐剂进入板材内部而又不影响其胶合强度和表面性能。

国外在木质复合材料方面开展了大量研究工作，主要集中在防虫药剂筛选方面。例如，Vick（1990）发现百菌清、环烷酸锌处理后的单板由于酚醛树脂（PF）胶过分渗透到单板内部而难以形成良好胶合，氨溶砷酸铜（ACA）和环烷酸铜（CuN）对胶合的干扰稍低。由 ACA 和 CCA 预处理的杨木刨花制作的刨花板，其力学性能较对照板均有不同程度的降低。针对成品后处理，研究人员开发的气相硼处理法和超临界流体处理法对药剂渗透效果好，且不影响板材后续使用，但因生产成本高而未得到工业化利用。目前国内对竹材人造板防虫研究较少，可以借鉴木材人造板经验。采用哪种处理方法，应综合考虑人造板的加工工艺、结构特征和性能要求（金菊婉等，2009；崔举庆等，2012）。

二、竹材防虫药剂

常用药剂如下。

1. 蛀虫用杀虫剂

早期常用的竹材防虫药剂包括石灰、漂白粉、苛性碱、五氯酚钠、甲胺磷、氟化钠、辛硫磷等；有些地区还因地制宜就地取材，采用水蔓藤、苦楝子、茶籽饼、百部等制成植物性药剂浸渍竹材，是我国采用生物杀虫剂的初级阶段（李邦俊等，1980；彭华安，1981；郝瑞仙等，1990）。目前使用药剂以铜铬硼（CCB）、铜铬氟（CCF）和氨溶季铵铜（ACQ）为主，竹木家具防虫防蛀多采用硼化物、明矾等药剂对竹材进行浸泡或蒸煮处理（李燕文等，1996）。许斌和张齐生（2002）采用 3.5% 氟化钠、34% 氯化钙等药剂压注处理原竹，具有一定防蛀效果。

2. 白蚁用杀虫剂

随着CCA、毒死蜱等药剂面临禁（限）用，用于竹材防虫的药剂主要包括以下几类。

（1）拟除虫菊酯类：以氯菊酯、氯氰菊酯、氯戊菊酯和联苯菊酯等菊酯类为有效成分的白蚁防治剂已在美国甚至全世界占有较大的市场份额，这类药剂在相当长的一段时间内也是我国白蚁防治行业的主流药剂。例如，艾格福公司生产、在我国注册的考登悬浮剂，有效成分为2.5%溴氰菊酯，推荐使用质量浓度为0.06%，对黑翅土白蚁防治效果良好；Dragnet 380EC（有效成分为氯菊酯）可用于防治乳白蚁属、异白蚁属、散白蚁属、湿木白蚁属白蚁；Biflex 240EC（有效成分为联苯菊酯）可防治加工好的木材、胶合板及藤条中的各种白蚁，处理浓度0.06%情况下，白蚁防治有效期为8年（眭亚萍等，2008）；王启慧等（2014）将联苯菊酯、溴氰菊酯和高效氯氰菊酯添加到三聚氰胺甲醛树脂中制备胶合板，研究结果表明三种药剂质量分数分别为1.25%、5%、2.2%时，白蚁死亡率100%，但板材胶合强度有不同程度降低。

（2）氯代烟碱类药剂：吡虫啉是一种新型高效氯代烟碱类杀虫剂，1991年投放于市场，是目前国际市场上销量最多的农药。该药剂无味、无驱避性、对白蚁作用缓慢、毒性较低、较为安全。对白蚁具有触杀和胃毒作用，具有迷踪效应。德国开发的吡虫啉防治白蚁药剂拜灭士（Premise），0.05%～0.3%的质量浓度处理可有效预防白蚁5年以上，目前已列入木材防腐标准名录（刘源智，2003）。目前吡虫啉已在80多个国家推广使用，我国白蚁防治市场的份额也呈现上升趋势。

（3）苯基吡唑类药剂：氟虫腈是1993年开始商品化生产的新型药剂。该药无驱避性、有触杀和胃毒作用，对白蚁等害虫具有独特的防治效果。当土壤中含有高剂量药剂时，接触到的白蚁会马上死亡；当土壤中含有低剂量（$0.01mg/m^3$）药剂时，接触到的白蚁体表和体内会携带该药剂，从而导致药剂在种群内传递，达到抑制整个种群的效果。目前该药用于白蚁防治已在美国、澳大利亚、欧洲、日本、新加坡、中国香港等地被广泛认可，但由于价格等因素，国内白蚁防治市场应用较少。

（4）吡咯类药剂：虫螨腈是1987年研发的一种新型杀虫杀螨剂，杀虫谱广、作用独特。对哺乳动物和鱼类低毒，主要用于防治棉花、蔬菜、果树、茶树作物上的害虫。2000年澳大利亚检验检疫局已批准虫螨腈作为集装箱底板使用的胶层防虫剂。该药剂有望成为辛硫磷的替代物。

目前，药剂用于竹材白蚁防治还有许多系统性工作需要开展，如防治白蚁药剂在竹材中的用量、剂型、使用方法研究还不够深入，药剂在木竹材料中的持效性、使用环境等研究未见报道（刘晓燕和钟国华，2002；邹文娟，2009）。

3. 海生钻孔生物杀虫剂

采用化学药剂对竹材进行处理，会对海洋环境造成不同程度的污染，因此针对海水中使用的竹材，目前并没有有效的化学防蛀措施。近年来，研究人员尝试将木质材料进行改性（Treu et al.，2018）或外包金属、水泥、塑料、土工布等材料，其中外包土工布效果最好，但该方法不能防止腐朽菌的侵蚀（Saathoff et al.，2010；Treu et al.，2018）。有研究人员提出应针对海生生物生活特性制定防治措施，如减少害虫幼虫在材料表面的沉降附着，进而减少蛀虫在材料中的生存概率（Treu et al.，2018）。蔡亚能（1978）研究得出真菌或细菌软化的木材和表面长有初级微生物黏膜的固体更吸引海洋钻孔生物幼虫的固着，提出用控制木材表面微生物区系的办法来防止钻孔动物的附着，但进一步的试验未见报道。

第三节　竹材防蛀发展趋势

一、竹材防蛀处理发展趋势

（一）化学防蛀

由于竹材没有横向输导组织，维管束组织比量低，药剂在竹材中渗透困难，分布均匀性差，属于难处理材种。孙芳利等（2017a，2017b）认为可采用频压法提高竹材渗透性，宋广等（2013）采用微波法和冷等离子体处理法使竹材载药量有一定程度增加。

为提高药剂在木材中的渗透均匀性，研究人员开发了如 CO_2 超临界流体法、激光刻痕法、震荡法、生物法等多种处理工艺，但竹材在这方面的研究仍是空白。竹材作为难处理材，可借鉴木材的方法，结合竹材结构特征，探索适合竹材的高效防虫处理新工艺。

（二）物理杀虫法

随着工业化程度的不断发展，环保、高效的防蛀技术需求越来越迫切。以替代熏蒸杀虫法为目标的物理杀虫法是目前热点研究方向。

辐照处理法利用高能射线（X 射线、γ 射线）或高速电子束照射处理材，使微生物细胞吸收辐射能量，破坏其遗传物质，导致微生物代谢紊乱、机体损伤，从而达到杀虫目的，其中以 ^{60}Co-γ 射线辐射最为常见。辐照杀虫技术穿透深度大，均匀性好，用 30 ～ 350kGy 的射线对竹材进行辐射处理，几乎所有的竹蠹虫都会立即死亡。但该方法会使竹材刚性、脆性增强，竹材表面颜色变暗（吴旦人，

1992；孙丰波，2010）。使用辐照处理法时特别需要注意安全问题，设置专用辐射源，安装及使用人员要做好安全保护措施，处理好辐射源的遮蔽问题（赵丽霞，2016）。

近几年发展起来的射频加热杀虫法，以其加热均匀、效率高、投资成本低、无污染等优点被快速推广。该方法采用高频交流电磁波加热物料，原理与微波加热类似，射频能量可穿透至物料内部，同时均匀加热物料内外（杨莉玲等，2017）。有研究指出采用射频加热法可完全消灭松木中的害虫而木材品质不受影响，是一种很有发展前景的杀虫方法（赵亮，2018），可作为竹材杀虫的借鉴方法。

二、竹材防蛀药剂发展趋势

竹材防蛀仍以化学药剂为主，具有不可替代性。绿色、环保、持效性长的药剂开发和科学用药是未来竹材防蛀特别是白蚁防治的明确主题。未来竹材防蛀药剂主要有以下几个研究方向。

（一）新型化学防虫剂筛选

基于现有农药和白蚁防治药剂筛选出适合竹材及其制品用防蛀药剂，如在白蚁防治行业应用前景较好的苯基吡唑类药剂、吡咯类药剂等。目前，在美国、日本及欧洲等发达国家（地区）正在研发的白蚁防治药剂主要有新烟碱类——噻虫嗪、氨基甲酸酯类——茚虫威、邻甲酰胺基苯甲酰胺类——氯虫苯甲酰胺和溴氰虫酰胺，以及苯甲酰脲类——双三氟虫脲、多氟脲、杀铃脲等，可以开展针对性研究。

此外，还有开展药剂协同增效组方在白蚁防治中的研究。国外白蚁防治药剂增效组方研究主要集中在土壤用白蚁药剂，完成了传统有机氯、有机磷、拟除虫菊酯类杀虫剂间的配伍，并率先启动了高效低毒的环保型杀虫剂组方筛选。我国登记的复配药剂仅有2种，均为饵剂，针对竹材防虫药剂的复配技术几乎还是空白。

（二）生物源杀虫剂开发与应用

植物源杀虫剂具有资源丰富、作用机制多样、环境友好等优点，其发展空间和应用前景十分广阔。生物源杀虫剂主要包括微生物源、昆虫病毒、植物浸提液三大类，筛选出多种微生物，如苏云金芽孢杆菌（*Bacillus thuringiensis*）、粘质沙雷氏菌（*Serratia marcescens*）、铜绿假单胞杆菌（*Pseudomonas aeruginosa*）、球孢白僵菌（*Beauveria bassiana*）、金龟子绿僵菌（*Metarhizium anisopliae*）、阿维菌素对白蚁均有较高致死率；多种植物提取物如苦参碱、苦皮藤素、烟碱、鱼藤酮、桉叶素等已用于农作物害虫防治中，实验室测试结果表明这些植物提取物对白蚁蛀蚀防治效果明显（刘炳荣等，2008）。此外，孙立庆（2013）首次从美国扁柏（*Chamaecyparis lawsoniana*）分离出的内生菌生物发酵代谢产物中分离得到了(+)-香柏酮、τ-依兰油醇、香榧醇和α-毕橙茄醇等抗白蚁成分，与美国扁柏中所含抗白蚁活性成分相同，为利用微生物进行生物发酵合成对人畜无毒或低毒的杀白蚁药剂提供了新思路。

目前，大多数生物源杀虫剂仍处于实验室阶段，野外试验效果较差或缺少野外测试数据，使用过程中存在效率低下、有效成分稳定性差、药期短等问题（刘晓燕和钟国华，2002；韩小冰等，2010；辛正等，2018），因此尚未有产品真正大规模应用。有研究以新型杀虫剂先导化合物、植物源杀虫剂与化学药剂复配作为切入点（侍甜等，2017），对生物源杀虫剂进行化学修饰或与化学药剂复配，竹木材防虫效果明显提升。Hwang 等（2007）研究表明在木材提取物中加入二癸基二甲基四氟硼酸铵（DBF）或二癸基二甲基氯化铵（DDAC）能增强对台湾乳白蚁的抗性；Kaur 等（2016a，2016b）将环烷酸铜与印楝油混合后处理牡竹（*Dendrocalamus strictus*），野外埋地测试结果表明，竹材 3 年内未出现白蚁侵蚀或腐朽现象。随着人类对生态环境的重视程度不断增强，基于生物源杀虫剂的防虫技术将是竹材防蛀的重要研究方向。

（三）竹材改性技术

近些年来，竹材改性技术研究方兴未艾。研究表明采用乙酰化、二羟甲基二羟基乙烯脲、酚醛树脂、糠醇树脂、石蜡、有机硅、丙三醇等改性处理均可有效改善木材抗白蚁性能（Gascón-Garrido et al.，2015）；李万菊（2016）用糠醇树脂对精刨毛竹条进行改性处理，发现增重率达到 20% 以上的改性竹材经白蚁测试后试样表面无蛀蚀痕迹。此外，通过对海洋船舶材料进行表面改性（麻春英，2019），构建具有疏水结构或低表面自由能的船体表面，可有效减少海生生物的附着，同时避免药剂造成的海水污染，对海水环境下的竹材防蛀改性处理具有重要借鉴意义。改性处理不采用杀虫剂，且同时赋予竹材防腐、防霉、尺寸稳定等多种功能，是一种具有发展前景的防虫处理技术。

第六章 竹材阻燃

竹材与木材组分相似，但竹材中抽提物（挥发分）、半纤维素含量更多，固体碳含量较少，因而与木材的热解过程差异明显，与木质材料相比，竹材遇到火焰或被强热辐射时更易燃烧（Yalinkilic et al.，1998；邓天昇，2004；林木森和蒋剑春，2009）。竹材燃烧时会释放出大量的热和有毒、有害气体，增大火灾载荷，造成严重的人员伤亡和重大的经济损失。因此，作为建筑、家具、装修及包装等材料使用时，竹材须进行必要的阻燃处理。通过阻燃处理，一方面可以有效降低竹材发生火灾的风险，另一方面也可以延缓火灾中火焰的蔓延速度，降低可燃性、有毒、有害气体的释放量，最终将火灾危害降到最小。目前，有关部门已陆续颁布《公共场所阻燃制品及组件燃烧性能要求和标识》（GB 20286—2006）、《建筑材料及制品燃烧性能分级》（GB 8624—2012）等国家标准，规定今后凡未经阻燃处理的木/竹地板、家具，不得用于公共场所的装饰和装修。为此，本章主要介绍竹材及竹质材料的燃烧性质、阻燃机制、阻燃剂种类、阻燃处理及检测方法等内容。

第一节 阻燃的定义及重要性

阻燃，是使固体材料具有防止、减缓或终止有焰燃烧以及提高耐火的性能（刘迎涛，2016）。竹材阻燃，就是利用物理、化学方法提高竹材耐燃性能的加工技术，是使竹材隔断从火源传递来的热及外界传递来的氧气，改变竹材的热分解过程，对竹材的热释放及烟释放进行有效延缓或抑制，以阻止竹材燃烧和火焰传播的方法及措施。

阻燃机制可以分为物理模式和化学模式，也可分为凝聚相模式和气相模式，这两种分类方法是平行的，如凝聚相的成炭型及膨胀型均可认为是化学模式。下面以物理模式和化学模式介绍竹材阻燃机制（李建军和欧育湘，2012；曹金珍，2018）。

一、物理模式

（一）冷却

在竹材燃烧过程中，某些阻燃剂在熔融或分解过程中吸收大量热量，降低竹材的温度，防止竹材表面达到燃点状态，延缓了竹材温度升高到热分解温度的时间，从而抑制竹材表面着火。含有大量结晶水的化合物可作为阻燃剂，也可通过物理变化或化学变化放出结晶水来吸收热量，并且水蒸发时要吸收汽化潜热，可以降低竹材表面和燃烧区域的温度，从而减缓竹材的热解反应，进而减少可燃性气体的挥发量，达到阻燃的目的。

（二）覆盖

某些阻燃剂可以在低于竹材燃烧温度下熔融或分解形成不挥发的玻璃状或泡沫状物质覆盖在竹材表面，起到隔热、隔气作用。利用防火涂料涂饰竹材，可以在其表面生成一层均匀的涂层，该涂层可作为传质、传热屏障，阻碍热与氧气传递至竹材，并且还可以阻碍可燃性气体的逸出。

（三）稀释

某些阻燃剂可分解产生水蒸气、二氧化碳、氨气等难燃性气体，或阻燃剂的化学作用使得竹材释放出难燃性气体，从而可以稀释燃烧区的自由基及可燃物的浓度。

二、化学模式

（一）气相阻燃

抑制促进燃烧反应链增长的自由基而发挥阻燃功能的属于气相阻燃，即通过干扰燃烧区的自由基反应，使自由基浓度降至燃烧临界值以下。某些阻燃剂，如卤-锑协同体系阻燃剂受热或燃烧时能产生自由基抑制剂，从而使燃烧链式反应中断。

（二）凝聚相阻燃

在固相中延缓或阻止高聚物热分解起阻燃作用的属于凝聚相阻燃。凝聚相阻燃中的化学阻燃模式主要体现在以下两个方面。

1. 脱水炭化

某些阻燃剂在受热过程中，通过促使竹材表面发生交联、接枝共聚、芳构化、催化脱水等生成炭化层，减少可燃性气体的产生，还具有隔热隔气功能。

2. 形成膨胀保护层

竹材中加入膨胀型阻燃剂或发泡剂，通过某些化学反应，可使竹材表面形成膨胀型的传质、传热壁垒。

阻燃是一个复杂的过程，实际上，在很多情况下，阻燃的实现往往是几种阻燃模式同时作用的结果，很难将其归于某单一阻燃机制的功效。

第二节　竹材的燃烧过程

构成竹材的基本元素是碳、氢、氧，其含量分别为 40.8%、4.6%、49.7% 左右，此外还有 1.5% 的氮及一些其他微量元素。竹材中的水分、灰分、挥发分、固体碳含量分别为 6.9%、3.1%、71.3%、18.7%（Omar et al.，2011）。竹材的挥发分含量较高，导致其在一定条件下极易着火燃烧。竹材在燃烧过程中，其主要成分会发生热解，生成二氧化碳和水，伴随着光和烟的产生，并释放出大量的能量。

竹材燃烧过程与木材燃烧过程相似，分为 5 个阶段：升温、热解、着火、燃烧、蔓延等（李坚，2013）。在外部热源的作用下，竹材温度逐渐升高，温度在 100 ～ 150℃时，热解开始，产生水蒸气、甲酸、乙酸、二氧化碳等；温度上升到 200 ～ 250℃时，产生少量水蒸气及一氧化碳、氢气、甲烷等，伴随闪燃现象；温度达到 250 ～ 270℃时，分解反应剧烈进行，产生大量可燃性气体，如一氧化碳、甲烷、乙烷、乙烯、乙醛等，当有足够的氧气和热量存在时，可燃性气体就着火燃烧，进行有焰燃烧，然后这种热传导到相邻部位，燃烧蔓延起来。直到竹材中有机成分完全分解，有焰燃烧结束。当竹材产生的可燃性气体减少时，有焰燃烧逐渐减弱，氧气开始扩散到炭质表面进行燃烧；当完全不析出可燃性气体后，转变为无焰燃烧，直至熄灭。

一、燃烧的要素

可燃物（还原剂）、点火源、助燃物（氧化剂）被称为燃烧三要素。其中，凡是能与空气中的氧或其他氧化剂起燃烧反应的物质，均称为可燃物；凡是与可燃物结合能导致和支持燃烧的物质，均称为助燃物，空气是最常见的助燃物；凡是能引起物质燃烧的点燃能源，统称为点火源。但是，即使具备了这三要素，并且相互结合、相互作用，燃烧也不一定发生。要发生燃烧还必须满足其他条件，如可燃物和助燃物需要有一定的数量及浓度，点火源需要有一定的温度和足够的热量等。燃烧可以发生时，三要素可表示为封闭的三角形，通常称为着火三角形，如图 6-1 所示（刘迎涛，2016）。

根据燃烧的连锁反应理论，很多燃烧的发生和持续是将自由基作为“中间体”，因此，着火三角形应扩大到包括一个说明自由基参加燃烧反应的附加维，从而形成一个着火四面体，如图 6-2 所示（刘迎涛，2016）。

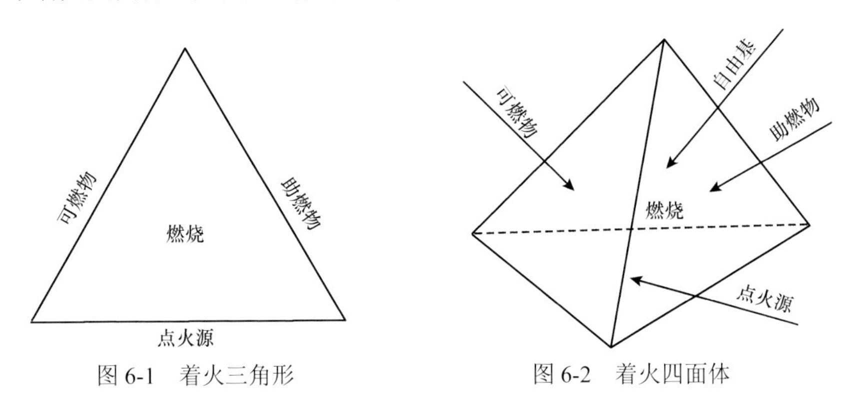

图 6-1　着火三角形　　图 6-2　着火四面体

与木质材料的燃烧相比，竹质材料的燃烧表现出更高的着火温度、燃尽温度以及更大的燃烧速率、导热速率和可燃性气体挥发速率，燃烧反应过程较为简单，但反应程度更为强烈，这些都为竹质材料的阻燃处理增加了难度（陈国华等，2015）。

二、竹材的有焰燃烧

在高温条件下，化学组分进行热分解的同时，伴随着可燃性气体的挥发析出，在材料表面形成可燃性气体层，在温度达到着火点并与空气接触时竹质材料发生燃烧反应，产生光、热和火焰，放出的热量又会促进未燃烧部分温度的升高，如此重复就形成了燃烧连锁反应（Haensel et al.，2009；Mehrotra et al.，2010；Qu et al.，2011）。因此，可以认为，竹材有焰燃烧实质上是竹材在热分解过程中产生的可燃性产物的燃烧，它的特点是燃烧速度快、燃烧量大、火焰温度高、燃烧时间短、火灾发展迅速猛烈，是火灾发展中有决定意义的时期。影响竹材有焰燃烧难易程度的因素包括以下几方面。

（一）不同加热面

从表 6-1 可以看出，毛竹材弦切面加热时，从外层（竹青）到中层（竹肉）的点燃时间迅速下降，加热面为内层（竹黄）时点燃时间又迅速增大。产生这种现象的原因主要是竹材硅质细胞中 SiO_2 含量和竹壁厚度方向的密度分布不均匀。在竹材中，表层竹青的硅质细胞中 SiO_2 含量（4.35% ～ 4.60%）是竹黄中含量（0.13% ～ 0.18%）的 30 倍左右（郑郁善和洪伟，1998；王朝晖等，2004）。SiO_2 为不燃物质，SiO_2 含量的变化显然会影响材料的点燃时间，SiO_2 含量越高，其点燃时间越长；但 SiO_2 含量的变化对点燃时间的影响仅仅是一个方面，材料密度对点燃时间也产生影响。点燃时间与材料密度、热传导率、比热成正比，与热辐射强度成反比（原田寿郎，2000）。因此，竹材的密度越大，点燃时间越长。二者共同影响导致了毛竹材弦切面加热时点燃时间外层最长，内层次之，中层最短。

表 6-1　毛竹材不同加热面的点燃时间

项目	加热面								
	弦切面竹壁层			径切面竹壁层			横切面竹壁层		
	外层	中层	内层	外层	中层	内层	外层	中层	内层
点燃时间/s	34.0	13.3	19.3	27.3	13.1	10.3	44.3	16.7	14.3

毛竹材弦切面加热时，从着火到表面燃烧 60s、180s、300s 快速放热时的平均释热速率依次为竹青＞竹黄＞竹肉，快速放热阶段第一释热速率峰值为竹青＞竹黄＞竹肉，而完全燃烧第二释热速率峰值为竹青＞竹肉＞竹黄，第二释热峰出现的时间自竹材秆茎由内向外呈延迟的变化规律（图 6-3）。毛竹材横切面加热时，第二释热峰宽度增加，释热速率变慢，热量进一步向试件内部传递以及炭化过程所需的时间缩短，使出现第二释热峰的时间比弦切面、径切面加热时都提前。释热速率与毛竹材密度变化成正比。竹青加热面着火后 300s 与 600s 间释热总量是同一竹壁层同一加热时段其他加热面的 1.5 ～ 2.0 倍。在相同加热面的条件下，着火后 600s 间释热总量为竹壁外层＞内层＞中层（竹肉）（图 6-4）。

（二）竹龄与竹种

竹龄对麻竹点燃时间、热释放有显著影响，且 4 年生麻竹材各燃烧性能指标基本达到最大，而后略有下降，这可能是由于麻竹材中为竹材燃烧提供可燃性物质的纤维素、半纤维素、木质素和抽提物等组成成分随竹龄的增加不断积累，至麻竹生长到第 4 年时，可燃性物质组分含量已趋基本稳定（尤龙杰等，2017），但

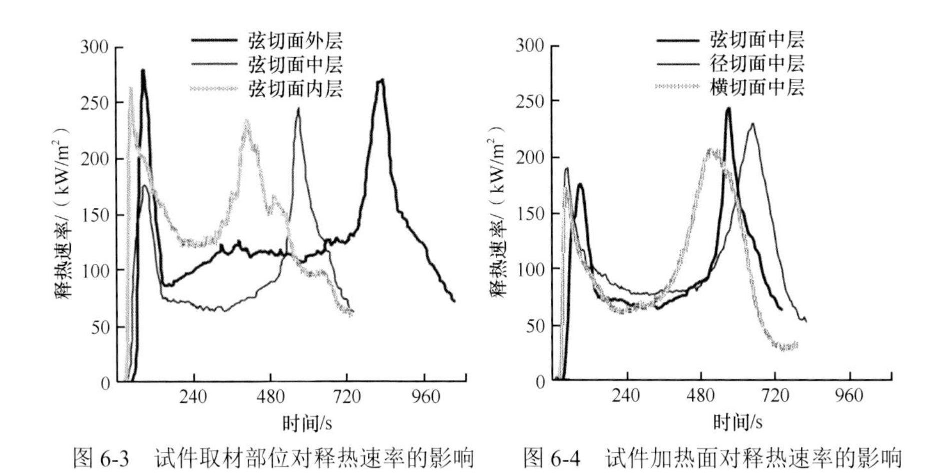

图 6-3 试件取材部位对释热速率的影响　图 6-4 试件加热面对释热速率的影响

不可燃灰分（无机物）物质含量仍继续增加，反而使 6 年生麻竹材的燃烧性能有所下降（杨英，2005；冯建稳和王清文，2010）。竹龄对毛竹燃烧性能的影响与麻竹相似，即随着竹龄的增加，毛竹材的点燃时间、释热速率逐渐增加，4 年生以上的毛竹材各项燃烧性能指标趋于稳定（卢凤珠等，2005a）。

麻竹与毛竹材燃烧性能相比（表 6-2），1 年、2 年、4 年及 6 年生麻竹材的点燃时间均比对应竹龄毛竹材点燃时间长，说明麻竹材的阻燃性能优于毛竹材；除 1 年生麻竹材第一释热峰及 2 年生麻竹材第二释热峰小于毛竹材外，其余各竹龄麻竹材的第一、第二释热峰均大于毛竹材，说明麻竹材点燃后火灾危险性大于毛竹材（卢凤珠等，2005b；尤龙杰等，2017）。

表 6-2 不同竹龄毛竹材的燃烧性能特征

竹龄	基本密度/(g/cm^3)	点燃时间/s	释热速率/(kW/m^2)		质量损失率/(g/s)	释烟总量/(m^2/m^2)	比消光面积/(m^2/kg)		
			第一释热峰	第二释热峰			α_{60}	α_{180}	α_{300}
1 年	0.579	21.0	210.6	232.0	0.241	150.01	48.8	38.2	35.3
2 年	0.604	21.3	197.9	258.8	0.259	159.2	48.0	24.0	33.0
4 年	0.655	26.3	200.6	264.4	0.242	266.0	71.4	51.7	54.1
6 年	0.647	25.0	183.4	235.8	0.195	231.3	73.5	45.0	53.7

（三）其他因素

其他影响竹材燃烧难易程度的因素与木材相似，包括加热温度、含水率、竹材表面积与体积的比例、竹材表面粗糙程度、竹材密度、竹材的化学组成等（曹金珍，2018）。

三、竹材的无焰燃烧

当氧气存在时，可燃性挥发物发生燃烧，木炭则在表面氧化炽热，发生无焰燃烧。竹材的无焰燃烧和炭层的形成是热降解过程中最后一个环节。炭层的形成可以有效地阻碍燃烧的进一步蔓延，起到天然阻燃剂的作用。炭层的密度远小于竹材的密度，因此导热性较小，可以有效阻碍热量进一步向内部传递。同时，炭层的产生意味着竹材不再分解生成可燃性气体，使可燃物减少，从而阻止有焰燃烧持续进行（曹金珍，2018）。

四、竹材的发烟

竹材经过完全燃烧，最终产物为二氧化碳、水汽和灰分，但如果在燃烧过程中存在大量无焰热解或未完全燃烧的情况，则会产生大量悬于空中的浓烟，浓烟中包含有热解的气体、液体及固体。一般而言，竹材燃烧过程中产生的烟成分很复杂，存在上百种不同的化合物。烟里的气体除二氧化碳和水汽外，一般还有一氧化碳、甲烷、甲醛、乙酸、乙二醛及其他各种饱和、不饱和的碳氢化合物气体，其中很多都是有毒的气体。而烟里的液态物质为相对分子质量较小的焦油滴，固态物质则为高相对分子质量的焦油、炭粒及灰分。竹材燃烧产生的浓烟，降低了能见度，从而降低了人员从燃烧的建筑物内逃生的可能，同时浓烟降低了空气中的氧气含量，且具有毒性和刺激性，因此，在火灾中释放的烟雾对建筑物内居民的生命安全构成严重的威胁，是火灾中造成人员伤亡最主要的原因之一（曹金珍，2018）。

第三节　阻燃处理方法及常用阻燃剂

阻燃剂的种类、用量和性能，以及不同的处理工艺，都会影响竹质材料的物理力学性质和阻燃性能。理想的阻燃剂处理方法，既可以改善竹质材料的阻燃性能，又不破坏产品的自身性质，甚至提高产品的工艺性。

一、阻燃处理方法

（一）浸渍法

浸渍法是在真空、常压、加压或者几种压力的复合使用条件下，将阻燃剂溶液引入竹质材料内部，从而达到阻燃的目的。根据竹质材料阻燃剂浸渍处理时压力的不同，将浸渍法分为常压浸渍法和加压浸渍法 2 种。常压浸渍法是在大气压力下进行阻燃剂浸泡处理，通过常温和加热等条件使阻燃剂自发渗透到竹质材料内部，浸泡时间的长短取决于竹质材料所需阻燃程度和竹质材料的浸渍性能。这种方法能够有效加大阻燃剂浸渍量，并且工艺简单、成本低廉、设备投资少，缺点是只适用于材质较疏松的竹质材料。加压浸渍采用的是满细胞法处理工艺，即将竹质材料与阻燃剂放入密闭的高压罐中，抽真空排除竹质材料内部气体，然后加压将阻燃剂注入竹材细胞壁和细胞腔中以达到阻燃处理的目的。这种方法虽然设备和工艺复杂、影响因子多、成本较高，但因为阻燃剂浸渍量大、浸渍速率快、浸渍均匀并且浸渍程度可控（崔贺帅等，2016），是目前竹材阻燃处理中使用最广泛的处理方法，如图 6-5 所示。加压浸渍中，采用的前真空真空度一般为 –0.08 ～ –0.095MPa，保持 15 ～ 60min 或更长（陈晞，2002），浸渍压力一般为 0.8 ～ 1.5MPa，保持一段时间（一般为 2 ～ 6h）排除压力将阻燃剂利用自身重力排出，并进行后真空，条件与前真空相似（曹金珍，2018），即可制备出较为理想的阻燃型竹材人造板。在真空加压条件下利用阻燃剂浸渍竹片，结果表明，该处理工艺有利于提高竹片载药率、氧指数以及防火阻燃性能，并随着浸渍时间的延长，相应载药率、氧指数和阻燃性能有所提升（刘惠平等，2012）。

图 6-5　真空加压罐

（二）表面涂覆法

表面涂覆法是将阻燃剂或者阻燃涂料直接喷洒或涂刷在竹质材料、竹制品等表面上，作为阻燃保护层。表面涂覆法操作方便、设备简单、使用量小，并能有效减缓火势，对竹质材料物理力学性能的影响较小，但这种涂层美感较差、易损坏且需经常维护。目前常用的阻燃剂有密封型油漆和膨胀型涂料 2 类，前者是一种聚合物，耐燃性强，可以避免竹质材料与火和空气的直接接触，但不能阻止竹质材料温度的升高；后者能在竹质材料着火之前快速燃烧，形成不燃性气体，包覆在竹质材料表面形成炭化绝热保护层，阻燃效果较好。以自制的膨胀型防火涂料涂刷常见的竹胶合板，按照美国航空标准要求检测其阻燃性能，发现阻燃处理的竹胶合板具有优良的阻燃性能（黄晓东，2006）。

（三）机械添加法

机械添加法通常用来处理竹质材料人造板。这种方法是把阻燃剂掺入胶黏剂或者刨花、单板和纤维等单元中，从而达到竹质人造板的阻燃目的。例如，在酚醛树脂胶中添加无机矿物质粉粒制备出竹木重组材，其中的无机矿物质粉粒对竹木重组材具有良好的抑制燃烧、催化成炭的作用（陈卫民等，2015）。但是值得注意的是，阻燃剂的加入量会影响胶黏剂的固化，因此必须调整固化剂的配方或用量（崔贺帅等，2016）。

（四）化学改性法

化学改性法是将阻燃剂高分子化合物的单体通过加压浸渍等手段注入竹材内，再经核照射、高温加热等方法，使化学单体与竹质材料中的某些基团发生化学变化沉积在竹质材料细胞壁和细胞腔上，从而达到竹质材料的阻燃目的。利用聚乙烯蜡接枝马来酸酐对竹粉进行改性，随后用改性的竹粉制备聚氯乙烯（PVC）/竹粉复合材料，经分析发现，当改性竹粉用量≤ 40 份时，氧指数≥ 32.6%，复合材料具有优良的阻燃性能，并且氧指数随着改性竹粉用量的增加而下降（生瑜等，2011）。以高密度聚乙烯（PE-HD）和竹粉为原料，以马来酸酐接枝聚乙烯（PE-g-MAH）为共混增溶剂，以膨胀石墨和三聚氰胺为阻燃剂，利用熔融共混法制备出的 PE-HD/竹粉木塑复合材料，可以在一定程度上改善竹材的阻燃性能和物理力学性能（王焱等,2018）。以三聚氰胺聚磷酸盐（MPP）作为阻燃剂,加入竹纤维（BF）聚丙烯（PP）复合毡中,制备出的一系列三聚氰胺聚磷酸盐/竹纤维/聚丙烯（MPP-BF/PP）复合材料,均具有较高的热分解温度及残炭率,并且具有较强的阻燃能力（唐启恒等，2019）。将海泡石（SEP）和聚磷酸铵（APP）同时加到聚氯乙烯（PVC）/竹粉复合材料中，可见，SEP 与 APP 联用能够对 PVC/竹粉复合材料进行有效的阻燃抑烟，同时也能增强复合材料的力学性能（冯斯宇等，2016）。采用熔融共混法制备了聚丙烯/竹纤维（BFP）半生物复合材料，并在其中加入微胶囊聚磷酸铵，可以制备出阻燃性能优异的 BFP 半生物复合材料（Nie et al.，2013）。目前化学改性主要用来提高竹质材料的物理力学性能及抗生物侵蚀能力，在阻燃方面的应用还需深入研究（崔贺帅等，2016）。

（五）纳米改性处理

采用原位一步法在竹子表面包覆双纳米镁铝层状双氢氧化物（MgAl-LDH），结果表明，处理材的热释放量及烟释放量明显低于未处理的竹材（Yao et al.，

2019）。对 $H_2Ti_2O_3 \cdot H_2O$ 纳米管（TNT）进行改性，然后采用层层自组装（LBL）技术在竹纤维材料表面包覆改性，结果表明，复合材料的热稳定性、热氧化稳定性和阻燃性得到显著提高（Zheng et al.，2019）。将 $H_2Ti_2O_3 \cdot H_2O$ 纳米管（TNT）分散在竹纤维/高密度聚乙烯（HDPE）/较小位阻或高活性抗氧剂（BH）复合材料中，结果表明，TNT 具有较大的比表面积和管状结构，通过吸收燃烧分解产物，明显地提高了复合材料的阻燃性能（Fei et al.，2016）。在竹材衬底上制备 ZnO-TiO_2 双层纳米结构复合材料，分析证实，ZnO-TiO_2 双层纳米结构涂层提高了竹材的热稳定性和阻燃性能（Ren et al.，2018）。采用不同负载纳米颗粒改性竹木复合刨花板，结果表明，纳米颗粒具有均匀的填充效应，可以有效延缓复合材料的传热速率，阻断燃烧通道（Fu et al.，2014）。

二、竹材阻燃剂

按照阻燃剂构成元素区分，常见的阻燃元素主要是元素周期表中第Ⅲ主族的硼和铝，第Ⅴ主族的氮、磷、锑等，第Ⅵ主族中的硫，以及第Ⅶ主族的氟、氯、溴等。含卤素的阻燃材料在发生火灾时，由火引起的烟雾中含有卤酸，容易引起电路系统开关和其他金属物件的腐蚀，且这些有毒气体对人体呼吸道和其他器官有严重危害。出于对人体健康和环境保护的关注，各国开始禁用或逐步减用含卤阻燃剂。目前，所使用的竹质材料阻燃剂可分为无机阻燃剂、有机阻燃剂、树脂型阻燃剂、金属氢氧化物阻燃剂四大类。

（一）无机阻燃剂

无机阻燃剂是最早使用的阻燃剂，虽然具有易吸湿、易流失等缺点，但由于其无卤、无毒、低烟、热稳定性好、不产生有毒气体、价格便宜等优点，至今仍被广泛采用（曹金珍，2018）。

目前，在竹质材料阻燃处理的研究与应用中，人们常在木质材料阻燃的基础上选用磷氮系、硼系及磷-氮-硼复合阻燃剂，对竹质材料进行阻燃处理。

1. 磷氮系阻燃剂

磷氮系阻燃剂是各类阻燃剂中最复杂也是研究较充分的一类。磷类化合物的作用主要是脱水炭化，其原因是在高温加热时，磷类化合物受热分解，产生化学反应，生成聚偏磷酸，而聚偏磷酸具有较强的吸水或脱水效果，可以形成具有一定厚度的不易燃烧的炭层，从而起到阻燃作用（歹明莉，2013）；氮类化合物，在高温下可形成膨胀型焦炭层，起到隔热隔氧的作用。在加入氮类化合物以后形成的磷氮类化合物，可以提高磷类化合物的阻燃有效性，在这种情况下就可以使用较低量的化学试剂，达到较高的抗火焰传播能力（罗杰·罗维尔，1988）。磷氮系阻燃剂的主要成分为磷酸盐和聚磷酸盐，其中，最常见和最有效的磷氮类化合物是磷酸一铵盐和磷酸二铵盐。这类阻燃剂在竹质材料燃烧中主要通过脱水炭化、形成焦炭层来减少可燃性气体释放，减少热量的传导和与空气的接触，从而达到阻燃目的。

以聚磷酸铵（APP）为阻燃剂，浸渍处理竹基纤维复合材料基本单元，制备阻燃型竹基纤维复合材料，相对于未处理试样，虽然其力学性能略有降低，但是却可以使引燃时间延长，释热速率、热释放总量、发烟总量均大幅度降低（刘姝君等，2013）。分别采用氢氧化铝（ATH）、APP 及 ATH+APP 复合阻燃剂对竹粉增强聚乳酸复合材料进行处理，前两种阻燃剂均显著增加了复合材料的成炭率，ATH+APP 复合阻燃剂产生了协同作用，使复合材料成炭率提高了近 4 倍，复合材料经阻燃处理后其阻燃性能均得到了不同程度的提升。其中，APP 对复合材料燃烧过程中热量释放的抑制作用最明显，ATH 对复合材料表现出了较强的抑烟效果，而 ATH+APP 复合阻燃剂产生的协同作用使复合材料具有阻燃和抑烟的双重特性（凌启飞和李新功，2013）。以慈竹竹束为原料，用磷酸二氢铵（MAP）和 APP 处理竹束并制备阻燃重组竹，结果表明，这 2 种阻燃剂均能有效降低重组竹的释热速率和热释放总量，延长点燃时间，其中聚磷酸铵能够大幅度降低发烟量和产烟速率，且处理材的引燃时间长，为未处理材的 3 倍；而磷酸二氢铵处理材抑制燃烧效果好，对材料力学性质影响小，热释放总量比未处理材下降了 62.38%（靳肖贝等，2015a）。以 APP、MAP 为阻燃剂处理竹片，结果表明，这 2 种阻燃剂均可提高竹片的极限氧指数，能有效降低释热速率、热释放总量，并抑制发烟（郑铭焕等，2016）。利用磷酸氢二铵（DAP）处理竹丝，可以显著提高竹丝成形材的阻燃性能（傅深渊等，2009）；阻燃处理竹束制备重组竹，虽然阻燃剂的施加方法对重组竹的物理力学性能有一定的影响，但可以有效提高重组竹的阻燃性能（杜春贵等，2017a）。

2. 硼系阻燃剂

硼系阻燃剂不仅具有优良的阻燃性、热稳定性、抗菌杀虫能力和抑烟特性，更重要的是在燃烧时难产生有害物质，无毒环保，并且资源丰富，价格便宜，较其他阻燃剂而言，对材料力学性能的影响较小，因而在木/竹材的阻燃领域得到了广泛的应用（嘎力巴等，2012）。硼类化合物是通过热膨胀熔融、覆盖在材料表面，隔断氧气供给，从而阻止竹材的燃烧和火焰传播达到阻燃目的（赵雪等，2006）。硼系阻燃剂主要在凝聚相中发挥阻燃作用，在气相中仅对某些化学反应和卤化物才表现出阻燃作用，其阻燃机制主要体现在以下几方面：①硼酸盐熔化、封闭燃烧物表面，形成玻璃体覆盖层，起隔绝作用；②在燃烧温度下释放出结合水，起冷却、吸热作用；③改变某些可燃物的热分解途径，抑制可燃性气体生成。虽然硼系阻燃剂在木质材料的阻燃及防腐领域进行了广泛的研究，但在竹质材料的阻燃处理中，对理想工艺条件、阻燃剂成分配比及阻燃机制的研究还不完善。

硼酸（H_3BO_3）、硼砂（$Na_2B_4O_7 \cdot 10H_2O$）是两种典型的硼类化合物，成本低廉、极易溶于水，能快速进入木材细胞壁，减缓木材热解与燃烧（Dobele et al.，2007）。硼酸、硼砂能降低竹材的最大热解速率，缩短高温热解区间，促进残炭生成。与未处理材相比，硼酸、硼砂明显减少竹材燃烧过程中的热量释放及烟释放，发挥高效的阻燃抑烟功效（杨守禄等，2014）。聚磷酸铵（APP）、磷酸二氢铵（MAP）及硼酸与硼砂合剂（SBX）3 种阻燃剂均可提高竹片的极限氧指数，并能有效降低热释放及抑制发烟，SBX 阻燃剂不影响竹片表面的漆膜附着力，流失率相对较低，SBX 处理竹材的综合性能最佳（郑铭焕等，2016）。以硼酸∶硼砂（比例为 1∶1）为阻燃剂在不同工艺条件下处理竹丝，结果表明，竹丝中硼的载药率随处理时间、处理温度及阻燃剂浓度的增加而明显增加。与未处理材相比，硼载药率最大的竹丝，其释热速率、热释放总量及烟释放总量分别下降 50%、39.7% 及 86.1%。并且在燃烧过程中，硼类阻燃剂可有效促进残炭量的增加及降低竹材的质量损失（Yu et al.，2017a）。另一项相关研究表明（Yu et al.，2017b），不同硼系阻燃剂成分对竹丝燃烧过程作用差异明显。其中，硼酸∶硼砂比例为 1∶1，经过 100℃水浴处理的竹丝，在整个燃烧过程中，其释热速率、热释放强度，以及总热释放量均最低；而从烟释放角度来看，硼酸∶硼砂比例为 7∶3 时，竹丝中烟释放总量、可见烟产量最小。另外，在燃烧过程中，硼酸、硼砂起的作用具有一定差异。硼砂比硼酸更能有效阻碍热量的释放速率，而硼酸比硼砂具有更好的降低热释放及烟释放总量的效果。在热分解过程中，硼酸具有更强的催化脱水的作用，并且经硼酸或硼酸占较大比例的硼酸/硼砂复配阻燃剂处理的竹丝，其质量损失均小于经硼砂或硼砂占较大比例的硼酸/硼砂复配阻燃剂处理的竹丝。

另一种常用的硼系阻燃剂——硼酸锌，它的阻燃效果比常用的硼酸、硼砂、硼酸钙等都好。国外已开发 20 多种硼酸锌，其中锌/硼不同，失水温度也不尽相同，但都符合通式 $x\mathrm{ZnO} \cdot y\mathrm{B_2O_3} \cdot z\mathrm{H_2O}$，可适用于各种不同的材料。目前使用最多的是 2335 型，其组成通常表达为 $2ZnO \cdot 3B_2O_3 \cdot 3.5H_2O$，商品名为 Fire-Brake ZB，简称 FB 阻燃剂。2335 型硼酸锌的热稳定性好，是一种无毒、无味的白色粉末，在 300℃开始释放出结晶水，起到吸热冷却和稀释空气中的氧气的作用；在高温的状态下硼酸锌熔化附着在聚合物的表面，也能阻止燃烧的进行。七水硼酸锌（$2ZnO \cdot 3B_2O_3 \cdot 7H_2O$）也在硼酸锌系列产品中，其失去结晶水的温度在 200℃左右。由于其所含结晶水较多，阻燃效果比 2335 型好，更适用于在 200℃以下加工的聚合物材料及其他材料的阻燃剂。其中，纳米硼酸锌具有良好的防火效果，既可增大阻燃剂与材料的接触面以提高相容性，又可降低阻燃剂的用量（汪帆和隗兰华，

2012）。然而，研究发现，硼酸锌虽然阻燃效果优异，但不具有较强的抑制烟雾和毒气的作用（王梅和胡云楚，2010）。

3. 磷-氮-硼复合阻燃剂

近几年开发出以硼类化合物与磷氮构成的磷氮硼复合体系，该阻燃体系熔点低，在加热时能够形成玻璃状涂膜，覆在聚合物表面，起到隔氧隔热的作用（刘姝君等，2012），进一步改善了磷-氮-硼复合阻燃剂的综合性能。以低聚磷酸铵为主要成分，后加入 6% 硼酸与硼砂合成两种阻燃剂，通过浸渍处理竹篾后制备竹篾层积材，测定其氧指数、释热速率、发烟总量等燃烧性能，以及静曲强度、弹性模量等物理力学性能。结果表明：经阻燃剂处理后，竹篾层积材的耐火性能大幅提高，尤其是聚磷酸铵与硼砂混合后处理的层积材综合燃烧性能好；板材的力学性能均有一定程度的下降（高黎等，2009）。以硼酸及硼酸和磷酸脒基脲（GUP）混合物处理木材，结果表明，硼、磷在很大的温度范围内具有协同作用（Wang et al.，2004）。在 5 种自制的含有氮、硼等元素的化合物制备得到的阻燃剂处理竹材中，阻燃效果最佳的处理竹片和竹条，其氧指数分别为 40.1% 和 38.2%，但是载药率均不高，在一定程度上影响了竹材的阻燃效果（李能等，2017）。以竹束、磷酸氢二铵和硼酸等为原料制备阻燃重组竹，与未阻燃重组竹地板相比，阻燃重组竹地板的释热速率降低 22.0%，总热释放量降低 24.2%，点燃时间延长 33.3%，有效燃烧热和质量损失速率也明显降低；阻燃重组竹在燃烧中的产烟量和烟气毒性明显低于未阻燃重组竹，复配阻燃剂具有显著的抑烟和降毒作用（杜春贵等，2017b）。以磷酸二氢铵、磷酸氢二铵和硼酸为原料自制了水基型复配阻燃剂——MB 阻燃剂，以磷酸二氢铵、硼酸、八硼酸钠、硅溶胶为原料复配出水基阻燃剂——MBS 阻燃剂，用这两种复配阻燃剂处理竹片后发现，它们均可使竹片的阻燃和抑烟性能提高，其中，阻燃剂 MB 处理竹片的阻燃性能更好，阻燃剂 MBS 处理竹片的抑烟性能更好；阻燃剂 MB 和 MBS 均与竹材纤维素游离的羟基产生了缔合作用，且阻燃剂 MBS 与游离羟基的缔合作用更强。

不同类型的竹材阻燃剂对竹材热解过程的作用差异明显。硼酸及硼砂阻燃剂可以抑制竹材低温热解，并且缩减高温热解区间，从而改变竹材的热降解反应进程（杨守禄等，2014）。在高温条件下，硼类化合物在处理材表面易生成玻璃状的残留物，形成保护层（Wang et al.，2004），可以有效阻止处理材成分的进一步挥发，并能加速处理材成炭，从而使高温热解区间缩减。此外，硼酸及硼砂阻燃剂具有催化成炭作用，可以促使生成更多的残炭，并降低可燃性挥发气体的释放，从而抑制其可燃性（杨守禄等，2014）。相比于未处理材，利用磷酸二氢铵、磷酸氢二铵及聚磷酸铵分别与硼酸/硼砂按不同比例复配的复合型阻燃剂处理竹材，在热解的干燥阶段，阻燃处理材先开始失重，这是因为磷酸铵盐缩聚会产生强酸，具有较强的催化脱水能力；在热解的炭化阶段，复合型阻燃剂会改变竹材的热分解反应过程和方向，使其起始分解温度降低，反应终止温度提前，阻燃处理竹材在低温下先发生热解，挥发出不可燃裂解气体，稀释了可燃性气体，起到阻燃作用（靳肖贝等，2015a）。经过阻燃处理后，竹材的有焰燃烧时间变短，可以有效缩短火灾时间，降低火灾危害；在热解的煅烧阶段，残留炭产量明显增加，说明在热解过程中挥发物减少，炭化程度增加，有利于抑制燃烧（Qu et al.，2011；靳肖贝等，2015a）。

竹材中加入不同类型的添加剂，不但影响竹材的热分解过程，而且对热解产物的聚合反应和最终的残余质量都有一定的影响。H_2O_2、HCl、NaOH 三种添加剂使竹材失重主要发生在竹材炭化阶段，添加剂 H_2SO_4 使竹材失重主要发生在干燥阶段，H_3PO_4 使竹材失重主要发生在干燥阶段和煅烧阶段（徐明等，2006）。添加氯化亚铜，可使竹材热解温度降低，主要失重温度范围明显变窄，最大失重速率显著变大，并可以促使残留炭产量增加。由于氯化亚铜的作用，竹材的最大热解速率明显增加，这表明竹材热解所需要的时间将缩短（欧阳赣等，2012）。加入 NaCl 添加剂的竹材，随着 NaCl 浓度的增加，在快速热解阶段其失重率减少，这说明碱对竹材热解有抑制作用。原因可能是碱金属会随着纤维素和半纤维素的不断分解而析出，但添加剂碱的存在抑制了碱金属的析出，使纤维素和半纤维素的分解程度降低，从而抑制了竹材的热解反应。为了促进竹材的热解，必须使毛竹材的碱金属含量降低。加入 Na_2CO_3 添加剂的竹材，随着 Na_2CO_3 浓度的提高，竹材在快速热解阶段的失重率下降，说明盐添加剂对竹材热解有抑制作用（郭银清和廖益强，2015）。

（二）有机阻燃剂

有机木材阻燃剂的主流仍然是含磷、硼和氮元素的多元复合体，磷或卤素在聚合或缩聚过程中参与反应，结合到高聚物的主链或侧链中（何明明等，2013）。在竹质材料阻燃处理研究与应用中，目前用得最多的是有机磷-氮-硼复合阻燃体系，它是由硼酸等含硼化合物与以尿素、双氰胺或三聚氰胺代替氨而制得的磷酸盐构成的阻燃体系（周中玺，2018）。研发的 FRW 阻燃剂，是由高纯度胍基脲磷酸盐、硼酸和少量助剂等合成的一种新型有机磷-氮-硼复合阻燃剂，具有优异的阻燃性能，适用于木材、竹材及其他纤维类材料的阻燃处理（王清文，2004）。采用 FRW 阻燃剂对刨切薄竹进行阻燃处理，结果表明，刨切薄竹经 FRW 阻燃处理后阻燃和抑烟效果明显（金春德等，2011）。以磷酸、硼酸、双氰胺为活性物质合成的一种新型竹材阻燃剂，在常温常压下处理竹材，可使其氧指数下降达 33.4%（朱敏和黄军，2009）。利用磷酸胍基脲溶液处理竹丝，试验结果表明，该成分能使竹材的热降解进程发生改变，与未处理材相比，热降解速率降低，高温热解区间前移，催化生成更多残余炭，从而有效抑制燃烧过程中产生的热释放及烟释放量（李晖等，2018）。

（三）树脂型阻燃剂

树脂型阻燃剂是在配方中加入低聚合度的树脂，即采用难燃树脂与水共同作为溶剂包覆无机盐类阻燃剂并随树脂固化使原来的易流失阻燃成分固定在处理材中，从而提高阻燃剂的抗流失性，降低其迁移和吸湿性（曹金珍，2018）。在树脂制造过程中加入磷酸或氮磷系列化合物，通过树脂固化可形成树脂型阻燃剂，如UDFP（尿素-双氰胺-甲醛-磷酸）树脂、MDFP（三聚氰胺-双氰胺-甲醛-磷酸）树脂等（何明明等，2013）。树脂型阻燃剂尚处于发展阶段，目前，此类阻燃剂在竹质材料阻燃中的应用研究极少。以树脂型阻燃剂（主要成分为甲醛、尿素、磷酸铵盐类、硼砂、氢氧化铝、三聚氰胺等）对竹材进行浸渍处理，结果表明，在真空度0.08MPa、真空时间1.5h、浸渍压力0.7MPa和浸渍时间2h的工艺条件下，竹质材料吸药量、氧指数和抗弯强度都较为理想（陈晞，2002）。以氮磷系列阻燃剂改性树脂为胶黏剂研究浸渍纸复合阻燃薄竹的合成工艺，结果表明，阻燃剂种类和树脂含量对浸渍纸复合薄竹的阻燃性能影响最为显著，其中以三聚氰胺树脂阻燃剂的阻燃效果最佳（苏团和侯伦灯，2014）。选聚丙烯接枝马来酸酐（PP-*g*-MAH）为增容剂，以聚丙烯（PP）/聚氯乙烯（PVC）不相容体系为基体，制备出PP/PVC基竹塑复合材料，经检测发现，增容剂PP-*g*-MAH能够明显改善PP/PVC共混体系的力学性能，当其用量为10份时体系的力学性能较好；添加三氧化二锑或磷酸三苯酯，能显著提高PP/PVC基竹塑复合材料的阻燃性能（龚新怀等，2013）。张玉红等（2018）对竹材进行预处理改善竹材性能，研究了三聚氰胺甲醛（MF）树脂对竹子力学性能及硅酸钠、聚磷酸铵对竹子阻燃性能的影响。研究发现低浓度的MF树脂溶液渗透阻力小，最佳处理工艺是浓度不超过10%、温度80℃、时间2h，此时抗压强度最大（139.77MPa）。两种阻燃溶液随着浓度和时间的增加，浸渍量呈上升趋势。

（四）金属氢氧化物阻燃剂

金属氢氧化物在高温下能够分解释放水分子，延缓热降解速率、促进炭化和抑烟，并且释放的水分子还可稀释可燃物浓度，减缓甚至中断燃烧。这种阻燃剂的优点是价格低廉、来源广泛、生产简单，且自身无毒不挥发，燃烧不释放有害气体，但是使用量较大时会影响竹质材料的物理力学性能，高温下易分解（崔贺帅等，2016）。

利用聚乳酸/竹粉/氢氧化铝（ATH）制备阻燃复合材料时发现，随着ATH用量的增加，复合材料的热稳定性和残炭率相对提高，阻燃性能得到改善，但材料自身的力学性能有所降低（凌启飞和李新功，2013）。在PP/PVC基竹塑复合材料中添加氢氧化镁或三氧化二锑或磷酸三苯酯，能显著提高PP/PVC基竹塑复合材料阻燃性能，添加增容剂聚丙烯接枝马来酸酐能够明显改善PP/PVC共混体系的力学性能，以此来弥补金属氢氧化物降低复合材料力学性能的不足（龚新怀等，2013）。

第四节 阻燃处理竹材的性能评价

专门用于竹材及竹质材料燃烧性能的检测方法还未形成正式的国内外标准，一般将其归类于建筑材料，借鉴木材及其他材料如塑料、涂料的某些实验方法进行检测及评价。

一、阻燃检测标准

目前，竹材阻燃在国际上并未形成统一的标准，阻燃性能及阻燃剂检测等标准主要参考木材及其他高聚物的实验方法进行测定，这些标准方法涉及对材料在燃烧性能分级、火焰传播指数、阻燃剂分级、维持试样有焰燃烧所需的最低氧浓度、燃烧质量损失率、有焰燃烧时间、燃烧释放热量及烟量、热释放速率、产烟毒性危险分级、烟密度等级、燃烧滴落物及颗粒物、外观质量、尺寸偏差、物理力学性能等方面进行评价（曹金珍，2018）。

二、阻燃性能评价方法

（一）锥形量热仪法

近年来锥形量热仪（CONE）已发展成为成熟的材料燃烧性能测试的先进仪器，它以氧消耗原理（基于有机材料燃烧时，每消耗1kg氧放出热量约13.1kJ）来评价材料在恒定热源作用下的燃烧状况（Von Gentzkow et al.，1997）。用于材料的阻燃性研究时，CONE实验的结果与大型燃烧实验结果之间存在良好的相关性，因此，真实燃烧性能可通过锥形量热仪法来模拟，应用CONE可以得到燃烧试样的多个性能参数，如热释放速率、烟生成速率、有效燃烧热、点燃时间及燃烧气体的毒性和腐蚀性等。通过综合分析这些动态变化及相关联的参数，能够获得极为丰富的材料燃烧信息（徐晓楠等，2005）。在利用锥形量热仪测试产品的燃烧性能时，只要准确地测定出材料在燃烧时所消耗的氧的量，仪器就可以精确地计算出材料燃烧过程中所释放的热量，进而给出试样在单位时间、单位面积上释放的热量（热释放速率），CONE 还可以给出试样质量、烟、尾气成分等随时间变化的动态结果。依据锥形量热仪检测的分级标准见表 6-3。

表 6-3　依据锥形量热仪检测的分级标准

	分级		
	不燃材料	准不燃材料	难燃材料
试验时间/min	20	10	5
试件尺寸/（mm×mm）		100×100	
加热条件/（kW/m^2）		50	

（二）氧指数法

氧指数试验是测量试样在氮、氧混合气体中刚好能维持燃烧时所需的最低氧浓度。这种方法广泛运用于筛选阻燃剂的配方、判定材料的燃烧性能，是一种简便易行、重复性好的方法，用极限氧指数（LOI）表征材料的阻燃能力。材料的 LOI 值越高，表明材料的难燃性越好，阻燃剂的性能越好。研究表明，未处理竹材的 LOI 值为 25.6，很容易点燃。在日本标准 JID 1201—77 中，一级难燃材料的 LOI 值≥30。

（三）热分析法

热分析是在程序控温条件下，测量物质物理化学性质随温度变化的函数关系的一种技术。热分析法可测得材料及阻燃处理后的材料在温度变化条件下发生的一系列物理化学现象（赵广杰等，2006）。热分析法为评价材料的阻燃性能和研究阻燃机制提供了有效的手段。目前热分析法包括热重分析（TG）、差热分析（DTA）、差示扫描量热法（DSC）等，分析过程中往往将这些热分析仪器联用，以得到更好的分析结果。TG 和 DTA 或 DSC 测定燃烧过程中各阶段试件的失重速度和热效应，可以用来半定量研究阻燃性能和阻燃机制。在竹材阻燃研究中，使用最广泛的热分析法还是热重分析法，竹材典型的 TG 与 DTG 曲线见图 6-6（李延军等，2013）。

（四）其他方法

利用红外光谱分析方法和核磁共振波谱法可以表征阻燃剂与材料界面的结合机制以及材料燃烧过程中结构的变化。

红外光谱分析方法，是基于红外电磁辐射与物质之间相互作用产生的光谱特征频率和强度进行物质结构分析的方法（蔡国宏，2005），主要应用在聚合物的表征以及其结构与性能的研究方面。在竹材阻燃研究中，主要应用于研究阻燃剂的

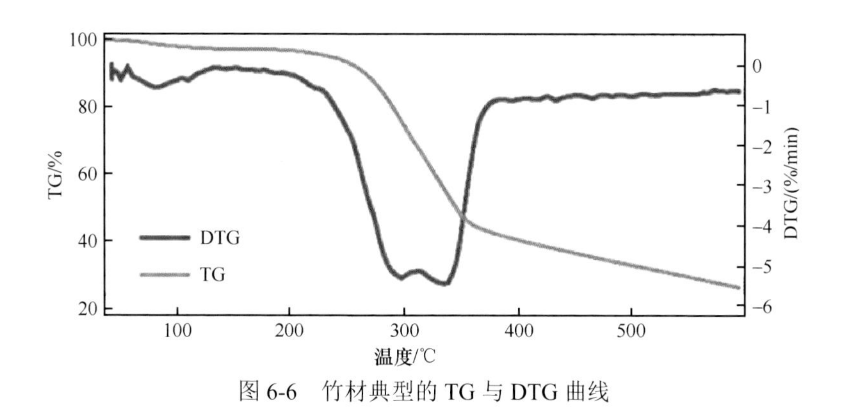

图 6-6 竹材典型的 TG 与 DTG 曲线

阻燃机制以及材料燃烧过程中结构的变化（王锦成等，2003）。

核磁共振波谱法，是指具有核磁性质的原子核在高强磁场作用下吸收无线电波发生共振吸收，实现能态跃迁并产生核磁共振波谱图（刘姝君等，2012）。核磁共振波谱图可以提供阻燃剂分子中化学官能团的数目和种类，还可以借助它来研究阻燃机制。

三、阻燃处理对竹材其他性能的影响

利用阻燃剂对竹材进行处理，在提高竹材阻燃能力的同时，可能会在处理、加工或使用过程中对竹材其他方面的性能，如某些物理、力学性能，以及加工工艺性能等产生不良影响。另外，阻燃剂中的某些成分可以改善竹材的某些性能，如耐腐、杀虫、力学性能等。

（一）力学性能

力学性能是决定阻燃木材是否具有使用价值以及其应用范围的重要性能指标。在采用普通刨花板的压制工艺，竹木刨花比为 1∶1，并在压板前用阻燃剂溶液处理刨花的工艺条件下，添加阻燃剂后竹木复合板力学性能明显降低，并且随着阻燃剂添加量的增大呈下降趋势，其中磷氮系阻燃剂对竹木复合板力学性能的影响较大，硼系阻燃剂对竹木复合板力学性能的影响较小，两种阻燃剂混合使用时板材具有较好的力学性能（李良和徐忠勇，2008）。以磷酸、硼酸、双氰胺为活性物质合成的磷氮硼（PNB）竹材阻燃剂，对竹材力学性质影响不明显，弹性模量下降 2.54% ～ 8.19%，静曲强度下降 0.77% ～ 12.47%（朱敏和黄军，2009）。以聚磷酸铵（APP）、磷酸氢二铵为阻燃剂制备的阻燃型慈竹竹基纤维复合材料，其静曲强度、弹性模量、抗压强度、水平剪切强度等力学性能均高于以毛竹为原料制备的竹基纤维复合材料，而慈竹竹基纤维复合材料的内结合强度则低于毛竹竹基纤维复合材料；经 APP 阻燃剂处理的竹基纤维复合材料的力学性能均高于经 DAP 处理的材料（刘姝君等，2013）。竹丝类型及竹丝在阻燃剂中的浸渍时间对重组竹力学性能有明显影响，以粗竹丝为原料，复配阻燃剂（DAP∶硼酸 =6∶4 的混合阻燃剂，下同）浓度为 30%，浸渍时间为 2h，可以制备出力学性能好的阻燃重组竹（李任，2014）。使用聚磷酸铵（APP）、磷酸二氢铵（MAP）及硼酸与硼砂合剂（SBX）三种阻燃剂分别处理重组竹，结果表明，MAP 和 SBX 对竹材力学性能的影响较小，静曲强度和弹性模量下降幅度均比 APP 小（靳肖贝等，2015a）。以三聚氰胺聚磷酸盐（MPP）作为阻燃剂,加入竹纤维（BF）/聚丙烯（PP）复合材中，制备一系列三聚氰胺聚磷酸盐/竹纤维聚丙烯（MPP-BF/PP）复合材料，结果表明，当 MPP 质量分数达到 5% 时，MPP-BF/PP 复合材料呈现出最佳的弯曲和冲击强度；MPP 在 MPP-BF/PP 复合材料内部均匀分布，而随着质量分数的增加，MPP/BF/PP 复合材料断裂面的粗糙度明显提高（唐启恒等，2019）。阻燃剂浓度对竹子顺纹抗压强度的影响最大，其次是浸渍时间，而温度对竹子强度的影响最小。改性后竹子的抗压强度随着浸渍浓度的增大出现减少的趋势。浸渍时间对竹子抗压强度也有一定的影响，随着时间的增加抗压强度先增加后减少（张玉红等，2018）。在竹材胶合前加入 MAP 阻燃剂，可提高竹材的力学性能，胶合后施用阻燃剂则会降低竹浆的力学性能（Du et al.，2014）。

（二）吸湿性和吸水性

以磷酸二氢铵、磷酸氢二铵和硼酸为原料自制的水基型复配阻燃剂 MB 及 DB，采用常压加热浸渍法对竹材进行阻燃处理，结果表明，阻燃剂 MAP 处理竹片的吸湿性相对最小；与复配阻燃剂 MB 和 DB 相比，阻燃剂 MAP 和 DAP 对竹片尺寸稳定性的影响较小；阻燃处理并未影响竹材本身的干缩性（周中玺，2018）。刘姝君等（2013）等制备的阻燃型慈竹竹基纤维复合材料，其吸水宽度膨胀率、吸水厚度膨胀率等均高于以毛竹为原料制备的竹基纤维复合材料。在采用普通刨花板的压制工艺，竹木刨花比为 1∶1，并在压板前用阻燃剂溶液处理刨花的工艺条件下，添加阻燃剂后竹木复合板吸水厚度膨胀率明显增大，含水率降低，但变化不太明显。经 PNB 阻燃剂处理的竹材吸湿性均略高于未处理材，阻燃剂对竹材的吸湿性有一定的影响，但影响不大（朱敏和黄军，2009）。阻燃处理过的竹材，吸水性和吸水厚度膨胀率均大于未处理的竹材，并且随着浸渍时间的增加，含水率和吸水厚度膨胀率逐渐增加，其中吸水厚度膨胀率的增速远大于含水率。不同阻燃处理工艺同样会对阻燃竹材的吸水性造成影响，如采用磷酸氢二铵为阻燃剂，分别使用两种阻燃处理工艺对竹刨花板进行阻燃处理：一种是竹刨花先经阻燃处理，再和酚醛树脂混合；另一种是竹刨花先和酚醛树脂混合，再进行阻燃处理。结果表明，前者比后者处理的板材具有更低的含水率，以及更小的吸水厚度膨胀率。

（三）流失性

以磷酸二氢铵、硼酸、八硼酸钠、硅溶胶为原料进行复配，制备复配阻燃剂MDS、MBS和两种水基型复配阻燃剂MD、MB，结果表明，阻燃剂MBS处理竹片的吸湿性较低（吸湿率为8%）且抗流失性最好（抗浸提值为83.2%）；复配阻燃剂MDS和MBS中的硅溶胶能够有效增强其抗流失性（周中玺，2018）。以磷酸、硼酸、双氰胺为活性物质合成的PNB竹材阻燃剂具有一定的抗流失性，平均抗浸提值为37.61%，但仍待进一步改善（朱敏和黄军，2009）。

（四）胶合强度

胶合强度是评价竹质人造板胶合性能的主要指标。研究表明，将磷酸氢二铵、硫酸铵、硼砂、聚磷酸铵复配成阻燃剂，在常压下浸渍薄竹胶合板，与未处理材相比，随着载药量从0上升到6%的过程中，胶合板的胶合强度逐渐下降，当载药量从6%上升到12%时，胶合板的胶合强度均能达到国家标准。阻燃剂用量和胶黏剂种类同样会影响对竹制品的胶合强度。以阻燃剂FRA及胶黏剂酚醛树脂胶（PF）、三聚氰胺甲醛树脂胶（MF）、脲醛树脂胶（UF）、三聚氰胺改性脲醛树脂胶（MUF）分别制备阻燃人造板，结果表明，与MUF相比，MF或PF制备的板材中胶合强度下降较小，并且随着阻燃剂FRA用量的增加，MUF树脂制备的板材胶合强度逐渐降低（吴再兴等，2013）。经过阻燃处理的薄竹胶合板随着载药量的增加，胶合强度有所下降，含水率为12.3%～13.2%时，胶合强度和含水率均能满足Ⅱ类胶合板的要求（王书强等，2015）。

（五）涂饰性和耐磨性

郑铭焕等（2016）通过膜附着力测试了竹材表面的涂饰性，发现SBX阻燃剂不影响竹片表面的漆膜附着力，而APP和MAP阻燃处理使竹片表面漆膜附着力显著下降。姚潇翎（2019）采用原位一步法合成了在竹子上包覆的纳米镁铝层状双氢氧化物（MgAl-LDH），磨损实验表明，MgAl-LDH涂层具有良好的耐磨性。

第五节 阻燃新进展

竹质材料阻燃的研究取得了一些成果，但尚处于探索和初步发展阶段，还有许多问题有待进一步深入系统地研究。纵观近几年的研究可见，竹质材料阻燃技术的研究和发展可充分借鉴木材及其他材料阻燃研究，重点开展以下几个方面的研究。

一、新型阻燃剂的开发应用研究

（一）环保型阻燃剂的研究

环保型阻燃剂因其本身无毒，生产和使用过程中不污染环境，并且能够在阻燃的同时降低烟雾量和抑制有毒气体的产生等，成为今后竹材阻燃研究的重点之一（周中玺等，2016）。目前，在木材及其他材料阻燃研究中，硅酸盐类、各种多孔材料、新型炭材料等被证明不仅是环境友好的多功能改性剂，也是高效的阻燃剂或阻燃协效剂（吴袁泊等，2018）。硅酸盐类阻燃剂在提高阻燃效率、减少烟雾毒气和改善木材的力学性能等方面都有独到之处，如蒙脱土（吕文华和赵广杰，2007）、海泡石（朱凯等，2017）等。层状双金属氢氧化物（LDH）也称为滑石粉料，易于合成，具有离子交换能力高、键合水含量高、无毒的特点。LDH 不仅能形成传热、传质的物理屏障，又具有常规的化学阻燃作用（刘喜山等，2013；罗兴等，2013）。姚潇翎（2019）采用原位一步法在竹子表面包覆双纳米镁铝层状双氢氧化物（MgAl-LDH）发现，MgAl-LDH 的热释放总量（THR）和发烟总量（TSP）明显低于未处理的竹材。炭材料是一类含碳元素的非金属固体材料，如金刚石、石墨、碳纤维、炭/炭复合材料等。炭材料不仅具有耐高温、耐酸碱、导电性好的特点，还具有比表面积大、孔径可调及价格低廉等优点，用于阻燃聚合物，可有效减少热量和可燃性气体释放，促进炭的形成（Wang et al.，2013；袁炳楠等，2017）。分子筛是天然或人工合成的具有孔道和空腔体系的无机材料，由 SiO_2、Al_2O_3 四面体通过氧桥连接而成的碱金属或碱土金属晶体硅铝酸盐具有均匀且独特的孔结构、大的比表面积及较高的热稳定性（徐如人等，2015）。分子筛与很多阻燃剂有良好的协同作用，尤其在抑烟作用促成炭的增加上有较好的效果（陈旬等，2014；吴袁泊等，2018）。随着环保要求的进一步提高，分子筛在竹材阻燃领域的研究将更受关注。

（二）复合型阻燃剂的研究

具有单一阻燃作用的常规阻燃剂往往不能满足需要，而一剂多效的复合型阻燃剂在提高竹材阻燃性能的同时，还可以赋予竹材防腐、抑烟、尺寸稳定等其他优良性能，是今后阻燃剂研究的另一重点。水溶性木材无机阻燃剂是目前阻燃剂研究的主要方向，其中，氮磷系无卤阻燃剂由于毒性低、价格低廉且阻燃效果好而成为竹材阻燃研究领域的热点之一（宋雨澎等，2017）。而在此基础上研制出的氮-磷-硼阻燃剂不仅提高了阻燃处理材的抑烟性，而且有效改善了处理材的防腐、抗菌性（靳肖贝，2015）。于丽丽（2019）以硼酸、硼砂、纳米硼酸锌、四水八硼酸二钠等硼类化合物作为新型阻燃剂的主要有效成分，配合采用阻燃效果较好的其他无机阻燃剂成分，如纳米 SiO_2、聚磷酸铵等对竹丝进行阻燃处理，结果表明，与单组分阻燃剂相比，合理的复合型阻燃剂配方可以更有效地提高竹丝的抑烟、抑热效果。今后，利用多种阻燃剂成分研制复合型阻燃剂将成为竹材阻燃剂的主流方向。

二、竹材阻燃涂料的研究

竹材阻燃涂料的研究将是今后研究的一个重点内容，对竹材进行涂饰处理工艺更加成熟，又可有效克服竹材渗透性较差的缺点。目前，竹材阻燃涂料的研究还比较少，可以借鉴木材阻燃涂料的研究成果。有些学者在防水阻燃涂料方面进行了系统的研究，该涂料集防水和阻燃于一体，既可以减少施工时的人力物力，节约施工时间，大大降低施工的成本，又可以减少火灾、雨水等对建筑木质基材的危害，保护人们的生命和财产安全。殷锦捷和孙家琛（2009）以环氧树脂改性聚氨酯为基料，以三聚氰胺、季戊四醇为阻燃剂制备了一种耐水时间为 240h、吸水率为 16.5%、阻燃时间 10min 以上的防水阻燃涂料，其耐水、耐高温以及阻燃性能效果显著。王威等（2014）以阻燃聚醚多元醇为原料制得了阻燃聚醚型单组分聚氨酯防水涂料，结果表明阻燃聚醚多元醇可以提高聚氨酯防水涂料的拉伸强度和撕裂强度，由阻燃聚醚多元醇制得的防水涂料具有良好的阻燃性能。姜定（2017）以磷系阻燃剂三聚氰胺磷酸盐（MP）和季戊四醇磷酸酯（PEPA）为阻燃剂，以乙酸乙烯-乙烯共聚（VAE）乳液和水性聚氨酯（WPU）乳液为基料，分别制备出 MP/VAE 防水阻燃涂料、PEPA/VAE 防水阻燃涂料、PEPA/WPU 防水阻燃涂料，结果表明，三种防水阻燃涂料的防水性能良好，其中，PEPA/WPU 防水阻燃涂料的阻燃性能最好。

膨胀型水性木材阻燃涂料具有制备简单、性能优良、环境友好的特点，在火灾发生时迅速形成膨胀保护层，可有效保护基材，降低火灾的危害性。当前应用最普遍的氮磷膨胀型阻燃剂为聚磷酸铵（APP）、三聚氰胺（MEL）、季戊四醇（PER）三元膨胀体系。冯建稳等（2012）在传统的三元膨胀体系中加入了磷酸胍基脲（GUP），以期带来良好的抑烟性能，并以混合树脂为成膜物质制备了水性氨基树脂木材阻燃涂料，并涂覆在胶合板表面进行燃烧性能评价。结果表明，加入 GUP 后，以三聚氰胺改性脲醛树脂胶（MUF）为成膜物质，GUP 与 APP 之间存在一定的协同作用，提高了体系的催化作用，具有明显的阻燃效果。以季戊四醇磷酸酯（PEPA）和磷酸胍基脲（GUP）复配物为阻燃物质，以水为溶剂，制备出阻燃性能优异且透明的膨胀型阻燃木材涂料。近年来，膨胀型石墨（EG）作为一种新型的无机膨胀碳源被广泛地应用于膨胀阻燃体系中，并对此做了一系列的研究。多数实验结果表明，EG 作为添加剂加入有机膨胀阻燃体系中，可有效抑制燃烧热量的释放，呈现出良好的阻燃效果。Zhang 等（2010）将 EG 和膨胀型阻燃剂（IFR）协同阻燃作用于由石蜡、HDPE 组成的形状稳定的相变材料（PCM），并评价其阻燃效果。结果显示，EG 很均匀地分散在 PCM 中，并且 PCM 的导热率和阻燃效率随着 EG 的加入均表现出一定程度的上升，进而对这一机制提出合理的假设。赵小龙（2015）探讨了几种不同碳素材料在热塑性聚氨酯弹性体中的协同抑烟性能。结果表明，碳素的加入有效地抑制了基体材料的烟释放。

三、新型阻燃技术的研究

随着工艺技术的进步，将有更多更新的阻燃处理方式出现，如在木材阻燃领域开始应用的微胶囊技术、溶胶-凝胶法等。微胶囊是一种具有聚合物壁壳的微型容器或包物，其大小一般为 5 ～ 200μm，形状多样，取决于原料与制备方法（梁治齐，1999）。微胶囊化是指将固体、液体或气体包埋在微小而密封的胶囊中，使其只有在特定条件下才会以控制速率释放的技术。其中，微胶囊内被包埋的物质称为芯材，包埋芯材实现微囊胶化的器壁物质称为壁材。微胶囊阻燃技术是指将阻燃剂做芯材，用聚合物材料做壁材，在燃烧发生时胶囊破坏，释放出阻燃剂，达到阻燃效果。阻燃剂的微胶囊化在改变阻燃剂外观和物化性质的同时，不仅降低阻燃剂的吸湿性、毒性，屏蔽难闻气味，更能提高阻燃剂与材料的相容性，减少阻燃剂对材料力学性能的不利影响，并实现阻燃成分之间的高效协同（Wang et al.，2015；胡拉等，2016；杜吉玉等，2017）。

溶胶-凝胶法是以金属有机醇盐为前驱体，在酸性或碱性催化条件下，水解或醇解反应后缩合成稳定的透明溶胶，溶胶经陈化胶粒间缓慢聚合，形成三维空间网络结构的凝胶。溶胶-凝胶技术可以随意剪裁木材-无机复合材料的热稳定性和耐火性能（Ming et al.，2015；Nikolic et al.，2016）。除大量采用 SiO_2 凝胶对木材改性外，人们也开始用钛、铝的溶胶或它们的复合溶胶-凝胶来提高木材的阻燃防火等各项性能。溶胶-凝胶法改性木质材料，多形成环境友好的无机-木材复合材料，没有卤系、有机磷系阻燃木材的大烟雾、强腐蚀、释放有毒气体的危害存在。随着人们对环保要求的提高，溶胶-凝胶法在木材加工和木材改性提质方面将有更广泛的应用与发展（Kirilovs et al.，2017；Gao et al.，2017）。

第七章　竹材热处理

竹材，作为一种绿色可再生资源，具有独特的生物特性、结构特性、生态功能和经济价值，广泛应用于建筑、家具、农具、乐器、竹编、文具、造纸、服装等领域。但在湿热交变或高湿环境中使用时，未经处理或仅仅经传统工艺简易处理的竹材，易发生翘曲、开裂变形等缺陷。同时，竹材易遭受蛀虫和真菌的侵蚀，导致竹材的腐朽和霉变。热处理技术作为一种环境友好型改性技术，可显著降低竹材的平衡含水率，从而提高竹材的尺寸稳定性；同时，降低竹材内糖类、蛋白质等物质的含量，从而提高竹材的耐久性。

第一节　竹材热处理的定义与分类、性能评价方法及影响因素

一、竹材热处理的定义

竹材热处理是指在 160 ～ 250℃处理条件下，以水蒸气、热油、空气或惰性气体为传热介质，在密闭空间内对竹材进行改性处理，使其组分发生物理和化学变化，改变其生物结构和基本性能。

二、竹材热处理的分类

（1）按加热原理可分为两类，即化学性热处理方式和物理性热处理方式。化学性热处理是采用酸碱等化学试剂作为传热介质的热处理方式，但存在环境污染与毒害问题。物理性热处理是采用水蒸气、惰性气体、电磁波等不与竹材直接发生化学反应的传热介质的热处理方式。

（2）按传热介质可分为四类：一是以水蒸气、氮气等气相传热介质的热处理技术；二是以油作为传热介质的热处理技术；三是以熏烟、电磁波等作为传热介质的热处理技术；四是真空热处理技术。

（3）按竹材性质大致分为三类，即原竹热处理、重组竹热处理和竹塑复合材料热处理。原竹热处理又分为竹块热处理、竹片热处理、竹束热处理和竹粉热处理。

三、竹材热处理的性能评价方法

热处理竹材的性能评价是采用多种技术并用的一种评价方法，如利用核磁共振（nuclear magnetic resonance，NMR）技术、X射线衍射（X-ray diffraction，XRD）技术测试分析热处理竹材细胞壁化学结构及结晶度；利用傅里叶变换红外光谱（Fourier transform infrared spectroscopy，FTIR）技术分析热处理前后竹材内化学官能团的变化；利用X射线成像技术、扫描电子显微镜（scanning electron microscope，SEM）分析细胞壁中纤维的变化；利用纳米压痕仪（nanoindenter）测试热处理毛竹材细胞壁蠕变特性；利用热重分析法（thermogravimetric analysis，TGA）分析竹材热处理前后热稳定性的变化；利用原子力显微镜（atomic force microscope，AFM）分析热处理温度和时间对竹材细胞壁纳米准静态力学的影响。

四、竹材热处理的影响因素

热处理前竹材的材种、含水率、规格以及加热温度、处理时间和压力等参数都会影响热处理竹材的性能。因此，在处理不同竹材时，根据加工材料的种类与特性来选择不同的加工方式和工艺条件；根据相关标准制定不同的热处理系统，制造不同性能的热处理竹材，从而满足不同加工生产范围产品的需求。

（一）竹材的特性

竹材热处理是化学成分的低温热解过程。不同的竹种甚至同一竹种不同产地、不同年龄、不同部位，其化学成分、微观构造不同，导致相同工艺处理后竹材的性能不同。此外，竹材的加工单元如圆竹、竹条、竹束等在热处理过程中的传热传质性能不同，对其热处理性能也有显著的影响。因此，在选择热处理方式和工艺过程中，一定要考虑竹材材性的影响。

（二）热处理工艺

热处理竹材是在一定的范围内调控热处理工艺如热处理时间、温度和压力而获得预期的效果。热处理竹材的防护一般随热处理温度的升高和时间的延长而提升，但其物理力学性能会降低。因此，在热处理过程中，要根据热处理竹材的最终用途和效果来综合考虑热处理工艺。对于热处理压力，常压热处理的优点是受热比较均匀，热处理的温度能够更加精确地调控。加压热处理如蒸汽热处理，在相同温度下，压力越高，热处理材的物理和化学变化的影响越大。而且，材料在加压的环境中，它的热解速率更快，可以高效快速地实现材料的热处理改性。在相同温度下，加压处理比常压处理时间短，能耗低。

（三）热处理介质

热处理介质对竹材热处理工艺参数和产品性能具有显著影响。每种热处理介质都有其独特的性能和应用领域，如空气介质，在高温下热处理竹材与空气中的氧气接触易燃烧，加工时有一定的风险；油介质的热处理设备投资大、技术复杂、生产成本高，而且油处理后竹材的外观变差，影响后续的加工等；惰性气体介质的生产和保存成本较高。所以，在热处理加工时要选择合适的热处理介质，以提高热处理竹材的性能、降低处理成本、节省能耗和保护环境。

第二节　热处理竹材的性质

热处理竹材是一种新型环保改性材料，具有吸湿性小、尺寸稳定性和耐腐性好、使用过程无毒无污染等特点，广泛应用于家具制造和室内装修等领域。

一、热处理竹材的表面性能

（一）材色变化

热处理过程中竹材细胞壁主要化学成分发生热降解是导致其颜色变化的诱因之一。竹材主要由纤维素、半纤维素、木质素和一些抽提物组成，这些化学成分不仅含有羰基、不饱和双键以及共轭体系等发色基团，还含有羟基等助色基团。热处理过程中，伴随着化学成分的热解，这些发色或助色基团发生变化，导致竹材颜色的改变（图 7-1）。一般来说，热处理后竹材的颜色会有不同程度的加深，主要原因是木质素侧链发生了缩合反应，形成新的共轭双键，共轭体系加长（沈钰程等，2013）。

热处理的工艺参数，如热处理的介质、温度和时间，直接影响着竹材化学成分发生热降解反应的程度，也是影响热处理竹材颜色的重要外在因素。吴再兴等（2017）以大豆油、固体石蜡、导热油、二甲基硅油和空气为热处理介质，在200℃下对 4 年生毛竹材进行了热处理，研究表明不同热处理介质和处理时间均能显著改变热处理竹材表面的颜色。选择合适的热处理介质对改变竹材的颜色、提升其装饰性能，提高热处理效率、降低能耗至关重要。郝景新等（2013）验证了热处理时间、热处理温度对竹材颜色的影响。此外，对竹材原料进行预处理，如

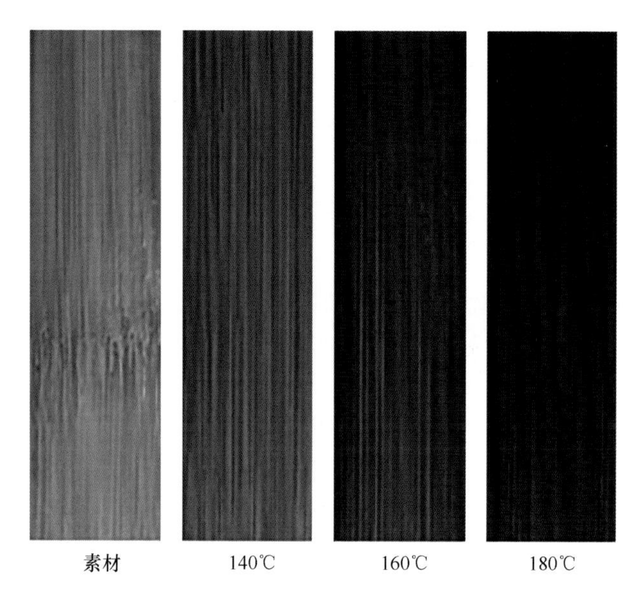

图 7-1　不同温度热处理后竹材的颜色（宋路路等，2018）

碱水处理、过氧化氢处理等，可以去除竹材中的一些抽提物，并与木质素产生化学反应，使竹材中处于氧化态的有色物质或发色基团被还原转化为无色结构和浅色结构（Liang et al.，2011）。

（二）热处理竹材的表面润湿性

竹材表面润湿性能影响其后续加工性能，如竹材表面润湿性能越好，胶黏剂与竹材的亲和力越好，有利于提升其胶合性能。热处理竹材的表面润湿性能与其表面化学成分和微观形态有关。热处理后，竹材中一些化学官能团，如羟基等，发生热降解，导致其吸湿性能降低，有利于提高竹材的尺寸稳定性。但高温热处理使竹材内部孔隙增加，细胞壁分层化且被分解产物附着，表面积增大，吸附能力增强。

张亚梅（2010）研究热处理温度对竹材表面性能的影响，当热处理温度在 100 ～ 180℃、热处理时间为 4h 时，随着温度的升高，竹材表面润湿性降低。侯玲艳（2010）发现，热处理后竹材表面的接触角增大，表面自由能和润湿性降低，且热处理温度对表面湿润性的影响比热处理时间大（图 7-2）。何文等（2017）研究发现热处理后重组竹的动态接触角随着温度的增加而增大，表明重组竹的非极性增加，润湿性能降低。因此，经过热处理后竹材的亲水性降低，可以减少因水分而引起的霉变、腐朽和尺寸变形等缺陷。

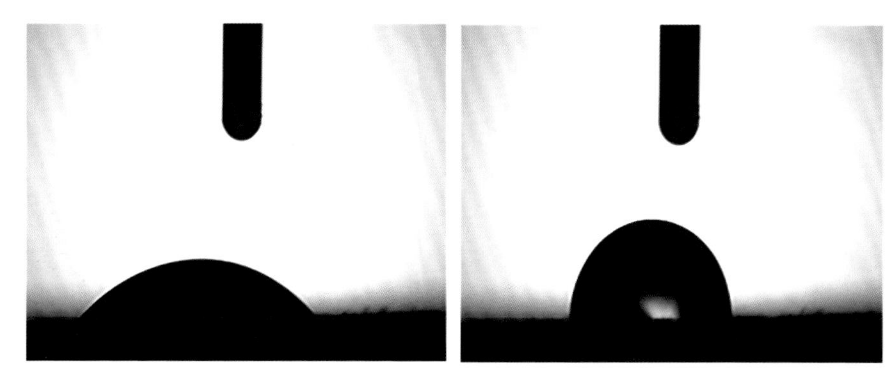

图 7-2　热处理前后竹材表面的接触角

二、热处理竹材的结晶度

竹材在热处理过程中“三大素”（纤维素、半纤维素和木质素）均发生不同程度的热降解反应，导致其物理力学性能的变化。竹材中的半纤维素是无定型物质，是填充在纤维间和微细纤维间的黏合剂。热处理后，竹材半纤维素的降解，削弱了纤维素和木质素的连接强度。竹材纤维素是包含结晶区和非结晶区的两相结构，其热解过程是由非结晶区逐步过渡到结晶区的过程。在低温热处理过程中，其非结晶区部分的分子重新排列组合而结晶化，且有部分半纤维素中的木聚糖与甘露聚糖在去除乙酰基后也具有结晶化的能力，提高了热处理竹材的结晶度（Li et al.，2013）。但当热处理温度达到或高于结晶区的热解温度时，纤维素结晶区发生热解，降低其结晶度。竹材木质素发生热降解会失去对纤维素强度的支撑作用，进而影响竹材的物理力学性能。

Yun 等（2016）发现，随着热处理温度的升高，结晶度逐渐增加，并且热处理后竹纤维的长宽比明显增加。黄梦雪等（2016）发现，随着热处理温度的升高和时间的延长，竹材纤维素相对结晶度呈先增大后减小的趋势。Shangguan 等（2016）发现，在较低温度热处理下竹材结晶度增加。当热处理温度升高至 230℃，纤维素结晶区和非结晶区发生解聚与降解，导致热处理后期竹材的结晶度降低。

三、热处理竹材的力学性能

竹材在热处理过程中化学成分发生分解，同时，竹材内部结构发生变化，引起竹材干缩影响其力学性能。在热处理温度相对较低时，竹材内部的纤维素、半纤维素分解缓慢，而内部水分损失较多，体积干缩较大，竹材基本密度相对增加，力学性能增加；随着热处理温度的升高，竹材的化学成分等物质减少，而体积基本不变，竹材基本密度相对降低，其力学性能降低（夏雨等，2018）。汤颖等（2014）采用温度为160℃、180℃、200℃，时间为2h、4h、6h的热处理工艺对毛竹进行改性处理，发现随着热处理温度的升高和热处理时间的延长，竹材的纵向抗弯强度和抗弯弹性模量呈逐渐减小趋势。孟凡丹等（2017）研究了热处理毛竹细胞壁的微力学性能，发现经过200℃处理后，纤维化竹单板的纤维细胞和薄壁细胞的弹性模量分别增加了2.63%和10.45%，硬度分别增加了14.29%和48.84%。夏雨（2017）研究发现，热处理温度是影响竹材物理力学性能的主要因素，热处理竹材的物理力学性能总体呈现先上升后下降的趋势。黄成建（2015）发现，毛竹材细胞壁的硬度与弹性模量随热处理温度升高逐渐增大，但热处理温度超过170℃后趋势变缓。

四、热处理竹材的平衡含水率及尺寸稳定性

竹材平衡含水率随热处理温度和时间的变化原因可以归纳为3个方面（南博等，2015）。一是在高温热处理过程中，竹材细胞壁上非结晶区的纤维素分子间发生化学反应脱出水分，产生醚键，使得纤维素游离羟基的数量减少，吸湿性能降低；二是竹材内半纤维素多聚糖上的乙酰基发生水解，使得具有较强吸水性的羰基减少；三是在热处理过程中细胞壁上具有较强吸水性能的半纤维素含量下降，使得竹材吸水性能下降。张晓春等（2016）研究表明，热处理不仅可以显著降低重组竹的吸湿平衡含水率，而且随着热处理温度的升高，重组竹的吸湿平衡含水率越低，尺寸稳定性提高。宋路路等（2018）研究发现，经高温饱和蒸汽处理后，其竹壁发生收缩，热处理温度和时间对竹壁的收缩率具有显著影响。新鲜竹筒经过高温饱和蒸汽处理后，含水率维持在50%～65%，明显高于竹材的纤维饱和点（含水率35%）（宋路路等，2017）。张亚梅和于文吉（2013）发现，热处理降低竹材的吸水厚度和宽度膨胀率，改善了竹材的尺寸稳定性。随着热处理温度的升高，重组竹材的尺寸稳定性增强。

五、热处理竹材的化学成分

竹材热处理过程伴随着其化学成分的热解。如图7-3所示，竹材热解样品的过程可分为3个阶段：平稳热解阶段（热分解起始阶段）、主要热解阶段和炭化阶段（楚杰等，2016）。在竹材的主要化学成分中，在160～180℃时，半纤维素开始分解，当温度达到180℃以上时，随着热处理温度的升高和热处理时间的延长，纤维素也发生降解（汤颖等，2014），木质素热稳定性最好，只有当处理温度超过200℃时，木质素的β-芳基键才开始断裂，木质素才开始热分解（包永洁，

2009；黄成建，2015）。经红外光谱分析可知，热处理后纤维素环状 C—O—C 不对称伸缩振动峰出现峰值分解，半纤维素的红外吸收特征峰出现明显陡降变化，木质素苯环特征吸收峰明显减弱。在热处理过程中，竹材中的水分、小分子的挥发分发生热解。随着热处理温度的增加和时间的延长，竹材中纤维素、半纤维素和木质素发生热降解，导致其化学成分发生变化。刘炀等（2016）发现，随着热处理温度的升高，纤维素含量先上升后下降，综纤维素含量逐渐降低，木质素含量变化不大且略有下降。热处理温度对竹材主要化学成分含量的影响显著。黄成建（2015）发现，当热处理温度高于 150℃时，随热处理温度的升高和时间的延长，竹材细胞壁的 α 纤维素含量与综纤维素含量呈逐渐降低的趋势；竹材细胞壁的木质素含量随着热处理温度的升高逐渐升高，而热处理时间对竹材细胞壁木质素含量的影响不显著。

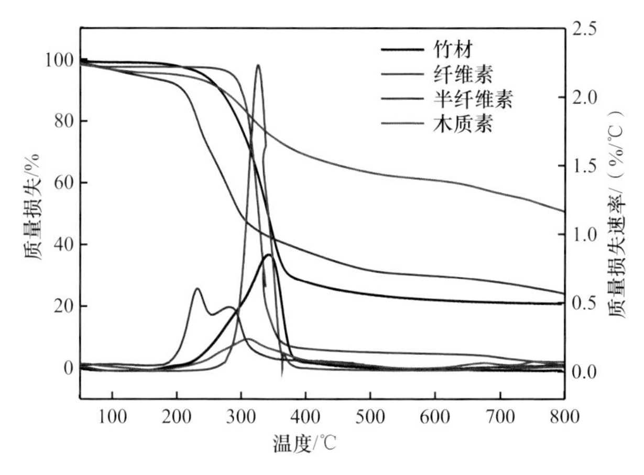

图 7-3　竹材及其三种模型化合物的热解特性

第三节　发展历程与发展趋势

竹材热处理技术源于木材热处理技术。现代木材热处理工艺始于 20 世纪，主要致力于改善木材吸湿性及干缩湿胀性、尺寸稳定性、耐久性的研究。21 世纪初，芬兰、法国、荷兰和德国均已实现热处理改性木材的工业化生产，主要包括木材热处理技术（thermo-wood）（Vernois，2001）、焙烧技术（torrefaction）（Xie et al.，2002）、油处理技术（oil treatment）（Rapp，2001）等 3 种具有典型代表性的热处理技术（表 7-1）。作为一种绿色环保的物理改性处理方法，热处理是木材改性处理的研究热点方向，许多研究成果已经在木材生产过程中得到广泛应用（李延军等，2008；李涛等，2013）。而竹材在化学组成方面与木材具有一定的相似性，因此在木材热处理技术基础上，借鉴木材的热处理方法，结合竹材加工的特点，开发出了竹材热处理技术，以期改善竹材性能、提高产品质量。与传统的竹材化学改性不同，在热处理竹材时，不添加任何化学物质和有机试剂等就可以完成对竹材的改性。所以，热处理改性技术具有环保上的优势。通过热处理可以改善竹材的表面色泽、尺寸稳定性和耐久性等性能，满足人们对于竹产品各方面的需求，从而提高竹产品的利用价值。热处理已经成为竹材加工重要的工序之一（张亚梅，2010，孙润鹤等，2013）。

表 7-1　3 种木材热处理技术比较

热处理技术	传热介质	材料	温度范围
木材热处理技术（thermo-wood）	蒸汽	生材或窑干材	180 ～ 250℃
焙烧技术（torrefaction）	蒸汽	生材	220 ～ 240℃
油处理技术（oil treatment）	植物油	气干材或 6% 含水率	180 ～ 220℃

相对于木材热处理的研究来说，竹材热处理技术研究起步较晚，研究较少。但随着竹产业的迅速发展，竹材热处理技术逐渐成为竹材保护和加工利用的研究热点。表 7-2 列出竹原料的几种热处理工艺。何文等（2017）研究了不同热处理介质和热处理工艺对重组竹的密度、尺寸稳定性、物理力学性能以及润湿性能的影响。结果表明，重组竹的密度随着热油温度的升高和处理时间的增加而逐渐降低，重组竹 24h 吸水厚度膨胀率、静曲强度与弹性模量均随着热油温度的升高和处理时间的增加逐渐降低。经过热油处理后的重组竹亲水性降低，可减少因水分而引起的发霉、腐朽和尺寸变形等缺陷。Cheng 等（2018）发现，热处理能有效提高竹材的吸湿性和尺寸稳定性，热处理竹材的霉菌生长较慢，抗霉菌性显著提高。章卫钢等（2015）对毛竹进行热处理改性，发现当热处理温度为 140℃时，蠕变柔量随处理时间的增加而减少；热处理温度为 220℃时，蠕变柔量随热处理时间的增加而增加。楚杰等（2016，2017）采用三种不同的热处理介质（稀酸、碱和甘油），并基于 XRD、NMR、SEM 等技术研究竹材结晶度变化规律以及在不同的热处理温度和热处理介质中的竹材结构变化规律。发现经过化学热处理后，竹材的结晶度指数总体增加，碱处理强于酸处理，验证了纤维结构变细及化学成分热解温度的倾向性差异，几种不同处理过程的化学成分差异变化较大。Yun 等（2016）发现，高温蒸汽热处理竹材的相对结晶度和长宽比随热处理温度的升高而增大。随着温度从 120℃提高到 140℃，竹子的弹性模量增加。庄仁爱（2016）发现，随着水热处理温度的升高，竹束材料的 α-纤维素、综纤维素的含量呈现下降的趋势，而木质素的含量呈现增加趋势。周吓星等（2017）发现，随着热处理温度的升高和热处理时间的延长，竹粉综纤维素含量逐渐降低，木质素含量逐渐增加，失重率增大，吸湿性降低。与未热处理的竹粉/PP 复合材料相比，热处理复合材料的色差最

大值为7.54，弯曲强度和弯曲模量分别下降9.79%和5.37%，但表面润湿性降低，防霉性能增强，防霉被害值由3.75降至2.25，防霉效力为40%。刘彬彬等（2015）发现热处理过的毛竹防霉性能比未处理材显著提高。

表7-2　竹原料热处理工艺

原料	热处理工艺		文献来源
	热处理介质	热处理参数	
竹材	高温蒸汽	140～180℃，10～30min	宋路路等，2018
竹材	硅油	160～190℃，2h	Cheng et al.，2018
竹炭	高温热处理	高温处理	Xia et al.，2017
竹材	碱水热处理	60～100℃，1～5h	李权等，2017
竹材	亚麻或向日葵油	100℃、180℃，1～3h	Bui et al.，2017
竹材	常压和真空浸渍	140～200℃，2h	黄文娟等，2016
竹束	高温热处理	145℃、190℃，3h	张晓春等，2016
纤维薄板	蒸汽	高压釜内	Zhang et al.，2013
竹篾	高温热处理	含水率为10%～12%	蒋身学等，2008

总之，热处理竹材的尺寸稳定性和生物耐久性显著提高，拓宽了竹材的应用领域，提高了产品的附加值。竹材热处理技术研究应当重视科学与创新，创新竹材热处理技术，研发新产品，完善标准体系。竹材热处理重点研究方向主要包括以下几方面。

（1）精准化调控。根据产品最终用途，依据原料形态和预期性能，采用数学预测模型，设置不同的热处理工艺参数，从而得到预期的处理效果。例如，热处理竹材的颜色、尺寸稳定性提高率等，实现竹材热处理工艺的精准化调控。

（2）协同处理技术研发。根据热处理竹材的某一指定性能或特定应用环境，研发多元化协同热处理绿色新技术，提升产品的实用价值，降低加工能耗、提高生产效率以期达到预期的特定功能，拓展其在装饰装修、户内外家具、园林景观等领域的应用。

（3）功能性产品研发。依据产品的用途或使用要求，通过特殊处理将阻燃、防腐、防霉、防水、防白蚁、隔音、导电等功能赋予热处理竹材，拓宽竹材的应用领域。

（4）竹基复合材料研发。作为生物质材料，竹材在生物性能、力学强度等方面具有一定的局限性。开展以热处理竹材为基材的重组化研究或以热处理竹材为基材辅以环保型高聚物、塑料、金属、陶瓷等材料，研发新型竹基复合材料将是今后竹产业发展的一个新方向。

（5）研发新型竹材热处理技术。当前热处理技术采用的介质主要有蒸汽、热油、水、惰性气体等，建议研发其他类型介质的热处理技术，如微波、远红外线等。

（6）构建竹材热处理技术标准体系。研究制定竹材热处理技术标准体系，对原材料质量、处理工艺、热处理竹材制品性能指标等全过程进行技术监控，确保产品质量。制定热处理竹材性能的快速检测技术，实现产品性能在线实时监测。

第八章　竹 材 漂 白

竹材是天然可再生生物材料，具有生长速度快、强度高等特点。近年来，以竹条、竹束、竹丝、竹纤维等为基础加工单元的竹材加工产业发展迅速，市场需求不断扩大。其产品包括竹集成材、重组竹、刨切薄竹、竹凉席、竹工艺品、竹纤维纸等，涉及家具、地板、装饰板、日用品、工艺品、造纸等多个领域。

在竹材加工利用过程中，竹材中的淀粉、可溶性糖类物质含量较高，易导致产品产生发霉、变色等缺陷。加之竹材在加工、贮存过程中易产生变色、污染，使竹材本身存在色度不均的问题，影响其装饰效果，降低了竹材的使用价值。因此，材色问题成为当前竹材加工过程中亟待解决的问题之一。为改善竹制品装饰效果、提高产品附加值，有必要对竹材的漂白处理进行深入研究。

本章在分析竹材漂白处理原理的基础上，重点介绍常用的竹材漂白处理方法、处理工艺，总结影响竹材漂白处理效果的主要因素及发展趋势，为竹材漂白技术的发展提供参考。

第一节　竹材漂白基本概念

在竹制品加工过程中，针对竹材本身或因竹材霉变导致的色度不均问题，通过化学试剂处理方式，将竹材中的发色基团、助色基团及与着色相关的化学成分，经漂白剂的氧化、还原、降解破坏，使竹材颜色变浅、色调均匀的处理方式称为竹材漂白。竹材漂白技术是在传统的木材漂白工艺基础上发展起来的，木材漂白技术在工业化生产中已有广泛应用。例如，日本的峰村伸哉（2002）总结了木材不同变色的处理方法，他针对铁污染、微生物变色、酶变色、酸污染、碱污染和热变色等不同的变色原因，采取了不同的预防和处理方法。1984 ～ 1986 年，日本松下电气有限公司采用不同方法对木材单板进行漂白，总结了过氧化氢漂白工艺，提出了改善脱色均匀性的方法，并研究出在短时间内检测木材漂白效果的技术（松下电气，1984a，1984b，1984c，1986a，1986b，1986c，1986d，1986e）。甲裴勇二（1988）介绍了被铁、酸、碱、青变菌等所污染的木材的脱色方法。在竹材漂白研究方面，1994年，黄卫文等（1994）针对竹席的漂白工艺进行了系统研究。他采用乙酸作为稳定剂，用过氧化氢漂白处理，使竹席获得良好的漂白效果。2012年，侯伦灯等（2012）对竹条的漂白工艺进行了研究。近二十年来，陈玉和等（2000a，2000b）、陈玉和和吴再兴（2015）针对木材及竹材的漂白处理开展了大量研究工作，指出漂白剂种类对竹条漂白效果有显著影响，氧化型漂白剂过氧化氢与其稳定剂混合使用时竹条的白度增加。除此之外，竹材漂白处理效果与漂白剂浓度、漂白温度及处理时间等工艺参数有关，要达到良好的漂白效果，需选择适当的工艺参数进行处理。

从化学成分看，纤维素、半纤维素和木质素是竹材的主要化学成分。纤维素和半纤维素不吸收可见光，作为基质存在于纤维素微纤维之中的木质素是主要的显色物质。它的基本结构单元是苯丙烷基，其中的苯环、醌类及其单体侧链的羰基（—C═O）、羧基（—COOH）中都含有碳-氧（C═O）、碳-碳（C═C）共轭双键结构的发色基团，是竹材颜色的重要来源。此外，竹材组分中大量存在的羟基（—OH）和甲氧基（—OCH_3）虽自身无色，但在光（尤其是紫外光）和氧的作用下，极易发生降解，使竹材色调变深，是一种潜在的发色基团，被称为助色基团。利用气相色谱-质谱（GC-MS）联用技术对竹材化学物质的成分进行了分析，可以鉴定出其中的34种抽提物成分，主要化学组分为酯类、酮类和醇类（洪宏等，2015），这些化学组分大多存在酚羟基、羰基、双键等显色与助色基团，与竹材的颜色密切相关。对竹材进行漂白处理即利用漂白处理剂的氧化还原作用，破坏竹材的发色基团或封闭其助色基团，使竹材产生脱色或增白的效果（刘元，1994）。

总体而言，竹材漂白处理是我国竹制品加工制造过程中的一个重要加工环节，对于改善竹制品外观质量、提升装饰效果、增加产品附加值均具有积极重要的意义。在当前的竹材漂白研究中，除优选漂白剂种类、漂白工艺参数外，还应考虑竹材漂白单元的性质，如材料的含水率、渗透性等因素对漂白效果的影响。

第二节　常用漂白剂及漂白技术

对于因霉变等导致的竹材变色，需经过脱色处理确保产品的外观质量达到要求。漂白过程中，漂白剂及漂白工艺的选择至关重要。在去除竹材有色物质的同时，应考虑降低处理过程对材料的损伤及漂白处理成本。本节重点介绍常用的竹材漂白剂及漂白工艺，综合分析各类漂白剂在竹材漂白处理过程中的适用性。

竹材漂白方法主要分为氧化型漂白和还原型漂白，常用的漂白剂有还原型和氧化型两大类。还原型漂白剂有二氧化硫、亚硫酸氢钠、保险粉等，这些漂白剂通过还原色素产生漂白作用，但漂白品在空气中长久放置后，由于已被还原的色素有重新被氧化复色的倾向，以致白度有下降趋势，目前除保险粉仍常用作漂白剂外，其他的还原型漂白剂使用较少。氧化型漂白剂有多种，如次氯酸钠、过氧化氢、亚氯酸钠、过氧乙酸、过硼酸钠和过碳酸钠等（彭万喜等，2005），在竹材漂白处理过程中使用的主要是前三种。次氯酸钠价格低廉，漂白工艺和设备也比较简单，广泛用于竹木材漂白处理过程。过氧化氢用途更广，可用于各种竹木制品的漂白，而且产品的白度和白度稳定性较好，又没有环境污染问题。亚氯酸钠漂白过程中对前处理要求较低，产品白度极佳，在适当条件下对木质纤维素几无损伤，但价格较高，且存在环境污染问题，使用受到一定的限制。本书主要讨论次氯酸钠及过氧化氢这两种目前工业中最常用的漂白剂的原理和工艺。

根据漂白工艺划分，竹材漂白包括常温漂白和高温漂白，目前常用的工艺为高温漂白工艺。若采用常温漂白工艺须加适当的催化剂。根据产品的质量要求，竹材漂白可分为表面漂白和深度漂白。根据漂白工艺特点，竹材漂白分为涂刷漂白和浸渍漂白。涂刷漂白主要用于竹材表面处理，如对透明涂饰的竹制品表面颜色均匀化处理。浸渍漂白则是对材料进行深度漂白处理或染色预处理。

一、次氯酸钠漂白

（一）次氯酸钠漂白机制

竹木材内部的有色物质多为芳香族化合物，是含有共轭双键的化合物，具有可移动的 π 电子。在漂白处理过程中，色素结构中的部分双键得到饱和，使原有共轭系统中断，π 电子的移动范围变小，天然色素的发色体系遭到破坏而消色，从而达到漂白目的。

根据次氯酸钠溶液组成，产生漂白作用的有效成分可能是 ClO^-、HClO 和 Cl_2，但它们在溶液中的含量随着 pH 的变化而变化（表 8-1）。在碱性条件下主要是 ClO^-，近中性范围内 HClO 和 ClO^- 的浓度为最大，弱酸条件下则以 HClO 为主，而 Cl_2 的含量则随 pH 的降低而增大。漂液在 pH 4 以下时的组成以 HClO 和 Cl_2 为主，因而它们可能是竹材漂白的主要成分。但是，随着漂液 pH 的进一步降低，Cl_2 含量逐渐增多，漂白速率也就随之增大。当漂液的 pH 大于 4，一直到碱性范围内，Cl_2 含量很小，HClO 的含量随着漂液 pH 的增大而减少，而漂白速率也随之降低，可见在此范围内 HClO 是主要漂白成分。

表 8-1　次氯酸钠溶液在不同 pH 下的成分

	pH 范围		
	8.4 以上	8.4 ～ 4.6	4.6 以下
主要成分	NaOH、NaClO、NaCl	NaClO、NaCl、HClO	NaCl、HClO、Cl_2

（二）次氯酸钠漂白工艺

用次氯酸钠进行竹材漂白时，为了使竹材能获得理想的漂白效果，同时又不对竹材造成严重损伤，须选择合适的漂白工艺参数，如漂液的pH、温度、浓度和时间。

1. pH 的影响

采用次氯酸钠进行竹材漂白处理时，漂液的pH对漂白质量有重要影响。但由于工业生产用的次氯酸钠溶液中，除含有10%～15%的有效氯外，还含有大量的烧碱，即使稀释至一般应用的浓度后，pH也仍然在11左右。因此竹材漂白过程中，漂液pH一般在较强的碱性范围，在确保竹材漂白质量的同时，还应注意避免发生生产意外事故。

工业上多不采用在酸性或中性条件下进行漂白。因为在弱酸性条件下，漂白速率相当快，且处理过程中有大量的氯气逸出，劳动保护较为困难。如果将漂液的pH提高到接近中性范围内进行漂白，漂白速率虽然比酸性时慢，但比碱性时要快。在此条件下，竹材强度将受到较为严重的损伤。

2. 温度、浓度和时间的影响

次氯酸钠不仅能对竹材内部的天然色素起化学作用，也能使竹材正常组织氧化损伤，其之所以被用作竹材的漂白剂，是因为次氯酸钠对竹材正常组织氧化的速率较漂白速率要慢一些。在一般的化学反应中，提高温度能大大地加快反应速率（图8-1）。用次氯酸钠进行竹材漂白时也有类似的情况，提高漂白温度，能增大漂白速率，缩短漂白时间，如当漂液pH为11时，漂液温度每升高10℃，漂白速率约增大2.3倍。升高漂白温度，虽然漂白速率有增大，但竹材正常组织被氧化的速率也同时提高，而且比漂白速率提高得更多。因此，采用较高的漂白温度，会使竹材受到较大的损伤。在实际生产中，通常将漂白温度维持在20～35℃，漂白30～60min。温度过低，漂白时间过长，也不适合工业化生产需求（陈玉和和吴再兴，2015）。

漂液浓度也是一个重要因素，浓度太低达不到漂白的要求，或需要较长的漂白时间。漂液浓度过高不但浪费药品，而且会使竹材力学强度受到严重损伤。因此漂液的浓度必须和其他条件相适应。次氯酸钠漂液有效氯浓度在1～5g/L时，对纤维素的氧化速率是随着浓度的增加而增大的，当有效氯浓度超过5g/L以后，进一步提高漂液浓度，纤维素的氧化速率已无明显增大（陈玉和和吴再兴，2015）。这说明在常用的漂液浓度范围内，随着浓度的增大，纤维素被氧化的速率也增大（图8-1）。

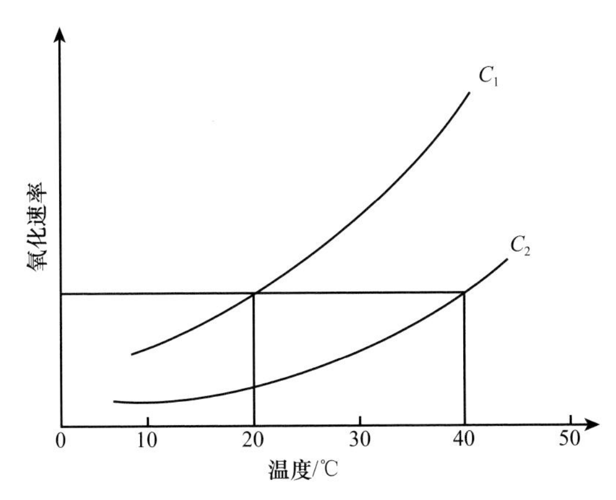

图 8-1　不同温度及浓度的次氯酸钠漂液对纤维素氧化速率的影响

C_1、C_2 为漂液浓度，$C_1 > C_2$

二、过氧化氢漂白

过氧化氢又称双氧水，是一种氧化型漂白剂，可用于各种有机材料的漂白，如木材、竹材等（彭万喜等，2005）。过氧化氢稳定性好，能使漂白后的竹材白度纯正，不腐蚀设备，并且没有污染。目前已大规模地在竹木加工产业中应用，如竹凉席加工过程中竹丝的漂白、科技木制造过程中的前期处理、薄木贴面胶合板的漂白。

（一）过氧化氢漂白机制

过氧化氢在漂白过程中除了对色素有破坏作用，对竹材的正常组织也有损伤。通常认为式（8-1）中的 HOO^- 是进行漂白的主要成分，它与色素中的双键发生反应，产生消色作用。

其中，碱是过氧化氢分解的活化剂，能使此反应活化：

$$NaOH + H_2O_2 \longrightarrow Na^+ + HOO^- + H_2O \qquad (8\text{-}1)$$

也可能按式（8-2）反应，引发 H_2O_2 分解成游离基而具有漂白作用。

$$H_2O_2 \longrightarrow HO\cdot + \cdot OH \qquad (8\text{-}2)$$

在有催化作用存在下，H_2O_2 分解产生 O_2，不但使 H_2O_2 失去漂白作用，增加 H_2O_2 消耗，而且若 O_2 渗透到竹材内部，在高温碱性条件下，将使竹材发生严重降解。若形成各种游离基，特别是活性高的 $HO\cdot$，对色素有破坏作用，也会使竹材受到损伤。因此在漂白过程中应注意控制漂白条件，以免过度损伤竹材。为了控制 H_2O_2 分解，有效地进行漂白，又不致浪费有效成分和过度损伤竹材，通常在漂液中加入一定量的稳定剂。

（二）过氧化氢漂白工艺

过氧化氢可在 90 ～ 100℃进行漂白，而又不致严重损伤竹材，这说明过氧化氢是一种相对较为缓和的氧化剂。但在漂白工艺参数控制方面仍需予以重视，否则也会出现漂白效果不佳的问题。本节将有关工艺因素分析后，首先介绍两个竹材漂白过程中常用的分析指标，一个是反映漂白效果的竹材漂白前后的色差值，另一个是反映过氧化氢分解情况的过氧化氢分解率。色差是评判竹材漂白效果的主要指标，色差大说明单板在漂白前与漂白后颜色差异大，白度高，漂白效果好；反之，则说明漂白效果差。分解率是评价竹材漂白的经济指标，分解率高，说明过氧化氢在漂白过程中得以充分分解，对漂白有益，减少漂白废液中过氧化氢的残留量，提高经济效益。

色差测定和计算方法如下，用测色仪测定试件 CIE 1976 色度空间的色度值 L^*、a^*、b^*，根据式（8-3）计算漂白前后的色差。

$$\Delta E^* = \sqrt{(L^*_{前} - L^*_{后})^2 + (a^*_{前} - a^*_{后})^2 + (b^*_{前} - b^*_{后})^2} \tag{8-3}$$

式中，ΔE^* 为色差；$L^*_{前}$为漂白前明度值；$L^*_{后}$为漂白后明度值；$a^*_{前}$为漂白前红绿指数值；$a^*_{后}$为漂白后红绿指数值；$b^*_{前}$为漂白前黄蓝指数值；$b^*_{后}$为漂白后黄蓝指数值。

过氧化氢分解率的测定和计算方法：取 5mL 试验残液倒入 100mL 三角烧瓶中，加浓度为 3mol/L 的硫酸溶液 20mL，用 0.02mol/L 的 $KMnO_4$ 溶液滴定，至 30s 内颜色不消失时，记下 $KMnO_4$ 的消耗量（陈玉和等，2001）。根据式（8-4）：

$$2KMnO_4+5H_2O_2+3H_2SO_4 \longrightarrow 2MnSO_4+K_2SO_4+8H_2O+5O_2 \tag{8-4}$$

按照等物质量的反应规则，可以计算出过氧化氢的质量浓度［式（8-5）］。

$$\rho(H_2O_2) = \frac{5}{2} \times \frac{c(KMnO_4) \times V(KMnO_4)}{V(H_2O_2)} \times M(H_2O_2) \tag{8-5}$$

式中，过氧化氢的摩尔质量 M（H_2O_2）=34.02g/L；高锰酸钾的量浓度 c（$KMnO_4$）= 0.02mol/L；V（$KMnO_4$）为高锰酸钾的消耗量；试验残液的量 V（H_2O_2）=5mL。

计算过氧化氢分解率［式（8-6）］：

$$分解率 = \frac{漂前过氧化氢质量浓度 - 漂后过氧化氢质量浓度}{漂前过氧化氢质量浓度} \times 100\% \tag{8-6}$$

1. pH 的影响

在 H_2O_2 漂白过程中，漂液的 pH 是影响漂白质量的重要影响因素之一。过氧化氢从酸性到弱碱性，即 pH ＜ 9 的范围内比较稳定，分解率较小；而在碱性较强的条件下分解率比较高，特别是 pH 在 10 以上时更为明显。当漂液 pH 在 3 ～ 13.5，过氧化氢均有漂白作用。但漂液 pH 在 3 ～ 9，白度随着 pH 的增大而有增加的趋势，pH 为 9 ～ 10 时，白度达到最佳水平，若进一步提高漂液 pH，白度反而略有下降。综上所述，竹材漂白过程中以 pH 为 6 ～ 10 比较满意，如果适当加入稳定剂或其他助剂，漂液 pH 可以提高一些，以 9 ～ 10 为宜。

2. 温度、浓度和时间的影响

过氧化氢漂白时，一般采用的处理工艺是 90 ～ 100℃，漂白 1h 左右，降低漂白温度虽然也能达到漂白目的，但漂白时间要长一些。升高漂白温度，H_2O_2 电离常数增大（表 8-2），促进过氧化氢分解，从而加快漂白速度。

表 8-2 温度对 H_2O_2 电离常数的影响

	15℃	20℃	25℃	35℃
$k=\frac{[H^+][HO_2^-]}{[H_2O_2]}$	1.39×10^{-12}	1.78×10^{-12}	2.24×10^{-12}	3.55×10^{-12}

过氧化氢的分解速率测试结果（表 8-3）也可以证明这一点，随着温度的升高过氧化氢的分解速率逐渐增加。通过实验研究进一步了解到，H_2O_2 在有稳定剂存在的情况下，在 70℃时的分解速率常数 k 为 3.02×10^{-3}/min，而在 90℃时为 10.44×10^{-3}/min。仅从 H_2O_2 分解的快慢还不能说明是否有效地进行了漂白，因为其中还包含着 H_2O_2 对竹材的损伤以及其他无效分解等副反应。实验证明，在正确使用稳定剂的情况下，竹材的白度和竹材受损程度仅与 H_2O_2 分解速率有关，分解速率的快慢对它们的影响较小。换言之，升高温度虽然提高了 H_2O_2 分解速率，但不致改变竹材白度和强度的变化规律。

表 8-3 温度对 H_2O_2 分解速率的影响

温度/℃	H_2O_2 含量/（g/L）		
	开始	1h 后	2h 后
20	0.69	0.69	0.69
40	0.69	0.69	0.65
60	0.69	0.53	0.39
80	0.69	0.39	0.18

综上所述，H_2O_2 漂白应在正确的条件下进行，使绝大部分 H_2O_2 发生分解，而竹材的白度和强度又能符合要求，竹材表面不至于太粗糙，这样才能比较有效地利用 H_2O_2。在生产中，根据产品性质不同，而采用不同的 H_2O_2 浓度（2 ～ 6g/L）。

至于漂白时间，又与漂白温度有直接关系，在常压加温条件下在 45 ～ 60min 内绝大部分的 H_2O_2 已经分解。

3. 稳定剂的影响

过氧化氢的分解受三种因素的影响，即温度、pH 及重金属离子的催化作用。由于过氧化氢商品中都已加稳定剂，过氧化氢要超过其分解活化能时才能分解，因此当温度提高后可加速分解，温度越高则分解越快。对于 pH 而言，过氧化氢显酸性，提高 pH 可促使其分解。而重金属离子，特别是铜离子、铁离子、锰离子等离子，其催化分解能力极大。过氧化氢漂白时，为有效控制过氧化氢的分解，使其达到合理有效的分解和利用，漂液中需加入抑制过氧化氢分解的化学品，过氧化氢稳定剂就是能抑制上述三者分解的物质（鞠福生，1992；黄茂福，1999a，1999b）。

理想的过氧化氢稳定剂应具备下列要求。

（1）要有高效的稳定作用，能控制其分解率达到需要的程度。一般来说，漂白液在 95 ～ 100℃存放时，1h 以内过氧化氢的分解率不能超过 40%，越低越好，而在竹材加入后，经 1h 漂白，过氧化氢的分解率宜控制在 70% 左右，不能全部分解。有的工艺则要求在 60℃，经 48h，过氧化氢的分解率不大于 20%，加入竹材后，过氧化氢分解率应在 50% 左右。

（2）对竹材的损伤要减少到最低限度。过氧化氢漂白的优点是竹材损伤比次氯酸钠小，这与使用过氧化氢的浓度有关，也与稳定剂有关。

（3）能耐不同浓度的碱量。碱能催化过氧化氢的分解，而过氧化氢漂白又需在 pH 为 10 时进行。这就要求稳定剂能抑制碱催化反应。

（4）稳定剂本身要能被微生物所分解，不因使用稳定剂而造成环境污染。

（5）不结垢，不在竹材及漂白设备上沉积不溶物。原先使用的水玻璃很易在设备和竹材上沉积硅垢，致使设备清洁困难。

（6）白度要好。稳定剂对白度的影响主要取决于稳定剂的吸附能力，凡具有胶体性能的稳定剂，其白度较无吸附能力的稳定剂好。吸附杂质能力越强，其白度越好。白度不够的主要原因是分解的杂质再沉积，而不是色素未被分解。

4. 漂白方法的影响

目前竹材漂白研究领域常用的漂白方法有浸渍法和涂覆法两种。其中，浸渍法是指把竹材浸渍在漂白液中的方法，适用于小型竹材和需要全面漂白的情况。涂覆法是指用毛刷在竹材或竹制品表面涂覆漂白液的方法，适用于大型竹制品和需要部分漂白的情况。

利用上述方法对竹材进行漂白处理时，通过加温漂白（浸渍法）或涂上漂白剂后加温（涂覆法）方式可提高漂白效果。此外在漂白后为了保持漂白效果，将竹材装入由聚乙烯等制作的袋中，或者涂覆部分盖上薄板使其密闭，不让药品蒸汽跑出；或者用日光（紫外线）照射以促进色素的分解。这些也是有效的方法。但是，过度的漂白会损害材质，而且在除去漂白后的漂白剂和干燥漂白剂中的水时很费时间。此外，如果水分和漂白剂残存在竹材中，则在其后的涂装中就可能出现涂料发泡和变色等缺陷。

第三节　影响竹材漂白的主要因素

对竹材进行漂白处理，一方面减少因霉变导致的竹材变色，另一方面调节竹材颜色，赋予其美观的色泽。因此，竹材漂白已经成为竹制品、竹材人造板装饰及竹材制浆造纸等加工过程的一个重要环节。常规的竹材漂白处理主要通过控制漂白处理工艺参数来达到理想的漂白效果，对竹材材性等方面的影响考虑较少。而漂液在竹材内部的渗透速度受其微观构造影响，进而影响竹材漂白效果。通过对竹材进行前处理，改变竹材显微构造特征，改善竹材液体渗透性，可加快漂液在竹材内部渗透，进而改善竹材漂白效率及漂白效果。

本节重点分析竹材微观构造对其漂白效果的影响，介绍微波预处理、碱液处理等漂白前处理技术对竹材渗透性的影响，通过改善竹材液体渗透性提高竹材漂白处理的效果，并对漂白处理竹材性能进行分析，展望了竹材漂白的发展趋势。

一、竹材微观构造对漂白效果的影响

我国竹种类繁多，基本组织构造大体相同，竹材都由节细胞和轴向节间细胞组成，无横向射线细胞。但不同部位细胞大小、形状、维管束密度、纤维含量各不相同。竹材的主要微观构造包括：表皮层、皮层、皮下层、基本薄壁组织、维管组织及髓环组织。维管系统由包藏在基本薄壁组织中的维管束群组成，维管束是输导组织与机械组织的复合体，主要有向上输导水分和无机盐的木质部与向下输导光合作用产物的韧皮部两个部分，通常包含纤维细胞、导管细胞、筛管细胞及伴胞等细胞。竹纤维纵向表面呈现光滑、均一的特征，具有多条较浅的沟槽，横截面类似于圆形，且具有不规则锯齿形边沿。微观形态为两端逐渐变细的长形细胞，有时伴随有分叉状，纤维腔径较小，胞壁较厚，壁上有明显的节状加厚（成俊卿，1985；尹思慈，2002）。从竹材的微观构造上看，其相对于木材结构更为复杂、更为致密。在漂白过程中，处理剂难渗透至竹材内部，影响竹材漂白处理效果。因此，要增强竹材漂白处理效果，应对竹材进行渗透性增强预处理，如高强度微波处理、碱液蒸煮等。通过改善竹材的液体渗透性，实现漂白剂在竹材内部的深度均匀渗透，从而提升竹材漂白处理效果。

二、漂白前处理技术对竹材漂白效果的影响

（一）微波处理

微波处理可以有效改善竹材的液体浸注性能，为竹材的漂白处理提供有利条件。在对竹材进行微波处理时，为获得良好的处理效果，需要研究处理工艺参数，如微波功率、初含水率及处理时间。微波处理后，竹材液体浸注性能的改善与处理材微观结构的破坏有关，微观结构破坏可增加液体在竹材中的流通通道，液体更容易通过其进行渗透。同时，处理材内部孔隙增加、孔径增大，从而改善处理材中液体的流通效率（何盛等，2014）。

（二）碱液处理

碱液处理能显著提高竹木材料的渗透性，它能溶解竹材无定形区内低聚合度的纤维素、半纤维素及其他糖类物质，使部分阻塞的纹孔和毛细管道被打开，提高竹材的渗透性。另外，它能溶胀竹材，使细胞壁上的部分氢键打开，增加胞壁上的孔隙度，提高竹材的渗透性（何盛等，2019）。

陈玉和等（2000a）研究了 NaOH 处理对泡桐木材漂白效果的影响。研究结果显示，NaOH 处理对泡桐木材漂白具有显著的促进作用。经 0.3% 质量分数的 NaOH 溶液预处理 2 天后，再经 2% 的漂白剂 $Na_2S_2O_4$ 处理 3 天，经半年以上的老化观测，泡桐木材表面和内部的白度与明度比未处理材显著提高，色差显著降低。NaOH 稀溶液能显著提高泡桐木的渗透性，使漂白药剂更易渗入，有益于促进木材的漂白效果。

（三）真空冷冻干燥

真空冷冻干燥技术同样可以用于提高竹木材料液体渗透性。该技术已广泛应用于生物医药、食品工程、新材料研制以及农副产品等众多领域。竹材利用尤其是渗透性方向的研究尚处于起步阶段，且主要以木材为研究对象。吕建雄 2005 年首次在国内运用冻干技术改善杉木渗透性，并与气干材进行对比，结果显示冷冻干燥对中国杉木边材和心材的液体渗透改善效果显著。然而，由于冷冻干燥传热传质速率低、能耗大、时间长等缺点，它在竹木材料研究领域的应用受到限

制，但是作为改善竹材液体渗透性的一个研究方法仍具有一定的现实意义（徐军，2018）。

三、漂白处理对竹材性能的影响

竹材经漂白后，物理力学等性能会有所变化，一定程度上影响竹材的后续加工和利用。邵卓平等 2003 年研究了漂白竹材的力学性能，认为竹材经漂白处理后力学性能有所提高。江茂生和陈礼辉（2003）研究了毛竹（*Phyllostachys edulis*）爆破浆 H_2O_2 漂白工艺，认为纤维素在漂白过程中受影响较小，苯环和共轭羰基 2 个主要发色基团发生了一定变化。竹材表面润湿性能是竹材后续胶合性能好坏的重要参考指标。材料表面润湿性能越好，胶黏剂与木质材料越亲和，有利于得到良好的胶合性能。多数研究表明漂白竹材的表面润湿性能得到改善，表面碳原子氧化程度和羰基等活性点增加（张巧玲等，2014）。X 射线光电子能谱（XPS）和红外光谱试验结果显示，漂白竹材表面羰基等活性基团的增加会影响材料表面润湿性能，同时处理后竹材表面微观形态变化也会影响其表面润湿性能（马红霞等，2010）。

四、漂白处理发展趋势

竹材漂白是用化学药剂使竹材颜色变浅、色调均匀、污染消除的加工过程。竹材富含淀粉、可溶性糖类等物质，容易发霉。使用前对其进行漂白处理，一方面防止霉变，另一方面调节竹材颜色，赋予其美观的色泽。因此，研究竹材漂白技术对于竹材的装饰效果改良具有重要意义。

竹材的漂白过程就是利用化学药剂使竹材氧化、还原，破坏竹材中能吸收可见光的发色基团（如 C═C、C═O）或封闭助色基团（如—OH），使其产生增白和脱色作用。尽管在竹木材料漂白方面已取得丰硕的成果，但在 21 世纪的今天，国内外从事竹木材料漂白研究的科学工作者仍面临着新的挑战。

第一，在实践中发现，无论是木材还是竹材的漂白，均不同程度地受到漂白剂难渗透的影响，造成漂白深度不足、白度不均，因此在深入研究竹材渗透性的同时，应高度重视适宜于竹材漂白使用的表面活性剂、漂白活化剂、渗透剂和增白剂等助剂的研制，以促进竹材加工产业的发展。

第二，随着竹材被广泛用于竹家居装饰、工艺品和造纸等领域，竹材的色泽不一，特别是装饰用材局部颜色差异已受到广泛关注，所以竹材局部漂白技术有待开发。但目前的漂白技术目标性不强，漂白对象选择性差，不仅造成浪费漂白剂、增加成本和加重环境污染，而且使漂白目标难于准确实现，因此，量化漂白技术是另一个发展方向，也是竹材局部漂白技术开发的基础和前提。

第三，经传统的漂白工艺处理后，材料易发生开裂、变形等缺陷，降低漂白效率，同时还带来大量的漂白废水。因此，改进漂白方法，开发适宜于竹材的漂白新工艺，在改善竹材漂白效果的同时，减轻漂白废水对环境的污染，是未来竹材漂白发展的新方向。

第九章　竹 材 染 色

自古以来人们就使用天然动植物色素作为染料对衣物进行染色。靛蓝、茜素、五倍子、胭脂红等是我国古代最早应用的植物和动物染料。现代有机染料工业仅有 100 多年的发展历史。19 世纪中叶由于英国等西方工业国家纺织业发展迅速，染料需求较大，冶金工业为有机染料的研究和生产提供了条件。1857 年，英国的伯琴用煤焦油中的苯制得有机合成染料苯胺紫并实现了工业化生产，随后各种染料相继出现。近二十年来，随着合成纤维的迅速发展，有机染料得到极其广泛的应用（陈玉和和陆仁书，2002；陈玉和等，2002）。

有机染料就是能够溶于水或有机溶剂中，通过适当的方法，使纤维制品或其他物质染成鲜艳而坚牢的颜色的有机化合物。除在纺织行业大量使用外，有机染料还广泛应用于印刷、造纸、涂料、医药等领域。有机染料在木竹材加工领域的应用起源于 1913 年苯胺紫被用于立木染色。20 世纪 60 年代以来，日本在木材染色领域开展了大量的研究工作。德国、意大利等很重视木材染色制品的开发，形成了自己的专利技术，其产品在我国已有销售。20 世纪 80 年代末我国开始对木材染色技术进行探索（陈玉和和陆仁书，2002；陈玉和等，2002）。由于染色是增加木竹材装饰效果、提高材料附加值的重要手段，因此，如今木竹材染色在生产研究领域受到广泛关注和重视。

第一节　染色的定义

竹材染色是在木材染色技术基础上发展起来的。且相对于木材染色而言，由于竹材结构致密，渗透性差，因此竹材染色相较木材染色更难。竹材染色主要在一定温度、压力条件下，使染料与竹材发生化学或物理化学结合，染色处理后竹材具有一定的坚牢色泽，是提高竹材表面质量、改善竹材视觉特性和提高竹材附加值的重要手段。竹材染色按溶剂类型分为水溶性染料染色、醇溶性染料染色和油溶性染料染色，按染色方式可分为深度染色和表面染色两种类型。深度染色主要用浸渍方法处理竹材，如贴面用薄竹的染色、竹片或竹束染色等。表面染色是用喷涂、刷涂或淋涂的方法来处理竹制品的表面，使之着色。本书主要讨论竹材加工产业中水溶性染料染色技术。评价竹材染色效果的指标包括上染率、均染性、水洗牢度和日晒牢度，染色效果除受染料、助剂、染液的 pH 和染色工艺的影响外，还受竹材的组织结构、竹材化学成分及含水率等因素的影响。

第二节　常用染料及染色技术

一、常用染料

染料品种繁多，其分类方法有两种，一种是根据染料品种对待染材料的应用性能和应用方法的共性总结与形成的染料应用分类；另一种是根据染料共同的基本结构类型或共同的基团、各种染料分子结构的共性而形成的按染料分子结构分类（王菊生，1983，1984，1987）。

（一）按应用分类

染料应用分类的根据是染料的应用对象、染料的染色方法、染料的应用性能、染料与被染物的结合形式等，主要类别如表 9-1 所示。

表 9-1　染料分类

序号	染料类别	染料特性
1	直接染料	可溶于水的阴离子染料。色素离子具有磺酸基，有的具有羧基。在含有盐类电解质的染液中，它们可不必通过其他媒介物质而直接对木质纤维素染色，可用于蚕丝、纸张、竹材、皮革的染色
2	酸性染料	可溶于水的阴离子染料。染料分子中含磺酸基、羧基等酸性基团而形成有机酸盐的形式，在酸性或中性染液中可以与材料结构中的氨基或酰胺基相结合而染色
3	媒染染料	本身对材料不能直接染色的染料，需将材料先用金属盐即媒染剂处理，在材料上生成络合物后才能染色的染料
4	碱性染料	阳离子染料，是最早的合成染料，色泽鲜艳。其分子中含碱性基团，如氨基或取代的氨基，以盐的形式可溶于水。色素离子带有正电荷，可用于羊毛、蚕丝等蛋白质纤维的染色。纤维素纤维也可用碱性染料染色
5	活性染料	染料分子结构中带有反应性基团，染色时能与材料分子中的羟基或氨基等发生 C—O、C—N、C—S 等共价键结合。主要用于棉、麻、丝等材料的染色，亦能用于羊毛和合成纤维材料的染色
6	还原染料	还原染料不溶于水，分子中都含有羰基。用还原剂在碱性溶液中还原成可溶性的隐色体而染色，染色后的材料经氧化使隐色体在材料内部转变成不溶于水的染料，主要用于纤维素材料的染色，牢度好

续表

序号	染料类别	染料特性
7	硫化染料	原料不溶于水的染料。用某些酚类、芳胺等有机化合物和硫、硫化钠加热制成，分子中具有比较复杂的含硫结构。染色时，在硫化钠溶液中被还原成可溶状态，染入材料以后，经过氧化成为不溶状态而固着在纤维材料上，主要用于纤维素纤维的染色
8	缩聚染料	可溶于水，它们在纤维上能脱去水溶性基团而发生分子间的缩聚反应，成为分子量较大的不溶性染料而固着在纤维上，主要用于纤维素纤维的染色
9	不溶性偶氮染料	染色过程中在材料上生成的不溶于水的偶氮染料。由耦合组分和色基的重氮盐作用生成。耦合组分主要为酚类化合物。色基是一些芳伯胺，经过重氮化反应转变成重氮盐，在纤维上和耦合组分耦合，生成不溶性偶氮染料而固着在材料上，主要用于纤维素纤维的染色
10	分散染料	染料分子中不含水溶性基团，用分散剂将染料分散成极细颗粒进行染色，所以称为分散染料，主要应用于合成纤维材料中憎水性纤维的染色，如涤纶、锦纶、醋酸纤维等
11	中性染料	属金属络合结构的染料，在近于中性的染液中染色。应用于维纶、丝绸、柞蚕丝、羊毛等材料的染色
12	冰染染料	由重氮组分和耦合组分在纤维上反应形成不溶性偶氮染料；由于早期染色时是在冷却条件下进行的，因此称为冰染染料，主要用于棉纤维的染色

（二）按化学结构分类

以染料分子中类似的基本结构分类，如靛族、芳甲烷、酞菁等。染料分子中各有其共同基团如偶氮基、硝基等。染料的化学分类主要包括偶氮染料、蒽醌染料、靛族染料、硫化染料、芳甲烷染料、甲川类染料、酞菁染料、硝基和亚硝基染料、（类）杂芪染料、呫吨染料、吖啶染料、吖嗪染料、恶嗪染料、噻嗪染料、噻唑染料、喹啉染料、苯醌和萘醌染料。

二、竹材染色技术

竹材染色是提高竹材表面质量，改善竹材视觉特性和提高竹材附加值的重要手段。通过染料与竹材发生化学或物理化学结合，使竹材具有坚牢色泽，赋予竹材丰富色彩，改善竹材装饰效果。染料的品种多，结构复杂。其染色工艺主要借鉴木材染色工艺，所用染料也与木材染色用染料基本相同。

木材工业中常用的水溶性有机染料有直接染料、酸性染料、碱性染料和活性染料等。直接染料是一些不经特殊处理就能直接作用于木材上的染料，它与木质纤维素的结合是依靠分子间的范德瓦耳斯力和氢键力。酸性染料也称为阴离子染料，是在酸性介质中对纤维进行有效染色的染料，该类染料含有大量的羧基、羟基或磺酸基。碱性染料也称阳离子染料，由苯甲烷型、偶氮型、氧杂蒽型等有机碱和酸形成的盐。活性染料分子中含有反应性活性基团，能与木材中的羟基形成共价键的有机化合物（陈玉和等，1999，2008）。1964 年大川勇等探索了利用直接染料、酸性染料、碱性染料对木材染色。松田健一（1978）对漂白后的木材用分散染料等进行染色。基太村洋子等（1971a，1971b，1973）、基太村洋子（1974，1975，1982，1985，1986）用各种染料研究木材的染色性，结果表明，酸性染料具较好的渗透性，适宜木材染色。竹材染色用染料是针对不同竹材和不同产品采用不同加工方式，使竹材能够均匀着色的适宜染料的总称，按染料溶解方式分为水溶性染料、油溶性染料和醇溶性染料等，各类染料及溶剂的优缺点与操作方式详见表 9-2。

表 9-2　竹材染色用染料的种类和特征

种类	着色物质	溶剂	优点	缺点	备注
水溶性染色剂	直接染料、酸性染料、碱性染料、分散染料	水	色调好，耐光性大致好（直接染料、酸性染料）、溶解性好（分散染料）；操作简便；无易燃性；不产生有机溶剂气体	使底材起毛；干燥稍慢；耐光性稍差（碱性染料）	毛刷 喷涂 浸渍
油性染色剂	油溶性染料	矿油精	不引起底材起毛；具有浸透性；有深度	干燥慢（基本符合，但如果在染液中使用硝基纤维涂料稀释剂，则可以加快干燥）；耐光性稍差；要渗入其上涂膜	刷涂 喷涂 浸渍
醇类（乙醇）染色剂	醇溶性染料（碱性染料等）	甲醇 乙醇	发色鲜明；具有速干性；浸透性好	耐光性差；使底材起毛；稍微有点渗；价格贵；容易产生颜色不均匀	喷涂
中性溶剂染色剂	酸性染料	甲醇 甲苯	不引起底材起毛；具有速干性；渗透性好；不渗	价格贵	喷涂
药品着色剂	木醋酸铁、石灰、苏木等	水	色调中具有涩味；耐光性好；不会产生污点、剥落	操作复杂；材质不同发色不同；难出现要求的颜色；使底材粗糙	刷涂

由于竹材结构的多样性和复杂性，加之竹材染色工业是一个新兴的行业，因此不同树种的染色性，不同染料对竹材的上染性，以及不同产品所需的适宜染料诸方面存在许多难题，有待进一步研究。总之，竹材染色剂必须具备下列条件：①透明性好，保留良好的木质纹理感；②耐光性好；③染色效果均匀一致；④渗透性好，竹材内部也能染色；⑤染色后的单板对后续工艺无不良影响；⑥工艺性好，操作简单；⑦价格便宜。

目前，市场上存在的染料种类多达几千种。在选择适用于竹材染色的染料时，除根据染料种类进行选择外，还应考虑实际染色过程中染料的扩散性能、上染率、染色工艺参数等的影响。

（一）染料扩散性能

染料的扩散性能一般用扩散系数来表示，扩散系数的测定较为复杂，一般可以测得在不同时间内竹木材料上的染料量及染色平衡时竹木材上的染料量。根据这些数据，计算获得染料在竹木材内扩散系数的平均值。

染料的扩散速率高，染透竹材所需要的时间短，有利于减少因竹材结构不均匀或因染色条件造成吸附不匀的影响，获得染色均匀的产品。因此，染色时提高扩散系数具有重要意义。

染料的扩散速率首先取决于染料分子的大小和竹木材孔隙的大小。竹木材的孔隙小，形成扩散的机械障碍，染料分子通过孔隙的渗透效率较低，扩散比较缓慢。若染料分子大，竹木材孔隙小，则染料分子就不能进入或通过。染料分子小，竹木材孔隙大，有利于染料分子的扩散。染料在竹木材内部的扩散基本上是以单分子形式进行的，染料聚集体比较大，一般不可能通过竹木材的孔隙。凡是使孔隙增大的因素（如用助剂促使木材吸湿溶胀、升温等）都有利于染料的扩散。

染料与竹木材之间的引力对扩散有很大影响。在其他条件相同时，染料与竹木材分子间引力较大的（或亲和力、上染效果好），扩散速率一般比较高。

扩散速率随染料浓度变化，可以通过扩散方程或染料浓度分布曲线求出。染料浓度对扩散系数影响的大小，因染料种类不同而不同。扩散速率随染料浓度的提高而增快，这有利于染深色时的匀染和透染。

染料在竹材中的扩散与染色温度有很大关系，提高染色温度，可以提高染料的扩散速率。这是因为温度升高增加了染料分子的动能，使更多的染料分子能克服阻力而向竹材内部扩散。

染料溶液在竹木材中的扩散性因竹木材的纹理、结构方向而异，纵向扩散性远大于横向。扩散的主要途径是从横断面进入的纵向扩散。按孔道模型解释，在染色时，染液通过竹材导管、薄壁细胞、纤维细胞等微观构造所组成的孔道进入竹材内部。染料分子在竹材孔隙中扩散的同时，在孔隙的内壁上吸附，并逐渐达到吸附平衡。当染料分子在竹材内部各部位均达到吸附平衡时，染料分子不再扩散（陈玉和等，1999，2008）。

（二）染色速率与上染率曲线

染料在扩散过程中会受到竹木材组织结构造成的机械阻力，特别是纹孔塞引起的阻力以及竹木材与染料间吸引力的阻碍。染料在竹木材内部的扩散速率较慢，仅为染料在溶液中扩散速率的百万分之一到千分之一，因此染料在竹木材中的扩散常常被认为是影响竹木材上染的决定性因素。染料被竹木材表面吸附的速率也会影响整体染色速率，特别是在染色开始阶段。染料在竹木材中的固着也有一个速度问题，固着速度对整体染色速率也有很大的影响。

在恒温条件下染色，测定不同染色时间染料的上染百分率，以上染百分率为纵坐标，染色时间为横坐标作图，所得的曲线就称为上染率曲线，如图 9-1 所示。上述在恒温条件下染色获得的上染率曲线称为恒温上染率曲线。

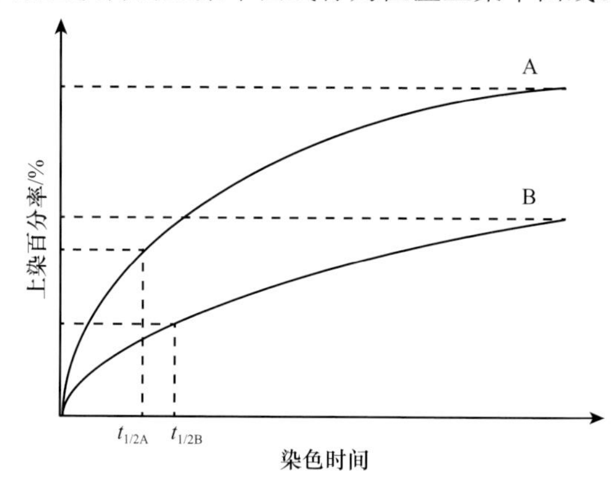

图 9-1　上染率曲线

A、B 代表两种不同染料

在上染率曲线中，上染百分率随染色时间的延长而增大，直到染色平衡或接近染色平衡，因此可以从图上直接读出染色过程中各特定时间内的染料上染量，在染色条件相同时，具有较高亲和力的染料则具有较高的上染百分率。当上染百分率不再随染色时间而变化时，一般就认为染色达到平衡，此时的上染百分率称为平衡上染百分率，它是在一定染色条件下可以达到的最高上染百分率。达到平衡上染百分率所需的染色时间往往很长，因此，染色速率还可用半染时间来表示。半染时间是达到平衡上染百分率一半时所需的染色时间，用 $t_{1/2}$ 表示，半染时间表示了染色走向平衡的速率。拼色时，选用半染时间相近或上染率曲线相近的染料容易染得前后一致的颜色。

同一种染料在不同温度下的上染率是不相同的。温度升高，染色速率加快，半染时间 $t_{1/2}$ 减少，初染率提高，达到染色平衡所需的时间减少，但平衡上染百分率降低（图 9-2）。因此，对于上染率高的染料，采用较低温度染色，而对上染率低的染料，则以较高的染色温度为宜。

实际的浸渍染色过程中，因初始染液浓度较高，宜用较低温度，降低初染率，以防染色不匀。随后逐渐提高染色温度以提高上染率，缩短染色时间，最后再降温，以求得较高的上染百分率。始染温度不同，升温速率不同，曲线的形状就不同（图 9-2）。

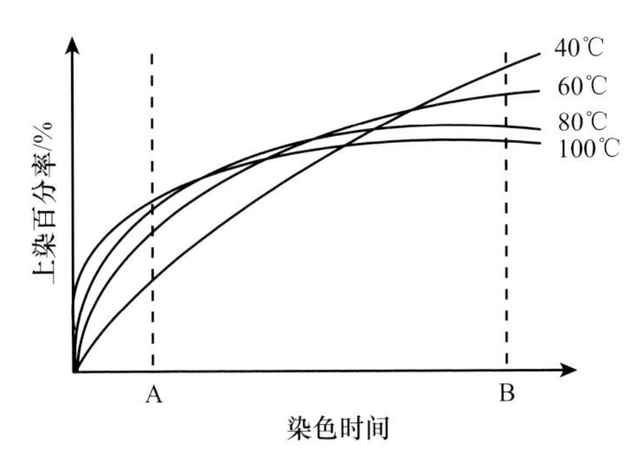

图 9-2 温度对上染百分率的影响

A、B 表示取的两个时间点

染液和竹材的相对运动速度对染色速率也有影响，与竹材表面的边界层厚度有很大的关系，相对运动速度越快，边界层越薄，染料扩散通过边界层被竹木材表面吸附的速度提高，使整体染色速率提高（陈玉和等，2000b）。

（三）促染和缓染

染色时根据不同情况往往需要使用一定的助剂，以加速染料的上染或延缓染料的上染。凡具有加速染料上染作用的助剂一般称为促染剂。凡具有延缓染料上染作用的助剂称为缓染剂。由于染料的种类很多，染色原理也不一样，实际染色时，有的要加促染剂，有的则要加缓染剂。同一助剂在一种情况下可以作为促染剂，但在另一情况下，则往往又可作为缓染剂。加用促染剂除提高染色速率外，提高上染百分率也是主要目的。加用缓染剂是为了获得匀染效果，一般会降低染料的上染百分率，所以要注意控制用量。

在促染和缓染中常用的中性电解质有氯化钠（食盐）、硫酸钠（元明粉）等。硫酸钠有结晶硫酸钠和无水硫酸钠之分，根据染色情况不同，中性电解质有时起促染作用，有时则起缓染作用。

1. 促染

竹材在染液中表面带负电荷，用阴离子染料染色，在染料对竹材的亲和力较低的情况下，通常可用中性电解质作促染剂。在染液中加入中性电解质后，染液内的钠离子和氯离子（或硫酸根离子）的浓度提高，氯离子受到竹材表面负电荷的斥力，而钠离子受到竹材表面负电荷的引力，造成在竹材表面附近的溶液内的钠离子浓度比距离竹材表面较远的溶液内的钠离子浓度高，氯离子的情况则相反，这样的变化使竹材的双电层变薄，动电层电位的绝对值降低，染料阴离子向竹材表面移动时所受到的电荷斥力减小。另外，染料阴离子从染液向竹材表面移动时，即被木材吸附，为了维持电荷中性，势必伴有相应数量的钠离子一起移动。由于竹材表面附近钠离子的浓度高，在较远的地方浓度低，钠离子从浓度低的地方向浓度高的地方移动需要克服一定的阻力，消耗一定的能量。在染液内加入电解质后，由于钠离子浓度大大增加，降低了竹材附近与其他地方钠离子的浓度差，因此钠离子伴随染料阴离子向竹材表面移动需要消耗的能量比较小。此外，电解质的加入，使染料胶粒的动电层电位的绝对值降低，染料在水中的溶解度降低，也是使上染率提高、上染百分率增加的原因。

染料分子结构中酸性电离基越多，即在水溶液中染料阴离子所带负电荷越多，电解质的促染作用就越显著。

2. 缓染

若竹材经过改性，表面带正电荷，在染液中带正电荷的竹材组织用阴离子染料染色或带负电荷的竹材纤维素纤维用阳离子染料染色时，在染液中加入中性电解质起缓染作用。

1）酸

染液的 pH 对染料的上染率也有很大的影响，根据染色机制的不同，染液中加入酸，降低染液的 pH，对有些染料起促染作用，对有些染料则起缓染作用。

2）表面活性剂

这种表面活性剂根据作用机制可以分成两类，一类主要通过与竹材的作用降低染色速率，称为竹材亲和性缓染剂；另一类主要通过与染料的作用降低染色速率，称为染料亲和性缓染剂。

a. 竹材亲和性缓染剂

由于竹材表面的电负性，当用碱性染料染色时，使用与染料离子电荷符号相同的表面活性剂，表面活性剂离子与染料离子竞争染色位置，因此染料上染率降低。

b. 染料亲和性缓染剂

竹材染色时，使用非离子或与染料阴离子的电荷符号相反的阳离子表面活性剂，也起缓染作用。非离子型表面活性剂除有润湿、分散等作用外，它能与染料形成氢键结合而延缓染料的上染（松浦力，1991）。

当使用的表面活性剂的电荷符号与染料离子相反时，表面活性剂的离子就会与染料离子相结合，使染液中的染料离子浓度及移动速率降低，因而降低上染率。表面活性剂离子与染料离子形成的结合物的溶解度一般较低，容易凝聚、沉淀，因此在加入这种表面活性剂前要先加入非离子表面活性剂，使结合物一旦生成就立即稳定地分散在染液中，使用这种表面活性剂常常使染料的上染百分率显著降低，非特殊加工一般不采用此法（陶乃杰，1990）。

（四）染色工艺参数

除上述影响竹材染色效果的因素外，染色工艺参数如温度、时间、染液酸碱度及材积比均会对竹材染色效果产生影响。以气干状态的刨切薄竹染色为例，选用酸性大红 GR 作为染色用染料，加入促染剂、匀染剂等染色助剂配制染液。考察染色温度对上染率的影响时，温度设定为 70℃、80℃、90℃三种；考察染色时间的影响时，时间设定为 10min、30min、50min、70min、90min；考察染色前染液 pH 的影响时，pH 设定为 3、4.5、6；考察染液材积比的影响时，分别放置 32 张、26 张、20 张、14 张、8 张、2 张刨切薄竹单板。

研究结果显示，随着染色温度的提高，单板上染率增加（图 9-3），加热对染色上染率具有促进作用。染料在 90℃条件下的上染率最佳，竹材色泽和内部渗透性也理想，90℃为最适宜竹材染色温度。

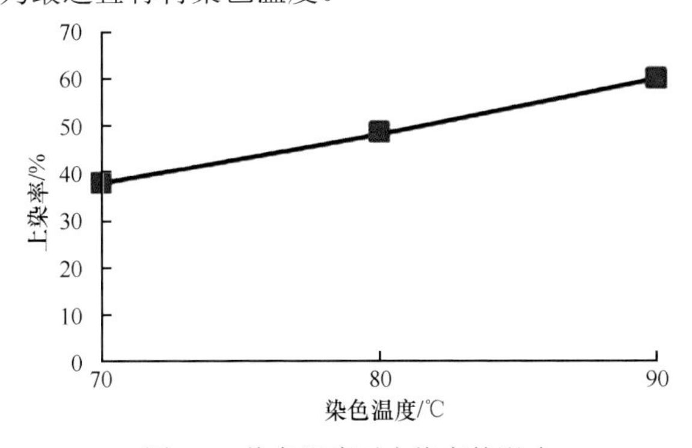

图 9-3　染色温度对上染率的影响

提高温度使分子得到更大的能量，克服库仑力，增加与竹材发生碰撞形成范德瓦耳斯力的机会。染料阴离子向纤维转移的过程中，必须带着自身的钠离子一起移动以维持电性中和。但是纤维界面附近的钠离子浓度本来就较染液本体中高得多，要使它们从浓度低的地方向浓度高的地方转移是要消耗能量的；提高温度可以显著地降低染料的聚集程度，改善染料分子的扩散性能。上染时染料随着染液的流动到达扩散边界层，再通过染料自身的分子运动，扩散到竹材纤维表面。进而通过细胞腔、胞间隙、胞壁毛细管系统和纤维无定型区向竹材内部扩散。由于竹材的微毛细管系统孔隙较小，染料要扩散进入竹材，其聚集体必须进行解聚，使染料呈分子状态流动；提高温度可增加染液的流动性。在竹材周围紧贴竹材的液体中总有一个边界层，在这个边界层里，物质的传递主要是通过扩散而不是通过液体对流来完成的，这个边界层称为扩散边界层。在上染过程中，染液中的染料浓度逐渐降低，这种降低首先发生在竹材外界的扩散层，为此染色过程中要保证染液流动，使竹材外围的染液不断更新。

此外，随着染色时间的延长，刨切薄竹竹材单板染色上染率逐步增加。由于竹材的结构和化学成分与棉麻纺织品不同，染料对竹材的上染是一个逐步的缓慢过程，在短时间内不可能达到染料扩散和竹材吸着的平衡。从图 9-4 可以看出，在 90℃染色 30min，仍未达到平衡上染率。对染色单板的观测发现，此时单板已染透。在要求不是特别高时，90℃染色 30min 以上，0.4mm 厚的刨切薄竹单板能达到理想的染色效果（图 9-4）。

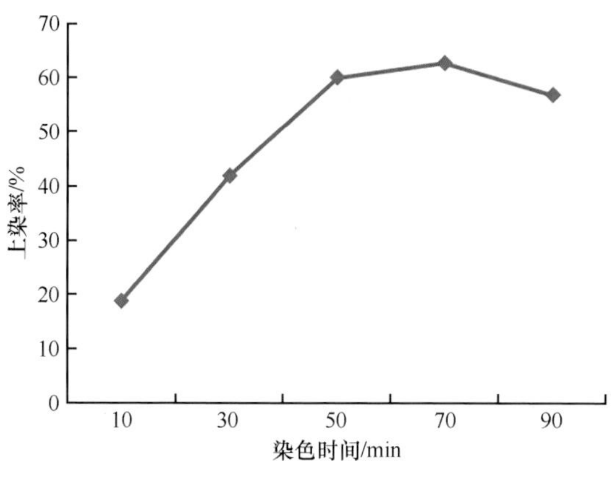

图 9-4　染色时间对上染率的影响

pH 对刨切薄竹染色上染率有明显的影响，适宜的 pH 对竹材染色是很重要的。当 pH 为 4.5 时，上染率最高，为 60.07%；当 pH 为 3 时，上染率最低，为 49.07%（图 9-5）（陈玉和和吴再兴，2015）。

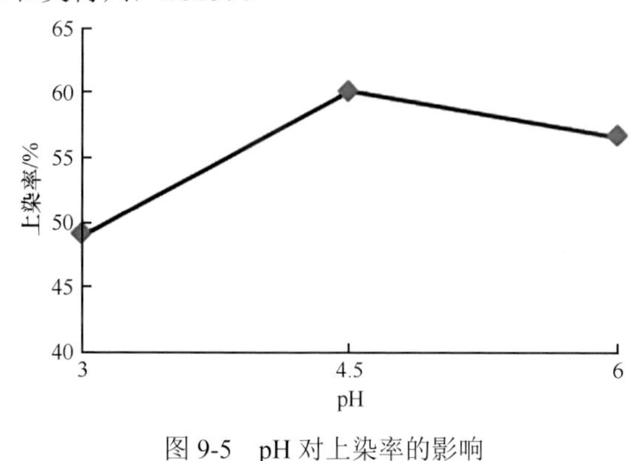

图 9-5　pH 对上染率的影响

染液材积比就是被染竹材的气干体积与染液容积的比值。从图 9-6 可以发现，染液材积比不同，单板的上染率也不同，随染液材积比的增大上染率有上升的趋势，但材积比过小，对染液的消耗量也越大，成本增加。本实验染液材积比的变化范围较小。若需要观察染液材积比的变化，需要放大染液材积比的范围。从生产实际的角度来看，染液材积比 9.62 ~ 12.50 是适宜的（图 9-6）（陈玉和和陆仁书，2002；陈玉和等，2002）。

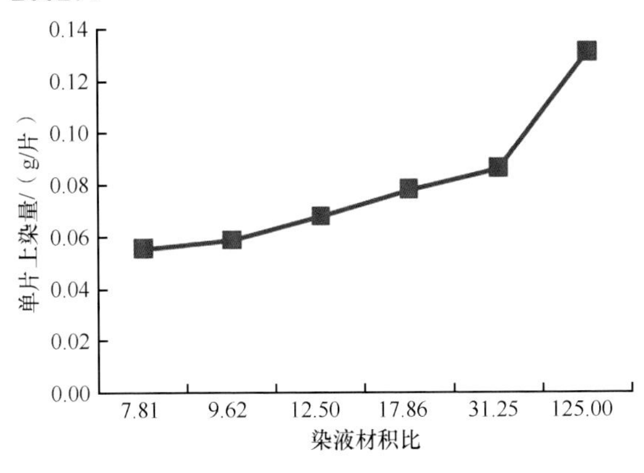

图 9-6　染液材积比对刨切薄竹上染率的影响

第三节　竹材染色的影响因素

与上一章所述竹材漂白处理类似，竹材染色过程不仅受到染料种类、染色工艺参数影响，还与竹材自身的特性密切相关。其中，对竹材染色处理效果影响最大的是竹材的液体渗透性能。通过对竹材进行预处理，改善竹材液体渗透性能，可增强竹材染色处理效果。此外，染色处理会对竹材的色彩稳定性产生影响。本节重点分析了竹材微观构造对其液体渗透性及染色性能的影响，总结可有效改善竹材染色效果的预处理技术，并分析了染色处理对竹材色彩稳定性的影响。

一、竹材微观构造对染色性能的影响

竹子生长迅速，成材时间短，是一种可持续利用的资源。竹材加工利用中的一个关键技术环节是竹材的防护及改性，其中的漂白染色处理需通过化学药剂或染液以浸渍等方式进行。竹材的渗透性直接影响其处理效果。与竹材漂白处理类似，竹材染色过程受到其微观构造影响。竹材缺少像木材那样径向分布的薄壁细胞和射线细胞，使得竹材染色过程中，染液难渗透至竹材内部，造成染色处理难度大的问题。此外，竹茎成熟后，由于胶状物质的沉积、侵填体及其他非细胞壁物质的积聚，也影响了导管和筛管的渗透性。为了提高竹材的流体渗透性，可采取一些预处理措施，使药剂能够更多地通过导管纹孔渗透进入纤维及薄壁组织，对竹材起到防护作用（成俊卿，1985；尹思慈，2002）。

二、竹材染色预处理技术

目前所采用的竹材预处理技术主要分为物理、生物或化学处理方法。物理处理方法改善竹材渗透性包括激光、高温水煮、微波处理及冰冻处理等。化学处理方法的基本原理是通过化学药剂，置换纹孔膜中的抽提物质或降解纹孔膜，扩大纹孔膜塞缘之间的开口，使细胞流动通道扩大，从而改善竹材的渗透性。生物处理方法是指利用酶、细菌及真菌等侵蚀竹材薄壁组织或纹孔膜，扩大竹材流体渗透通道，提高竹材的渗透性（吕建雄等，2000；张耀丽等，2011）。

高温水煮本质上是一个以水为介质的抽提和热处理过程，水抽提带出一部分导管内含物，热处理能增加纤维素反应的可及度，有助于染料分子进入纤维素的结晶区。此外高温水煮过程中纤维素也发生了碱性降解。水煮温度继续升高，纤维素部分配糖键断裂，产生了新的还原性末端基且不断地从纤维素大分子链上掉下来，这一现象称为剥皮现象。使结晶区表面纤维素分子链和无定型区域活性基团部分裸露，相互吸引力增强，非定向的纤维素分子链与结晶区相互吸引，致使结晶区的宽度增大（张耀丽等，2011；李永峰等，2011）。

酸碱处理的作用机制是处理液能与竹材纤维素发生反应，使细胞壁中的纤维素发生润胀、水解，而且浓度越大，处理时间越长，反应越剧烈，染液分子也就越容易穿过细胞。但处理过程同样会造成材料的损失，这是一个直接关系到成本的问题，因此在选择预处理工艺时，在保证竹材染透的情况下，尽量缩短预处理时间，降低其质量损失率。

国家林业和草原局竹子研究开发中心研究人员采用碱液处理提高竹束液体渗透性。扫描电镜观察发现竹束在碱液处理后，竹束导管细胞发生了明显的皱缩现象。原本在导管壁上规则的网状孔隙结构经预处理后产生了破坏，形成结构不均匀、大小不一的孔隙结构（图 9-7）。

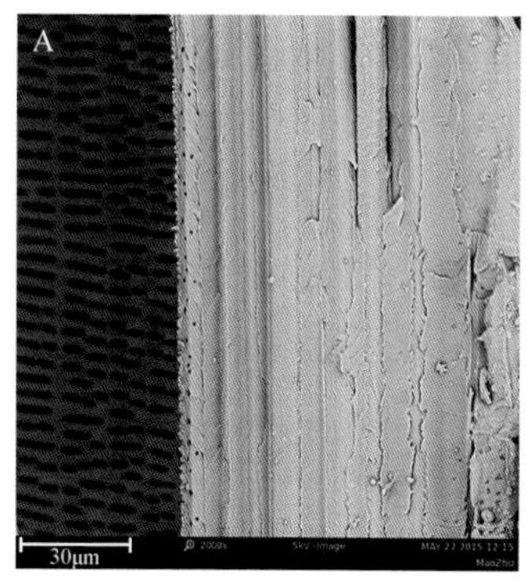

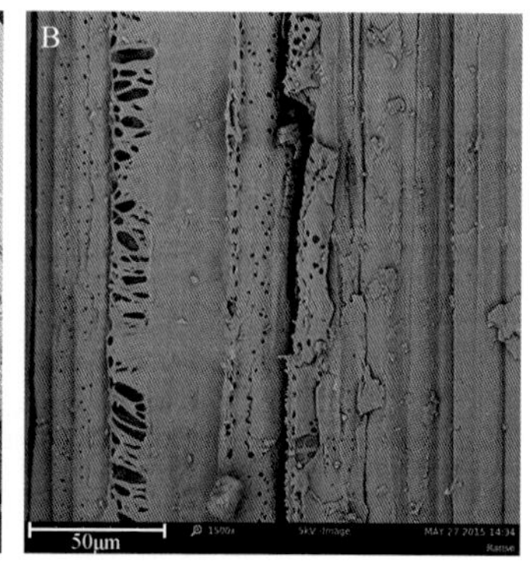

图 9-7　竹束导管细胞预处理前后变化图

A. 处理前；B. 处理后

竹束薄壁细胞预处理前后变化见图 9-8，从图中可以看出，经预处理后，竹束薄壁细胞皱缩明显，细胞表面沉积的物质（如淀粉等）减少，使部分原本闭塞的孔隙结构重新打开，从而有助于流体在竹束内部的渗透。此外，从图中同样可以看出，与薄壁细胞相连的竹纤维细胞连接状态在预处理后也发生了变化。原本连接紧密的竹纤维在经过预处理后产生了剥离现象，细胞之间的连接物质（木质素等）减少，造成竹纤维细胞连接强度降低。

同时，从液体渗透路径角度分析，经预处理后竹束纤维细胞的剥离导致原本较长的液体渗透路径被分隔成一系列较短的渗透路径。液体在竹束内部渗透过程中的渗透压显著降低，液体渗透效率显著提升，体现在竹束染色过程中，即竹束染色深度增加，更容易实现深度均匀染色（何盛等，2019）。

图 9-8 竹束薄壁细胞预处理前后变化图

A. 处理前；B. 处理后

微波处理可以提升竹木材的渗透性能，为竹木材的功能化改性处理提供有利条件。这种渗透性能的改善主要与处理材微观结构的破坏有关。江涛等（2006）在研究微波处理落叶松木材时发现，随着微波强度的增强，在扫描电镜下可以观察到管胞上纹孔膜的破坏、胞间层开裂甚至管胞壁的破坏。对微波处理的杨木和水曲柳进行超微观察，发现处理后木材的纹孔膜破裂，导管内侵填成分明显减少并重新分布（吕悦孝等，2001）。Torgovnikov 和 Vinden（2010）研究发现，随着微波强度的增大，木材微观结构的破坏可以分为 3 个等级，首先出现的是树脂或导管中内含物的重新分布；其次是射线细胞处的破坏；最后出现管胞、木纤维等厚壁细胞细胞壁的破坏。

微波处理材微观结构的破坏会对竹木材的液体渗透性产生影响。例如，胞间层的破坏可以形成新的流体通道，有效提高竹木材中流体的纵向输导能力，同时也能为横向输导提供有利条件；纹孔作为影响液体渗透性的重要组织构造，纹孔的闭塞以及纹孔塞缘上微纤丝间的微孔大小都会对其液体渗透性产生影响。因此，处理后纹孔膜的破坏可以增强流体在细胞间渗透的速度；导管或薄壁细胞中内含物的减少可使流体的流通更为通畅，从而增强竹木材流体渗透性能（何盛等，2014）。

三、染色处理对竹材色彩稳定性的影响

染色处理会影响竹木材料的色彩稳定性。在分析染色处理对竹单板总色差及色度变化影响时，从图 9-9 可见，所有试样的总色差均随辐照时间延长呈增大趋势，虽然变化速率减小，但大都未趋于平稳，今后应进一步延长辐照时间或增大辐照功率。未染色试样（纯水处理）的总色差及其增长率明显高于染色试样，黄色试样在 160h 的总色差有所下降，因为基材在紫外辐射下会变黄，所以其总色差会一度下降而后上升；红色试样的总色差直线增长；紫外辐照 400h 后，蓝色试样总色差最小，未染色试样的总色差最大，这是因为蓝色相对于更深（暗）色染料耐光色牢度好。这说明染色有利于提高竹材的色彩稳定性。

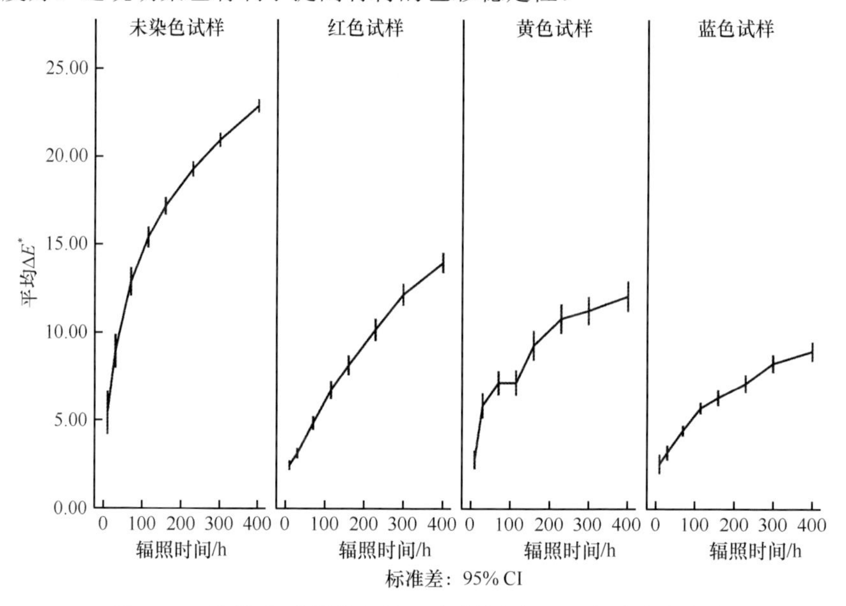

图 9-9　不同染色试样总色差 ΔE^* 随紫外辐照时间的变化曲线

不同颜色染料染色后，竹材明度值 L^* 随辐照时间的变化见图 9-10。L^* 取值为 0 ～ 80，纯白的明度值为 100，纯黑为 0，值越大，明度越高。结果显示，未染色试样明度值随辐照时间增加而不断降低，红色和蓝色试样明度有一定增加，黄色试样则有所下降。虽然染色试样的明度值远低于未染色试样，但其在紫外辐照下，明度值变化远小于未染色试样，对于明度指标而言，染色后色彩稳定性更高，其

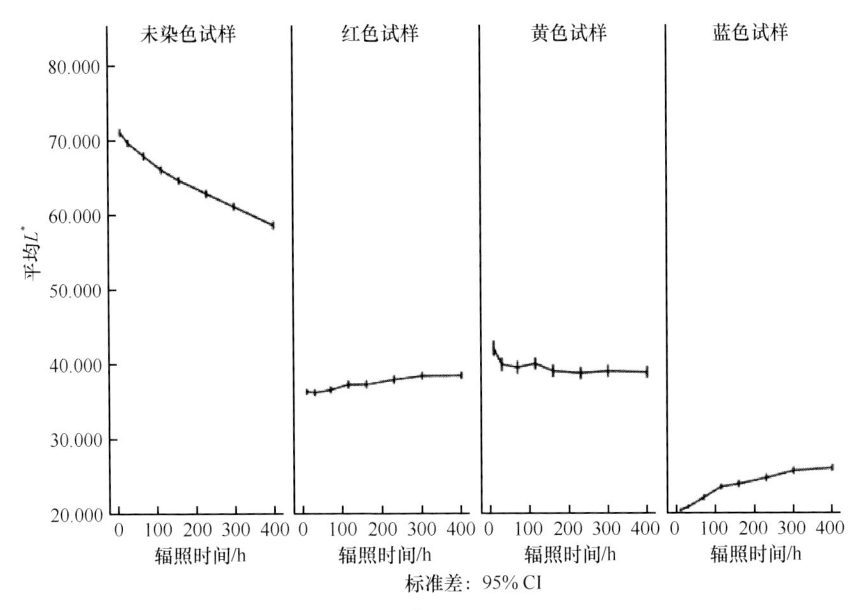

图 9-10 不同染色试样 L^* 随紫外辐照时间的变化曲线

中染成红色和黄色明度稳定性相对较好。

不同颜色染料染色后，竹材红绿指数 a^* 随辐照时间的变化见图 9-11。a^* 增大表示有变红（或红色加深）的趋势；a^* 减小则表示有变绿（或绿色加深）的趋势。实验结果显示，未染色试样 a^* 大于 0 且不断增加，有变红趋势；蓝色试样 a^* 接近于 0，

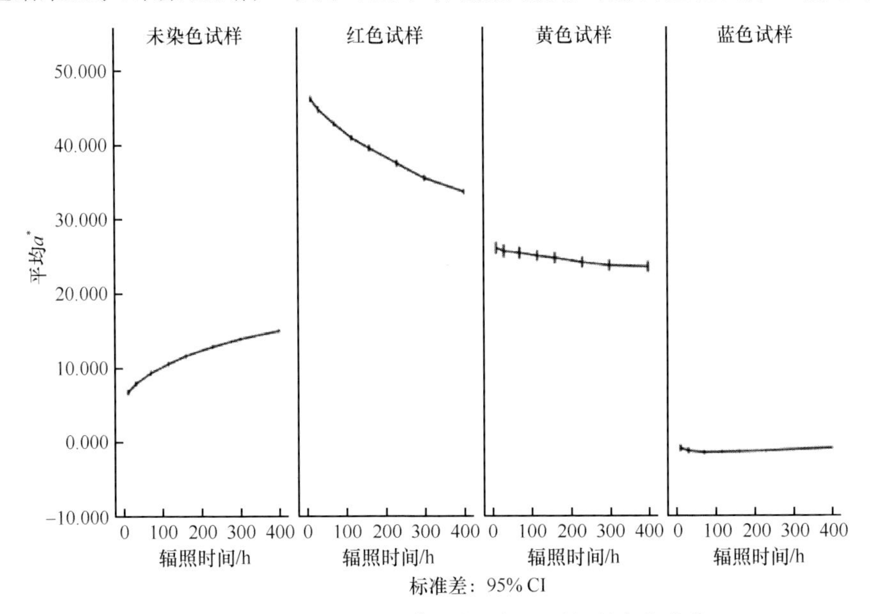

图 9-11 不同染色试样 a^* 随紫外辐照时间的变化曲线

基本不变；红色试样 a^* 较大，但随紫外辐照时间延长 a^* 减小较快，即变绿趋势明显；黄色试样 a^* 介于红色和未染色试样之间，略有降低，但误差相对较大。可见，红色试样的红绿指数在紫外辐照下变化最大，最不稳定，而蓝色试样的红绿指数最稳定。

不同颜色染料染色后，竹材黄蓝指数 b^* 随紫外辐照时间的变化见图 9-12。b^* 增大表示有变黄（黄色加深）的趋势，b^* 减小表示有变蓝（蓝色加深）的趋势。实验结果显示，未染色试样 b^* 随辐照时间延长而增加，增加速率逐渐趋缓，说明其逐渐变黄趋势在 200h 左右逐渐稳定；红色和黄色试样 b^* 减小，说明其有变蓝的趋势；蓝色试样 b^* 随紫外辐照时间延长而增大，即有变黄的趋势。红色和蓝色试样 b^* 变化较小，黄色试样 b^* 下降较多，有变蓝趋势；未染色试样相反有变黄趋势。从误差线来看，黄色试样 95%CI 最大，未染色试样次之，说明黄色试样的黄蓝指数变异较大。可见，不同的试样，黄蓝指数 b^* 变化趋势不同，紫外辐照 400h 后，其中以红色试样变化最小，未染色和黄色试样变化较大（吴再兴等，2014）。

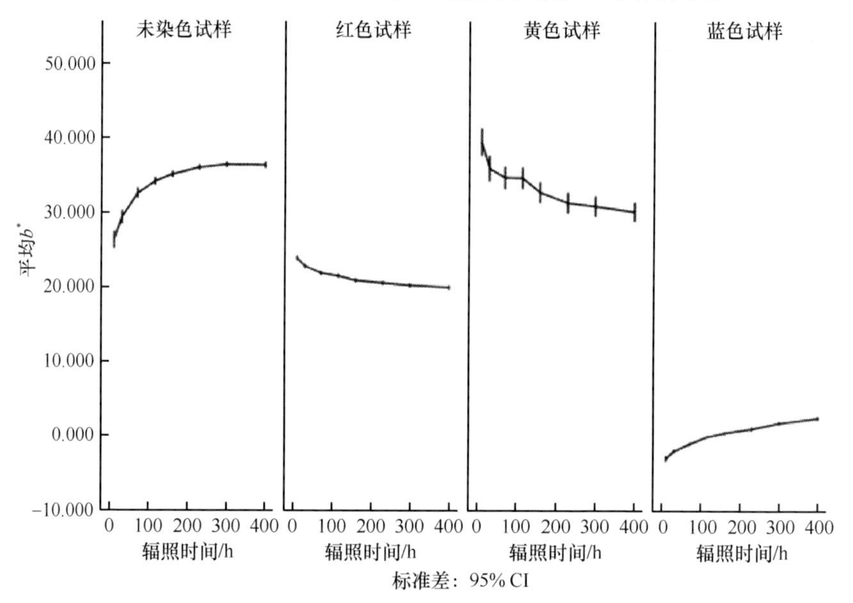

图 9-12 不同染色试样 b^* 随紫外辐照时间的变化曲线

第四节 竹材染色发展趋势

染色是增加竹木材料装饰效果、提高竹木材附加值的重要手段。对于色彩单调的竹材，染色更是增加花色品种的有效手段，而且染色后色彩稳定性可以提高。

结合国际木材色彩调控技术研究现状及发展趋势，笔者认为未来在竹材染色方面的研究重点和发展方向有以下几个方面。

一、竹材染色基础理论

在竹材染色基础理论研究方面，首先，加强竹材材性与染色效果相关性原理的研究，揭示染液在竹材内部的渗透机制，寻求有效提高竹材染液渗透性能的方法。其次，加强竹材染色计算机配色技术的开发工作，形成工业化生产中切实可行的计算机配色方案，并配套完成软件开发工作。最后，进一步研究染色竹材的耐光性及耐候性，以及染色处理对竹材后加工（胶合、涂饰等）的影响，完善竹材染色技术（段新芳等，2002）。

二、竹材染色方法

除传统的通过化学染料浸注加工染色竹材的方法外，积极探索其他竹材染色方法，如竹材的真菌染色技术。目前，真菌染色技术在木材染色研究中已经得到应用，但在竹材染色领域尚未涉及（何蕊等，2019）。通过染色真菌筛选、含水率、酸碱度等处理工艺参数研究，获得理想的竹材真菌染色工艺。研究真菌染色后竹材的物理力学性能变化，与常规染色方式进行对比，分析竹材真菌染色技术的优势及研究重点。

此外，常压浸染方式短时间内难以实现竹材的均匀深度染色。为实现竹材染色技术的工业化推广应用，可参考木材高压染色工艺（布村昭夫，1966），探索竹材高压染色工艺。例如，国家林业和草原局竹子研究开发中心系统研究了竹束高压染色工艺，采用的染色温度为60℃，压力2.0MPa，染色时间4h。染色处理前，首先对竹束进行漂白预处理，并对设备进行前真空处理，抽取处理材内部空气，使竹材细胞内部形成负压，有助于后期染液上染，其中前真空处理时间为30min。染色处理结束后，采用后真空处理方式，使竹材表面及细胞腔内部残留的染液抽出，沥干染色竹束，避免染液浪费，后真空处理时间为30min。采用上述染色工艺进行竹材单元染色后，可以使3mm左右的厚竹条实现深度均匀染色，竹束同样可达到均匀染色效果。

同时，为实现竹材的续染，通过测试一系列浓度染液的吸光度，取某一波长处吸光度值，绘制染液浓度与吸光度线性关系图。根据线性回归方程与染色处理后染液在该波长处的吸光度值，计算染色后染液浓度。根据续染目标浓度及所需染液量，计算所需添加染料量。并根据染液配制方案，添加一定比例助剂，从而实现续染及染液的循环利用。

染色刨切薄竹是染料与刨切薄竹发生物理化学结合、使刨切薄竹具有一定坚牢色泽的加工过程，是提高竹材表面质量、改善竹材视觉特性和提高竹材产品附加值的重要手段，竹材染色效果是以上染率等指标来衡量的。笔者 2002 年探索了水溶性染料在刨切薄竹染色过程中染色工艺参数对刨切薄竹上染率的影响，分析了染色温度、染色时间、pH 和染液材积比等参数对刨切薄竹染色效果的影响规律，为竹材染色的研究和刨切薄竹的染色生产提供依据（陈玉和和黄文豪，2000；陈玉和和陆仁书，2002；陈玉和等，2002）。

三、染色产品开发

随着竹材加工业的迅速发展，竹制品越来越受到人们的欢迎，但目前市场上竹制品色彩相对单调，集中在本色、漂白色和炭化色三种，已不能满足市场的需求。通过竹材染色的方法，可增强竹制品装饰效果，开发高附加值竹质装饰材料，如染色刨切薄竹、染色重组竹。

刨切薄竹是一种新型的表面装饰材料，它是将竹片经过一系列加工处理，胶合成方材，软化刨切成一定厚度的薄竹片。刨切薄竹的厚度在 0.15 ～ 0.6mm。一般在其背部覆一层无纺布增加强度，防止破裂（李延军等，2003）。目前商品用薄竹的颜色以本色和炭化色为主。其中本色刨切薄竹对竹材要求极严，但竹材在加工过程中易霉变而生成污渍、斑点，不适宜加工成自然色的竹制品。炭化色是将有严重颜色缺陷的竹材经过高温炭化处理后而形成的浅棕色。炭化色制品受到高温高湿的处理，其强度显著下降。利用竹材染色工艺对刨切薄竹进行染色处理，可改良竹材性能，增加竹材视觉观赏性，是一种优质的装饰材料，可用于人造板贴面、制造成各种装饰用贴面板和地板，具有很大的发展空间。

通过高压染色方法可实现竹束的深度匀染，加工后的染色竹束经干燥、浸胶、组坯、成型、齐边等工序后可制造染色重组竹（图 9-13 ～图 9-18）。通过剖分，形成染色重组竹地板坯料及贴面用薄板，用作染色重组竹地板及染色竹木复合地板（基材为多层胶合板或高密度纤维板）。

参照《重组竹地板》（GB/T 30364—2013）及《人造板及饰面人造板理化性能试验方法》（GB/T 17657—2013）对制造的染色重组竹进行性能测试，发现染色处理对材料的静曲强度、弹性模量、吸水厚度及吸水宽度膨胀率无显著影响。此外，染色重组竹的甲醛释放量及色牢度检测结果显示，甲醛释放量为 0.12mg/L，达到 E_0 级（$E_2 \leqslant 5.0$mg/L，$E_1 \leqslant 1.5$mg/L，$E_0 \leqslant 0.5$mg/L）标准要求。耐光色牢度达到 4 级以上，可满足室内用装饰材料色牢度要求。

图 9-13　染色竹束

图 9-14　干燥

图 9-15　组坯

图 9-16　成型

图 9-17　染色重组竹

图 9-18　染色重组竹地板

四、染色废水处理

此外，随着对竹木材料染色研究的不断深入，其带来的染色废水处理问题也日益突出，特别是环保要求越来越高的情况下，这一问题亟待解决。针对竹木材料染色废水的处理可借鉴纺织印染废水处理工艺，但不能简单套用，原因在于纺织印染中原材料与木（竹）材较接近的是棉、麻等植物纤维，但这些纤维比竹木材料要纯净得多。而且主要使用活性染料，而木材染色应用最多的是酸性染料，活性染料的应用较少。因此，有必要对竹木材染色废水处理工艺包括漂白废水处理技术进行研究总结。笔者 2016 年通过总结多年的研究经验，认为竹木材染色漂白废水处理应从以下几方面加强。

第一，通过改进染色工艺，如利用续染技术、计算机配色技术等实现染液的重复利用，或采用溶剂染色、微粒染色等技术减少废水产生，同时研究处理后的染色废水回用技术。如能推广中水回用技术，选择性除去木（竹）材抽提物等影响不同批次色彩的物质，保留废水中的染料、助剂等有用成分用于续染，则既能降低成本，又能保证染色质量（黄燕，2009）。

第二，根据竹材漂染废水的特性，制定合理的废水处理工艺。例如，根据竹木材漂染废水中污染物成分的具体情况，可以采用萃取、吸附、蒸发浓缩、过滤等方法对其中的有用成分进行回收利用；对竹木材染色废水中的硫酸、盐酸可以采用蒸发浓缩的方法进行回收；对某些有机酸可以采用蒸馏或共沸蒸馏的方法进行回收利用；采用过滤技术回收含有还原染料和分散染料的木材染色废水；将还原脱色处理和染色工艺结合，把脱色后的漂染废水又回用于下一次的染色中，可以重复使用其中的化学品如盐和助剂等，降低生产成本（董永春和黄继东，2003）。此外，结合竹木材染色废水的特性，按照处理后的废水是回用还是排放确定水质标准，如果是回用又要看用到哪些场合、排放要看排放标准，明确废水处理目标，研发经济适用的废水处理技术。例如，废水的 5 日生化需氧量/化学需氧量（BOD_5/COD）＞ 0.2，应尽量考虑用生化法作为去除有机污染物的主要手段；当对出水色度有较高要求时，尤其是要求水回用的场合，最好用吸附法；当对出水水质要求不高时，可优先选择接触氧化法，以节省资金。

第三，在产业聚集区，借鉴城市生活废水集中处理的方法，建立专门的染色废水处理厂，集中处理竹木材染色废水。生产企业集中精力发展生产，研发新产品，废水处理厂集中精力改进废水处理工艺。否则，竹木染色企业对废水处理设备投入较大，设备使用率不高，影响企业效益的同时，造成资源浪费。

第十章 竹材涂饰

涂饰是将液体或固体涂料覆盖固着于基材表面之上的一种装饰与保护基材的方法。目前，就竹材涂饰而言，它是最简单、经济、有效的竹材保护方法，不仅可以美化装饰竹材，还能够有效地防水、隔潮，从而达到较好的防虫、防霉效果，使竹材保持长久的力学强度和耐久性能。

竹材结构特殊，径级小，尖削度也较木材大，且具有环状凸起的箨环和不容易被涂料附着的竹青及竹黄（江泽慧，2008）。竹材加工利用时，一般都是直接利用天然的圆竹，或者将圆竹加工成竹胶合板、竹集成材、重组竹、竹单板饰面人造板、竹木复合胶合板等人造板材（LY/T 1660—2006），再将其加工成竹制地板、家具、门窗、桥梁、建筑及装饰饰面材料（赵仁杰和喻云水，2002）。无论是利用圆竹，还是利用竹制品，都离不开基材的表面涂饰。当表面涂饰用于室内竹制品时，可防止吸湿解吸、开裂变形，提高尺寸稳定性，当用于户外竹制品时，还可以有效防止霉变、老化、虫蛀，提高耐久性和抗生物劣化性，提高竹制品的服务年限（吴旦人，1992）。

第一节 涂饰的定义及重要性

竹材使用时，由于其具有干缩湿胀的特性，当处于温度、湿度变化比较大的环境条件下，必然会发生变形、开裂甚至霉变。例如，竹制品在室内使用时，由于我国北方的暖气，冬夏季湿度差别大，竹地板及制品极易发生变形；而南方的梅雨季节湿度很大，常常导致竹材的霉变。资料显示，我国每年户外用竹的需求超过 500 万 m^3。若竹制品在户外使用时，由于竹材高的淀粉含量和丰富的营养物质，霉变无法避免，甚至还会发生腐朽，严重影响了产品的外观效果、质量安全和使用寿命。因此，必须对竹制品表面进行保护性涂饰处理。

对于直接利用圆竹建造的景观园林建筑或别墅，虽然竹青含有天然的蜡和硅质层，具有一定的防护作用，但是在湿度变化比较大的情况下，特别是在反复接触雨水、阳光中的紫外线、空气中的氧气时，必然会发生开裂变形，再在外界微生物的作用下，极易发生黑色霉变和腐朽，造成严重的经济损失。所以，必须对圆竹和竹制品进行表面涂饰及定期重涂，以保护其外观形态、尺寸稳定性和产品质量，延长其使用寿命。

表面涂饰是指将涂料涂饰于制品表面，形成一层牢固的既连续又坚韧的保护性薄膜的一种装饰方法（孙德彬等，2012）。对竹材表面进行涂饰，不仅能够使竹材表面的天然纹理更加清晰，还能赋予其靓丽的光泽、色彩及饱和度，提高其制品表面的耐候性、阻湿性、尺寸稳定性等理化性能，起到防潮防水、防开裂变形、防霉防腐的保护作用（图 10-1，图 10-2）。若使用功能性涂料对竹材表面进行涂饰，还能获得具有高硬、强耐磨、强抗菌等其中一个或多个特殊性能的竹制品。

图 10-1　涂饰后的竹家具

图 10-2　涂饰后的竹编工艺品

第二节　常用涂料及涂饰方法

一、常用涂料

涂饰常用的涂料有油脂漆、天然树脂漆、醇酸树脂漆、酸固化氨基漆、硝基漆、不饱和聚酯漆、丙烯酸漆、聚氨酯漆等八大类（顾继友，2009）。其中，硝基漆、丙烯酸漆、聚氨酯漆在竹制品中最为常用，聚氨酯漆在竹家具中应用最广。

油脂漆是指涂料组成中含有大量植物油的漆，主要成膜物质是植物油。这类漆的固化成膜主要是靠其中的油分子吸收空气中的氧，从而发生氧化聚合反应，最终成膜。由于该反应过程多在常温条件下进行，因此极为缓慢。桐油是最常见的油脂涂料（图 10-3B），应用历史悠久，利用桐油进行涂饰，不但无毒环保，而且保护性能良好，多用于涂饰竹编织品、竹工艺品、圆竹建筑、竹屋或竹栅栏。200℃的桐油热处理可大幅提高竹材的尺寸稳定性，能在竹材表面及内部形成质地均匀的油膜，有效阻止水分、霉菌的侵入，同时高温可以破坏淀粉的结构，降低其含量，从而提高竹材的防护性能（费本华和唐彤，2019；Tang et al.，2019a，

2019b）。在现代涂料中，为了改进桐油干燥缓慢、生产效率低下的性能，多将桐油与天然或合成树脂共聚来合成桐油涂料，或将其与石膏粉调配，用以制备油性腻子。

图 10-3　桐油和虫胶

A. 桐子；B. 桐油；C. 紫胶虫；D. 虫胶片

天然树脂漆有松香、虫胶漆、大漆。虫胶漆是将精制过的虫胶片溶于工业乙醇制得，大漆则是由漆树上采割下来的汁液制得，是我国的天然特产，又称国漆。虫胶漆的颜色由半透明的浅黄色到暗红色，因此若想获得浅色透明的原竹效果，须用漂白虫胶涂料，并将虫胶中的蜡质除掉以提高涂膜的透明度（图 10-3D）。与虫胶漆的物理聚合成膜不同，大漆是化学氧化聚合成膜，因此，后者的漆膜附着力强、硬度大、光泽度高，耐磨、耐水、耐油、耐溶剂、耐高温、耐土壤与化学品腐蚀，绝缘性能优异（邓志敏，2014；邓志敏等，2014，2015）。但是，大漆价格昂贵，漆膜透明性不高、韧性差，且大漆的成膜需要一定的温度、湿度及充足的空气，因此，现今，在竹制品中，大漆多应用于贵重的手工编织或雕刻的竹工艺品及日用品，如女包、首饰、摆件、灯具、家具等（吴智慧和李吉庆，2009）。

松香是从松树或类似种类的植物中得到的固体树脂，成本低，半透明，颜色淡黄色到黑色不等，主要成分为占 90% 左右的树脂酸（分子式为 $C_{19}H_{29}COOH$，分子量低，为 302.46）。树脂酸属不饱和酸，含有高活性的共轭双键和羧基等基团，使其在空气中能自动氧化聚合成膜。树脂酸能与醇类直接酯化，反应生成耐水、耐热、耐酸、耐碱、抗菌的树脂酸酯或松香酯，且工艺简单、成本低廉，被广泛用于涂料工业及其他工业中（产量占松香改性产品的 60% 以上）（高小红和袁华，2003）。将松香溶于不同浓度的乙醇中，浸渍处理杨木，能显著提高其耐水性、尺寸稳定性和力学性能（Dong et al.，2016）。在处理过程中，松香可以进入木材的细胞腔、细胞角隅和中间层，部分渗入细胞壁内，从而提高杨木的尺寸稳定性和力学性能，但是，松香与木材之间没有化学反应产生，很难形成共价键结合（Dong et al.，2016）。松香可以提高生漆的漆膜性能，加入松香或乙醇溶解的松香后，生漆漆膜的附着力、耐冲击力、硬度等级均有所提高（宋先亮等，2009）。松香和改性松香（马来松香、丙烯松香和富马松香）可制备水溶性松香树脂涂料，该涂料比普通的水性醇酸树脂具有更好的光泽和耐热性能且易于成膜（翟兆兰等，2018）。松香对 Cu^{2+} 具有强固定性，用松香基微铜防腐剂浸渍木材，不但具有良好的抗真菌和防止木材腐烂的性能，而且在环境方面也有很大的应用潜力（Nguyen et al.，2013）。工业生产中，常将松香与乙醇按约 3 ∶ 7 的比例配制成溶液，对炭化后的圆竹进行真空加压浸渍处理（约 0.8MPa 的真空度，2 ～ 3MPa 的压力），之后再进行涂饰，从而实现圆竹的防潮、防水、防霉、防腐、防蛀，得到尺寸稳定性好的圆竹家具或装饰用材。

硝基漆也称硝酸纤维素漆，是以硝化棉为主要成膜物质，配合合成树脂、增塑剂、溶剂、助溶剂、稀释剂等制成的清漆（顾继友，2009）。其涂层干燥主要靠漆中所含溶剂的挥发，属典型的物理挥发型漆，成膜过程中没有任何成膜物质的化学反应发生。硝基漆干燥速度快，施工方便，光泽稳定、装饰性好，但硬度与丰满度略显逊色，耐热、耐碱、耐寒与耐候性较差。因此，作家具涂料时，多将聚氨酯涂料作为底漆，以硝基漆为面漆，以弥补硝基漆本身在丰满度和理化性能上的不足。进行竹家具涂饰时，由于竹材表面可供形成牢固附着的孔隙非常少，硝基漆不能在其上形成牢固的附着，因此，硝基漆很少用在高品质的竹家具上。然而，硝基漆价格便宜、工艺成熟，所以，目前大量的竹建筑、工艺品及竹编制品使用硝基漆涂饰。长远来看，硝基漆涂饰工序烦琐，其中的油性稀释剂又会造成挥发性有机化合物（VOC）超标，形成严重的空气污染，因此，它将逐步被环保的无 VOC 释放的水性漆或光敏漆所取代。

不饱和聚酯漆也称钢琴漆，是以不饱和聚酯为主要成膜物质的一类涂料。它是一种无溶剂型漆，即固体分含量为 100%，施工中低（零）VOC 挥发，对环境污染小，属化学交联固化。不饱和聚酯漆漆膜各项性能优异，在耐磨、耐热、耐腐蚀和高光泽等方面与聚氨酯漆相当，在硬度、丰满度、透明度、填充性等方面优于聚氨酯漆，颜色十分丰满，能够做出镜面般的光泽效果，但是价格昂贵，常用于涂饰乐器与工艺品、高档及古典家具。酸固化氨基漆耐热性能优良，非常适合做橱柜涂饰。丙烯酸漆价格比较便宜，柔韧性、装饰性和耐老化性能佳，但硬度和耐磨性差，适用于不需要受力的柜门、门窗、墙面以及户外制品。丙烯酸漆及水性丙烯酸漆非常适合于涂饰竹编、竹帘、内墙竹饰面材料、户外的景观格栅、竹建筑及家具等制品。

聚氨酯漆是由多异氰酸酯（主要是二异氰酸酯）和多羟基化合物（多元醇）反应生成的氨基甲酸酯（—NHCOO—）为主要成膜物质的涂料，有单组分和双组分两大类，双组分的漆膜性能更为出色，但是施工操作较为麻烦。用于竹材的水性丙烯酸改性聚氨酯涂料的原始配方如表 10-1 所示，经过多步合成可得到附着力较好的涂膜（Xu et al.，2019b）。聚氨酯漆的涂膜附着力高，硬度、耐磨性、韧性较强，耐酸、碱、化学腐蚀，平滑光洁、丰满光亮。在整个涂料市场上，聚氨酯漆占有率为 80% 左右，是应用最为广泛的漆种。尽管该涂料的透明度、光泽、硬度、丰满度等方面都不是最好的，但都位于一流的行列，是性价比最高的漆种，可应用于中高品质的竹家具、竹工艺品、竹地板。当应用于竹家具涂饰时，由于竹材表面结构致密，可供形成高强附着力的纹孔稀少，因此，使用性能更为出色的双组分聚氨酯漆进行涂饰，是实现竹家具高品质的解决之道。现阶段，由于政府环保政策的严控，水性聚氨酯漆飞速发展，其性能也日趋完善，未来必将取代油性聚氨酯漆。例如，市场上的竹家具、竹地板、竹茶盘等部分竹制品，其面漆有使用性能较好的双组分水性聚氨酯漆。另外，聚氨酯光敏涂料由于固化速度快、无 VOC 释放，因此，在竹地板涂饰上占绝对优势，在市场上也占据一定的份额。

表 10-1　水性丙烯酸改性聚氨酯涂料的原始配方（Xu et al.，2019b）

试剂名称	英文名称	类型	质量/g
丙烯酸	acrylic acid	单体	120
苯乙烯	styrene	单体	20
丙烯酸乙酯	ethyl acrylate	单体	140
过硫酸铵	ammonium persulfate	引发剂	40
丙烯酸羟乙酯	hydroxyethyl acrylate	单体	102
甲苯-2,4-二异氰酸酯	toluene-2,4-diisocyanate	单体	100
聚乙二醇（Mn：400）	polyethylene glycol（Mn:400）	单体	200
二月桂酸二丁基锡	dibutyltin dilaurate	催化剂	8
蒸馏水	distilled water	溶剂	44
聚醚硅氧烷共聚物	polyether siloxane copolymer composition	消泡剂	15.48

二、新型涂料

随着中产阶级的崛起，消费升级和环保问题成为人们关注的热点，而与之相适应的绿色、无污染的新型涂料迅速获得市场青睐。新型涂料主要是水性涂料、粉末涂料和光敏涂料。

（一）水性涂料

水性涂料起源于国外，其迅速发展主要源于国外对有机挥发物排放量的严格控制。美国是最早提出环保理念的国家，为缓解所出现的环境问题，洛杉矶于1966年7月正式出台环境相关法律，即著名的六六法规。欧洲国家也在积极控制有害物质的排放，德国于1992年颁布了TA-Luft法规，欧盟在《欧盟装饰涂料指导方针（2007-2010）》中明确规定了新的VOC含量限制标准，溶剂型涂料因为具有高VOC值已不能适应新的要求。这些严格的环境保护法规有力地推动了涂料的水性化进程。在欧美等发达国家，水性涂料使用的比例逐年增加，特别是在英国和德国，水性木器类涂料在整个行业已占有70%～80%的市场份额。我国自国务院2010年颁布《国务院办公厅转发环境保护部等部门关于推进大气污染联防联控工作改善区域空气质量指导意见的通知》以来，正式从国家层面开始开展VOC污染防治工作。2015年7月1日，北京市实施了《木制家具制造业大气污染物排放标准》，限制了VOC、苯颗粒物等有害物质的最高排放量。2017年北京市颁布了《大气污染物综合排放标准》，各地也纷纷出台相关政策，迫使水性漆涂装快速发展，也逐渐应用于竹制品领域，且已成为该行业发展和科技转型的必经之路。

水性涂料是以无毒无害无污染的水作溶剂或分散剂，与油性漆相比，杜绝了有机溶剂的浪费，也大大降低了涂料中VOC的排放量，施工安全且设备易清洗，是绿色环保的高科技涂料（图10-4）（黄艳辉等，2018）。另外，水性涂料的稀释剂为水，本身具有防火、防爆的特点，在运输和储存过程中更为安全；水性涂料中不含容易使漆膜变黄的甲苯二异氰酸酯（TDI）（溶剂型涂料固化剂中的成分），不会造成竹木材黄变。水性漆根据成膜物质可以分为水性醇酸树脂漆、水性丙烯酸漆、水性丙烯酸改性聚氨酯漆、水性聚氨酯漆。其干燥机理多为交联固化型和

图10-4　水性涂料

紫外光固化型。目前，油性涂料仍然是竹制品涂装市场的主流，这是因为，水性漆涂装在实施过程中仍然存在很多问题，主要表现在水性漆的溶剂是水，而竹木材易吸水，在用作与竹木基材直接接触的封闭底漆或底漆时，容易使基材吸水而发生“涨筋”，从而影响基材的平整度和含水率；水性漆的固化速度受环境温湿度影响太大，固化速度慢，在冬天环境温度低于5℃时将无法施工，水性漆涂膜的硬度、丰满度、光泽度较低，成本太高。目前，在竹制品上，如中高档竹家具、竹护墙板、竹覆面装饰板、竹玩具和竹工艺品上逐渐开始使用水性聚氨酯漆和水性丙烯酸漆。但是，为避免水性漆“涨筋”问题，产品多以油性双组分聚氨酯或丙烯酸作底漆，再饰水性聚氨酯面漆，应用于竹家具、竹户外建材和工程制品上。

（二）粉末涂料

粉末涂料是一种新型的固体粉末状涂料，不含有机溶剂和水，100%由固体组成。由主要成膜物质“树脂”、次要成膜物质“颜料、填料”等混合，经熔融挤出、均匀粉碎、过筛而成（图10-5）。粉末涂装一般为静电喷涂和加热固化成膜，具有无VOC释放、环保无污染，生产、贮存和运输过程中无火灾危险；喷溢的涂料可回收再用，节省能源和资源、减轻劳动强度；涂膜的理化性能高，可实现自动流水线涂装等优势。粉末涂料所形成的致密涂层，能够封闭板材中的甲醛，得到甲醛释放量几乎为零的木制产品。粉末涂料按照成膜物质的性质分为热塑性粉末涂料和热固性粉末涂料两大类，仅后者与竹木材涂饰相关；按照主要成膜物质分为环氧树脂系、聚酯系、丙烯酸树脂系。

图10-5　粉末涂料

传统的粉末涂料多用在建材、家电、高铁等金属材料领域。近年来，欧美等发达国家逐渐将粉末涂料应用于塑料、中密度纤维板（MDF）等非金属材料上。从20世纪90年代开始，我国引进了相关的粉末涂装设备，并相继开发出了专用于木质基材的粉末涂料（如福建万安），将其应用到木基家具以及对环保要求较高的儿童家具上。

传统的粉末涂装工艺需要在180～200℃的高温下固化成膜。然而，实木、人造板等木质材料为热敏性材料，只能承受130℃左右的温度，超过该温度后，板材就会出现失水、开裂等问题，严重影响产品的使用和美观。另外，粉末涂装工艺要求被涂饰材料具有导电性，但是，气干或家具用的木质材料为绝缘体，因此，必须喷涂导电底漆或在腻子里加入导电剂（表面带电处理），使木质基材导电，并控制基材的含水率在 4% ～ 8%，采用预加热（使水分外移，增加表面的导电性）与红外固化（表面加热，时间短，不破坏涂膜下面的木质基材）的方法使涂膜快速固化，即采用超低温固化型粉末涂料喷涂工艺。

（三）光敏涂料

光敏涂料是指借助紫外线，引发不饱和树脂和不饱和单体以及活性溶剂，进行自由基或离子聚合，从而固化成膜的涂料。光敏涂料又称光固化涂料或光敏漆，其涂层须在特定波长的紫外线照射下才能固化。与传统的涂料相比，光敏涂料优点是固化速度快、涂膜质量高、无 VOC 释放、环境污染小、能量消耗低、设备投资少，多用于竹地板、板式家具、门窗的流水线自动化涂饰。

光敏涂料主要由光敏树脂、活性稀释剂、光敏剂、溶剂、助剂、着色材料等组成。其中，光敏树脂是主要成分，决定着涂膜的性能，它必须含有可进行聚合的双键，多为不饱和聚酯、丙烯酸改性聚氨酯、丙烯酸改性环氧树脂及胡麻油改性不饱和聚酯等。光敏剂也称紫外线聚合引发剂，能吸收特定波长的紫外线并产生活性分子，可在几秒内引发聚合成膜。安息香及其各种醚类是目前使用最多的光敏剂，我国应用最多的是安息香乙醚，其添加量占涂料重量的 3% ～ 5%（孙德彬等，2012）。在选择光引发剂时，必须考虑其挥发性、毒性、引发聚合物反应的效能、价格及其最大吸收波长与所用紫外光源的发射光谱是否匹配等因素，还应考虑涂饰制品在使用过程中，因受光照等因素的作用，涂膜会慢慢变黄的问题。价格低廉的光引发剂（如 Irgacure 651），可以降低生产成本，但易使颜色较浅的竹木制品发生难看的黄变。由于光敏涂料在紫外线照不到的地方不能固化，故只能涂饰可拆装的平面零部件（板材）产品，不适用于结构复杂的制品。另外，该涂料价格较普通涂料贵，但涂膜较薄，固化更完全，因而涂膜质量更好，从而补偿或抵消了涂料成本带来的问题。具体的光敏涂料配方如表 10-2 所示（孙德彬等，2012）。近期，水性光敏涂料因硬度高（1 ～ 4H）、固化速度快、无 VOC 释放而发展迅速，成为竹地板领域的“新宠”。

表 10-2　光敏涂料的配方

材料名称	配比
丙烯酸环氧酯树脂苯乙烯溶液	80 份
丙烯酸聚氨酯树脂苯乙烯溶液	20 份
安息香乙醚	2 ～ 3 份
苯乙烯	适量（以溶解光敏剂及涂料黏度为准）

三、涂饰工艺

常用的涂饰工艺主要有气压喷涂、高压喷涂、辊涂、淋涂、静电喷涂等方法。其中，粉末喷涂是静电喷涂的一种，涂装过程环保，涂膜性能优异；智能喷涂多以高压喷涂或中压混气喷涂为主。

（一）气压喷涂

气压喷涂是指利用喷枪，借助压缩空气气流将涂料分散成雾状微粒喷射到被涂物表面，经流平形成一层连续而均匀的涂层的一种涂饰方法。基本原理是当压缩空气以很高的速度从喷枪的喷嘴喷射出来时，在喷嘴周围产生一个负压区，形成真空，将涂料从储罐中抽吸出来，在气流的作用下涂料被吹散形成很细的雾状，并被喷涂到制品表面，形成连续涂层。

气压喷涂最重要的设备有喷枪和喷涂柜，其中，压送式喷枪最常用（图 10-6），湿式喷涂柜漆雾过滤效果高，设备污染轻，火灾危险性小，适用于大批量连续生产。气压喷涂涂饰效率高、涂装装饰效果好，适用于多种涂料和任何形式的制品，特别适合喷涂大平面制品，但是，喷涂一次得到的漆膜较薄，需多次喷涂才能达到一定的厚度，涂料利用率低、损耗大（一般 70% ～ 80%，框式家具 40% ～ 50%），当使用油性漆时，环境污染严重，有害健康。市场上，多数竹家具、竹工艺品、竹灯具及圆竹制品由于形状不是规整的平面，故基本上采用气压喷涂的方法进行涂饰。

图 10-6　压送式喷枪

（二）高压喷涂

高压喷涂是指利用压缩空气（液体）驱动高压泵，使涂料增压到 1471 万～1716 万，从喷枪的喷嘴喷出后，因压力突然减小而剧烈膨胀，爆炸似雾状的涂料微粒射流喷涂到被涂物表面上的一种涂饰方法。

高压喷涂设备由高压泵、蓄压器（蓄能器）、过滤器、高压软管、喷枪等组成，其中，对喷枪的质量要求较高。高压喷涂涂料雾化损失小（涂料射流中没有压缩空气的混合），喷涂的速度快，能喷涂较高黏度的液体涂料（涂-4 杯可达 100Pa·s），一次喷涂即可达到所需的涂膜厚度，涂膜质量好，适用于大件大批量工业化生产。大型智能喷涂设备多以高压喷涂为主。例如，意大利 CEFLA 智能喷漆系统 iGiottoApp 技术含量高、稳定性强，并为大尺寸（最大尺寸可达

3m×1.3m）的工件专门设计了一个高性能的机械手（操纵机器人），当工件进入喷涂区时，iGiottoApp 能捕捉到部件的图像，通过最新一代的 3D 扫描头读取，使运输和喷涂同步（图 10-7）。另外，中压混气喷涂技术介于气压喷涂和高压喷涂之间，是一种非常适合水性漆喷涂的作业方法，是企业“油改水”升级改造的首选，进口的生产线如法国 KTEMLIN 的中压混气喷涂系统。

图 10-7　意大利 CEFLA 智能喷漆系统 iGiottoApp

（三）辊涂

辊涂是利用辊筒将涂料转涂到被涂物表面上的一种涂装方法，适用于平板和带状平面基材的涂装，常和淋涂配套使用，其特点是涂料利用率接近 100%，涂层厚度可根据辊筒间距进行调节，能涂饰高黏度的涂料，涂装速度快、生产效率高（表 10-3）（赵仁杰和喻云水，2002），还可以同时双面辊涂。然而，涂饰表面易出现条纹或毛刺/拉毛，涂膜外观质量不高，不适合涂饰中高档竹家具，但是，竹地板等的涂装大都采用此法。这是因为竹地板的正反面都是带状平面，非常适合高效地辊涂。另外，无论是光敏涂料，还是常温干燥型、烘干型涂料（如硝基漆、聚氨酯漆、丙烯酸漆等），都可用辊涂进行涂装。

表 10-3　不同涂装方法的涂装速度

涂装法	涂装速度/（m/min）	备注
辊涂（逆向）	130	一般 60 ～ 90m/min
辊涂（同向）	100 ～ 150	常在 100m/min 以上
淋涂	100 ～ 160	约 100m/min，有时达 160m/min
喷涂	2 ～ 7	汽车涂装线
静电喷涂	2 ～ 7	家电涂装线

辊涂机是辊涂的核心设备，有同向和逆向两种类型，还有用于辊涂堵孔剂特殊结构的底刮刀型辊涂机。同向辊涂机的涂料辊转动方向与被涂板的前进方向一

致，板面受到辊的压力，涂料呈挤压态涂布，因而涂布量小，涂层也薄，所以，通常需要串联两台辊涂机进行两次涂饰。辊的配置有多种形式，如图 10-8A 所示，带修整辊的辊涂机所得到的涂层更为均一。逆向辊涂机的涂料辊转动方向与被涂板的前进方向相反，板面无辊的压力，涂料呈自由态涂布，因此涂布量多，所得涂层也厚，适合于卷材、竹地板、薄竹饰面板件的连续涂装。

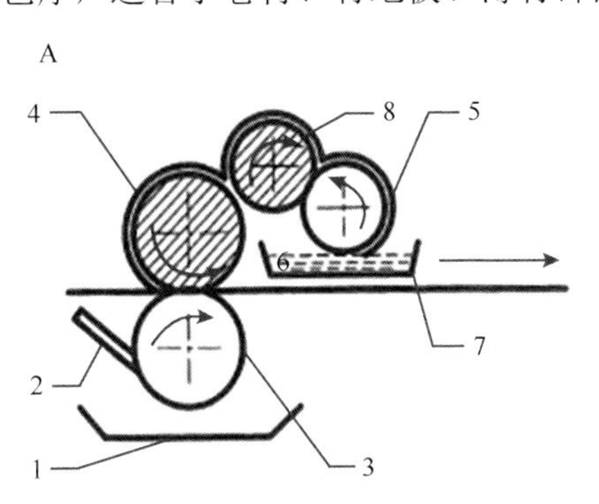

图 10-8 辊涂机（同向）示意图（A）及连续辊涂流水线（B）

1. 收集涂料盘；2. 刮板；3. 背撑辊；4. 漆料辊；5. 供料辊（钢质）；6. 涂料；7. 涂料盘；8. 修整辊（橡胶）

本节以光敏涂料为例来介绍辊涂涂饰工艺。光敏涂料符合清洁生产和环保高效的时代要求，被大力推广并广泛应用于竹地板、竹木复合板材、竹工艺品的涂装上。它的涂布与传统涂料类似，可用喷涂、辊涂、淋涂、刷涂等方法，其中辊涂和淋涂最为常见，且效率最高，适合涂饰黏度较高的光敏涂料，且适合线速度大、涂布速度较快的光固化系统。

光敏涂料的辊涂工艺分为基材处理、着色、涂布底漆、涂布面漆、检验入库。基材处理与家具生产大致相同，须达到要求的砂光标准，用高压气流彻底除尘。着色分基材着色和涂层着色两种，涂层着色会干扰紫外线的吸收，影响光敏涂料的固化，故常用基材着色。底、面漆涂布为连续性作业，可根据对产品质量的要求，分两次或多次进行。底、面涂布过的板件，其涂膜均需经紫外灯照射固化，并进行砂光、打磨和除尘。底涂以辊涂为宜，主要是填缝打底，面涂可采用淋涂，能得到比较厚的饱满的涂层。

光敏涂料常被应用于竹地板。竹地板表面色泽清新淡雅，一般不进行着色处理，常采用透明涂饰工艺，其常用的工艺流程是：基材处理→四侧面手工喷涂→背板辊涂、紫外固化→面板辊涂、紫外固化→面板砂光、除尘、淋涂、紫外固化→面板砂光、除尘、淋涂、紫外固化→检验→入库。年产 20 万 m^2 竹地板光敏涂饰生产线设备组成详见表 10-4（陈建山等，2005；朱安峰和单步顺，2006；刘学莘等，2016）。

表 10-4　竹地板光敏涂饰生产线设备组成

序号	设备名称	型号	数量	主要技术参数
1	砂光机	HW-24L	1	加工尺寸：610mm×152mm，送料速度：7～22m/min，砂带尺寸：1219mm×635mm（长×宽），工作压力：0.3MPa
2	板面粉尘清除机	HS-600DR	1	加工尺寸：600mm×125mm，最短长度：300mm，送料速度：15～25m/min
3	背板辊涂机及紫外（UV）烘干机	HS-102 UR-BD	1	加工尺寸：600mm×（1～35）mm，最短长度：300mm，送料速度：15～40m/min，紫外灯1个
4	三辊平面涂装机	HS-203UR	1	加工尺寸：600mm×（1～35）mm，最短长度：300mm，送料速度：15～40m/min
5	淋涂机	HC-20F	1	加工尺寸：600mm×（1～35）mm，最短长度：300mm，送料速度：20～80m/min，涂装间隙：0～2mm
6	运输机	HS-600HC	1	加工尺寸：600mm×125mm，最短长度：300mm，送料速度：15～25m/min
7	UV烘干机	HY-503W	1	照射宽度：635mm，输送速度：0～30m/min，紫外灯3个

紫外线固化设备由紫外线光源、反射板、灯具、高压电源、冷却装置、传送装置、换气装置、屏蔽装置等组成，合称照射装置。平板用的照射装置示意图见图 10-9。紫外线光源常用 0.1～0.3MPa 气压的中压水银灯，功率一般为 80W/cm。为了提高紫外线的照射效率，往往要加上由铝及铝合金制成的反射板。反射板的形状多为椭圆形，适合于高速运行的流水线，能使漆膜在常温下短时间内固化。另外，紫外线固化设备的占地面积少，生产规模的适应性强，投资和维修费用低。但是，它不适合涂饰形状复杂的制品。

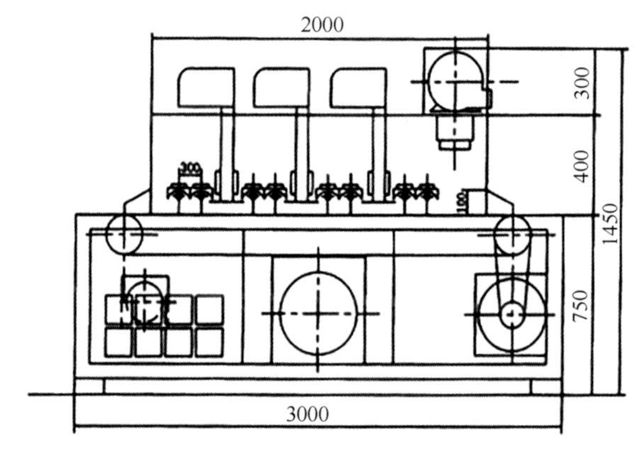

图 10-9　平板用的照射装置示意图

图中数字的单位为 mm

（四）淋涂

当涂料通过淋涂机头的刀缝时，形成连续的流体薄膜（涂幕），使被涂板式部件从涂幕中穿过而被涂饰的一种方法称为淋涂。淋涂适合于平面涂装，涂饰效率非常高，装载在运输带上的工件只要在涂料淋幕下高速通过就可涂上涂料，传送速度达 70 ～ 90m/min；涂料利用率相当高，除在涂料循环系统有极少量溶剂挥发外，别无其他损失，比喷涂法节约 30% ～ 40% 的涂料；漆膜外观质量好，且漆膜厚度均匀，厚度差可控制在 1 ～ 2μm 内；还适用于双组分涂料的涂装，仅需设置前后两个涂幕，使双组分涂料在先后落下的两层涂膜混合后，反应固化。因此，淋涂是一种又快又好的涂饰方法，是现代板式家具、门、窗等的理想涂饰设备，被普遍应用于光固化树脂涂料。

淋涂机的构造如图 10-10A 所示，它由涂料箱、涂料循环装置、淋涂机头和带式输送机 4 个主要部分构成。涂料箱是有隔套的容器，为使涂料温度保持一定，隔套中可通冷水或温水（赵仁杰和喻云水，2002）。淋涂机头是整个装置的关键部分，涂料在挤压式淋涂机头中略微受压（0 ～ 0.02MPa）产生涂幕，在机头的底部是一条精度很高的窄刀缝，缝隙的宽度可在 4mm 内调整，从而能形成具有合适涂膜厚度的均一的涂幕。缝隙越宽，涂布量增多，机头内的压力变低，涂料的下流速度变慢，若下流速度过慢，跟不上输送机的速度，则在基材上会产生无涂膜的部分，因此，窄缝的宽度通常控制在 0.3 ～ 1mm。

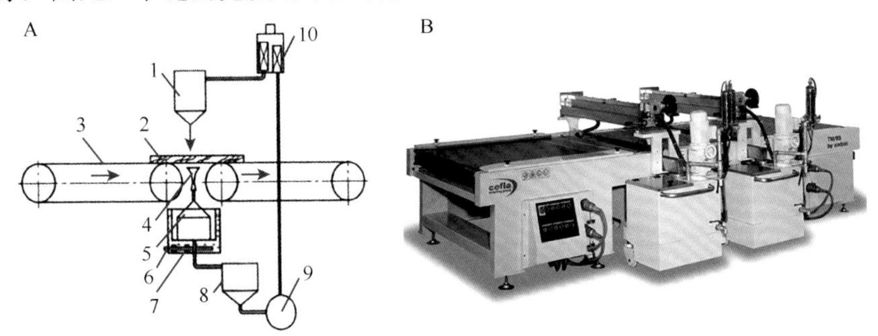

图 10-10　淋涂机的构造图（A）及 CEFLA 帘式涂布机（B）

1. 淋涂机头；2. 被涂件；3. 产品输送机；4. 回漆槽；5. 流漆器；6. 加热片；7. 加热水夹；8. 贮料箱；9. 输漆泵；10. 滤漆器

（五）静电喷涂

将分散性的涂料微粒带上高压直流负电荷，被涂物品带上高压正电荷，利用异性电荷相互吸引的原理，使涂料微粒吸附到被涂物品表面上，从而形成连续、均匀、牢固的涂层的方法称为静电喷涂。它分为旋杯静电喷涂、旋盘静电喷涂、槽具静电喷涂、手持式静电喷涂等多种，其中，旋杯静电喷涂较为常用。此外，最近新出现的新技术粉末喷涂也属于静电喷涂。静电喷涂设备主要有高压静电发生器、喷具、供漆装置、运输装置和静电喷涂室。由于电场力的作用范围小，且在静电喷涂室内进行，因此静电喷涂不会污染空气，完全能满足清洁生产、环保节能的要求。静电喷涂适用范围广，喷涂过程中涂料损失少，无雾化损失和反射损失，涂饰质量好、稳定，便于机械化、自动化涂饰，施工环境和劳动条件好，已广泛应用于竹木制品的涂饰加工上。

但是，静电喷涂的缺点也十分明显，它的火灾危险性较大，当电极出现火花时，易发生火灾；对形状复杂的制品进行涂饰时，很难获得均匀的涂层（一般喷涂后凸出处、尖端处涂层较厚，凹处涂层较薄）；对涂料及溶剂都有一定的要求，对工人的衣服、鞋子也有要求，作业人员应穿防静电服和导电鞋，不能穿由丝绸、合成纤维等易产生和积聚静电荷的材料制成的衣服。

四、封边涂饰工艺

目前，光敏涂饰和浸渍纸饰面是竹材人造板二次加工的主要方式，实际应用较多。光敏涂料主要用于装饰效果好的中高档竹地板的涂饰。此外，对于以竹材胶合板、竹帘胶合板等作基材的车厢底板，一般在其两面涂饰一层高黏度的水溶性酚醛树脂胶，再热压固化成耐水、耐磨、耐酸和碱腐蚀的涂膜，工艺成本低。

对于经过涂膜处理和浸渍纸饰面的二次加工产品，以及真空覆膜的竹材人造板，其板面都具有良好的耐水、耐磨和耐化学药品腐蚀的性能，但板材裁边后的四个侧面会裸露在外环境中而影响使用寿命，必须进行封边处理。

竹材人造板的封边处理方法较少，多采用涂饰法封边处理。涂饰法封边一般用深红色酚醛树脂涂料进行刷涂或喷涂，涂饰之前板边一般不刮腻子，如果边部孔隙率较大则需先刮腻子，待自然干燥后再打磨、涂饰。要求涂膜平整光滑，不允许有皱褶或涂料堆积现象。另外，PVC或金属铝合金封边装饰性更强，适合竹基橱柜及办公桌等的装饰。

第三节　涂饰性能及其影响因素

一、涂膜性能及检测指标

涂饰后的涂膜主要起到装饰和保护的作用，因此，应与被涂物件形成牢固的附着，硬度、抗压强度等力学强度方面须满足使用的要求，能够抵抗外来酸碱等介质的腐蚀，户外使用时还需要耐光老化破坏、耐雨淋等性能。例如，竹筏、门窗等室外用品施工时，油漆应尽可能渗入基材，以防日光、风沙、雨淋对木制品的影响，以保护木材为主，装饰为辅，多用渗透性强、不易剥离开裂的油类涂料，如高耐候的木蜡油；室内装修护墙板、天花板则以装饰为主，保护为辅，因此要使用快速干燥的封闭漆将孔眼封住，防止再涂的面漆下渗而影响漆膜平整度，从而获得光滑靓丽的表面，多用价格较低、光泽度好的丙烯酸漆；若用于地板，则需防护和装饰性能兼顾，故多用硬度、耐磨性、附着力等各项性能均较好的聚氨酯漆涂饰。

涂料涂膜的主要检测指标很多，并配有相应的国家标准，包括涂膜光泽度、厚度、硬度、附着力、柔韧性、抗冲击强度、耐磨性、耐水性、耐热性、耐湿热性、耐盐雾性、耐老化性等指标（表 10-5）。对于室内竹地板来说，涂膜的硬度、附着力和耐磨性比较重要，对于户外竹地板，还需要较好的耐候和耐久性能。具体的操作方法和步骤详见表 10-5 中国家标准的具体规定。

表 10-5 家具涂膜质量国家标准

序号	标准号	标准名称
1	GB/T 4893.1—2021	家具表面耐冷液测定法
2	GB/T 4893.2—2020	家具表面耐湿热测定法
3	GB/T 4893.3—2020	家具表面耐干热测定法
4	GB/T 4893.4—2013	家具表面漆膜理化性能试验 第 4 部分：附着力交叉切割测定法
5	GB/T 4893.5—2013	家具表面漆膜理化性能试验 第 5 部分：厚度测定法
6	GB/T 4893.6—2013	家具表面漆膜理化性能试验 第 6 部分：光泽测定法
7	GB/T 4893.7—2013	家具表面漆膜理化性能试验 第 7 部分：耐冷热温差测定法
8	GB/T 4893.8—2013	家具表面漆膜理化性能试验 第 8 部分：耐磨性测定法
9	GB/T 4893.9—2013	家具表面漆膜理化性能试验 第 9 部分：抗冲击测定法

二、户外用竹质材料的涂饰现状及性能

近年来，取之于自然的竹材，被广泛应用于户外建筑、地板、座椅、栈道，营造了优美、和谐、淳朴的自然风光，而且竹材对环境完全无伤害，天然环保可降解，因此，应用日趋广泛（图 10-11 ～图 10-14）。然而，由于户外恶劣的使用环境和竹材材质自身的易霉变、易腐、易蛀特性，未处理竹制品的外观及使用品质下降、寿命降低，经济损失巨大。因此，必须对户外用竹制品进行涂饰等防护处理，使其具备一定的耐候性、耐水防潮性，甚至耐老化抗紫外线辐射、防腐防霉性等优良性能，才能最大限度地利用好竹材，减少浪费，美化生态环境。

图 10-11　竹度假酒店（外景）

图 10-12　竹度假酒店（内景）

图 10-13　竹亭

图 10-14　竹露天剧场

新型水性丙烯酸涂料具有较好的耐老化性能，是非常好的户外竹木制品涂料，适合户外用圆竹、重组竹、竹集成材、竹篾层积材及竹木复合制品。若作户外地板使用时，常常使用尺寸稳定性好、不易吸湿变形的重组竹作基材，利用高耐候性的油类涂料进行涂饰，该类涂料的涂饰避免了温湿变化引起的干缩不均最终导致的漆膜剥落问题，从而大大延长了户外竹制品的使用寿命。现今，这些高耐候性的户外重组竹产品，甚至可以应用于环境恶劣的水边、湖边、湿地，化身为与自然融为一体的栈道、长廊、亭榭和座椅。另外，竹塑复合材也逐渐被应用于户外的别墅、地板及公共建筑上，如公园的公共洗手间。由于竹塑复合材中的塑料是疏水性物质，因此竹塑制品吸水性低，尺寸稳定性较强，常不加涂饰就直接使用。然而，塑料的耐老化性能差，若对竹塑复合材进行涂饰处理，则不容易发生翘曲变形和脆裂，使用寿命延长。市场上已经有应用于竹塑复合材的高耐候性的丙烯酸或聚氨酯类涂料。

半户外的竹木百叶窗也需要防护性好的涂料。孙军等（2008）采用热塑性丙烯酸树脂搭配乙酸丁酸纤维素，制得具有快干、高透明度及优异耐候性的辊涂专用涂料，对竹木百叶窗进行了辊涂，发现该涂料耐候性优良，户外耐光性远比硝基、醇酸、乙烯等类产品优良，不仅保光、保色、透明度高，在紫外线照射下不易失光及变色，且耐化学品、耐水、耐酸和耐碱性良好，同时，对洗涤剂也具有较强的抗性。

紫外吸收剂是使户外漆具有保色、耐候、增强防护性作用的最主要组分。当有机/无机物质相结合的紫外吸收剂——苯并三唑与纳米氧化锌复合到丙烯酸漆中以后，能够产生很强的协同作用，使竹材中的木质素较难受到紫外线的破坏而发生降解，老化引起的羰基含量也大幅降低，耐老化性能大幅提升（Rao et al., 2018）。

三、功能性绿色环保涂料及涂饰性能

随着消费升级和人们环保意识的增强，以及日益严格的中央和各地环保法规的颁布与实施，绿色环保涂料及涂饰工艺备受政府和消费者推崇，特别是低VOC或无VOC释放的功能性环保涂料的开发及相关涂饰工艺的研发和优化。其中，紫外线固化涂料、高固含粉末涂料、纳米增强涂料、超疏水涂料、新型水基涂料、超耐候涂料与涂饰方法研究是非常重要的内容。

研究表明，利用透明环氧聚酯低温快速固化粉末涂料，在经砂磨、预热的竹地板基材上进行静电喷涂、固化和涂层抛光等工序，能够获得透明、质地坚韧、外观保持原有纹理和质感的涂膜，该涂饰过程中基本无VOC释放，绿色环保（肖海湖等，2013）。另外，绿色无VOC释放的木蜡油，也是竹玩具、竹工艺品、竹地板、儿童家具的最佳涂料，特别是新型的水性木蜡油，不但施工和使用过程无害，而且工艺简单，辊涂、喷涂、擦涂均可，还适合DIY手工涂彩。除木蜡油外，对新型水基涂料与涂饰方法的研究也是近年来的热点，水性聚氨酯、高固含水性聚氨酯、纳米改性水性聚氨酯等新配方不断被研发出来。例如，有研究者将纳米竹炭均匀分散在传统有机水性聚氨酯涂料中，获得了一种新型的纳米复合涂料，将其用于户外家具的涂饰，形成了一种具有较好的耐水、耐磨、耐候、耐老化及防腐防霉等综合性能的涂层，同时还能保护户外家具的基材免受紫外线破坏（叶勇军，2015）。有研究者采用纳米负载防霉药剂并与涂料复配的方法，显著提高了防霉剂在竹材涂料中的抗流失性和实用性，获得良好、持久的防霉性能；其中，复配涂料选的是具有耐候、疏水、柔韧和附着性好的有机硅丙乳液（张融等，2013）。

竹木基的UV快速固化涂料的研发及工艺控制也是功能性绿色环保涂料及涂饰工艺领域的重要内容。UV涂料本身就是低VOC或无VOC释放的环保涂料，可在几秒内固化，工作效率高，无污染，特别适合自动化程度高的流水线生产，但是现在多应用于实木地板和板式家具上。近来，有研究者利用环氧丙烯酸酯类预聚物合成了具有较高品质的UV固化竹木基涂料，并对影响涂料的颜色、附着力、光泽度等性能的因素进行了分析，指出UV固化的竹木基涂料应采用0.1%～0.3%

的 2,6-二叔丁基对甲酚作阻聚剂，*N,N*-二甲基苄胺作催化剂，在 100 ～ 110℃下反应可得到几近无色的预聚物，预聚物分子质量越低，固化膜光泽度越高（江梅等，2002）。

有研究者利用埃洛石纳米管对防霉硅丙涂料进行改性，实现了有机碘化物在埃洛石纳米管上的吸附，使用改性前后的乳液涂料对竹材进行处理，发现埃洛石纳米管能有效吸附高达 63.78% 的防霉剂，从而改善涂膜的微观形貌，使竹材的疏水性提高 26.46%；并且改性后的防霉乳液对霉菌、蓝变菌的防治效力达 100%，指出这种改性硅丙涂料在竹材上具有良好的防水、防霉效果，具有处理方式简便、环保低毒的优点。

超疏水涂料也是现阶段的研究热点。有研究者以低表面能的甲基三氯硅烷为原料，利用常温、常压化学气相沉积法在竹材表面自组装形成直径 30 ～ 80nm 的纳米棒阵列或纳米线网状结构，使竹材横切面对液态水接触角最大达到 157°，滚动角接近 0°，赋予了竹材等亲水性木质纤维素材料超强的疏水性能（田根林等，2010）。还有研究者利用软印刷技术，以新鲜月季花为模板，以聚二甲基硅氧烷为印章，在竹材表面仿生构筑类月季花瓣表面的超疏水微纳结构，经转印复型使竹材具有类月季花瓣高黏滞力的超疏水特性；其制备的类月季花瓣竹材样品具有与月季花瓣类似的乳突状微米结构和凹槽状纳米结构的粗糙表面，该表面与水滴的接触角高达到 153.5°，接近月季花瓣表面的接触角（157.5°），显示出超疏水特性（图 10-15）（宋剑刚等，2017b）。

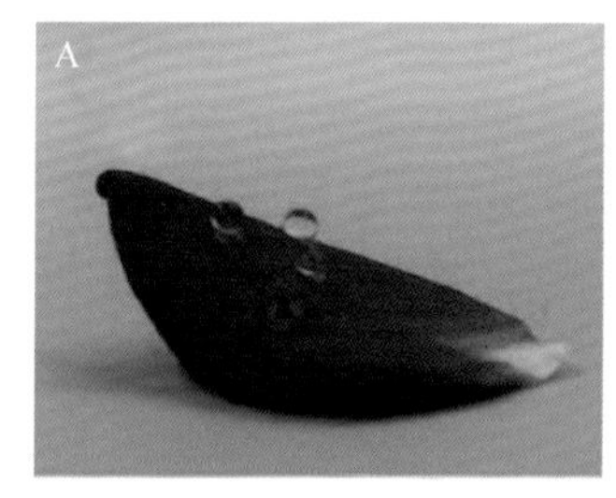

图 10-15　液滴在月季花瓣和竹材表面上的形状

新型水基涂饰基材表面的处理方法研究也是广大研究者关注的有关涂饰工艺方面的热点。例如，用等离子体处理过的竹材表面，无须引入其他新的基团，也不会改变其主要化学成分，而是通过在其表面引入大量的自由基，生成—OH、C═O 和 C—O 等含氧极性官能团，使竹材表面亲水性增强、润湿性提高，从而能够获得好的水基涂饰基材表面（巫其荣等，2017）。

四、竹材微观构造、化学成分、含水率对涂饰性能的影响

有着几千年悠久历史的竹建筑及竹家具，至今仍被人们所喜爱，而竹胶合板、重组竹、竹集成材、竹饰面人造板、竹木复合胶合板、竹木复合层积材、竹塑复合材等的开发，不仅缓解了木材的供应短缺，更加体现了竹材的优越性，使全竹家具及其制品成为大家居及建筑的重要组成部分（赵星和刘文金，2012）。无论是做家居用品，还是做建筑制品，都需要对竹材表面进行涂饰，以获得比较好的使用性能和外观性能，延长竹制品的服务期限。在对竹材进行涂饰时，竹材自身特别是竹材表面的微观构造、化学成分和含水率对最终产品的涂饰性能影响巨大（侯玲艳和安珍，2010）。

竹材包括表层系统、基本系统和维管组织。通常，包含表层系统的竹青会在加工初期被除去，基本系统中的薄壁细胞及维管组织中的导管和纤维均影响竹材的各项性能（于文吉等，2002）。对于竹材上的薄壁细胞和导管，其细胞腔大，且含有相当数量的纹孔，因此，涂料容易渗透和附着（Tang et al.，2019a，2019b）（图 10-16）。但是，对于含量较多且细胞壁较厚的竹纤维，其细胞腔非常小，且细胞壁上的纹孔小而稀少，造成涂料横向渗透困难，在纤维表面较难附着（图 10-16）。

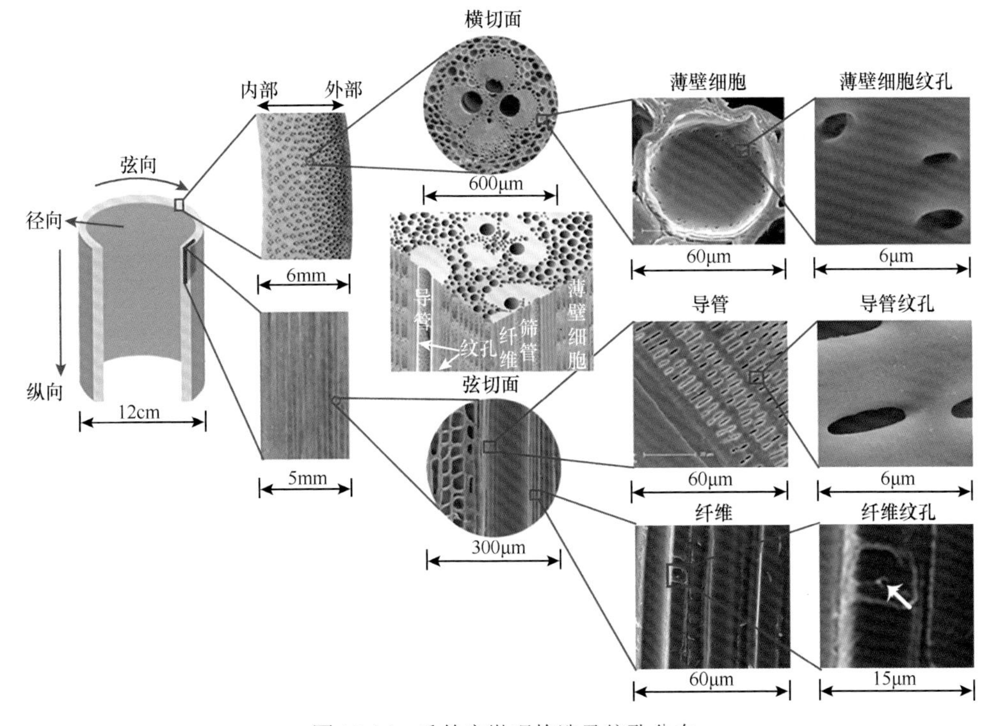

图 10-16 毛竹宏微观构造及纹孔分布

最近，有关竹材表面涂饰性能的研究越来越受到研究者的重视，于再君等（2016a）从微观角度出发，对目前竹家具常用竹材的表面渗透性进行了研究，发现聚氨酯漆在竹材平压板表面渗透深度好，而水性漆较差；聚氨酯漆、醇酸漆、硝基漆在竹材侧压板上渗透深度基本一致；竹材渗透性受渗透方向的影响，在实际应用中，如家具的面板、办公桌面板、台面等，对漆膜要求高的表面可以选择竹板材平压结构板，以便形成较厚的涂层，从而提高表面的耐磨能力；而室内墙体、家具旁板、门板等立面构件，可以使用侧压结构板材，涂料的选择以工艺简单、降低成本为主。另外，该研究者还对市场上常见的竹集成材的涂饰性能进行了研究，指出水性漆的渗透性较差，发现表面擦色处理会使聚氨酯漆的渗透深度在平压板上提高 81%，在侧压板上提高 150%（擦色剂为油性）（于再君等，2016b）。过氧化氢预处理也可以提高硝基漆在竹材表面的渗透性和附着力，当使用 pH 为 7 的过氧化氢溶液处理麻竹表面时，可除去竹材上的蜡层，增加基材表面面积、极性和活性，形成更多的羟基，从而使竹材与硝基漆间形成更多稳定的氢键，最终形成黏附力强的漆膜（Lu，2006）。当条件合适时，采用紫外线照射的方法预处理竹材，也能增加基材表面的羟基浓度和润湿性，使油性硝基漆和水性聚氨酯漆能够以氢键和范德瓦耳斯力的形式实现更好地附着（Lu and Fan，2008）。水性聚氨酯漆在重组竹上的渗透性和附着力以及涂膜性能远不如竹集成材，这是由于前者的微观结构更为致密，孔隙更少，且含有难以渗透的酚醛树脂（Xu et al.，2019a）。而 180° 热处理后的竹材，由于化学成分的降解，其微孔增加，因此水性丙烯酸改性聚氨酯漆的渗透性能增强，涂膜平整性好于竹集成材和重组竹，但是，附着力仍然不高，为 2 级（Xu et al.，2019b）。

笔者认为，水的表面张力远远大于其他油性漆，且水性漆的黏度较大，在细胞腔小、纹孔小且稀少的竹纤维上渗透困难，而竹纤维在竹材中含量较多，造成水性漆在竹材表面较难附着，防护性能较差。然而，这些问题可以通过高压喷涂、混气喷涂技术或降低涂料黏度、增加喷涂次数、添加改性剂等方法来解决。另外，针对竹材表面比木材更加致密（纤维腔小，其上的纹孔小且稀少）、水性漆较难附着的难题，可使用附着力和交联性能较优的双组分水性漆来代替，或以油性漆作底漆、水性漆作面漆来进行涂饰，或使用简易的表面处理方法（热处理、紫外线照射等）对竹材的表面进行活化或提高渗透性处理，以达到最优附着（Lu，2006；Lu and Fan，2008；邓邦坤，2012；Xu et al.，2019b）。

竹材的化学成分主要由纤维素、半纤维素和木质素所组成，还含有少量的淀粉和抽提物。其中，单宁酸类、酚类抽提物的外移会影响漆膜的黄变和成膜性能。当竹材用水性丙烯酸改性聚氨酯漆进行涂饰时，竹材中半纤维素的游离羟基会与漆形成稳定的氢键（Xu et al.，2019b），另外，漆中的羧基也会和竹材中的羟基发生酯化反应，从而形成物理机械互锁和化学反应相结合的界面。当竹材在 160℃及其以上温度炭化时，半纤维素和木质素会发生降解，羟基含量增加，涂饰性能提升（Xu et al.，2019b）。

被涂饰基材的含水率也是影响涂膜性能的关键性因素，一般而言，竹质基材的含水率以 8% ～ 12% 为宜，竹质人造板的含水率可放宽至 6% ～ 14%。若使用粉末涂装时，基材的含水率控制就更为重要，因为基材内的水分能在预加热的条件下进行外移，从而增加基材表面的导电性，获得较好的涂装效果。李雪涛等（2015）采用透明环氧聚酯粉末涂料，在竹地板基材上进行静电喷涂，指出常温下竹地板相对适宜喷涂含水率为 7% ～ 8%（表 10-6），发现预热温度和表面含水率对竹地板基材表面电阻存在协同作用，当将竹地板放置于 90℃的恒温干燥箱中预热 15min，其表面含水率达到 6.5%，表面电阻达到 $6.94\times10^{8}\Omega$，利用静电喷涂技术，在 160℃ /6min 红外灯下，可以制得结构紧致、质地坚韧、透明无缺陷、外观质量好的涂膜；该涂膜硬度为 2H，附着力为 1 级，耐磨性 225 转，耐咖啡渍污染，且涂膜表面平均高度仅为 34.85μm，能够满足人造板饰面性能的相关国家标准要求。

表 10-6　试样外观质量和涂膜性能与含水率、电阻及上粉量的关系

含水率 /%	表面电阻值/Ω	上粉量 /g	外观质量					涂膜性能			
			针孔	缩孔	开裂	桔纹	鼓泡	附着力	厚/μm	耐水	耐酸碱
5.0 ～ 6.0	2.6×10^{11}	2.40	整块露底					—	—	—	—
6.0 ～ 7.0	1.53×10^{10}	3.00	局部露底					—	—	—	—
7.0 ～ 8.0	9.8×10^{9}	4.00	轻微	轻微	无	轻微	无	1 级	85	N	N
8.0 ～ 9.0	5.3×10^{9}	4.08	轻微	轻微	无	轻微	无	1 级	105	N	N
9.0 ～ 10.0	1.2×10^{9}	4.10	轻微	轻微	无	轻微	无	1 级	124	N	N
10.0 ～ 11.0	2.3×10^{8}	4.26	有	轻微	无	轻微	轻微	2 级	137	N	N
11.0 ～ 12.0	4.8×10^{7}	4.44	有	轻微	无	轻微	有	2 级	152	N	N
12.0 ～ 15.0	$< 10^{7}$	4.5 ～ 4.6	针孔和缩孔严重					2 级	172	鼓泡	N

注：“—”表示漆膜露底后无法测试得到相关数据；“N”表示无变化

水性漆的固化主要受基材含水率、环境温度、湿度以及风速的影响。在进行竹质基材的水性漆涂装时，由于竹材固有的吸水特性，基材表面的含水率易发生变化，发生涨筋、变形甚至开裂，较难获得平整光滑的涂膜表面，因此，竹制品厂家常用油性 UV 封闭底漆做封闭处理，然后用水性聚氨酯面漆进行表面涂饰。

第四节　发展趋势

一、涂料向环保、功能化方向发展

无甲醛等可挥发性有机物释放的水性涂料、无溶剂的紫外线固化涂料和粉末涂料、水性的紫外线固化涂料以及高耐候、防腐防霉等功能性涂料，已经在木质基材上获得了较好的应用，但是，在材质表面更为致密的竹质基材上的应用，才刚刚起步。因此，系统研究适合竹材表面的环保、水性化、无溶剂化功能性涂料以及涂饰方法，开发更加高效节能的涂饰工艺，实现竹材表面涂膜薄膜化，探索无须油漆的绿色环保竹装饰新技术，既符合目前我国节能减排、低碳环保的主旨，也可以大大提高竹板材的使用寿命，提升竹材的使用范围和附加值。例如，在户外竹家具应用方面，涂饰环保性、涂膜耐候性、抗黄变性、抗剥离性显得十分重要，因此，高耐候功能性竹基涂料的研发将是未来一个重要的发展方向。可以通过技术研发，在原有的木基环保涂料配方中加入相关环保助剂、无机填料和功能性助剂，来改善附着和涂饰性能，以利于竹材涂饰，提升涂膜的各项性能。综合来看，涂料向环保、水性、无溶剂、功能化方向发展。

二、涂饰工艺向清洁、高效方向发展

目前的涂饰工艺，尤其是对于造型复杂的产品，多采用油性涂料的人工喷涂工艺为主，对环境污染严重，且传统的烘房采用能耗高的热空气干燥，涂饰效率比较低。虽然中高级规模企业已经使用清洁、环保的水性漆，采用了密闭性高的机器喷涂流水线，但是由于水性漆干燥较缓慢，受温室影响大，因此，成本较高、效率较慢，推广受限。

针对此状况，可以从两方面着手，一是对涂料的产品性能进行优化，大力发展水性紫外线固化涂料和低温固化粉末涂料，使涂饰过程更加清洁、高效、低能耗，二是对现有的机械涂装方法和技术加以改进，以推动智能化机械涂装技术在竹材涂饰过程中的运用，做好涂料的三废处理，从而使竹材涂饰规模化、工业化、自动化、环保化。

三、饰面、封边材料向多样化、功能化方向发展

饰面、封边材料将不仅仅局限于现在的涂料、竹单板和浸渍纸、天然薄竹及PVC。对于竹制品的饰面材料，将向金属薄板、岩板、新型塑料［如新兴的环保聚丙烯（PP）饰面材料］、浸渍纸加油漆饰面、超疏水、超耐候等多样化、功能化

方向发展。对于竹制品的封边材料，将向饰面封边一体化、激光封边无缝化、材料选择多样化、产品表面附加功能化方向发展。另外，随着大数据和信息技术的发展，3D 智能打印、UV 数码喷印等技术也逐渐应用到竹制品的饰面上。

四、竹材涂饰方面的国家及行业标准急需出台

标准问题是目前阻碍竹材涂饰相关产业发展的最大问题，应尽快制定竹材涂饰方面的相关标准，可以从竹材用涂料的概念和特征及使用范围出发，也可以从竹地板、竹集成材、竹木重组材、竹木复合层积材、竹塑复合材等的涂饰方法和工艺技术规范出发，建立工艺标准，进行工艺改进，规范作业过程，减少随意性和不规则性，提高涂饰作业的工作效率，促进相关行业的升级与整合。

五、竹制品的后期涂饰维护急需加强

竹制品在生产和销售时都会进行较好的涂饰处理，但是，在使用一段时间后，涂膜易发生划破、开裂以及剥离等情况，造成防护性能下降，特别是在环境比较恶劣的户外，紫外线和雨雪更是加重了涂膜的破坏，导致竹制品霉变腐朽，寿命大为降低，若在涂膜破坏前定期对竹制品进行后期涂饰维护，则可以延长其服务年限，提升其附加值。

第十一章　竹材耐光老化

高分子材料在使用过程中受太阳光中紫外线照射而发生的聚合物分子链断裂以及化学结构的变化称为光降解（photodegradation）。竹材在使用过程中受光照射后发生的颜色失真、纹理变粗糙、细胞壁物质流失等表面化学及物理变化称为竹材光老化。太阳光中的紫外线，是导致户外竹材老化，尤其是表面颜色变化的主要因素。光老化与湿、热及其他自然环境因素等共同作用，加速了竹材表面的劣化进程，最终导致表层龟裂甚至产生裂纹，影响竹材的美观及使用性能。

随着我国城镇化建设的推进与美丽乡村进程的加快，对户外地板、休闲栈道、竹木结构房屋、凉亭、休闲座椅等园林景观建设用材的需求不断增长。大量的需求带动了户外用材的开发，竹材制品以其突出的强度优势和资源优势占据了大量的市场份额，尤其是近年来开发的重组竹材产品。然而，竹材的耐光抗老化性差已成为制约户外竹材应用和发展的重要因素之一。因此，竹材光老化机制及抗光老化技术的研究是目前竹产业比较关心的热点。

第一节　竹材的光老化

根据波长不同，太阳光可以分为紫外区、可见光区和红外区 3 个主要区域，紫外线的波长为 180 ～ 400nm，占太阳光谱的比例为 6.8%；可见光的光波为 400 ～ 760nm，占太阳光的 55.4%（Rowell，2012）。太阳光能以不连续电子的形式发射到地球表面，根据其能量公式：$E = hv = hc/\lambda$，其中：h 为普朗克常量；v 为频率；c 光波速度；λ 为光波波长，可以看出，光能量与光波长成反比，即波长越短，其光能量越大。紫外线所占的光谱比例最少，光能量却最高。竹材老化虽取决于许多环境因素，但紫外线是导致材料表面光氧化降解的最主要的因素。红外光照射到材料表面后，材料吸收红外光，将光能转变成热能，对竹材可起到加速老化的作用。

竹材是一种很好的吸光材料，其主要成分为纤维素、半纤维素和木质素，有研究表明，紫外线渗入木质材料的深度约为 75μm，而可见光渗入的深度约为

200μm。木质材料中的纤维素对太阳光谱中 200nm 以下的光线具有很强的吸收能力，对波长为 200 ～ 300nm 的光有吸光现象，吸收范围可以延长到 400nm；半纤维素对光的吸收特性与纤维素类同；木质素在 200 ～ 208nm 和 268 ～ 287nm 处有两个吸收峰，在 227 ～ 233nm 以及 330 ～ 340nm 处有两个肩峰。由此可见，木质材料中的大部分成分均有较好的吸光性能，但当木质材料吸收的紫外线和可见光达到一定程度时，将会发生光化学反应，导致木质材料发生光老化（秦莉和于文吉，2009）。

对木质材料光老化机制的研究表明，木质材料吸收紫外线，会使其表面形成自由基类物质，这类物质在氧气和水的帮助下，形成过氧化氢类物质。自由基类物质和过氧化氢类物质可以引发一系列的分子链断裂，从而降解木质材料中的木质素、纤维素和半纤维素，在很大程度上影响木质材料的稳定性和耐久性。大量的实验研究表明，木质材料组分中发生光老化的主要成分是木质素。

通常情况下，光降解反应会导致木质素降解过程中芳香类自由基的形成（图 11-1）。其中芳香类自由基的形成有几种不同的方式：①发色基团经光还原发生脱氢反应，生成愈创木基自由基和十六烷基自由基；②单态氧与发色基团反应形成

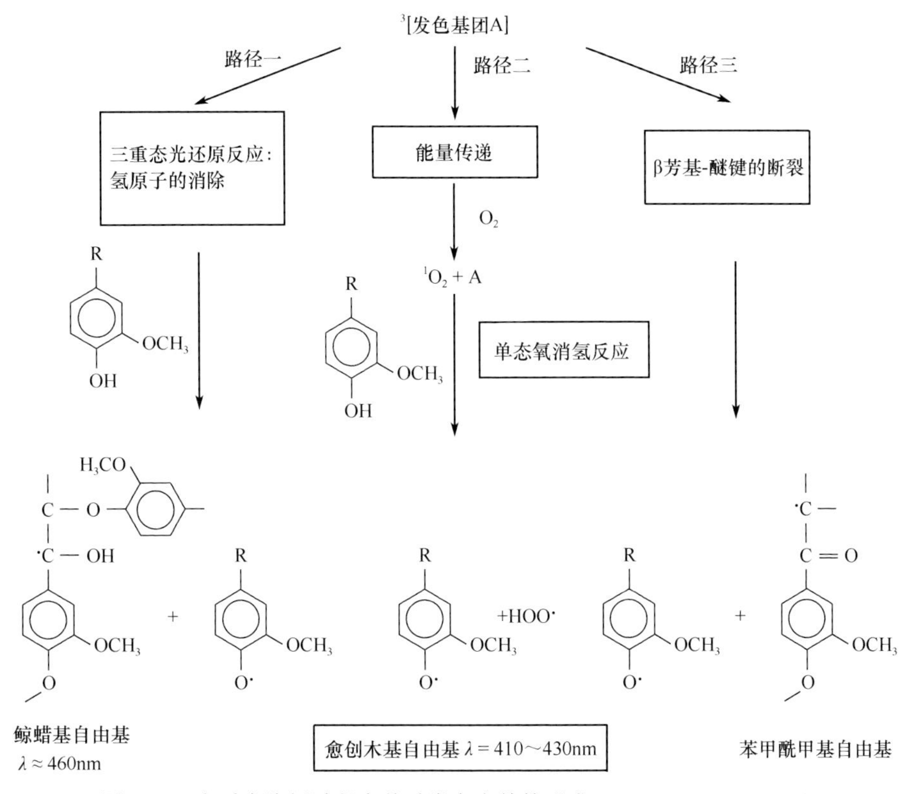

图 11-1　木质素降解过程中芳香类自由基的形成（George et al.，2005）

愈创木基自由基和过氧化物，这个过程为能量转化；③发色基团中芳基酯键断裂，生成愈创木基自由基和苯甲酰甲基自由基。3 种自由基最终被氧化生成新的发色基团。其中的单态氧与发色基团反应生成过氧化物和 β 芳基-醚键断裂均由紫外线辐射所致，而光还原脱氢反应则由可见光波辐射所致。也有研究表明，在 3 种自由基生成方式中，光还原脱氢反应的速度比 β 芳基-醚键断裂的速度快，这些芳香类自由基还会导致纤维素和半纤维素的氧化（Chang et al.，2002；Pandey，2005）。

竹材等材料发生光老化的直观现象就是光变色，主要是因为最终形成了醌类化合物，醌的形成过程伴随着芳香族结构的减少和共轭羰基的增加（图 11-2）。Müller 等（2010）指出，非共轭的脂肪族羰基在木质素降解过程中随着光照时间的延长，含量不断增加，而且增加的速度约为木质素降解速度的 2 倍。也有研究表明，木质素的降解速度和非共轭的脂肪族羰基数量有一定的函数关系，而这种脂肪族羰基数量的增加主要是由于纤维素中 D-葡萄糖上的—CH_2—和—CH(OH)—发生了氧化反应（韩英磊等，2011）。

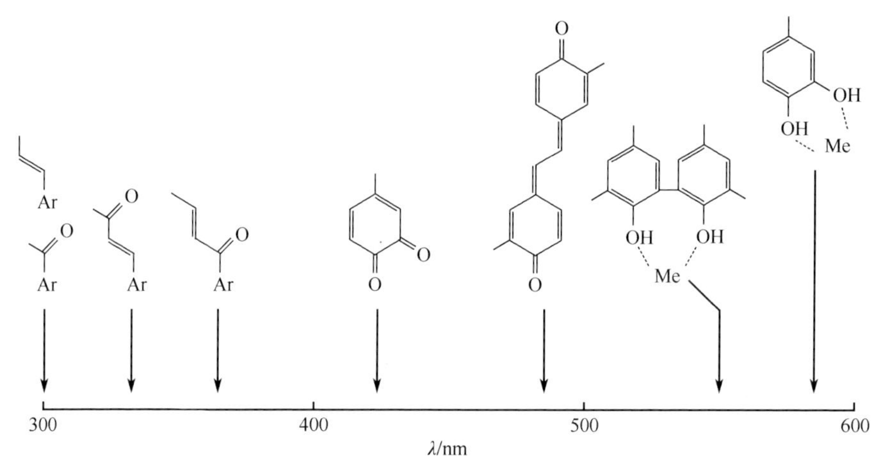

图 11-2　木质素中主要发色基团及其最大吸收峰（Paulsson and Parkas，2012）

Me，甲氧基；Ar，芳环

此外，抽提物也是影响竹质材料发生光老化的重要因素。竹材抽提物主要是可溶性糖类、脂肪类、蛋白质及部分半纤维素等，并富含酚酸类物质（0.3270 ～ 1.6352μg/mL），主要有没食子酸、阿魏酸、肉桂酸和咖啡酸等（蒋乃翔等，2010）。抽提物中有较多发色基团和助色基团，是导致在 400 ～ 500nm 波段内，光老化颜色变化的主要原因，是决定材料颜色的另一个重要内因（Zivkovic et al.，2014）。

由此可知，木质材料发生光降解的主要成分为木质素和抽提物，生成的中间产物为各种芳香类自由基（主要是愈创木基自由基），最终产物为醌类化合物（主要由自由基氧化而成）（Oltean et al.，2008）。因醌类化合物是不饱和环状二酮（环己二烯二酮），它已不是芳香环，不具有芳香性，因此，木材发生光降解后生成的醌类化合物与原来存在于木质素中的芳香类化合物对光波的吸收产生了差异，在宏观上就发生了木材的变色（Tolvaj and Mitsui，2005）。就大多数木材成分对光老化的贡献率而言，木质素占80%～95%，其他碳水化合物及抽提物分别占5%～12%和2%（Kuo and Hu，1991）。竹材虽然高度木质化，但在化学组成上与木材存在较多共性，特别是其木质素的组成单元定性而非定量地类似于落叶材。因此，竹材的光降解原理与木材类似。

第二节　竹材材性与光老化的关系

与木材相比，在户外应用上，竹材属于新兴材料，仍处于开发阶段，加之竹材地域分布局限性，导致竹材光老化特性的相关研究较少。竹材具备高度木质化结构，与木材在化学组成上有较多相似之处，但竹材的组织结构与木材有较大的差异。竹材主要由基本组织和维管束（导管和厚壁纤维）组成，维管束在竹壁内部分布不均匀，在竹壁外围部分维管束小而多，在竹壁内部维管束大而少；竹材的节间细胞组织全部严格纵向排列，缺少像木材那样径向分布的薄壁细胞和射线细胞。另外，竹材木聚糖及木质素的构造与木材有很大差异。这种组织结构及化学组成的差别导致竹材表面构造、粗糙度、密度以及表面化学成分与木材有较大差异，进而使得竹材表面光老化行为与木材有所不同。

目前对于木材光老化已经有较多研究，而针对竹材光老化缺少系统概括。因此，系统地概括光老化过程中竹材表面物理特征及化学成分的变化，对竹材抗光老化技术开发以延长竹材户外寿命、拓展竹材应用具有重要的参考价值。

一、竹材微观构造与光老化

竹材的微观构造是指竹材内部的细胞特征、细胞排列及连接方式。竹材分为表皮系统、基本系统和维管系统三部分。在解剖学上则进一步细分为表皮、皮下层、皮层、基本组织、维管束和竹腔壁 6 个部分。与木材的最大差异在于竹材中缺乏横向组织，竹材中的纤维细胞壁较厚，主要起承载作用，薄壁细胞基体起连接及传递载荷作用。竹材具有良好的比强度和比刚度，是其厚壁细胞竹纤维排列整齐的结果。

对竹材光老化后微观变化进行研究发现（图 11-3），毛竹材经氙灯辐照 160h 后，其横切面纤维细胞壁发生较明显破坏，薄壁细胞壁上出现裂纹，细胞角隅和胞间层遭到损坏，而弦切面上薄壁细胞未出现明显变化（Wang and Ren，2009）。

于海霞（2015）进一步研究了光老化对薄壁细胞、管胞、纤维细胞等的内壁及纹孔结构的破坏，发现光老化对毛竹材薄壁细胞有一定的破坏作用，尤其是在比较薄弱的纹孔附近，沿纹孔顺势开裂并不断延伸，贯穿至几个纹孔，在薄壁细胞壁较薄弱处也有裂纹产生。木质部导管内壁的纹孔附近，经过光照后产生了较多细小裂纹，其破坏程度要比薄壁细胞内壁的纹孔严重。纤维细胞间隙处出现少量的裂纹和纹孔破坏，可能由纤维细胞之间的木质素降解及流失所致。

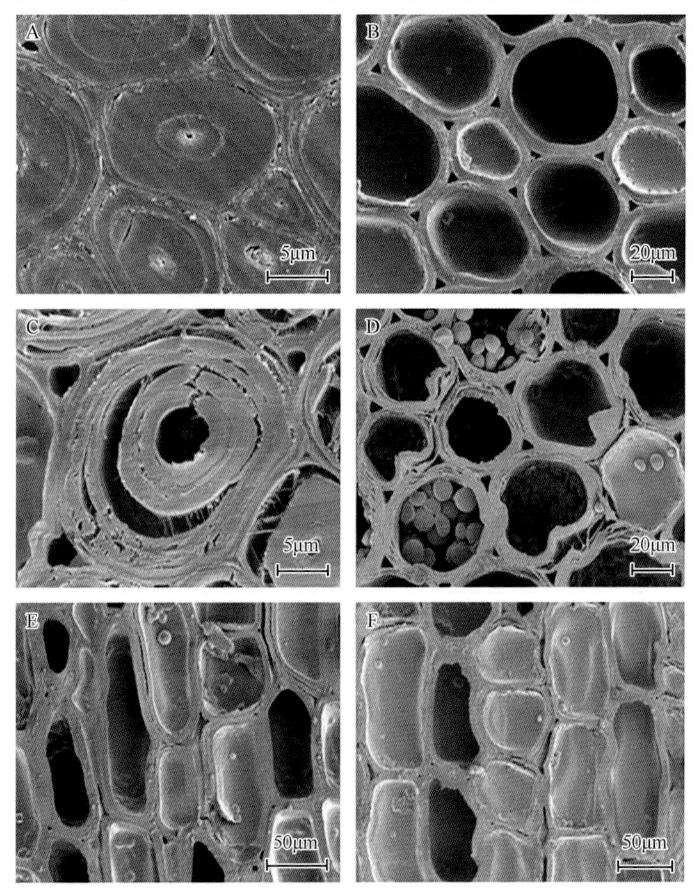

图 11-3　毛竹材经氙灯辐照 160h 前后的扫描电镜照片（Wang and Ren，2009）

A. 未经老化的纤维细胞（横切面）；B. 未经老化的薄壁细胞（横切面）；C. 老化后的纤维细胞（横切面）；D. 老化后的薄壁细胞（横切面）；E. 未经老化的薄壁细胞（弦切面）；F. 老化后的薄壁细胞（弦切面）

木质材料的密度、细胞组织的排列及化学成分在细胞壁中的分布都是影响光老化后微观构造的重要因素。与木材相比，竹材薄壁组织比例大，其维管组织分布沿径向具有渐变性，导致密度的渐变。纤维素、半纤维素和木质素的分布也具有极大的不均匀性，纤维素由外至内逐渐减少，木质素由内向外逐渐增多。这些结构及组成特征与光老化有直接的关系，而对竹材光老化后微观结构的研究主要集中在纤维、薄壁细胞结构的破坏上，后期的研究重点应转移到竹材本身的构造对光老化后结构改变的影响机制上来。

二、竹材化学组分与光老化

竹材主要由纤维素、半纤维素、木质素和抽提物组成，主要构成元素为 C、H、O。目前主要采用 X 射线光电子能谱（XPS）、傅里叶变换红外光谱（FTIR）和 X 射线衍射（XRD）技术对光老化后竹材表面化学成分的变化进行测量，从表面 C、O 及表面化学官能团及纤维素结晶度几个方面来研究光老化后表面化学成分的变化，分析毛竹材光老化进程（于海霞，2015）。经 XPS 分析，发现光老化处理前毛竹材的 C_1s 峰由 4 个峰组成，其中 C_1 含量最高（图 11-4A），而经过光老化处理后，毛竹材表面碳的结合形式产生了变化，C_1 含量明显减少，C_2、C_3、C_4 含量增加，碳的氧化态及结合能逐渐增加（图 11-4B）。C_1/C_2 随着光老化时间的延长逐渐

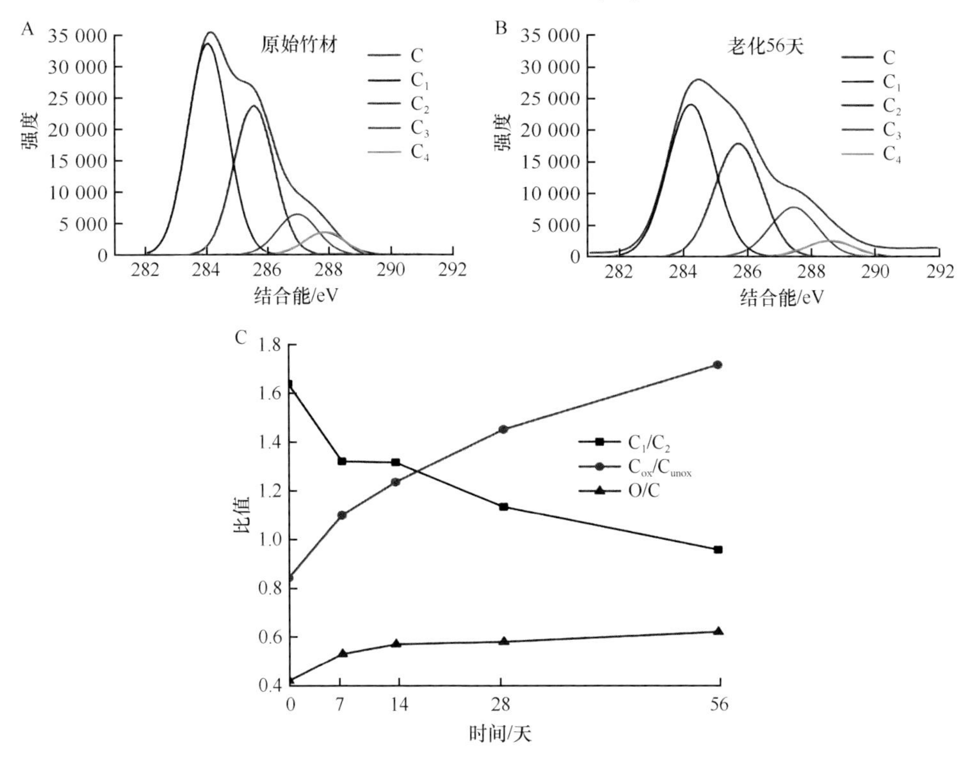

图 11-4　光老化前后毛竹材 C_1s 图谱（A，B）和光老化后毛竹材 C_1s 及 O/C 变化（C）（于海霞，2015）

ox，氧化的；unox，未氧化的

下降，而氧碳比（O/C）反而呈缓慢增加趋势（图 11-4C），说明木质素或抽提物相对含量有所降低。FTIR 分析发现经过光老化后木质素芳环结构的吸收峰强度明显减弱，其中 $1605cm^{-1}$、$1462cm^{-1}$、$1331cm^{-1}$ 和 $833cm^{-1}$ 波数吸收基本消失，证明木质素发生了降解（图 11-5）。半纤维素的吸收峰光照前后强度无明显变化。愈创木基单元特征吸收峰 $833cm^{-1}$ 经过 7 天光照后基本消失，而紫丁香基代表性吸收峰 $1331cm^{-1}$ 和 $1242cm^{-1}$ 经过 56 天光老化后仍有部分吸收，说明愈创木基苯丙烷单元比紫丁香基苯丙烷单元更容易发生光降解。光照处理 7 天内，各木质素芳环结构的吸收峰强度变化最为明显，之后降低速度十分缓慢，说明竹材光老化反应在光照前期较快。XRD 分析发现光照后竹材表面结晶度略有增加，说明光照并未对纤维素结晶区产生破坏，相反，可能伴随木质素的光降解，促使结晶区面积扩大。王小青等（2009）采用 FTIR 和 XPS 同样发现毛竹材光降解后表面 O/C 明显增加，C 的氧化态显著升高。C_1（C—C）含量减少，C_2（C—O）含量增加，C_3（C═O）和 C_4（O—C═O）含量明显增加。对毛竹进行光老化加速实验，发现木质素芳环峰 $1512cm^{-1}$ 强度显著降低，同时 $1738cm^{-1}$ 处的羰基增加明显，说明有新的羰基生成。对比毛竹、杉木和毛白杨的颜色变化与傅里叶变换红外光谱发现，与两种木材相比，毛竹材颜色变化及木质素降解和羰基形成速度较慢，具有更好的耐光老化性。

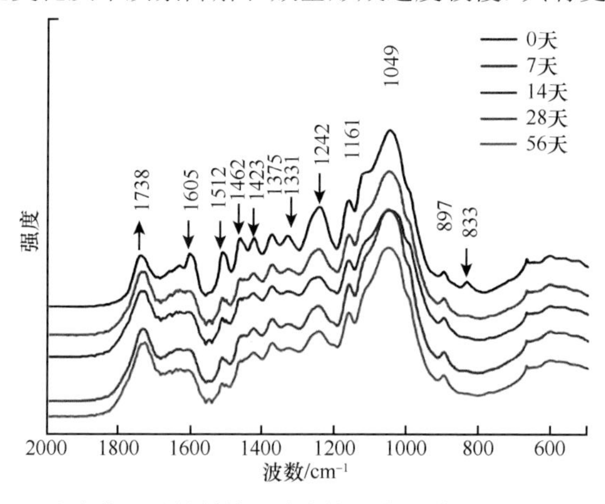

图 11-5　光老化后毛竹材傅里叶变换红外光谱图（于海霞，2015）

于海霞（2015）同时采用化学方法即乙酰溴法测定了不同老化时间竹青、竹黄、竹肉木质素相对含量的变化（表 11-1），发现 UV313 老化后竹材不同部位木质素含量均有不同程度降低，竹青木质素降低最小，为 11.32%，其次是竹黄，为 17.50%，竹肉下降最多，达 24.44%。引起光老化速度差异的原因是，竹青纹理最为致密，密度大，光线不容易穿透，所以木质素降解也较少，这与阔叶材的研究一致，即密度大老化速度慢。

表 11-1 光老化后毛竹材不同部位木质素含量变化（于海霞，2015）

样品来源	靠近竹青木质素含量/%	降低/%	竹肉中间木质素含量/%	降低/%	靠近竹黄木质素含量/%	降低/%
光老化前	31.89	—	26.92	—	25.66	—
光老化 28 天	29.66	6.99	21.75	19.21	23.14	9.82
光老化 56 天	28.28	11.32	20.34	24.44	21.17	17.50
3 年生	30.83	—	—	—	26.71	—
4 年生	32.37	—	—	—	28.08	—
6 年生	30.33	—	—	—	26.76	—

三、竹材含水率与光老化

目前，关于含水率对木材抗光老化性能的影响存在一些研究，而对竹材抗光老化性能的作用尚未见报道。赵宝忱等（1995）应用电子自旋共振（ESR）波谱仪研究了木材含水率对红松试材表面自由基浓度的影响（图 11-6）。结果发现在日光辐射下木材表面自由基的浓度随着含水率的增加先增加后降低。这一结论与 Hon 和 Feist（1981）的研究结果一致。但是该作者认为这主要是日光中的紫外辐射造成的。另外该作者还在暗室中取样并长期跟踪记录试样表面自由基变化与含水率的关系，发现其结果几乎是不变的，特别是在含水率 0% ～ 31.4% 的区域内。竹材和木材一样，在紫外线的照射下将产生大量的自由基。张文辉和陈琼（2012）测量了绝干竹粉在紫外线照射前后自由基浓度的变化，研究发现在绝干状态下，依然可以检测到自由基信号的存在，而且自由基数量随着紫外线辐照能量的增加而增加，这说明含水率不是影响竹材光老化的主要因素。

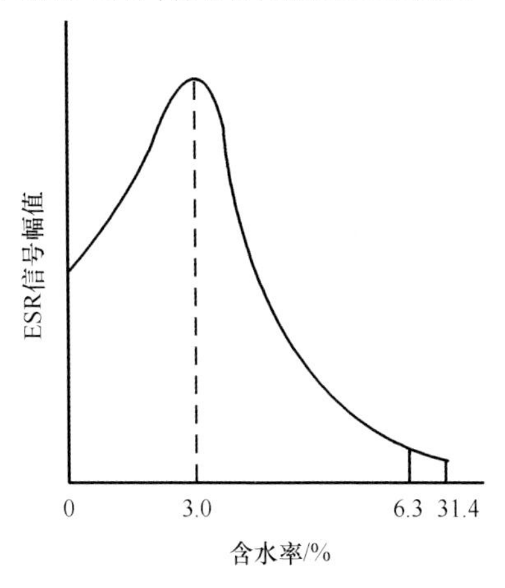

图 11-6 阳光下木材表面自由基浓度随含水率的变化（赵宝忱等，1995）

第三节　竹材光老化防护剂及处理技术

随着科技手段和技术水平的提高，竹材的综合加工利用研究取得了较大进展。目前，我国的竹材应用正在向多领域和高附加值方向发展。但在应用过程中也存在诸多问题，其中竹材的光老化问题日益突出，严重影响了竹户外材的使用。国内外竹材耐光老化技术发展较晚，需多借鉴其他学科的研究成果，特别是木材学科。竹材耐光老化技术通常采用光老化防护剂对竹材进行防护处理，处理措施包括涂饰漆膜、化学改性和热处理等。

一、光老化防护剂

大多数高分子材料，包括木材、竹材、塑料、橡胶、纤维、涂料等，在使用时会发生光老化而导致其使用寿命缩短。为有效防止高分子材料的光老化，人们已对这些材料的光老化和光稳定机制进行了广泛的研究，并先后研发了一些有效防止光老化的光稳定剂。目前已开发的光稳定剂按其主要作用机制不同可分为五类：①光屏蔽剂；②紫外吸收剂；③激发态猝灭剂；④氢过氧化物分解剂；⑤自由基捕获剂等。

（一）光屏蔽剂

光屏蔽剂又称遮光剂，主要是炭黑、二氧化钛、氧化锌、二氧化铈等无机颜料，它们能反射或吸收太阳光紫外线，像在聚合物与光源之间设置一道屏障，阻止紫外线深入聚合物内部，从而可使聚合物受到保护。

（二）紫外吸收剂

紫外吸收剂（UVA）是一类能选择性地强烈吸收对聚合物有害的太阳光紫外线而自身具有高度耐光性的有机化合物。具有这种特性的化合物有多种类型，包括邻羟基二苯甲酮、邻羟基苯并三唑、邻羟基苯三嗪、水杨酸酯、苯甲酸酯、肉桂酸酯、草酰苯胺等（茨魏费尔，2005）。但是，由于实用的光稳定剂还需同时满足多方面其他性能要求，因此目前工业上广泛应用的主要是二苯甲酮、苯并三唑等类型的邻羟基芳香化合物。

（三）激发态猝灭剂

激发态猝灭剂也称减活剂，是一类能有效转移聚合物中光敏发色基团激发态能量并将其以无害的形式消散从而使聚合物免于发生光降解反应的光稳定剂

（Briggs and McKellar，1968）。虽然它们对太阳光紫外线的吸收率较低，但在许多情况下其光稳定效能优于紫外吸收剂。猝灭剂主要是过渡金属的有机配合物，目前应用较多的是镍配合物。

（四）氢过氧化物分解剂

氢过氧化物分解剂是能以非自由基方式破坏聚合物中的—OOH 基团的添加剂。氢过氧化物分解剂很早就用作聚烯烃的辅助抗氧化剂，但是这些辅助抗氧化剂通常不耐光，不能用作光稳定剂。可用于聚合物光稳定的氢过氧化物分解剂主要是含硫或磷配体的镍配合物。氢过氧化物分解剂按作用机制不同可分为化学计量还原剂和催化氢过氧化物分解剂两类。第一类氢过氧化物分解剂在光作用下可与氢过氧化物发生快速的化学计量反应生成非自由基产物。含硫配体的镍配合物属于第二类氢过氧化物分解剂，它们能还原氢过氧化物为相应的醇，而自身转化为一系列氧化值较高的硫化合物，最终形成能有效催化氢过氧化物分解的 SO_2。

（五）自由基捕获剂

根据聚合物光老化机制，聚合物光稳定除可通过如上所述的光屏蔽、紫外线吸收、激发态猝灭、氢过氧化物分解等阻止光老化达到外，还可通过捕获和清除自由基以切断自动氧化链反应的方式实现。能够有效捕获和清除聚合物自由基的一类光稳定剂称为自由基捕获剂。由于这类光稳定剂主要是具有空间位阻的 2,2,6,6-四甲基哌啶衍生物，因此也称为受阻胺光稳定剂（HALS）。HALS 既不能吸收太阳光紫外线，也不能有效猝灭激发态，猝灭单线态氧的效能也很低。普遍认为其光稳定机制是它们可被聚合物基体因光氧化而产生的氧化性物质氧化为氮氧自由基（>NO·），而>NO· 正是 HALS 具有抗氧化性的关键（Pospíšil，1995；杨涛和冯嘉春，2008）。

二、光老化防护的处理技术

紫外线能穿透木质材料的厚度约有 75μm，而木质材料的变色却能达到 2540μm 的厚度。这说明，木质材料表面吸收光能，产生游离基的过程是传递的。因此，为了防止木质材料光老化的发生及扩展，可采取以下措施。

（一）涂饰漆膜

20 世纪 80 年代初期，日本学者利用褪色试验机，对几种涂饰木材用的涂料进行了变、褪色试验，测试出最容易引起光变色的涂料；此后，以落叶松、冷杉等 6 种木材为试材，在其表面涂装 8 种透明涂料和 5 种不透明涂料，进行了涂膜性能检测，结果表明透明涂料涂膜比不透明涂料涂膜光变色剧烈，漆膜保持时间短。我国学者也进行了木材用涂料耐久性的研究，对现有室内外使用的 13 种涂料的耐光性与耐久性进行了色度和光泽度变化的评价测定，确定了现有室外用涂料的耐光性与耐久性等级，为消费者选用涂料提供了详尽的参考（张上镇，1994）。段新芳和李坚（1997）以红松等木材为基材，选用目前常用的硝基清漆、醇酸清漆、聚氨酯（PU）清漆进行涂饰，进行了人工紫外线（UV）辐射涂膜的劣化研究，检测其耐光性，结果发现：涂膜的色差值、明度保存率、黄色指数随 UV 辐射时间增加而变化，不同树种、不同涂料差异较大；各树种木材的所有涂膜光泽度随着 UV 辐射时间的增加均下降，其中垂直纹理的光泽度下降幅度比顺纹理光泽度略大；但综合指标结果表明，醇酸清漆的涂饰材耐光性最好，聚氨酯清漆的涂饰材耐光性居中，硝基清漆的涂饰材耐光性最差。也有研究表明，聚乙二醇（PEG）对白色系的木材抑制光变色有显著效果。用丙烯酸树脂浸渍处理的素材，再经涂饰 PU 漆后，涂饰材的光变色也下降。另外，采用浓度为2%的壳聚糖溶液处理木材后再染色，也可提高染色木材的耐光性（李坚等，1998）。美国林产品实验室开发研制了以 CrO_3 为主的水溶性化合物，对木材进行涂刷处理以及用 CCA 加压处理。研究提出：添加 5% CrO_3 涂刷处理后，再采用加入无机紫外吸收剂的透明丙烯酸清漆涂饰木材，涂膜耐久性可达 10 年（Pizzi，1990）。

木蜡油是一种类似于油漆而又与油漆有区别的天然木器涂料，由天然植物油和植物蜡为基料组成，用在户外时，不会产生漆膜剥裂的问题。20 世纪 80 年代初，木蜡油兴起并初步流行，目前已广泛应用于室外木竹建筑、地板、外墙装饰等领域。木蜡油主要成分为食品级的植物油和植物蜡，主要包括亚麻籽油、豆油、棕榈油、蓖麻油、小烛树蜡、蜜蜂蜡、功能助剂等（唐楷等，2009）。有研究表明，浸渍亚麻籽油可以改善木质材料耐光色牢度，并且满细胞法浸渍比空细胞法浸渍色度稳定性效果更佳（Temiz et al.，2007）。该研究同时指出，妥尔油亦具有提高木材色度稳定性的作用。此外，改性处理后的植物油可以提高木质材料耐光老化性能（Rosu et al.，2016）。相对于植物油，使用植物蜡提升木质材料耐光老化性能的报道不多。Lesar 等（2011）研究指出，蜡处理的木材在室外应用时具备较强的疏水性，可以在一定程度上提高木质材料的耐光老化性能，然而色度稳定性提升并不明显。由于木蜡油对紫外线屏蔽效果有限，户外用的木蜡油一般会添加紫外吸收剂和光稳定剂来增强木质材料的耐光老化性能。Cristea 等（2010）在研究中使用植物油、无机紫外吸收剂和丙烯酸制成涂层来保护户外木制品。然而，由于木蜡油只会在木质材料表面形成极薄的一层亚光膜，紫外吸收剂表层载药量较低，对紫外线的屏蔽效果会受到影响，且木蜡油易流失，难以持久保护木质材料。

（二）添加紫外反射剂

无机紫外反射剂也称紫外线屏蔽剂，具有较高的折射率，主要通过对入射紫外线反射或者折射而达到屏蔽紫外线辐射的目的。它们没有光能的转化作用，只是利用陶瓷或金属氧化物等粉料覆盖在木质材料表面来反射紫外线。这些紫外线屏蔽剂一般是纳米粉体，这是由于纳米颗粒具有量子尺寸效应，因此纳米材料对某种波长的光吸收带有“蓝移”现象，即吸收带移向短波长方向。具体方法是将紫外线屏蔽剂与涂料或树脂混合进行涂装，可抑制木质材料光老化。近年来，木质材料耐光老化研究采用的一般是碳酸钙、滑石粉、氧化锆、氧化锌、二氧化钛、二氧化硅、二氧化铈、氧化铝、石墨烯、氧化铁、氧化亚铅、钴铁氧体等。其中二氧化钛、氧化锌、二氧化硅的紫外线透射率较低，耐紫外线老化性能优异，目前研究相对较多（图 11-7）。

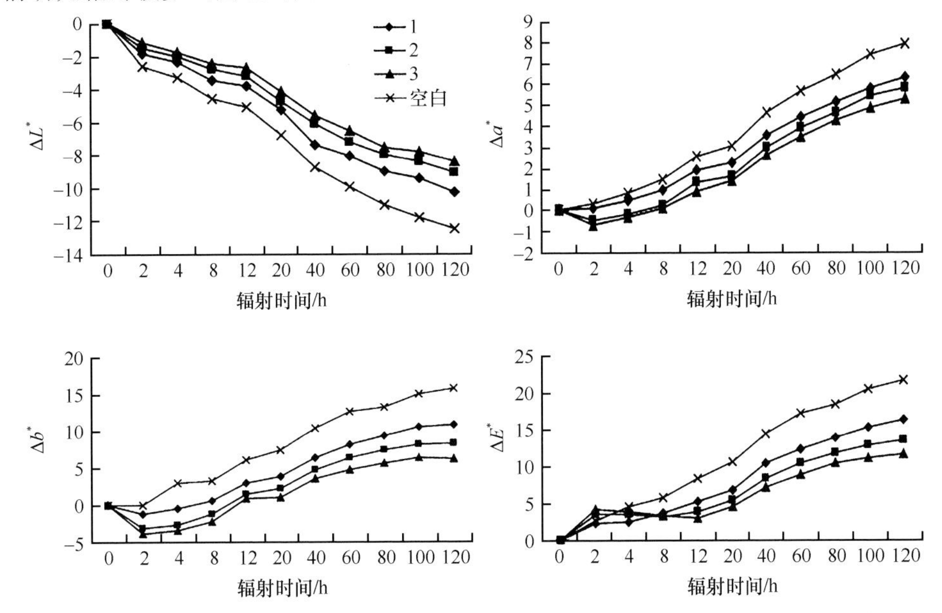

图 11-7　不同负载次数纳米 TiO_2 改性竹材试样与空白试样在光老化过程中的颜色变化（江泽慧等，2010）

纳米二氧化钛、氧化锌和二氧化硅的主要利用方式分为 2 种（江泽慧等，2010；宋烨等，2010；Li et al.，2015a）：一种是将无机纳米粒子加入成膜物质中制成涂层，另一种是将纳米粒子制备成溶胶负载。无机纳米粒子与成膜物质复配是目前木质材料耐光老化技术的主流，主要成膜物质有丙烯酸树脂、三聚氰胺树脂和酚醛树脂等（Cristea et al.，2010；Li et al.，2012）。这种方式具有较强的漆膜附着力和抗流失性，可以长久保护基材。使用纳米溶胶附在木质材料表面形成薄膜的方式可以提高其表面的耐光老化性能，但是表面薄膜机械强度低，极易被剐蹭，容易流失，不适合木质材料表面的长久保护。

（三）添加紫外吸收剂

有机紫外吸收剂一般可以吸收波长小于400nm的紫外线，这是因为其分子内部具有一些功能发色基团，如═C═O、—N═N—、═C═N—、—N═O等。紫外吸收剂主要包括水杨酸系、二苯甲酮系及苯并三唑系（表11-2）。

表11-2　主要有机紫外吸收剂

有机物系	代表化合物	有效吸收波长/nm
水杨酸系	水杨酸苄酯	290～330
	对叔丁基水杨酸酯	
二苯甲酮系	2-羟基-4-甲氧基二苯甲酮	280～340
	2,2′-二羟基-4,4′-二甲氧基二苯甲酮	
苯并三唑系	2-（2′-羟基-2′-一叔丁基苯基）苯并三唑	270～370
	2-（-2′-羟基-2′-一叔丁基苯-5′-甲基苯基-5-一氯）苯并三唑	370～380

这些有机化合物的共同点是在结构上都含有羟基，在形成稳定氢键、氢键螯合环等过程中能吸收能量转变成热能散失，所以传递到聚合物中的能量很少，从而达到耐紫外线老化的目的（杜艳芳和裴重华，2007）。由于水杨酸系熔点低、易挥发，且主要吸收低波段的紫外线，故较少使用。二苯甲酮系中有可以自由控制的反应基团—OH，其耐热性较差。二苯甲酮系的光致互变使光能转化为热能，将吸收的能量消耗而回复到基态能级。它对280nm以下的紫外线吸收较少，有时易泛黄。

苯并三唑系由于对近紫外线的吸收范围最大，因此成为紫外吸收剂的首选。该类吸收剂熔点高，毒性小，在高温下有一定的水分散性（李能等，2011）。苯并三唑系作为吸收剂在木质材料中的应用已经有相应报道。李能等（2015）利用苯并三唑、乙酸乙酯和丙烯酸等物质复配制备的涂层有效地提高了竹材的色度稳定性。也有研究将UVA紫外吸收剂（二苯甲酮和邻氨基苯甲酸盐）和UVB紫外吸收剂（对氨基苯甲酸衍生物、水杨酸系和肉桂酸等）复配制得覆盖整个UVA和UVB区域（290～400nm）的紫外吸收剂。通过紫外吸收剂覆盖引起光变色的波长区域，对防止染色木质材料的光变色效果较好（Rastogi，2002）。此外，Forsthuber等（2013）将苯并三唑和无机纳米TiO_2涂层对比研究发现，苯并三唑的耐光降解性能优于无机纳米TiO_2。

（四）添加受阻胺光稳定剂

受阻胺光稳定剂（HALS）主要添加在底漆中，用以抑制木质材料的光氧化反应，HALS之所以高效，主要是猝灭激发态、分解过氧化氢和清除自由基协同作用的综合结果。这种光稳定剂可以维持木质材料表面的力学性能，抑制木质材料与漆膜之间交联的断裂，同时还能防止漆膜表面发生微裂（Schaller et al.，2008）。在木塑复合材料工业，Stark等（2004）研究了几种光稳定剂的作用，包括2种不同受阻胺光稳定剂、一种紫外吸收剂和一种着色剂，考察了其对木粉填充高密度聚乙烯（PE-HD）的紫外稳定性。Muasher和Sain（2006）研究了用几种不同受阻胺光稳定剂稳定的木塑复合材料表面的化学性质改变与颜色变化，对不同受阻胺光稳定剂的结构及其各自对木塑复合材料的光稳定效果进行了比较分析。殷宁等（2003）对几种紫外吸收剂单独使用及其与抗氧剂BHT并用于PU时对材料黄变的影响进行了研究，认为当单独使用紫外吸收剂UV-531、UV-9、UV-P和抗氧剂BHT时，效果均不明显，但当BHT与紫外吸收剂组合使用时，可明显延缓材料黄变，效果最好。

需要指出的是，高效的光稳定方法必须同时有抗氧化的措施，因为光氧化降解才是光降解的主要反应过程，单用光稳定类添加剂的光稳定效果不如光稳定剂与抗氧化剂并用的效果。而且，不同类型的光稳定剂之间及其与抗氧化剂之间并用效果的优劣相差很大，不合理的并用可能出现对抗效应，反而有害。因此，为了使某一体系具有高效的光稳定效果，必须根据材料、稳定剂等各自的特点，经过合理的选择与调配，使稳定体系中的各个组分达到最佳的协同效应，才能使高分子材料有尽量持久的光稳定性。

（五）化学改性

通过化学改性处理防止木质材料光降解，对有无涂膜的木质材料防止效果非常明显。其中最为有效的处理方法就是乙酰化处理（图11-8）。原理是通过乙酰基取代木质材料细胞壁中的羟基，进而防止木质材料中自由基的生成。乙酰化处理时，由于木质素具有更高的活性且更容易接近乙酰化试剂，其反应程度比纤维素更高，木质素上的脂肪族羟基和酚羟基被乙酰基取代。木质素乙酰化后，苯氧基自由基不易形成，有效减弱了木质材料光降解。同时，乙酰化处理还可以有效提高木质材料的尺寸稳定性（Beckers et al.，1998）。经乙酰化处理的槭木单板，在染色过程中，可利用木材中的乙酰分散染料染色。当乙酰添加量为3%～6%时，其染色木材抗光变色效果较好，特别是防止黄变效果显著。另有研究表明，用乙酰化处理素材后，再涂硝基漆，其光变色程度较未处理的涂饰材要轻微，脂肪族聚氨基甲酸酯涂饰木材的耐光性也得到改善（张惠婷和张上镇，1999）。除乙酰化处理外，在防止黑胡桃变色中，3,5-二硝基苯甲酰化及对硝基苯甲酰化处理也有一定的作用。如果涂上少量的氯化亚铁、亚硝酸钠之类的化学药剂，在涂布时虽然稍有变色，但过后会有很好的抑制光变色的作用。

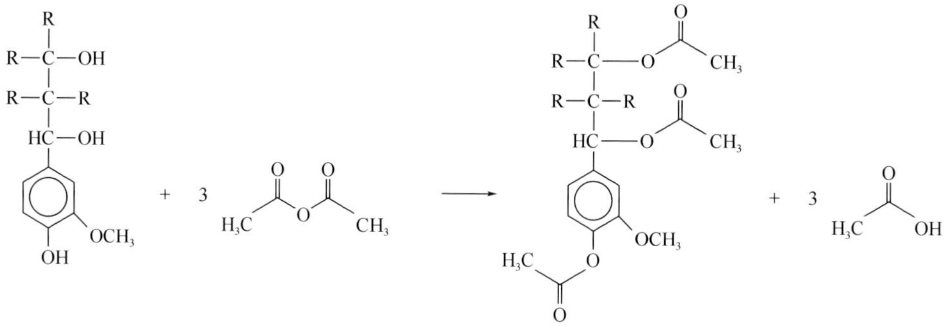

图 11-8　木质素乙酰化机制（George et al.，2005）

目前，木材工业市场上的固雅木（accoya）就是一种典型的乙酰化处理木材，俗称“钻石木”。这种木材经乙酰化处理后，尺寸稳定性和耐久性有显著提高。竹材乙酰化的实验室研究成果很多，但规模化产业化应用较少。

（六）热处理

热处理可以赋予竹材良好的尺寸稳定性和耐候性，因此广泛应用于室外建筑用材上。热处理是一个复杂的物理和化学变化过程，经过热处理的竹材含水率降低，半纤维素、木质素及部分营养物质发生系列化学变化致使竹材颜色加深，同时耐腐性能增强，是较为常用的竹材处理方式。于海霞（2015）研究了三种不同的热处理方式对毛竹光老化进程的影响（图 11-9），发现热处理后竹材颜色加深，更有利于维持光老化后竹材的颜色稳定性，且光老化过程中木质素的降解速率小于未处理材，但红外光谱图结果表明经过 28 天光老化试验后，木质素的吸收强度接近，说明热处理不能从根本上改善木质素的耐光老化性。同样，在对针叶材和阔叶材进行热处理的研究中发现，热处理后的木材加速老化后材色变化很小，未处理的木材表面颜色变化很大（Ayadi et al.，2003），且未经热处理材的老化速度快于热处理材（Kocaefe et al.，2013）。但红外光谱发现热处理材的木质素严重降解，说明热处理并不能改善光致变色或者木材中高分子化合物的降解现象（Srinivas and Pandey，2012）。Huang 等（2013）研究表明热处理桦木增加了木质素和结晶纤维素的含量，经分光色度计分析证明这增强了热处理材的耐老化性，该作者认为在光老化初期，热处理材在一定程度上减缓了光老化进程，其中木质素的缩合在发生自由基反应过程中起到一定的阻止作用，但随着老化时间的延长，热处理材并不能改善耐光老化性。此外，对木材采用无淋水光老化处理发现，木材光降解产物可以减缓下面的木材进一步老化，如果这些物质被雨水冲蚀将加速老化进程（Salaita et al.，2008）。

图 11-9　热处理及光老化前后的毛竹材切片（于海霞，2015）

可见，随着光老化时间的延长，热处理并不能从根本上解决木质材料的光老化问题，但在光老化前期确实可以起到减缓或抑制作用。

（七）其他处理方法

预先对木材表面实施臭氧处理会在木材表面形成一个高氧层，在紫外线作用下，该层中的臭氧成分参与表面的自由基反应，减少了原来素材中的氧参与自由基反应的机会，导致表面光老化降解过程变慢（韩士杰和范秀华，1993）。赵宝忱等（1995）得出相同的结论，将空气中的氧电离产生的臭氧溅射到木材表面，处理材表面抗紫外线再降解能力在相同条件下要比素材好得多。因此，臭氧可作为一种新型的木质材料表面保护剂。光化学预处理也可以提高木质材料的色度稳定性。使用二苯甲酮和甲基二乙醇胺混合溶液浸渍木材表面后，紫外线辐射预处理时会迅速变色，预处理后木材的色度稳定性得以提高。木材提取物亦具有较好的抗氧化功能，是一种天然的木材耐光老化剂（Chang et al.，2010）。除此之外，可以通过改变或者破坏参与变色的结构来达到防护目的。例如，用 $NaBH_4$ 还原木质素中的α-羰基，光变色减少到1/4，尤其环的共轭双键，用氢加成饱和后，可防止木质材料的变色。

第四节　竹材耐光老化研究进展

竹材是人们日常生活和经济建设中使用较为广泛的一种材料，随着人们对美好生活的向往，竹材越来越受到人们的重视。但竹材在使用过程中，特别是在户外应用中，竹材的光老化问题突出，导致其使用价值受到影响。对于提高竹材及其制品的耐光老化性能的研究，国内外尚处于起步阶段，近年来也取得了较大的进展。

本节系统地概括了近十年竹材耐光老化技术的研究现状，竹材耐光老化技术的开发对延长竹材户外寿命、拓展竹材应用具有重要的参考价值。

一、纳米材料改性

早在20世纪末期，国外一些学者就已经敏锐地意识到纳米技术有可能从根本上解决木材科学与技术领域长期存在的一些关键的技术难题。我国国际竹藤中心最早利用纳米技术改善竹材材性。江泽慧等（2010）采用溶胶-凝胶法，在低温条件下制备 TiO_2 溶胶，并利用溶胶在竹材表面负载成膜，完成竹材的 TiO_2 改性，改性竹材表面负载了径级在40～90nm的 TiO_2 颗粒薄膜，可提高竹材的抗光变色性能，其中热处理温度为105℃、经3次负载后的改性竹材，在经过120h加速老化后，其总色差约为空白试样的1/2。余雁等（2009）在低温溶液反应体系下，通过晶种形成和晶体生长两步法在竹材表面培育纳米ZnO结构薄膜，研究表明，在生长时间一定的前提下，竹材在种子液中经过0.5h、1h和2h的浸渍，其表面可形成壁厚为50～80nm的网状结构薄膜，使竹材的防霉性能和光稳定性得到显著改良。宋烨等（2009）采用溶胶-凝胶法在低温条件下对竹材进行分析，得出竹材表面形成了纳米 TiO_2 薄层，且呈无定形态；经过120h加速老化，竹材表面颜色的稳定性显著增强。ZnO纳米棒对紫外线具有超强的吸收能力，有可能大幅度改善竹材抗光变色性能。基于此，宋烨等（2010）在低温溶液体系下，通过ZnO晶种形成和晶体生长两道工序在竹材表面自组装形成纳米ZnO薄膜，并发现当这些ZnO薄膜为纳米棒时，可大幅度改善竹材抗光变色性能。李景鹏（2015）依据仿生学原理在竹材表面仿生荷叶微纳结构制备出超疏水表面，结果发现经十七氟癸基三甲氧基硅烷（FAS-17）处理之后的ZnO/竹材复合材料同时具有了拒水性、抗紫外性和耐燃性。

包永洁等（2016）研究了硅溶胶浸渍处理对毛竹光老化性能的影响，对硅溶胶浸渍及光老化处理前后毛竹表面化学成分进行了分析，通过色差测试，研究硅溶胶浸渍处理前后毛竹加速光老化条件下的色彩稳定性（图 11-10）。研究结果显示：加速光老化后，傅里叶变换红外光谱显示毛竹在波数 1720cm^{-1}、1594cm^{-1}、1510cm^{-1}、1462cm^{-1} 及 1035cm^{-1} 等处吸收峰产生变化，说明毛竹表面的半纤维素及木质素产生了光降解；而在浸渍硅溶胶后，光老化毛竹化学成分对应位置的吸收峰变化减小，说明硅溶胶对毛竹耐光老化性能有改善效果。色差分析结果同样显示，硅溶胶浸渍处理后毛竹的色差减小，耐光老化性能得到改善。这是因为硅溶胶浸渍处理后，硅溶胶填充于毛竹细胞腔内，对毛竹内部化学物质起保护作用，但同时发现老化处理后，毛竹内部硅溶胶会产生一定程度的流失。

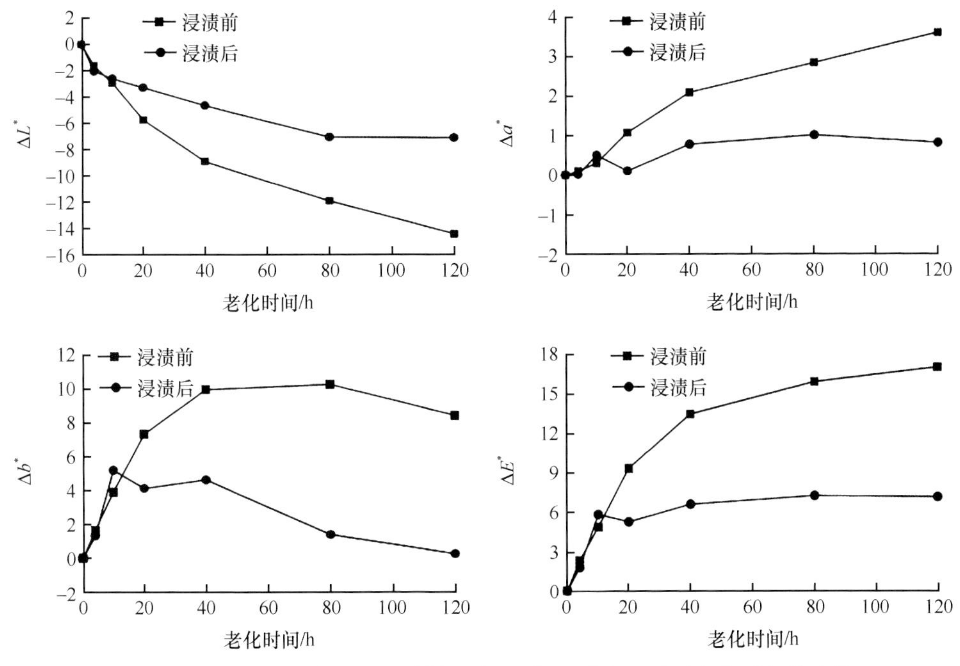

图 11-10　硅溶胶浸渍前后毛竹材 ΔL^*、Δa^*、Δb^* 和 ΔE^* 随老化时间的变化
（包永洁等，2016）

二、炭化处理

炭化处理是竹材工业十分常用的竹材处理方法之一。李晖和费本华（2016）为探索室内光环境下竹丝装饰材料光变色规律，以本色丝和炭化丝装饰材为试验材料，在人工模拟状态下观察其变色过程，通过色度值测试和反射光谱曲线的分析，

研究光照前后竹丝装饰材的光变色性能。结果表明：室内光能够引起竹丝表面颜色发生变化，随着光照时间的增加，色差值增加，炭化丝出现淡色效应，表面颜色变浅，明度增加，而本色丝表面颜色则变暗，明度减小，两者色值参数变化呈现出不同规律，炭化丝装饰材的光稳定性明显高于（变色速率低于）本色丝装饰材。

三、湿热处理

湿热处理是一个复杂的物理、化学变化过程，经过处理后会提升竹材的尺寸稳定性和耐候性，因此被广泛应用于户外竹质材料的处理方法中。侯玲艳等（2011）研究了蒸汽热处理竹材经氙灯不同时间照射后的表面颜色变化，发现蒸汽热处理后，毛竹材的各化学组分发生了热降解和缩聚等化学反应，改变了毛竹材化学成分含量，研究发现热处理后竹材细胞壁综纤维素和α-纤维素含量降低，木质素含量增加。此外，蒸汽热处理后，竹材表面颜色变暗发黑，这主要是因为竹材表面氧化生成了苯醌等显色物质。

于海霞（2015）研究了3种热处理方式——80℃水煮热处理、180℃空气热处理和0.4MPa蒸汽热处理竹材之后，通过表面颜色、抽出物、木质素含量、表面碳氧元素价态及结合能、表面化学官能团等方面分析热处理对毛竹材光老化进程的影响，发现光老化后，除明度下降外，红绿指数 a^* 和蓝黄指数 b^* 均有增加，说明毛竹材表面向红-黄颜色转变。此外，光老化后，较浅竹片颜色明显变深，而颜色较深的蒸汽热处理材则略有变浅，这表明深色竹材对光具有更好的颜色稳定性；在光照前期（1～3天）变化较大，颜色参数变化均在14天时基本达到稳定状态。颜色较浅的水煮热处理材及空气热处理材的明度和色调之间具有线性相关性，而颜色较深的蒸汽热处理材光老化处理后明度和色调之间不存在这种相关性。空气热处理和蒸汽热处理后木质素含量有所增加，而水煮热处理材木质素含量略有降低；无论何种热处理方式，在光老化过程中其木质素的降解速度均小于未处理材，可见热处理材半纤维素降解导致木质素相对含量增加。热处理后，竹材表面O/C有所增加，说明O/C较低的木质素相对含量有所降低，这与乙酰溴法木质素测定结果一致；经过热处理后的竹材在光老化期间 C_1/C_2 一直保持下降趋势，其变化幅度大于未处理材。各竹材样品在红外光谱500～800cm^{-1}波数共出现12个比较明显的吸收峰。与木质素芳环骨架及主要官能团相关的吸收峰随着光照时间延长有明显降低，其中波数为1605cm^{-1}、1462cm^{-1}及837cm^{-1}处降低最为明显。代表纤维素、半纤维素中主要官能团的1375cm^{-1}、1161cm^{-1}、1049cm^{-1}、897cm^{-1}处的吸收峰在光照前后变化不明显，而在1738cm^{-1}处（与酯类包括半纤维素中的乙酰基和羧酸中的羰基伸缩振动有关）的吸收峰有所增加。经过56天光老化后，

$1605cm^{-1}$ 处吸收峰基本消失，而 $1512cm^{-1}$ 处吸收峰变得十分微弱，说明竹材表面的木质素（包括芳香族抽提物）已受到严重破坏，产生了新的发色基团，这是导致竹材表面变色的一个主要原因。经过光老化后，各热处理毛竹材红外光谱中代表木质素的相关吸收峰明显降低，光老化 28 天时吸收强度十分接近，说明热处理后的竹材虽然木质素含量有所增加，但并不能改善木质素的耐光老化性，无法从根本上减缓光降解进程。空气热处理及蒸汽热处理后，在 $1600cm^{-1}$（苯环的伸缩振动）和 $1510cm^{-1}$（苯环骨架的伸缩振动）处的木质素代表性吸收峰吸收有所增加。$1049cm^{-1}$ 处代表多糖的吸收峰有所降低，部分半纤维素发生降解，导致木质素相对吸收峰有所增加。木质素芳环的增加及 C═C 双键的增加对表面颜色变深有部分贡献。

四、漆膜中添加光稳定剂

近年来，有机紫外吸收剂在竹材领域的应用逐渐受到研究者的关注。李能等（2015）将苯并三唑、丙烯酸树脂、乙酸乙酯和无水乙醇等按一定比例混合制得两种竹材表面耐光老化涂层物质，将未添加苯并三唑的涂层物质和添加苯并三唑的涂层物质涂布于竹片表面进行自然光照老化处理，试验发现，涂布添加苯并三唑涂层的试样在光老化时的色度稳定性得到显著提高，自然老化 112 天后总色差比未涂布涂层的试样降低了 67.8%。为了提高竹材的耐光老化性能和延长竹制品户外使用寿命，利用氙弧灯老化箱模拟室外环境，采用正交试验测试了 4 种纳米颗粒（TiO_2、ZnO、SiO_2 和 AW）和 4 种成膜物质（蒸馏水、丙烯酸树脂、三聚氰胺树脂和酚醛树脂）作为涂层对竹材表面光老化时色度与光泽度变化的影响。结果表明：纳米涂层改性处理明显改善了竹材表面色度的光稳定性，其中涂刷三聚氰胺与由质量分数为 10% 的 TiO_2 配制的改性剂的竹材光老化时色度稳定性能最佳；无机纳米材料为 SiO_2，成膜物质为三聚氰胺树脂的试样在光老化时光泽度的变化率最小（李能等，2012，2014）。

李能（2017）采用 BTZ-1、丙烯酸树脂等物质于基材表面构建的“紫外屏蔽系统”（涂层），具有良好的紫外线吸收性（≥ 99%）且几乎不吸收可见光（可见光透过率≥ 90%）。BTZ-1 浓度与黏度呈线性关系，涂层厚度与涂饰量呈正相关。通过建模可以预测不同 BTZ-1 浓度和涂饰量下涂层的吸光度，并计算得到有效保护基材 BTZ-1 的临界载药量为（1.82±0.05）g/m^2。傅里叶分析结果表明 BTZ-1 浓度为 3% 及 5% 的涂层在户外老化后光氧化程度相对较低。热分析发现老化后涂层的热解残余量升高，添加 BTZ-1 的配方有效保护了涂层本身，减少了不易热解的化合物的生成。

五、染色

染色材已被广泛应用于竹窗帘、竹工艺品、竹地板和竹家具等领域。但是，染色材在应用过程中受到光照影响会发生褪色和变色的问题。吴再兴等（2014）采用正交试验，分析不同处理的染色竹材在紫外辐照 400h 后的色彩变化以及染料种类对色彩稳定性的影响，发现染料种类对不同色彩指标的影响不同，从总色差 ΔE^* 指标看，染色有利于提高色彩稳定性，其中蓝色试样的总色差最小，但从 L^*、a^*、b^* 等 3 个色度指标分别来看，不同色彩的试样在不同的指标上稳定性不同，没有发现 3 个色度指标稳定性均最佳的色彩。汶录凤等（2016）以 4 年生新鲜毛竹为试验材料，对常用染料染色材耐光性进行研究，并采用添加紫外吸收剂、壳聚糖前处理竹材等方式提高染色竹材耐光性。结果表明，所选染料中，酸性染料染色材的耐光性最好，大多数染料的染色材在光照下明度变化最小，红绿轴色度指数变化最大；紫外吸收剂或者壳聚糖前处理均能提高活性染料和酸性染料染色材的耐光性，后者的效果优于前者，对酸性染料，ΔE^* 降到 5 以下，但两种方式对碱性染料和分散染料作用不明显；壳聚糖前处理与紫外吸收剂相结合对染色材耐光性的作用较两种方式单独处理效果差。胡玉安（2014）通过对染色处理后纤维化竹单板制备的竹基纤维复合材料进行室外自然老化的研究，探讨了室外自然老化与材料表面颜色及尺寸稳定性的关系，揭示了在室外老化环境下竹基纤维复合材料性能随时间变化的规律。经过三个月的室外自然老化试验过程后，从材料表面的颜色指标变化情况可以看出，随着气候条件的变化，材料表面色泽出现缓慢衰减趋势，随着染色处理温度的增加与室外放置时间的延长，L^* 值与 a^*、b^* 值的变化趋势放缓。

六、其他处理方法

除上述处理方法之外，其他处理方法也被广泛应用于提高竹质材料的耐光老化性能研究。龙柯全（2015）研究了以毛竹为原材料的重组竹的胶合成型工艺。对重组竹制备过程中的疏解次数、胶液固体含量、密度、热压温度以及热压时间进行了单因素实验，并采用响应面实验对重组竹的热压工艺进行了优化分析。通过氙灯老化处理实验，确定了重组竹材具有一定的耐室外老化性能。经过 600h 老化处理后，静曲强度、弹性模量（MOE）和 IB（内结合强度）分别下降了 13.04%、9.78% 和 10.08%，比同类两种产品下降幅度小。周吓星和陈礼辉（2015）发现抗氧化剂 B225 和抗紫外线 UV770 均可以改善竹粉/聚丙烯发泡复合材料的自然老化变色，减缓复合材料的老化褪色，提高复合材料老化后的弯曲蠕变性能和流变性能。为了进一步探索发泡复合材料的老化规律，周吓星等（2014）采用

1200h 氙灯加速老化方式，对竹粉/聚丙烯发泡复合材料进行了研究，发现老化后复合材料的弯曲模量和黏度下降，材料表面出现孔洞和裂缝，且部分竹粉暴露在材料表面，利用 FTIR 表征发现老化过程中，复合材料发生了光氧化降解反应。黄小真等（2010）根据竹材重组材的特点，选择 3 种人工加速老化方法对其进行老化实验。结果表明：竹材重组材按 BS EN 1087-1 和 ASTM D1037 中的方法老化处理后，各项物理力学性能变化情况较为相似，甚至经 BS EN 1087-1 处理后的某些物理力学性能的变化超过 ASTM D1037 处理；AFNOR V313 老化处理后物理力学性能变化情况则缓和得多。结果认为 BS EN 1087-1 是研究竹材重组材耐老化性能较好的人工加速老化处理方法。Chung 等（2011）利用含铜水性防腐剂对竹材进行常规处理和超声波处理，得出竹材在温度 100℃的条件下，在 0.25% 的氨溶烷基铜铵 B 类溶剂中软化 2h 可有效保护竹材的天然绿色，且超声波处理比常规的水浴处理能更有效地保护竹材的天然绿色。Chang 和 Yeh（2001）对经过磷酸铬铜、磷酸和三氧化铬等化学试剂处理后的麻竹（*Dendrocalamus latiflorus*）进行紫外灯照射、室外老化以及室内照射。经过处理的麻竹照射后不褪色；磷酸铬铜处理的麻竹样品颜色亮度增强。

七、尚需解决的问题

竹材光老化变化包含一系列非常复杂、连续的光化学反应过程，在研究竹材及其复合材料时，必须综合考虑多种因素对材料长期稳定性能的影响。现阶段的研究主要集中在对竹质材料光氧老化性能的分析，进而探索光氧老化机制、规律及多种环境因素对竹质材料光氧老化的交互协同作用。随着多领域检测技术的发展，从不同角度研究竹质材料光氧老化历程将成为研究者的工作重点。另外，精确预测竹质材料的使用寿命也将成为一个重要的研究方向。尽管研究者一直不懈地致力于竹材光老化的研究，但是仍然有很多问题尚需充分研究和解决。

（1）竹材的光老化变化包含一系列非常复杂的反应过程，国内外学者对木材光老化进行了较为系统的研究，而对竹材的相关研究较少。已有的竹材光老化研究偏重于基础性的微观研究，极少有结合竹材的户外应用方向、模拟自然环境条件、围绕竹材的应用性能的研究。

（2）在原料方面，目前主要针对竹材基材的光老化性能进行了研究，而对一些具有较强户外应用潜力的竹质材料制品，尚未见系统的相关研究。此外，竹材色泽单一，染色材染料种类复杂，会导致对竹材光变色机制的研究更为复杂。

（3）竹材光老化性能直接影响户外用竹质材料制品的使用寿命，有关竹材光老化性能的评价，大多参照其他材料的日光暴露试验标准，缺乏完整的标准及评价体系。根据竹材及其制品在不同条件下的使用要求，加快建立和制定光老化竹材的测试方法及性能要求相关的标准，以确保其安全使用。

（4）在进行加速光老化研究的同时，还应开展对竹材及其制品自然光老化的研究，对比两者的差异并建立相关关系，为确定竹材及其产品的使用寿命提供依据。

（5）在自然条件下，特别是在夏季湿热和冬季干冷的条件下，竹制品物理力学性能的衰减，直接决定了其作为户外用材的使用寿命。因此，在研究光老化竹材的化学及微观构造变化的同时，还需对其开展物理力学性能变化的研究，为评价材料的户外耐候性能提供基础数据。

第十二章　竹材防变色

竹材制品外观清新自然，表面颜色素雅，在家具、装饰用材等领域具有广阔的应用前景。竹材主要由纤维素、半纤维素、木质素和抽提物组成，还含有少量的淀粉、蛋白质和脂肪等有机化合物，这些化学组分与竹材所呈现的颜色有密切的关系。采伐后的竹材会因叶绿素的降解而逐渐变为浅黄色。在使用过程中，竹材中的有机物成分容易被微生物分解、与化学药物产生反应、在光和热的作用下发生物理化学性质的变化，最终导致竹材颜色的进一步退化。竹材变色可以看作发生反应的最初阶段，虽然不会严重降低其强度，但是会在一定程度上影响商品价值。因此，防止竹材和竹制品在使用过程中发生变色，分析变色原因，是实现竹材高效利用的重要措施之一。

第一节　竹材变色内因

材色作为木质材料视觉特性的物理量之一，是决定产品商业价值的重要因素。根据不同原因引起的变色特征，木质材料的变色可分为光变色、化学变色、微生物变色、热变色及酶变色（刘一星等，1994）。其中热变色指受干燥环境影响而产生的颜色变化，是木材制品的重要缺陷之一。对于木质材料干燥变色的机制现在尚不十分明确，许多学者对此展开了研究，对变色的原因做出了多种解释，普遍认为是干燥过程中水分外移，部分水溶性的抽出物如色素类化合物随之外移至表面所致，同时在高温高湿条件下发生氧化反应。由于竹材与木材化学成分相似，主要由纤维素、半纤维素、木质素和抽提物构成，竹材变色是半纤维素、木质素和抽提物组分发生降解、氧化及缩合等反应的结果，引起颜色变化的主要原因是发色基团和助色基团的改变。此外，干燥的温度、时间、含水率、氧气量及抽提物含量等都会影响干燥颜色的变化。干燥温度越高、湿度增加及干燥时间延长时，会导致变色加剧。

竹材颜色取决于其本身的结构及化学组成，组分的化学构成不同，对可见光的吸收范围和程度不同，颜色就不同。根据早期提出的发色基团学说，颜色主要是由双键引起的，双键属于不饱和键，而不饱和键能在可见光区产生光吸收，从而有可见光的吸收与反射，并将这些不饱和双键称为发色基团（高建民等，2004）。但是不是所有的发色基团和助色基团都能使竹材显色，只有当发色基团和助色基团连接在特殊构造与碳氢化合物上才能显色，这部分特殊构造的碳氢化合物大部分为苯环或芳香烃类。由于木质素与抽提物的结构特点是含有大量的芳香族化合物和发色基团、助色基团，而纤维素和半纤维素是饱和的化学结构，对可见光的吸收较少，因此竹材中与颜色有关的化学成分主要来源于具有不饱和结构的木质素和抽提物（Johansson et al.，2000；Wikberg and Maunu，2004；Nuopponen et al.，2005；Ross，2010）。

一、叶绿素

与木材不同，除了竹基复合材料的应用，圆竹的整体应用也越来越受到青睐。圆竹的外观需要保持竹节、竹青等竹材的天然优美形态，以吸引用户。圆竹的表皮中富含叶绿素，具有令人着迷的绿色表面。圆竹表皮中的叶绿素会在采伐后发生变化引起竹青变色，叶绿素 a 中的镁离子在酸性条件下被氢离子取代，由绿色变为红褐色，随着反应的进行，叶绿素 a 含量降低，同时叶黄素含量基本保持不变，表现在宏观上为颜色逐渐变黄，程度逐渐加深（图 12-1）。

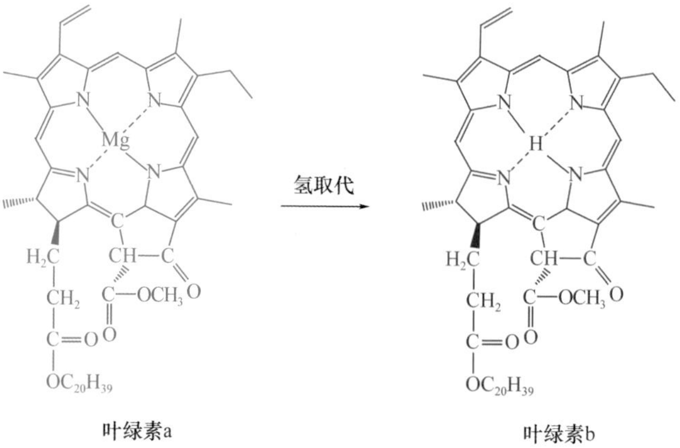

氢取代

叶绿素a　　叶绿素b

图 12-1　叶绿素变色机制

二、木质素

竹材受热变色主要与木质素和抽提物相关（刘元和聂长明，1995）。竹材中的木质素可以选择性地吸收紫外可见光区能量，被认为是热处理竹材颜色变化的主要原因（郭明辉和关鑫，2008）。木质素中发色基团主要有羰基、乙烯基和松柏醛基等，当苯环、羰基和乙烯基等形成共轭体系时，较少的能量可使电子向π轨道跃迁，激发能变小，可见光被吸收后，呈现出不同的颜色。当共轭体系与羟基等连接时，由于孤对电子的存在，分子轨道的能量被提高，能够吸收更长的波长，颜色将会变深。木质素中有机酸、生物碱、多元酚和酯类化合物都含有发色体系，酚类化合物与金属离子产生络合反应也是变色的原因。木质素中芳香烃类化合物结构不同，吸收可见光的范围和程度也不同，表现出颜色的差异（Hon and Shiraishi，1991）。淡黄色或米黄色为天然木质素的颜色，在外界条件影响时，如热处理或氧化，颜色同样会变深。

新鲜竹材采伐后，竹材中水分含量逐渐降低，竹材中的pH呈酸性，随着含水率的降低，酸性逐渐增强。酸性的增强主要是与干燥过程中半纤维素中的乙酰基形成有机酸有关，有机酸促使木质素中β-*O*-4键断裂发生氧化反应。木质素β-*O*-4键断裂发生氧化反应，生成不饱和酮和醌类混合体系，其中醌类是主要的显色成分，呈现黄色。随着干燥的进行，醌类结构进一步氧化，形成邻醌结构，使颜色进一步加深（侯玲艳等，2011；Peng et al.，2015）（图12-2）。

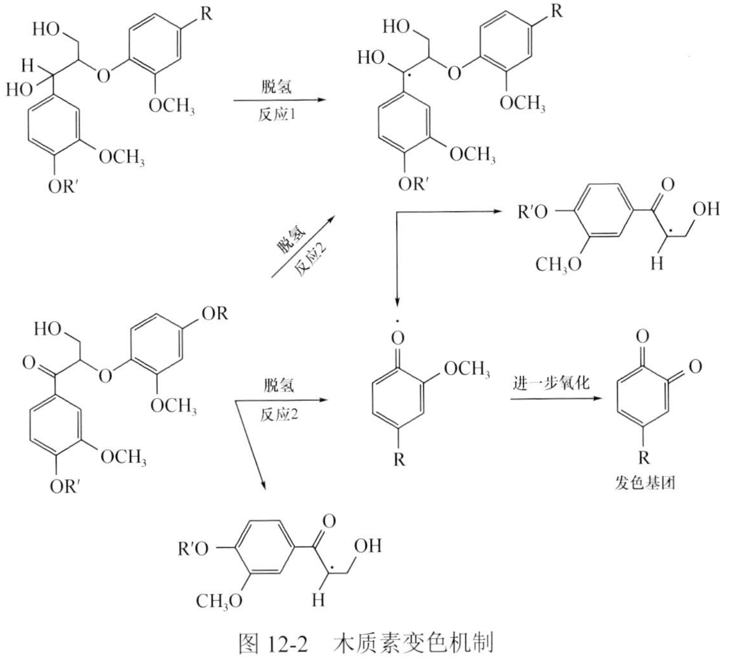

图12-2　木质素变色机制

三、抽提物

竹材干燥是其加工利用中不可缺少的环节，干燥过程中圆竹材发生变色是一个典型的热变色过程。另外，在干燥过程中，由于水分的移动，部分水溶性的抽提物如色素，随水分移动到竹材表面，在热、湿、空气作用下，发生氧化变色。不同竹种的抽提物成分和含量差异显著，抽提物成分复杂，主要包括酯类、萜烯类和酚类等。抽提物发生氧化和缩合反应，会形成红色产物，如醌类化合物，同时在氧的作用下，会产生小分子的酚类化合物，这些物质多呈现黄色。抽提物在酶的催化作用下，会产生醌类物质或聚合物，颜色会进一步加深。另外，多酚类物质与金属离子相结合形成化合物，也会导致颜色加深。

四、淀粉

淀粉作为是竹材的主要营养成分之一，广泛存在于细胞中。竹材在使用过程中，淀粉易被菌虫侵蚀，导致竹材变色，从而使竹产品使用寿命受到影响。当对竹材进行热处理时，淀粉在湿热作用下发生降解甚至炭化。炭化后的淀粉一部分沉积在细胞腔中，使细胞变色，一部分随着水分移动到竹材表面，使其表面颜色变暗。

第二节　竹材变色外因

竹材变色的主要因素有温度、含水率、氧气含量及 pH。同时，氧气含量、含水率及温度也是竹材变色的影响因素。根据不同原因引起的变色特征，竹材变色可分为生长过程中颜色变化和采伐后颜色变化两大类。其中采伐后变色是受到外部环境因素影响，如微生物作用、日光照射、雨水冲刷、温度湿度变化、化学试剂作用等，引发竹材中发色基团（如羟基、羧基、不饱和双键、共轭体系）或助色基团（羟基）的变化，见表 12-1 和图 12-3（张斌等，2007）。

表 12-1　竹材变色类型

类型	变色原因	常见变色实例
微生物变色	微生物的生长与繁殖	变色（藻类、霉菌、蓝变菌和红纹菌引起） 腐朽菌（白腐菌、褐腐菌、软腐菌） 虫蛀
化学变色	金属离子的结合 酸的结合 碱的结合	铁污迹（铁变色） 水泥的胶结
物理变色	含水率变化 受热 日光照射 湿热老化变色	自然干燥 热处理变色 户外使用时太阳光引起的变色 长时间在冷却塔中使用引起的变色
生物变色	受到冻害等引起的生理反应	

续表

类型	变色原因	常见变色实例
营林抚育引起的变色	修枝不规范 沉积物	

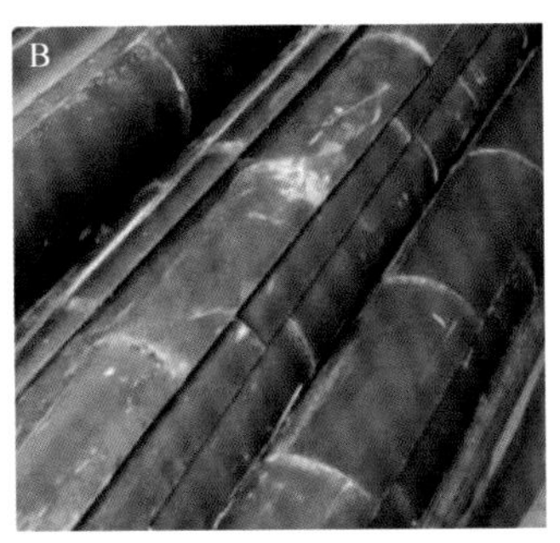

图 12-3　不同处理条件下竹材变色
A. 圆竹干燥变色；B. 竹片蒸煮变色；C. 竹丝漂洗变色

一、微生物变色

竹材由微生物所诱发的颜色变化主要是由微生物本身所分泌的色素（如蓝变菌的黑色素）或微生物的新陈代谢活动（如腐朽菌引起的竹材化学变化）引起的。引发竹材颜色变化的微生物种类可分为霉菌、变色菌和腐朽菌三类。霉菌的菌丝体在生殖生长阶段，能产生大量有色孢子，污染竹材表面。竹材霉菌及其对竹材的危害已在第三章详细讲述，这里不再赘述。腐朽菌主要包括白腐菌、褐腐菌和软腐菌。腐朽菌自竹材表面侵入内部，可以降解细胞壁中的成分，导致化学成分变化，引发竹材变色。白腐菌可以降解竹材细胞壁中所有的成分，但优先选择性降解半纤维素和木质素，白腐菌侵染导致竹材颜色变浅，呈灰白色或浅黄白色或浅红褐色。褐腐菌主要分解细胞壁中的碳水化合物，被褐腐菌长时间侵染后，细胞壁中的残留物质主要为木质素，竹材的颜色呈红褐色或棕褐色。软腐菌造成竹材表面变软，强度下降，颜色加深。有关腐朽菌的特性及其对竹材的危害已在第四章竹材腐朽部分详细讲述。变色菌虽然不能降低竹材的强度，但能改变竹材的颜色和渗透性，对竹材有较大影响。条件适宜的情况下，变色菌能迅速侵入竹材内部，引起表面和内部变色。危害竹材的变色菌的种类及其特点详述如下。

（一）竹材变色菌的种类和特点

竹材受变色菌侵染可变为蓝、黑、褐、棕等颜色，以变青变暗最为常见，光泽减弱。引起变色的真菌隶属于子囊菌亚门和半知菌亚门。最普遍的是子囊菌亚门的长喙壳属（*Ceratocystis*），半知菌亚门的球二孢属（*Botryodiplodia*）、色二孢属（*Diplodia*）以及粘束孢属（*Graphium*）及镰孢属（*Fusarium*）等属的一些种类。其中最常见长喙壳属和球二孢属引起的蓝变，也称青变。长喙壳属的子囊壳有一长颈，约为子囊壳直径的几倍长，子囊近圆形，散生在子囊壳内，子囊间无侧丝。子囊壁会自溶，由此产生的胶质团可包围子囊孢子。吸收水分后，子囊孢子被挤入子囊壳的长须内，并在孔口形成一胶质团。可可球二孢菌的菌落形态和分生孢子特点见图 12-4，其菌丝种类单一，黑色，粗壮、长，多分枝，分隔明显。菌落起初为白色，渐变为灰白色至灰黑色，最后变为褐色至黑色。子实体黑色近球状，一个子座内有多个分生孢子器，分生孢子平均长度 25μm，成熟的分生孢子为黑褐色。菌丝体旺盛，生长速度快，在马铃薯葡萄糖琼脂培养基上，2 天能长满直径为 9cm 的培养皿（杨卫君等，2009）。由于变色菌生长速度极快，感染后竹材很快变色，给竹材变色防治带来了难题。

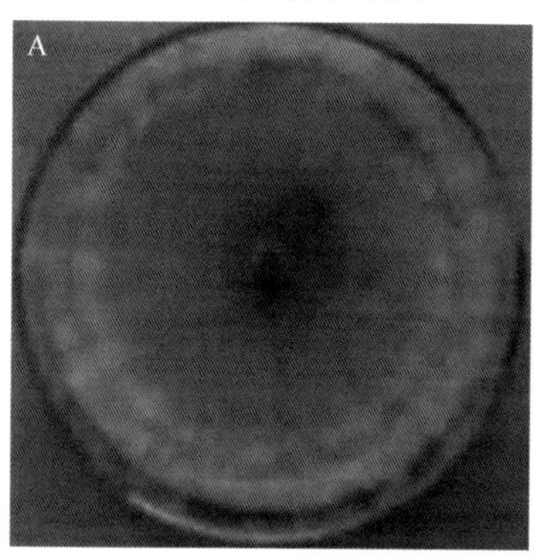

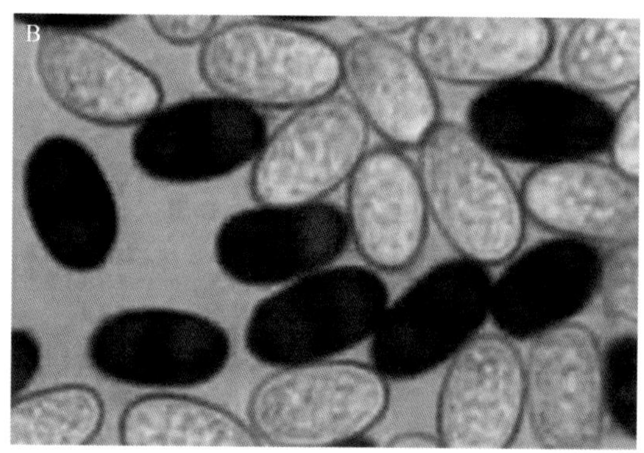

图 12-4　变色菌的形态学特征（可可球二孢菌）

A. 菌落形态；B. 分生孢子

（二）变色菌生长的条件

变色菌与其他真菌一样，它的生长繁殖要求具备两方面的因素，即营养因子和环境因子。营养因子包括碳源、氮源、维生素、矿物质等；环境因子包括温度、水分和湿度、氧气、光照、酸碱度五大要素。不同种类的变色菌生长条件有或大或小的差异，但它们都有其最低、最高及最适生长条件。

变色菌不能利用纤维素、半纤维素和木质素作为碳源，因此对竹材强度几乎不造成影响。竹材中的糖类是变色菌生长所必需的能源。据报道，变色菌还能耐受和降解树脂类成分，包括甘油三酯、树脂酸、脂肪酸，甚至长链脂肪酸和蜡等（Farrell et al.，1993；Diguistini et al.，2011）。竹材中的微量物质如无机盐、氮化合物等也是真菌生长所必需的，但需要量极少。

除营养和微量元素外，变色菌生长还需要适宜的温度、水分、光和传播路径等。

一般来说，变色菌最适宜的生长温度是 20 ～ 30℃，温度低于 5℃、高于 35℃，生长速度缓慢，超过 45℃，即可致真菌死亡。但一般自然界的低温不能致使菌类死亡，只能起到抑制作用，或进入休眠状态，温度适宜即转入生长状态，但高温可杀死真菌。变色菌在含水率 20% ～ 150% 时均能在竹材中生长，超出这个范围则难以生存（王志娟，2005）。变色菌对氧气的需求非常低，甚至有些变色菌在无氧条件下 3 ～ 6 个月后再放于适宜条件下仍能恢复生长。真菌菌丝体的生长一般不需要光线，在黑暗与散光条件下都能很好地生长。但是进入繁殖阶段，有些菌种需要一定的光形成孢子，变色菌在光照条件下更易于产生孢子。变色菌对竹材酸碱性适用范围较广，且能通过自身的作用改变竹材 pH 以适应其生长和繁殖。

在营养、温度、湿度和光线等条件合适的情况下，变色菌能迅速生长发育，并产生无性孢子以进一步繁殖。当变色菌遇不到最适条件时，在最低或最高的条件范围以内，也能适应环境生存下来，只是生长缓慢。当环境条件不适于真菌生存时，便被迫转入有性繁殖阶段，有的产生坚硬的保护组织如菌核、子座等，有的则产生厚垣孢子和休眠孢子，进入休眠状态以抵抗不利的环境条件。待环境转佳后，它们又转入新的生长发育阶段。因此对于变色菌的防治，需要一个长效期。产生流动孢子、粘胶孢子和具有子座、子囊壳等组织体的变色菌，如长喙壳属和球二孢属真菌，往往需要充足的水分，借它的作用分散孢子，然后再借水流或溅散水滴的作用进一步向远方传播。变色菌的孢子也可能被竹长蠹和褐粉蠹等蛀虫传播。

（三）变色菌对竹材的影响

变色菌造成的变色和霉菌污染有相似之处，因此常将竹材变色和发霉合称为竹材霉变。但是这两种菌的种类及其对竹材的危害特点和程度不同。霉菌变色由有色孢子产生，造成的变色常呈絮状或斑点状。霉变对竹材表面有影响，但对内部影响不大。由于霉菌的孢子只在竹材表面上生长和繁殖，因此发霉只限于竹材的表面或靠近表面较浅的一层，因而可用刷子清除，也可用刨掉表面层的方法清除。变色菌的菌丝通过细胞壁上的纹孔伸入含有糖类等营养成分的细胞中，如导管附近的轴向薄壁细胞，分解吸收细胞中贮存的养分。随着菌丝向四周蔓延并分泌黑色素，竹材表面和内部的颜色产生变化。经洗刷、砂光、刨削等也不能消除霉迹，严重影响竹材和竹制品的外观质量。变色竹材中通常可见棕色菌丝或厚垣孢子。变色菌通常不会明显影响竹材强度，但感染材韧性降低，含水率和渗透性增加。若条件适宜变色菌从表面侵入内部，使竹材从表面到内部呈现出蓝灰色或蓝黑色的变色现象。在长期有利条件下，有些变色菌的菌丝甚至能分解木质化程度较低的细胞壁使之变薄或溶蚀细胞壁，形成小孔。

二、化学变色

许多竹种的竹材在与部分化学试剂（如氧化剂、酸、碱等）接触后，竹材中抽提物与化学试剂发生化学反应导致竹材表面颜色发生变化。

（一）铁变色

铁变色是竹材中的酚类成分与铁接触过程中，酚类成分与三价铁离子发生化学反应生成黑色络合物而导致的变色（图 12-5）。在竹材加工过程中常发生铁变色，如在原竹蒸煮时热水中铁离子引起的原竹横断面和裂缝处呈黑色；旋切刀刃破损产生的原竹线状黑变色；原竹锯解时材面出现的浅黑色；竹制品铁连接件周围的黑变色等。竹材与铁接触的时间对变色影响较大。

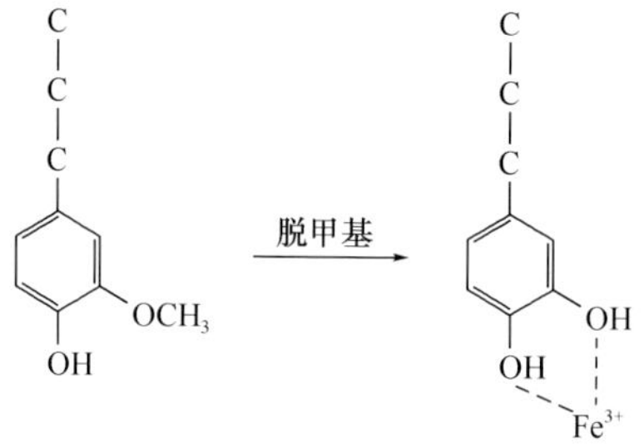

脱甲基

图 12-5　竹材铁变色机制

（二）酸变色

竹材中酚类成分与酸性物质和空气中的氧发生反应会变成红色。这种红变污染多在竹材表面大片发生，例如，用氨基醇酸作为涂料时，添加的酸性固化剂过量，涂布后的材面会变成红色。以脲醛树脂作为人造板胶黏剂时，加入的固化剂氯化铵与甲醛作用产生盐酸，使这种树脂生产的人造板板面变红。

（三）碱变色

碱变色是碱性化合物在潮湿条件下与竹材中少量组分单宁、黄酮类以及其他酚类化合物反应所致，这类变色主要发生在竹制品使用过程中与碱接触的情况下。竹材碱变色通常使竹材的明度和颜色饱和度呈下降趋势，红黄色调呈上升的趋势。采伐后竹材变黑是竹材内无机离子的弱碱性作用所致，或竹材中酚类成分在空气中发生氧化所引起。

三、物理变色

竹材在光和热等物理因素作用下引起的变色，包括光变色和竹材加工过程中引起的变色，如干燥、蒸煮、蒸汽处理过程中，竹材中抽提物和木质素受到高温、高湿等的作用发生的竹材颜色变化。同时，半纤维素的水解产物也可以被氧化而引起变色。热变色的另外一个原因是酶的作用（李玉栋，2002）。

（一）干燥变色

天然竹材大多呈现绿色，自然干燥后竹材表面逐渐变为黄色，如图 12-6B 所示。刚采伐的竹材含水率较高，与空气接触时竹材中的氧化酶会导致竹材变色。含水率和空气湿度是影响酶变色的重要因素。竹青中含有橙黄色、蓝绿色、黄色、绿色 4 种色素，竹青色素中含有羟基、羰基、羧基等含有不饱和键的发色基团或助色基团，在含水率和氧化酶的作用下，大多数竹种由表面的绿色变为黄色。

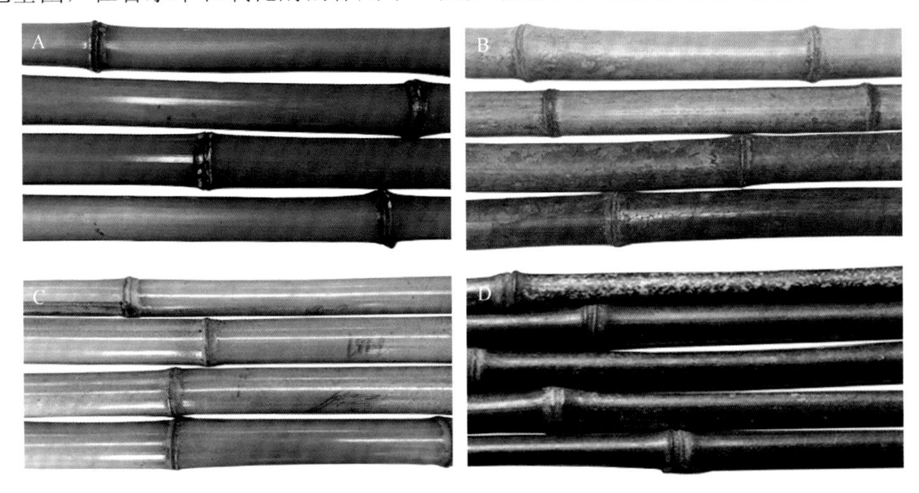

图 12-6　竹材干燥后颜色变化

A. 新鲜竹材；B. 自然干燥竹材；C. 微波干燥竹材；D. 热处理竹材

干燥变色主要是由竹材内含物在干燥介质条件影响下发生物理化学变化造成的（伊松林等，2002）。在空气中热处理作用下，竹材的明度下降，竹材的颜色逐渐从浅黄色变为褐色，见图 12-6D。随着温度和改性时间的增加，竹材颜色的变化更加均匀，竹青与竹黄之间的颜色差异减小。热处理过程中竹材颜色变暗取决于木质素和抽提物中发色基团及助色基团的比例发生变化，半纤维的降解产生了部分发色基团。木质素的吸收光谱会从紫外光区延伸到整个可见光区，木质素在热降解作用下氧化产生醌类化合物，纤维素和半纤维素的大量羟基氧化成羰基与羧基，竹材的颜色变深。在油热处理作用下，除处理温度外，油的吸收程度也影响木材的颜色变化，高吸油量的竹材颜色更深，在竹材表面形成油层是竹材颜色较深的重要影响因素。王燕（2015）采用预处理的方式研究竹材变色的机制，研究表明蒸汽预处理后，竹材内外表面的色差随处理温度和时间的延长变化不大，内部出现色斑，当温度超过100℃时，可有效防止竹片内部色斑的生成。竹材内部色斑的产生是由自身的化学组分、含水率及干燥条件共同作用导致的，同时，木质素发生降解以及酚类物质被氧化成醌类物质也会引起色斑的产生。张亚梅（2010）开展热处理对竹材变色影响的研究，结果表明温度对竹材变色影响显著，当温度高于180℃时，竹材变色速度加快，综纤维素和α-纤维素降解明显，是引起竹材变色的主要因素。孙润鹤（2013）对竹束高温热处理的变色进行研究，结果表明处理后的竹束材颜色加深，明度降低，竹束中羟基、羰基活性基团降低，是导致其变色的主要原因。

微波真空干燥处理过程中随着水分的排出，圆竹伴随着化学组分的结构变化和颜色的变化（Nuopponen et al.，2005）。这种颜色的变化在某些情况下是有益的，如红竹干燥后变成金黄色。微波真空干燥过程中，微波能以电磁波的形式直接穿透到竹材内部，极性分子在微波场中产生极化反应，对物料进行加热，达到蒸发水分的目的，水分排出的同时，竹材的颜色发生变化。微波干燥后竹材表面由绿色变为黄色，且颜色分布均匀，如图12-6C所示，吕黄飞（2018）对圆竹材经微波真空处理后的变色机制进行研究，结果表明，在密闭的环境中，半纤维素的降解速度加快，主要是由于在密闭环境中干燥过程产生的有机酸被保留在干燥腔体中，有机酸的存在加速了半纤维素的降解速度。此外，随着真空度增加，相应水的沸点降低，在相同条件下水分的蒸发速率更快，单位时间内排水量增加；另外，随着真空度的增加，真空罐体内和圆竹材表面的压力降低，而圆竹内的压力（密封腔体）基本没变化，使得圆竹材内外的总压力差增大，水分向外移动的速率加快，这两方面的原因都缩短了干燥时间，使得在较高真空度条件下干燥时间最短，颜色变化最快。当微波干燥功率增加时竹材表面颜色差异较小，竹材表面的明度、红度和黄度均呈现增加的趋势。随着微波干燥温度的升高、真空度的升高，竹材表面颜色变化程度增加。

在较高温度热处理过程中，半纤维素发生氧化和水解，产生有机酸类化合物，而酸性物质又进一步促进了木质素的降解。在弱酸条件下，木质素加热后吸光系数增大，酚羟基增多，从而使颜色变化或加深，当外界温湿度较高时，会加速颜色的变化过程。当含水率在纤维饱和点以上时，颜色随干燥温度的升高而加深。高温条件下延长加热时间，颜色可变成棕褐色。Yamauchi 等（2005）研究落叶松热处理拉曼光谱特性，发现热处理过程中木质素分子发生缩合反应，C═C 和

C═O 减少，水的存在进一步降低了缩合反应的温度，细胞壁水产生的影响远大于细胞腔和细胞间隙的水。因此，水作为溶剂或反应物促进了木质素软化温度的降低，而温度、含氧量、湿度及酸碱度均对纤维素结构和颜色产生不同的影响。

（二）光降解变色

竹材中纤维素和半纤维素对光较稳定，不吸收可见光，所以木质素及部分抽提物吸收可见光和紫外线是诱发竹材变色的重要因素。置于日光下的竹材，其表面会迅速地发生光化学降解作用，而使竹材表面的颜色发生变化。竹材在光照作用初期，竹材表面亮度及光泽度下降，有黄变趋势，失去竹材本身的色泽，随着光照时间的延长，竹材表面颜色呈现先加深后变浅的趋势。

木质素光化学反应主要是自由基反应，在日光作用下酚羟基中很容易生成苯氧自由基。苯氧自由基与氧作用可诱发木质素中愈创木基的脱甲基反应，产生邻醌型结构。醌的形成过程伴随着芳香族结构的减少和共轭羰基的增加。在光老化初期，竹材表面迅速变黄是由对醌物质的产生所导致的。醌基在光诱导黄变过程中形成，其自身同时具有光敏性，可以催化其他光化学反应形成醌类或非醌类型的有色物质。邻醌和对醌分别是红色与黄色物质，是木质素的主要发色结构。对醌结构除极少数缩合单元外，多数以单体形式溶出，而邻醌则以不溶出的形式保留在木质素大分子中，构成木质素颜色的首要来源。木质素光化学反应形成的醌型结构是导致木质素和木质材料变色的主要发色基团（刘元和聂长明，1995）。

（三）湿热老化变色

竹材经湿热老化后，竹材表面的明度呈下降趋势，而红度指数呈上升趋势。随着湿热老化时间的延长，竹青面的黄度指数随着时间的增加先上升，然后再下降，而竹黄面的黄度指数一直呈上升趋势。竹材的颜色变化随着老化温度和时间增加呈上升趋势，竹黄面的颜色变化幅度小于竹青面（陈礼生，2019）。

第三节　竹材变色评价方法

化学组分与材料所呈现的颜色有密切的关系，不同的分子结构对可见光的吸收范围和程度不同，呈现出不同的颜色。竹种不同化学组分差异较大，立地条件和环境因素也会影响化学组分，导致颜色之间有较大差异，如毛竹呈绿色，紫竹表现出紫色，黄金竹呈黄绿相间等。竹材颜色是产品质量评价的重要指标之一，不同颜色类型对产品价值影响较大。

一、色度学评价方法

颜色具有三个特性，即色相、明度和饱和度。竹材表面颜色变化除人眼观察外，还可通过颜色检测仪量化 Lab 值进行表征。Lab 颜色空间是国际照明委员会（CIE）定义的几种颜色模型之一，接近人类的色彩感知，色域宽广且色彩分布均匀，由亮度 L、颜色分量 a 和颜色分量 b 组成。L 表示材料表面的亮度，纯白色的表面 L 值为 100，纯黑色的表面 L 值为 0；a^* 表示材料表面的红绿轴色度指数，a^* 为正值，表明材料表面呈现红色，a^* 为负值，表明材料表面呈现绿色；b^* 表示材料表面的黄蓝轴色度指数，b^* 为正值，表明材料表面呈现黄色，b^* 为负值，表明材料表面呈现蓝色；ΔE^* 为总色差，其大小表示色差变异程度，ΔE^* 值越大表明色差变化越大。颜色的变化采用 $L^*a^*b^*$ 色度空间的色差，公式如下：

$$\Delta L^*=L_t^*-L_0^* \tag{12-1}$$

$$\Delta a^*=a_t^*-a_0^* \tag{12-2}$$

$$\Delta b^*=b_t^*-b_0^* \tag{12-3}$$

$$\Delta E^*=\sqrt{(\Delta L^*)^2+(\Delta a^*)^2+(\Delta b^*)^2} \tag{12-4}$$

式中，ΔL^* 为明度差；Δa^* 为红绿色度差；Δb^* 为黄蓝色度差；ΔE^* 为总色差；t 表示处理后的测量值；0 表示处理前的测量值。

二、主观评价法

主观评价法指在不借助其他设备的条件下，快速准确地对颜色进行评价，该方法带有一定的随机性。主观评价法一方面受人为因素影响，评价人的经验、年龄、爱好、情绪等都会对结果产生影响；同时，光源、样品尺寸等也会对结果产生影响。此外，主观评价法还依赖于标准颜色卡，但评价时也会对结果产生影响。

三、客观评价法

目前，对于颜色深度的评价方法主要有两种，一种是以试验为基础建立的表征方法，该方法受人为因素、环境因素等外在条件影响较小，准确性相对较高；另一种以仪器公式评价为基础建立评价体系，如戈德拉夫（Godlove）公式以构成色彩空间的三属性为基础的方法，或以光学测量分光反射率为基础的泰勒（Taylor）规则评价方法（杨志晖，2016）。

四、基于图像颜色评价法

图像所包含的颜色信息较丰富，由于成图设备及光照环境的差异性，对所拍图像的颜色与人实际感知的颜色会有一定的偏差（兰天，2019）。因此，需要对图像颜色进行校正后再进行评价，其指标主要包括对比度、信息熵、平均梯度、无参考图像质量评价（NR-IQA）。

1. 对比度

对比度（σ）指图像最亮的部分与最暗的部分之间的比例，比值越大，说明图像的层次感越强，颜色越丰富，公式如下：

$$\sigma = \sum_{i=1}^{M}\sum_{j=1}^{M}\sqrt{\frac{\left(F(i,j)-\mu\right)^2}{M \times N}} \tag{12-5}$$

式中，μ 是图像的亮度；$F(i,j)$ 是图像第 i 行、第 j 列的灰度值；M 是图像的总行数；N 是图像的总列数。

对比度越高图像效果越好，图像的颜色越饱和，相反，则图像会显得模糊，颜色不鲜艳。而对于含雾图像来说，对比度是一个重要、可靠的特征。

2. 信息熵

熵是信息量的度量。对于一个随机事件 E，若它出现的概率为 $P(E)$，那么所包含的信息量 $I(E)$ 为：

$$I(E) = \log_2 \frac{1}{P(E)} = -\log_2 P(E) \tag{12-6}$$

将一幅图看作一个信息源，信息源 B 定义为所有可能的符号的集合 $\{b_i\}$，信息源产生符号 b_i 的概率是 $P(b_i)$，则该图像的平均信息量（H）为：

$$H = \sum_{i=1}^{L} P(b_i) I(P(b_i)) = -\sum_{i=1}^{L} P(b_i) \log_2 P(b_i) \tag{12-7}$$

当 $P(b_0)=P(b_1)=P(b_2)=\cdots P(b_{255})=1/256$ 时，H 取得最大值，即在灰度图像中，当各灰度值相等时，熵最大，说明图像所含信息量越大。

3. 平均梯度

图像的平均梯度可用图像边缘的灰度差值表示，差值越大，图像中物体与物体之间的界限越明显。因此，平均梯度能反映图像的清晰度。平均梯度越大，图像清晰度越高。

4. 无参考图像质量评价

人类的视觉系统是视觉信息的接受者，主观评价误差较大。采用 NR-IQA 评价图像质量，该方法结合人类视觉系统特性，并根据图像的均值、标准差等建立图像统计模型，通过该模型给出图像分数，该方法具有较高的准确度。

第四节　竹材防变色技术

竹材表面颜色作为竹材视觉特性指标，对竹材的商业价值和使用价值具有重要影响。由微生物、化学因素、物理因素等引起的竹材变色尤其是竹材表面不均匀变色，严重降低了竹材的外观质量，使竹材应用范围受到限制。应用竹材变色防治技术，可有效降低竹材受环境因素影响而引起的竹材表面颜色变化，是竹材保护的重要内容。

一、微生物变色

引起竹材变色的微生物主要有霉菌、变色菌和腐朽菌。这些真菌在竹材中生长和繁殖需要营养、温度、水分、氧气、一定的酸碱度和传播途径。通过切断这些条件之一即可控制真菌，其中营养和水分是最可控制的条件。霉菌和变色菌主要以竹材中的淀粉为营养，腐朽菌可利用竹材细胞壁物质——纤维素、半纤维素和木质素。通过水或其他溶液去除糖、改变竹材羟基、注入对真菌有抑制或杀灭作用的化学物质等均改变了真菌赖以生存的营养，起到防霉、防变色和防腐作用。温度和水分是真菌侵染竹材的主要因素，三种真菌最适温度为 25 ～ 30℃，湿度有所不同，当环境相对湿度在 75% ～ 78% 时，腐朽菌较为活跃，多数霉菌开始侵染竹材，变色菌适应的湿度范围较宽；当环境相对湿度在 90% 以上时易发生霉变。通过控制竹材含水率或者环境相对湿度能较好地保护竹材不受真菌侵染而变色。有关霉菌和腐朽菌的防治分别在第三章和第四章已详细阐述，这里重点讲述变色菌的防治。

变色菌的防治可以借鉴竹材防霉方法，通过物理方法如隔离竹材与变色菌、控制竹材含水率，或采用化学方法如改变竹材成分等创造不利于变色菌生长和繁殖的条件，使竹材难以被变色菌利用。新伐竹材尽快干燥至含水率 20% 以下并保持干燥是防止变色菌侵染最为简单而有效的方法。如果不能及时干燥竹材，则需要采用化学药剂处理以防止变色。与竹材防霉和木材防变色相比，针对竹材的防变色研究相对较少。由于多数防霉剂对变色菌也有较好的抑制效果，如五氯酚钠、

IPBC、DCOIT、硼化合物等，通常将竹材的防霉和防变色合为一体，称为防霉变，可参考第三章第四节内容。

由于物理防变色难以解决竹木材再次吸湿发生变色的问题，而化学防变色往往需要借助化学药剂的毒性达到持久高效，两种方法均有一定的局限性。因此，需要探寻一种对人体和环境无污染、持久、稳定的防变色方法。生物防治方法以其以菌治菌的环保理念，受到国内外竹木材研究人员的青睐。生物防变色就是利用竞争性或拮抗性生物来防止变色菌引起的变色，如利用拮抗真菌来阻止变色菌的生长和繁殖。由于变色菌的侵染常出现在新伐竹，其含水率和营养适合多种菌生长，包括拮抗菌，因此有利于生物防治。这种生物防治建立在真菌种间动态的相互作用的基础上。目前已报道的包括竞争、拮抗和重寄生等。在实际情况中，可能是某种机制起主要作用，也可能是 2 种或者 3 种机制共同起作用。利用微生物之间这个特点，以菌治菌，对某些变色菌进行有效控制。选择有潜力的生物保护剂的基本原则是易培养、生长快，菌丝属无色菌系。生物防变色得到了广泛的研究，虽然多数还处于实验室研究阶段，但是生物防治的研究空间很大。

蓝变菌生物防治方面的研究开展较早，利用各种微生物包括细菌、木腐菌、菌根真菌、蓝变菌的白化菌株、放线菌和类菌质体等抑制变色菌的生长（Behrendt et al., 1995）。研究表明，可用于防止木材变色的细菌有假单胞菌属（*Pseudomonas*）、芽孢杆菌属（*Bacillus*）、链霉菌属（*Streptomyces*）等；可用于防止木材变色的真菌有木霉属（*Trichoderma*）、粘帚霉属（*Gliocladium*）、柱霉属（*Scytalidium*）、葡萄状穗霉属（*Stachybotrys*）、黄丝孢菌属（*Phialemonium*）等（Humphries et al., 2002）。变色菌的无色菌株也是防止木材变色比较理想的真菌。Held 等（2003）通过杂交及单孢分离的方法得到能够抑制 3 种变色菌的无色菌株 *Ophiostoma floccosum*、*O. piceae* 和 *O. pluriannulatum*。

自 20 世纪 40 年代美国林产品实验室的 Mae. S. Chidester 提出通过生物手段控制木材变色的可能性以来，各国学者在生防菌株的筛选、作用机制、制剂开发等方面进行了大量研究并尝试应用于实际生产。加拿大 Forintek 公司分离得到的一株白化蓝变菌 Cartapip97™ 已经获得专利，并在艾伯塔省和不列颠哥伦比亚省进行了野外试验，效果良好。加拿大专利 963387 和 1106201 中将生防菌的孢子悬浮液注入木材组织的孔隙中防止木材变色。ATCC10475 和 ATCC20476（美国菌种保藏中心）是美国林产品实验室开发研制的 2 种含有木霉属真菌繁殖体的菌丸，现已应用于木材生物保护的生产性试验。这些制剂通常采用喷涂、浸渍的方式施用于木材表面，通过在木材表面形成均匀的孢子膜保护木材（孙薇等，2009）。这些生防菌株是否适用于竹材防变色还有待于进一步研究。

尽管多数竹材防霉剂有防变色作用，但引起发霉和变色的真菌种类不同，对竹材造成的影响不同，其使用方法和作用效果也有所不同，因此有必要深入研究竹材防变色，尤其是变色菌与腐朽菌、霉菌之间的相互作用及对户外材劣化机制方面。

二、化学变色

（一）铁变色

竹材的铁变色多发生于竹材被截锯的横切面或在使用过程中与铁质连接件接触的部位。为改善竹材的铁变色，可采用以下方法：①对于较小的铁变色面积，可采用打磨的方法去除；②对于大面积变色部位，需用化学试剂去除。可用草酸处理一段时间，竹材表面较深的铁变色出现返色的现象，草酸与铁离子反应生成草酸铁，该反应强于酚羟基与铁离子的结合力。草酸铁的颜色为淡黄色，与竹材本身的颜色相近，因此草酸可以脱除铁变色。但是，草酸铁耐光性较差，当吸收紫外线时容易发生分解，分解出的铁离子可与酚类物质再次反应形成黑色物质。因此，采用草酸处理铁变色的竹材仅适用于室内用材；③在竹材制品加工利用过程中，可通过避免铁与竹材接触、避免水和铁接触或在竹材处理液中添加捕捉铁的物质（如乙二胺四乙酸）等方法，进一步防止发生铁污染。

（二）酸变色

对于用酸处理去除铁污染的竹材，可充分水洗或添加磷酸氢二钠，防止酸变色。表层变色较轻微的，可用刨切或砂磨的方法去除。对于涂层中酸性物质引起的污染，应尽可能控制酸性物质的使用量，也可用大量的水溶出水性变色物质，或用碱中和以减轻酸性物质变色的程度。

（三）碱变色

碱变色常出现在酚醛树脂胶合的板材表面、经常与水泥接触的竹材表面以及强碱性漂白剂处理的竹材表面等。初期的碱污染可用乙二酸水溶液去除，污染时间较长的碱变色，则可使用浓度 2% ～ 10% 的过氧化氢处理。

三、物理变色

（一）干燥变色

竹材受到外界环境和干燥工艺的影响时会发生变色，竹材表面均匀变色可以减少对竹材表面视觉特性的影响。

对于竹质板材的干燥变色，可参考木材防变色的方法，如在干燥前涂覆亚硫酸钠、亚硫酸氢钠、氨基脲和氧化锌等化学试剂，均可有效防止干燥变色。另外，干燥前用有机溶剂或热水处理竹材，能在一定程度上减少干燥引起的变色。

对于圆竹制品的变色，可以根据产品的用途和使用者的需求，合理选择工艺技术参数制造色泽各异的产品。在竹材干燥过程中，为避免竹材干燥过程中表面颜色不均匀，可采用以下方法。

（1）在干燥前将竹材表面的污垢清洗干净。

（2）竹材在选择自然干燥方法时，将竹材直立干燥，远离墙面和地面，竹材底部放在干燥架上与地面保持一定的距离。

（3）竹材在选择热处理干燥方法时，尽量保持竹材不同部位的热处理条件一致，避免局部温度过高引起变色不均。

（二）光降解变色

若竹材的材面已经产生了光变色，可采用砂光或刨切的方法除去变色层。如果变色层很浅，可采用漂白的方法，除去材面的发色化合物，如使用过氧化氢、亚氯酸钠等。对于未产生光变色的竹材，可采用色漆或清漆涂层覆盖竹材表面，能有效防止日光照射，避免自由基降解反应对竹材表面颜色产生影响。同时，在涂层中添加有机紫外吸收剂（如水杨酸系、二苯甲酮系和苯并三唑系等），可有效防止竹材的光变色。另外，在竹材表面涂层中加入纳米颗粒（如氧化锌、二氧化钛、二氧化硅等），能明显改善竹材的耐光老化性能。但是，涂层中加入纳米颗粒，会降低涂层的透明性，影响竹材表面的纹理和竹材本身颜色的展示。

四、竹材保绿

新采伐的竹材表面（竹青）颜色为绿色至深绿色，色泽鲜丽，具有较高的美学观赏价值。可通过化学和物理处理使竹材保持原有的绿色，且在室内外环境下不褪色。现有技术主要是采用铜离子代替竹青叶绿素中的镁离子对竹材进行保绿，如用硫酸铜、环烷酸铜、乙酸铜、铜铬复合物等。然而，这些方法存在易褪色、处理材气味重或毒性大等缺点。来源于虾蟹壳等废弃物的壳聚糖是一种天然、环保的可再生资源，广泛应用于医药和食品行业，已有研究将壳聚糖与铜盐相结合制备绿色圆竹，由于壳聚糖本身具有抗菌性和耐光性，所制备的保绿圆竹耐光和抗菌虫效果较好。此外，壳聚糖是一种氨基多糖，能将铜离子固着于圆竹中，防止铜离子流失。

附录 1　本书所涉及的拉丁学名

半知菌亚门的球二孢属 *Botryodiplodia*
勃氏甜龙竹 *Dendrocalamus brandisii*
簕竹 *Bambusa blumeana*
产黄青霉 *Penicillium chrysogenum*
铲头堆砂白蚁 *Cryptotermes declivis*
长喙壳属 *Ceratocystis*
长木蜂 *Xylocopa tranquabarorum*
车筒竹 *Bambusa sinospinosa*
撑篙竹 *Bambusa pervariabilis*
撑绿杂交竹 *Bambusa pervariabilis* × *Dendrocalamopsis daii*
椽竹 *Bambusa textilis* var. *fasca*
慈竹 *Neosinocalamus affinis*
大木竹 *Bambusa wenchouensis*
大竹蠹 *Bostrychopsis parallela*
淡竹 *Phyllostachys glauca*
粉单竹 *Lingnania chungii*
刚竹 *Phyllostachys sulphurea* var. *viridis*
根霉属 *Rhizopus*
褐粉蠹 *Lyctus brunneus*
黑翅土白蚁 *Odontotermes formosanus*
黑曲霉 *Aspergillus niger*
黑胸散白蚁 *Reticulitermes chinensis*
黄胸散白蚁 *Reticulitermes flaviceps*
黄竹 *Dendrocalamus membranaceus*
假单胞菌属 *Pseudomonas*
角胸长蠹 *Bostrychoplites cornutus*
截头堆砂白蚁 *Cryptotermes domesticus*
桔青霉 *Penicillium citrinum*
可可球二孢菌 *Lasiodiplodia theobromae*
镰孢属 *Fusarium*
链格孢菌 *Alternaria alternata*
链霉菌属 *Streptomyces*
梁山慈竹 *Dendrocalamus farinosus*
龙竹 *Dendrocalamus giganteus*
绿色木霉 *Trichoderma viride*
毛霉属 *Mucor*
毛竹 *Phyllostachys pubescens*
木霉属 *Trichoderma*
拟吉丁天牛 *Niphona furcata*
粘束孢属 *Graphium*
粘帚霉属 *Gliocladium*
葡萄状穗霉属 *Stachybotrys*
青霉属 *Penicillium*
青皮竹 *Bambusa textilis*
曲霉属 *Aspergillus*
日本竹长蠹 *Dinoderus japonicus*
融粘帚霉 *Gliocladium deliquescens*
色二孢属 *Diplodia*
篾簩竹 *Schizostachyum pseudolima*
台湾乳白蚁 *Coptotermes formosanus*
芽孢杆菌属 *Bacillus*
印度簕竹 *Bambusa bambos*
硬头黄竹 *Bambusa rigida*

中华粉蠹 *Lyctus sinensis*
竹红天牛 *Purpuricenus temminckii*
竹绿虎天牛 *Chlorophorus annularis*
竹木蜂 *Xylocopa nasalis*
竹长蠹 *Dinoderus minutus*
柱霉属 *Scytalidium*
紫竹 *Phyllostachys nigra*
总状毛霉 *Mucor racemosus*

附录 2　本书所涉及的专利和相关标准

陈安良, 孙芳利, 张绍勇, 等. 2015. 一种具有缓释效果的微囊悬浮剂组合物及其制备方法: CN105494327A

刘君良, 徐国祺, 胡生辉, 等. 2010. 一种防腐剂、其制备方法和用该防腐剂处理木/竹材的方法: CNIO2328334A

欧阳辉, 肖竹平, 谭伟. 2014a. 一种显齿蛇葡萄提取物天然竹材防腐剂及其制备方法: CN104015236

欧阳辉, 肖竹平, 冯磊. 2014b. 一种黄芩提取物天然竹材防腐剂及其制备方法: CN104002344A

吴义强, 彭万喜, 卿彦. 2010. 一种微纳米硅炭化超疏水防腐木及其制备方法: CN101234495A

AFNOR V313. 1979. Panneaux de particules, epreuve deviellissement accelere parlemethode dite “V313”. Association Francaise de Normalisation (AFNOR). NF B51-263, Paris, France

ASTM D1037-12. 2012. Standard test method for evaluating properties of wood-based fiber and particle materials. *In*: Annual Book of ASTM Standards. ASTM, Philadelphia, Pennsylvania, USA

BS EN 1087-1. 1995. British Standard: Particleboards-Determination of moisture resistance-Part 1: Boil test. British Standards Institution, London, UK

GB/T 13123—2003《竹编胶合板》

GB/T 20240—2017《竹集成材地板》

GB/T 21128—2007《结构用竹木复合板》

GB/T 21129—2007《竹单板饰面人造板》

GB/T 27649—2011《竹木复合层积地板》

GB/T 30364—2013《重组竹地板》

GB/T 32444—2015《竹制家具通用技术条件》

LY/T 1055—2002《汽车车厢底板用竹材胶合板》

LY/T 1574—2000《混凝土模板用竹材胶合板》

LY/T 1660—2006《竹材人造板术语》

LY/T 1842—2009《竹材刨花板》

Standard for Waterborne Preservatives. 2011. AWPA Standard, American wood protection association: 5-10

附表　材料阻燃检测标准及指标

标准名称	检测指标
GB 8624—2012《建筑材料及制品燃烧性能分级》	燃烧性能分级
GA 159—2011《水基型阻燃处理剂》	阻燃处理材吸潮率、抗弯强度损失率、燃烧剩余长度、平均烟气温度峰值、烟气密度、阻燃剂分级
GB/T 14523—2007《对火反应试验　建筑制品在辐射热源下的着火性试验方法》	试件水平放置时受火面着火性能
GB/T 2406.2—2009《塑料　用氧指数法测定燃烧行为　第2部分：室温试验》	维持试样有焰燃烧所需的最低氧浓度
GB/T 17658—2018《阻燃木材燃烧性能试验——火传播试验方法》	烟气温度、失重率
GB/T 8625—2005《建筑材料难燃性试验方法》	燃烧剩余长度、平均烟气温度
GA/T 42.1—1992《阻燃木材燃烧性能试验方法——木垛法》	燃烧质量损失率、有焰燃烧时间
GA/T 42.2—1992《阻燃木材燃烧性能试验方法——火管法》	燃烧质量损失率、有焰燃烧时间
GB/T 14402—2007《建筑材料及制品的燃烧性能　燃烧热值的测定》	燃烧总热值
GB/T 14403—2014《建筑材料燃烧释放热量的试验方法》	燃烧释放热量
GB/T 16172—2007《建筑材料热释放速率试验方法》	热释放速率
GB/T 20285—2006《材料产烟毒性危险分级》	产烟毒性危险分级
GB/T 8627—2007《建筑材料燃烧或分解的烟密度试验方法》	烟密度等级
GB/T 20284—2006《建筑材料或制品的单体燃烧试验》	热释放速率、产烟量、火焰横向传播、燃烧滴落物及颗粒物
GB/T 18101—2013《难燃胶合板》	难燃胶合板分级
GA 87—1994《防火刨花板通用技术条件》	外观质量、尺寸偏差、物理力学性能、烟密度、氧指数、烟气毒性、燃烧分级
GB/T 18958—2013《难燃中密度纤维板》	难燃中密度纤维板分级
	木质防火门分级
GB/T 12441—2018《饰面型防火涂料》	涂料技术要求、检验规则

参 考 文 献

安鑫. 2016. 毛竹纤维细胞壁微纤丝取向与超微构造研究. 中国林业科学研究院博士学位论文.

包永洁, 何盛, 张泽前, 等. 2016. 硅溶胶浸渍处理对毛竹光老化性能的影响. 南京林业大学学报(自然科学版), 40(4): 131-136.

包永洁. 2009. 高温热处理前后竹材主要化学成分及物理力学性能研究. 南京林业大学硕士学位论文.

毕毓芳, 杜旭华, 钟哲科. 2011. 生物技术在簕竹属植物中的应用及研究进展. 竹子研究汇刊, 30(4): 57-62.

布・芒努斯・尼登, 拉尔斯・奥洛夫・努德斯特瑞纳, 艾姿碧塔・玛丽亚・贝尔德, 等. 2012. 包含活性物质的缓释微囊和微球: CN 102427721A.

布村昭夫. 1966. 加压染色法. 北海道林产试验月报, (16): 15.

蔡国宏. 2005. 红外光谱法在材料阻燃分析中的应用. 武警学院学报, 21(5): 22-23.

蔡勋红. 2003. 黄胸散白蚁的为害特点及防治对策//江西省昆虫、植保、植病学会学术研讨会论文集. 南昌: 30-31.

蔡亚能. 1978. 控制海洋生物污损性附着和钻孔的微生物学方法. 海洋科技资料, (2): 46-51.

曹金珍. 2018. 木材保护与改性. 北京: 中国林业出版社.

曹显华. 2001. 竹胶板生产提高竹材利用率主要途径. 安徽林业, (5): 27.

曹钰, 王新洲, 李延军, 等. 2020. 高温油热处理对竹材淀粉含量及防霉性能的影响. 林业工程学报, 5(2): 109-115.

陈安良, 孙芳利, 张绍勇, 等. 2015. 戊唑醇纳米胶囊的制备方法: CN 104336013A.

陈承德. 1991. 木材防船蛆试验初报. 木材工业, (1): 51-52.

陈国华, 李运泉, 彭浩斌, 等. 2015. 木基和竹基生物质燃料燃烧动力学特性研究. 可再生能源, 33(10): 1535-1540.

陈红. 2014. 竹纤维细胞壁结构特征研究. 中国林业科学研究院博士学位论文.

陈嘉封. 1993. 染色废水的处理原则及设备设计和管理. 环境保护, (4): 12-13.

陈建山, 罗洁, 吴志平, 等. 2005. 低粘度紫外光固化竹木基涂料的研制. 化工新型材料, 8: 66-68.

陈礼生. 2019. 冷却塔竹质淋水填料的冷却性能和耐久性能研究. 中国林业科学研究院博士学位论文.

陈卫民, 李新功, 袁光明, 等. 2015. 阻燃型竹木重组材制备及性能. 化工新型材料, 43(8): 93-95.

陈晞. 2002. 竹材阻燃浸渍处理工艺的研究. 建筑人造板, 23(1): 20-21.

陈秀芳. 2006. 活性染料染色废水还原脱色影响因素分析. 染料与染色, (2): 53-56.

陈旭亭. 2016. 贵州白蚁分类研究(昆虫纲: 蜚蠊目: 等翅下目). 贵州大学硕士学位论文.

陈旬, 袁利萍, 胡云楚, 等. 2014. 锥形量热法研究 APP/5A 分子筛对木材的阻燃抑烟作用. 林产化学与工业, 34(2): 45-50.
陈玉和, 陈章敏, 吴再兴, 等. 2008. 竹材单板染色技术的研究. 竹子研究汇刊, 27(3): 49-52.
陈玉和, 胡伟华, 常德龙. 2001. 泡桐木材漂白过程中双氧水分解率的研究. 木材工业, 15(6): 25-30.
陈玉和, 黄文豪. 2000. 氢氧化钠预处理对木材漂白促进作用的研究. 林产化学与工业, 20(1): 52-56.
陈玉和, 陆仁书. 2002. 木材染色进展. 东北林业大学学报, 30(2): 84-86.
陈玉和, 陆仁书, 方桂珍. 1999. 木材水溶性染料的染色技术. 木材工业, 13(2): 27-30.
陈玉和, 陆仁书, 李宗然. 2000a. 泡桐单板染色因素对上染率的影响. 木材工业, 14(1): 8-11.
陈玉和, 陆仁书, 郑睿贤. 2000b. 刨切薄竹单板染色因素对色差的影响. 木材工业, 14(4): 10-12.
陈玉和, 陆仁书, 郑睿贤. 2002. 刨切薄竹单板染色工艺参数的遴选. 东北林业大学学报, 30(1): 10-12.
陈玉和, 吴再兴. 2015. 木材漂白与染色. 北京: 中国林业出版社.
陈志粦, 向才玉, 余道坚, 等. 2009. 进口竹藤中竹长蠹五近似种的鉴别 (鞘翅目: 长蠹科). 昆虫分类学报, 31(2): 115-122.
成俊卿. 1985. 木材学. 北京: 中国林业出版社.
程冬保, 阮冠华, 宋晓钢. 2014. 中国白蚁种类调查研究进展. 中华卫生杀虫药械, 20(2): 186-190.
程文正, 叶宇煌. 1999. 竹材料微波杀虫防霉效果的研究. 福州大学学报 (自然科学版), 27(5): 28-30.
程振衡, 刘益晟. 1964. 竹粉蠹 (Lyctus sinensis Lesne) 的生物学特性及其防治研究. 昆虫知识, (4): 162-166.
楚杰, 张军华, 路海东. 2016. 不同化学及热处理条件下竹材结构特性分析. 农业工程学报, 32(10): 309-314.
楚杰, 张军华, 马莉, 等. 2017. XRD 与 NMR 的热处理竹材结晶性能研究. 光谱学与光谱分析, 37(1): 256-261.
茨魏费尔（Zweifel H）. 2005. 塑料添加剂手册. 第五版. 欧育湘, 李建军等译. 北京: 化学工业出版社.
崔贺帅, 靳肖贝, 杨淑敏, 等. 2016. 竹质材料阻燃技术研究. 世界林业研究, 29(4): 47-50.
崔举庆, 吴春, 金菊婉, 等. 2012. 竹刨花防腐处理对酚醛树脂固化的影响. 东北林业大学学报, 40(12): 108-110, 117.
崔敏, 殷亚方, 姜笑梅, 等. 2010. 不同竹龄毛竹材物理性质的差异分析. 福建林学院学报, 30(4): 338-343.
大川勇. 1964. 木材浸透染色法. 工艺技术, 8: 1.
歹明莉. 2013. 磷系阻燃剂的现状与展望. 中华民居 (下旬刊), 1: 328-329.
邓邦坤. 2012. 家居竹制品用竹基炭化材的表面渗透性研究. 南京林业大学硕士学位论文.
邓天昇. 2004. 竹材热解过程的研究. 浙江大学硕士学位论文.
邓望喜. 1992. 城市昆虫学. 北京: 农业出版社.
邓志敏. 2014. 湿热环境下大漆涂饰竹材防潮机理研究. 中国林业科学研究院博士学位论文.
邓志敏, 江泽慧, 覃道春. 2014. 湿热环境下生漆涂饰竹木材的吸湿性变化规律. 林产工业, 41(6): 17-20.
邓志敏, 江泽慧, 覃道春. 2015. 湿热环境下大漆涂饰竹材防潮性能的评价. 林产工业, 42(1): 14-16.

丁山. 2018. 基于弧形原态重组竹的茶艺家具设计. 中南林业科技大学硕士学位论文.
董庆, 张书平, 张理, 等. 2015. 竹材热解动力学特性分析. 过程工程学报, 15(1): 89-93.
董永春, 黄继东. 2003. 酸性染料染色废水的脱色及其回用. 纺织学报, 24(5): 65-67.
杜春贵, 余辉龙, 周中玺, 等. 2017a. 阻燃毛竹重组竹地板的阻燃特性. 林产工业, 44(2): 7-11.
杜春贵, 周中玺, 余辉龙, 等. 2017b. 阻燃重组竹燃烧中的烟气毒性特征及抑烟性能. 南京林业大学学报 (自然科学版), 41(2): 163-168.
杜海慧, 孙芳利, 蒋身学. 2013. 慈竹重组材防霉性能的研究. 浙江农林大学学报, 30(1): 95-99.
杜吉玉, 杜宁, 吴宁晶. 2017. 磷系阻燃剂的微胶囊化及其在聚合物中的应用研究进展. 高分子材料科学与工程, 33(1): 173-178.
杜艳芳, 裴重华. 2007. 防紫外线纺织品的研究进展. 针织工业, 9: 23-27.
段新芳. 2005. 木材变色防治技术. 北京: 中国建材工业出版社.
段新芳, 李坚. 1997. 红松木材透明涂饰涂膜耐光性的研究. 吉林林学院学报, 13(3): 125-128.
段新芳, 孙芳利, 官恬. 2002. 世界木材颜色调控技术研究现状及展望. 国际木业, 32(12): 9-11.
范超, 张梅, 张晶. 2017. 天然防腐剂的研究进展. 食品工业, 10: 200-203.
范士军, 唐群委, 吴季怀, 等. 2009. Ag/PVP/PVA 抗菌水凝胶的制备及性能. 高分子材料科学与工程, 25(11): 149-151.
方桂珍, 李淑君. 1999. 低分子量配合酚醛树脂改性大青杨木材的研究. 木材工业, (5): 17-19.
方桂珍, 任世学, 金钟玲. 2001. 木材防腐剂的研究进展. 东北林业大学学报, 29(5): 88-90.
费本华, 唐彤. 2019. 基于桐油热处理的竹材理化性质研究. 世界竹藤通讯, 17(5): 73-77.
费本华, 唐彤, 陈秀芳, 等. 2017. 一种低温油热改性竹材的加工方法: 中国, 201710680863.1.
费本华, 唐彤, 陈秀芳, 等. 2018. 一种竹材长效防霉耐磨的加工方法: 中国, 201811509631.0.
峰村伸哉. 2002. 木材的变色. 木材工业, 16(2): 5-8.
冯建稳, 王奉强, 孙理超, 等. 2012. MUF-PVAc 共混树脂基膨胀型水性木材阻燃涂料的研究. 北京林业大学学报, 34(4): 160-164.
冯建稳, 王清文. 2010. 木材的化学组分与木材阻燃的关系//中国林学会木材科学分会第十二次学术研讨会论文集. 北京: 388-391.
冯斯宇, 袁利萍, 胡云楚, 等. 2016. 海泡石与 APP 对 PVC/竹粉复合材料的阻燃抑烟机理. 工程塑料应用, 44(12): 1-7.
福州市竹制品研究所. 1965. 竹制手工艺品防腐防虫实验报告 (内部).
傅深渊, 程书娜, 赵广杰, 等. 2009. 阻燃型竹丝成形材燃烧动力学和燃烧性能. 浙江林学院学报, 26(6): 767-773.
嘎力巴, 刘姝, 王鲁英, 等. 2012. 木材阻燃研究及发展趋势. 化学与黏合, 34(4): 68-71.
甘利平, 杨维仁, 张崇玉, 等. 2015. 植物提取物的生物学功能及其作用机理. 动物营养学报, 27(9): 2667-2675.
高建民, 张璧光, 常建民. 2004. 三角枫在干燥过程中变色机理的研究. 北京林业大学学报, 26(3): 59-63.
高黎, 王正, 任一萍. 2009. 阻燃处理竹篾层积材的性能分析. 木材工业, 23(2): 7-9.
高珊珊, 郑仁红, 吴晓丽, 等. 2010. 4 种大径丛生竹材的密度和干缩性研究. 福建林学院学报, 30(3): 270-274.

高小红, 袁华. 2003. 改性松香的研究进展. 化学与生物工程, 20: 135-138.
龚新怀, 谢旭, 赵瑨云, 等. 2013. PP/PVC 基竹塑复合材料的阻燃改性研究. 塑料科技, 41(12): 72-75.
顾继友. 2009. 胶黏剂与涂料. 北京: 中国林业出版社.
郭梦麟, 蓝浩繁, 邱坚. 2010. 木材腐朽与维护. 北京: 中国计量出版社.
郭明辉, 关鑫. 2008. 木材诱发变色研究现状与趋势. 世界林业研究, 1(5): 51-54.
郭银清, 廖益强. 2015. 毛竹热解特性及其动力学分析. 福建农林大学学报 (自然科学版), 44(3): 270-275.
韩建. 2007. 提高竹材综合利用水平构建资源节约型竹产业. 林产工业, (1): 216-219.
韩士杰, 范秀华. 1993. 臭氧抑制木材表面光化降解的机理. 吉林林学院学报, 9(2): 49-52.
韩小冰, 马玲, 谢龙. 2010. 植物药对害虫有效控制的研究进展. 东北林业大学学报, 38(12): 108-110, 120.
韩英磊, 李艳云, 周宇. 2011. 木材光降解机理及研究进展. 世界林业研究, 24(4): 35-39.
郝景新, 刘文金, 孙德林. 2013. 热处理对竹片颜色的影响规律. 竹子研究汇刊, 31(4): 34-38.
郝瑞仙, 石丽霞, 李国辉. 1990. 复方百部酊防止、杀灭中药蛀虫的实验研究. 中药材, 13(4): 28-29.
何莉, 余雁, 喻云水, 等. 2012. 竹材糠醇树脂改性研究初探. 竹子研究汇刊, 31(1): 34-41.
何明明, 于广和, 孙玉泉. 2013. 国内外木材阻燃研究现状、处理技术及发展趋势. 中国阻燃, 2: 6-10.
何蕊, 邱坚, 何海珊, 等. 2019. 木材真菌染色研究现状及发展趋势. 林业工程学报, 4(3): 19-24.
何蕊, 邱坚, 罗蓓. 2016. 六种竹材灰分及二氧化硅含量分析. 世界竹藤通讯, 14(4): 1-4.
何盛, 傅峰, 林兰英, 等. 2014. 微波处理技术在木材功能化改性研究中的应用. 世界林业研究, 27(1): 62-67.
何盛, 吴再兴, 徐军, 等. 2019. 碱液处理对改善竹束液体渗透性能的研究. 林业工程学报, 4(3): 25-31.
何文, 宋剑刚, 汪涛, 等. 2017. 热油处理对重组竹性能的影响. 林业工程学报, 2(5): 15-19.
何银地, 许云辉. 2017. C6 位选择性氧化竹浆纤维的壳聚糖改性处理. 高分子材料科学与工程, 10: 154-159.
贺春玲, 嵇保, 刘曙雯. 2009. 长木蜂的筑巢和采粉贮粮行为. 昆虫学报, 52(9): 984-993.
贺勇, 戈振扬. 2009. 竹材性质及其应用研究进展. 福建林业科技, 36(2): 135-139.
洪宏, 喻云水, 周蔚虹, 等. 2015. 毛竹薄壁组织抽提物成分的 GC-MS 分析. 中南林业科技大学学报 (自然科学版), (6): 114-117.
侯玲艳. 2010. 毛竹材表面润湿性及颜色的研究. 内蒙古农业大学硕士学位论文.
侯玲艳, 安珍. 2010. 竹材表面性能研究新进展. 西南林学院学报, 30(4): 89-93.
侯玲艳, 安珍, 赵荣军, 等. 2011. 蒸汽热处理和氙灯照射对毛竹材表面颜色的影响. 福建林学院学报, 31(2): 177-180.
侯伦灯, 张齐生, 苏团, 等. 2012. 竹条漂白工艺的研究. 森林与环境学报, 32(1): 76-79.
侯新毅, 江泽慧, 任海青. 2010. 我国竹子标准体系的构建. 林业科学, 46(6): 85-92.
胡够英. 2012. 高温热处理竹材动态粘弹性研究. 浙江农林大学硕士学位论文.
胡凯莉, 黄艳辉, 姚春丽, 等. 2017. 竹纤维细胞壁研究进展. 中国造纸学报, 32(1): 55-61.
胡拉, 吕少一, 傅峰, 等. 2016. 微胶囊技术在木质功能材料中的应用及展望. 林业科学, 52(7): 148-157.

胡玉安. 2014. 染色重组竹制备工艺研究与性能评价. 中国林业科学研究院博士学位论文.
黄成建. 2015. 热处理毛竹材细胞壁结构及力学性能研究. 浙江农林大学硕士学位论文.
黄道榜, 王威, 陈勇花, 等. 2018. 基于响应面法的重组竹硅铝溶胶防霉剂研究. 林业工程学报, 3(3): 29-34.
黄复生, 朱世模, 平正明, 等. 2000. 中国动物志　昆虫纲　第十七卷　等翅目. 北京: 科学出版社: 1-961.
黄茂福. 1999a. 略论双氧水漂白稳定剂 (一). 印染, (1): 45-49.
黄茂福. 1999b. 略论双氧水漂白稳定剂 (二). 印染, (2): 53-55.
黄梦雪, 张晓春, 余文军, 等. 2016. 高温蒸汽软化竹材的力学性能及结构表征. 林业工程学报, 1(4): 64-68.
黄秋丽, 余辉龙, 杜春贵, 等. 2017. 纳米抗菌水凝胶的研究进展及其在竹质材料防霉中的应用前景. 林产工业, 44(6): 3-6.
黄赛赛. 2019. 毛竹、杨木乙酰化及与甲基丙烯酸甲酯联合改性的研究. 浙江农林大学硕士学位论文.
黄树军, 陈礼光, 肖永太, 等. 2013. 大明竹属遗传多样性 ISSR 分析及 DNA 指纹图谱研究. 生态学报, 33(24): 7863-7871.
黄卫文, 李文斌, 陈国能, 等. 1994. 竹席漂白新工艺及其反应机理的研究. 中南林学院学报, (1): 24-28.
黄文娟, 武亚峰, 赵紫剑, 等. 2016. 热处理温度与浸渍方式对竹丝质量增加率的影响. 东北林业大学学报, 44(8): 65-67.
黄小真, 蒋身学, 张齐生. 2010. 竹材重组材人工加速老化方法的比较研究. 中国人造板, 17(6): 25-27.
黄晓东. 2006. 竹胶合板阻燃性能的研究. 西北林学院学报, 21(2): 146-149.
黄晓东, 黄俊昆, 许忠允, 等. 2019. 淀粉酶处理对竹材防霉性能的影响. 林业工程学报, 4(3): 60-65.
黄艳辉. 2010. 毛竹纤维细胞力学性质研究. 中国林业科学研究院博士学位论文.
黄艳辉. 2019. 竹材纤维及细胞壁力学性能. 北京: 科学出版社.
黄艳辉, 费本华, 赵荣军, 等. 2010. 木材单根纤维力学性质研究进展. 林业科学, 46(3): 146-152.
黄艳辉, 赵畅, 常晓雅, 等. 2018. 丙烯酸水性漆的涂饰工艺及其对漆膜性能的影响. 林产工业, 45(1): 24-26, 34.
黄燕. 2009. 德清县筏头乡竹制品加工企业废水治理研究. 浙江工业大学硕士学位论文.
辉朝茂, 杨宇明. 1998. 材用竹资源工业化利用. 昆明: 云南科技出版社.
江茂生, 陈礼辉. 2003. 毛竹爆破浆 H_2O_2 漂白的研究. 陕西科技大学学报, 21(3): 10-15.
江梅, 王德海, 马家举, 等. 2002. UV 固化竹木基涂料的研制. 热固性树脂, 3: 26-28.
江涛, 周志芳, 王清文, 等. 2006. 高强度微波辐照对落叶松木材渗透性的影响. 林业科学, 42(11): 87-92.
江泽慧. 2002. 世界竹藤. 沈阳: 辽宁科学技术出版社.
江泽慧. 2008. 世界竹藤 (英文版). 北京: 中国林业出版社.
江泽慧, 孙丰波, 余雁, 等. 2010. 竹材的纳米 TiO_2 改性及防光变色性能. 林业科学, 46(2): 116-121.
江泽慧, 余雁, 费本华, 等. 2004. 纳米压痕技术测量管胞次生壁 S_2 层的纵向弹性模量和硬度. 林业科学, (2): 113-118.
姜定. 2017. 防水型木材阻燃涂料的制备及其机理研究. 贵州大学硕士学位论文.
蒋乃翔. 2011. 不同竹龄毛竹材组织细胞的化学特性研究. 东北林业大学硕士学位论文.
蒋乃翔, 刘志明, 任海清, 等. 2010. 不同竹龄毛竹细胞壁总酚酸和酚酸类物质的含量变化. 竹子研究汇刊, 29(1): 24-28.
蒋身学, 程大莉, 张晓春, 等. 2008. 高温热处理竹材重组材工艺及性能. 林业科技开发, 22(6): 80-82.
蒋世一, 王喜明, 王雅梅. 2014. 20 种中草药水提液对白腐菌和褐腐菌的抑菌作用. 木材加工机械, 25(5): 33-35.
金春德, 杜春贵, 李延军, 等. 2011. FRW 阻燃刨切薄竹的阻燃特性. 林业科学, 47(7): 156-159.
金菊婉, 覃道春, 丁鑫, 等. 2009. 铜基防腐剂对竹材定向刨花板性能的影响. 木材工业, 23(5): 8-11.
金菊婉, 周定国. 2009. 木质复合材料防腐方法综述. 南京林业大学学报 (自然科学版), 33(6): 121-126.
靳肖贝. 2015. 阻燃竹集成材的制造与性能评价. 中国林业科学研究院硕士学位论文.
靳肖贝. 2018. 纳米埃洛石负载 IPBC 竹材防霉剂的制备与性能研究. 中国林业科学研究院博士学位论文.
靳肖贝, 李瑜瑶, 温旭雯, 等. 2015a. 磷氮硼复配阻燃剂处理竹材的热降解及燃烧性能. 林产工业, 42(12): 40-44.
靳肖贝, 张禄晟, 温旭雯, 等. 2015b. 水载铜基防腐剂处理对竹条表面润湿性的影响. 森林与环境学报, 3: 16-20.
鞠福生. 1992. 双氧水漂白稳定剂的发展概况. 染料工业, (2): 36-39.
赖艳华, 吕明新, 马春元, 等. 2001. 程序升温下秸秆类生物质燃料热解规律. 燃烧科学与技术, 7(3): 245-248.
兰天. 2019. 基于生成对抗网络的图像颜色校正方法. 山东师范大学硕士学位论文.
蓝晓光. 2003. 从马王堆看中国汉代的“竹子文明”. 竹子研究汇刊, 22(1): 70-75.
雷得定, 周军浩, 刘波, 等. 2009. 木材改性技术的现状与发展趋势. 木材工业, 23(1): 37-40.
黎彧, 邹训重, 刘亚杰, 等. 2014. 无机纳米材料在棉织物抗菌中的应用. 广东微量元素科学, (4): 32-35.
李邦俊, 张厚培, 褚国良. 1980. 化学药剂防治竹器虫蛀霉变的研究. 农药工业, (6): 42.
李丹, 姬宁, 杨守禄, 等. 2018. 赤松心材提取物在木材防腐防霉变方面的应用. 白城师范学院学报, 32(3): 13-16.
李晖, 陈美玲, 吕黄飞, 等. 2018. 阻燃处理对竹丝装饰材燃烧及防霉性能的影响. 中南林业科技大学学报, 38(7): 110-116.
李晖, 费本华. 2016. 竹丝装饰材料的光变色性能研究. 木材加工机械, 27(5): 20-24.
李晖, 刘嵘, 陈美玲, 等. 2017. 竹丝装饰材的湿缓冲特性研究. 林产工业, 44(7): 21-25.
李晖, 朱一辛, 杨志斌, 等. 2013. 我国竹材微观构造及竹纤维应用研究综述. 林业科技开发, 27(3): 1-5.
李坚. 2013. 木材保护学. 2 版. 北京: 科学出版社.
李坚, 刘一星, 段新芳. 1998. 木材涂饰与视觉物理量. 哈尔滨: 东北林业大学出版社.

李建军, 欧育湘. 2012. 阻燃理论. 北京: 科学出版社.
李景鹏. 2015. 竹材表面仿生功能构建及形成机理研究. 浙江农林大学硕士学位论文.
李景鹏, 吴再兴, 任丹静, 等. 2019. 无机纳米材料在木竹材防霉防腐中的研究进展. 竹子学报, 38(2): 16-23.
李良, 徐忠勇. 2008. 阻燃剂对竹/木复合材物理力学性能的影响. 内蒙古林业调查设计, 31(6): 96-97.
李明月. 2012. 光皮桦、毛竹和雷竹腐朽过程中显微构造和化学成分的变化研究. 浙江农林大学硕士学位论文.
李能, 2017. 耐光老化重组竹制备与性能表征. 中国林业科学研究院博士学位论文.
李能, 陈玉和, 包永洁, 等. 2011. 竹木材料耐紫外光老化性能研究进展. 浙江林业科技, 31(6): 70-73.
李能, 陈玉和, 包永洁, 等. 2012. 纳米级涂层对竹材光泽度的影响. 浙江林业科技, 32(4): 11-14.
李能, 陈玉和, 包永洁, 等. 2014. 纳米涂层对竹材色度稳定性的影响. 林产工业, 41(1): 19-22.
李能, 陈玉和, 翁甫金, 等. 2017. 5 种竹材阻燃剂阻燃效果对比研究. 竹子学报, 36(3): 62-65.
李能, 陈玉和, 张泽前, 等. 2015. 竹材耐光老化有机涂层的紫外屏蔽性能. 南京林业大学学报 (自然科学版), 39(1): 173-176.
李权, 林金国, 陈志伟, 等. 2017. 碱水热处理对毛竹材表面视觉性质的影响. 西北林学院学报, 32(5): 213-217.
李任. 2014. 阻燃重组竹的制备工艺与燃烧特性研究. 浙江农林大学硕士学位论文.
李素英. 2009. 强耐腐性树种心材提取物对木材防腐作用的研究. 河北农业大学硕士学位论文.
李涛, 蔡家斌, 周定国. 2013. 木材热处理技术的产业化现状. 木材加工机械, 5: 50-53.
李万菊. 2016. 木竹材糠醇树脂改性技术及其机理研究. 中国林业科学研究院博士学位论文.
李万菊, 李怡欣, 李兴伟, 等. 2018. 塑化改性竹材的物理力学性能及防霉性能. 木材工业, (2): 10-13.
李文珠, 何拥军, 陈普. 2006. 用热分析法研究竹材热解特性影响因素. 竹子研究汇刊, 25(2): 31-34.
李雄亚, 刘波, 李天秀, 等. 2019. 进出境原木及木质包装溴甲烷替代的化学处理技术现状与发展. 植物检疫, 33(2): 8-13.
李雪涛, 肖海湖, 张文标, 等. 2015. 竹地板表面粉末涂料喷涂工艺研究. 竹子研究汇刊, 34(4): 35-41.
李延军, 杜春贵, 刘志坤. 2003. 刨切薄竹的发展前景与生产技术. 林产工业, 30(3): 36-38.
李延军, 孙会, 鲍滨福, 等. 2008. 国内外木材热处理技术研究进展及展望. 浙江林业科技, 28(5): 75-79.
李延军, 徐世克, 杜兰星, 等. 2013. 阻燃刨切薄竹的热重分析. 浙江林业科技, 33(1): 59-61.
李燕文, 殷勤, 唐进根. 1996. 竹材主要害虫及其防治. 江苏林业科技, (4): 56-57.
李永峰, 刘一星, 王逢瑚, 等. 2011. 木材渗透性的控制因素及改善措施. 林业科学, 47(5): 132-139.
李瑜瑶. 2016. 纳米管负载防霉剂及其在竹材涂料中的应用. 中国林业科学研究院硕士学位论文.
李瑜瑶, 张融, 靳肖贝, 等. 2016. 埃洛石纳米管改性竹材防霉涂料的性能研究. 南京林业大学学报 (自然科学版), 40(3): 127-132.
李玉栋. 2002. 木材的变色及其预防和控制. 人造板通讯, (3): 10-13.
李玉敏, 冯鹏飞. 2019. 基于第九次全国森林资源清查的中国竹资源分析. 世界竹藤通讯, 17(6): 45-48.
梁世优, 王成盼, 殷学杰, 等. 2019. 培菌白蚁菌圃微生物降解木质纤维素的研究进展. 昆虫学报,

62(11): 1325-1334.
梁治齐. 1999. 微胶囊技术及其应用. 北京: 中国轻工业出版社.
廖艳芬, 王树荣, 骆仲泱, 等. 2002. 纤维素热裂解过程动力学的试验分析研究. 浙江大学学报 (工学版), 36(2): 60-64.
林峰, 徐金汉, 黄可辉, 等. 2008a. 出口原竹制品的热处理杀虫技术. 植物检疫, (5): 290-292.
林峰, 徐金汉, 黄可辉, 等. 2008b. 福州地区竹材害虫种类初步调查. 植物检疫, 22(1): 52-53.
林金国, 徐永吉. 2003. 中国木材改性研究最近十年进展. 江西农业大学学报, 25(2): 240-245.
林举媚. 2008. 重组竹应用于家具制造的关键指标评价. 南京林业大学硕士学位论文.
林琳, 庞瑶, 刘毅, 等. 2017. 超声波辅助纳米 Ag/TiO_2 浸渍木材的化学改性与微观构造表征. 林业科学, 12: 102-111.
林木森, 蒋剑春. 2009. 生物质热解特性研究. 化学工业与工程技术, 30(2): 23-25.
林雁. 2015. 我国白蚁防治的研究进展. 中华卫生杀虫药械, 21(6): 537-544.
林雁, 何利文, 郭红. 2013. 虫螨腈、噻虫嗪对白蚁的毒力测定及复配剂增效作用研究. 中国媒介生物学及控制杂志, 24(4): 304-307.
铃木直治, 等. 1985. 近代植物病理化学. 张际中, 等, 译. 上海: 上海科学技术出版社.
凌启飞, 李新功. 2013. 阻燃处理对竹粉增强聚乳酸复合材料阻燃抑烟性能影响. 塑料工业, 41(9): 48-52.
刘柏平, 夏晓梅. 2009. 考虑市场冲击下易变质商品的临时价格折扣模型. 物流科技, 32(7): 136-138.
刘彬彬, 孙芳利, 吴华平, 等. 2016. 聚丙烯酸盐/聚乙二醇半互穿聚合物网络在木材中的原位构建及其性能研究. 林业科学, 52(1): 134-141.
刘彬彬, 孙芳利, 张绍勇, 等. 2015. 高温对毛竹防霉剂丙环唑防霉性能的影响. 浙江农林大学学报, 32(5): 783-788.
刘炳荣, 钟俊鸿, 宗元. 2008. 植物提取液防治白蚁的研究进展. 林业实用技术, (6): 25-27.
刘福丹, 李延新, 孙秀伟. 2006. 浅谈木质渔船的防蛆与防腐. 渔业现代化, (3): 49-50.
刘惠平, 朱鹏, 刘章蕊, 等. 2012. 建筑用竹制脚踏板的防火阻燃. 消防科学与技术, 31(1): 86-89.
刘君良, 李坚, 刘一星. 2000. PF 预聚物处理固定木材压缩变形的机理. 东北林业大学学报, 28(4): 16-20.
刘磊, 廖红霞, 苏海涛, 等. 2005. 毛竹等 6 种竹材的天然耐久性试验. 林业与环境科学, 21(2): 6-8.
刘梦雪, 程海涛, 田根林, 等. 2016. 竹材细胞壁主要化学成分研究进展. 西南林业大学学报, 36(6): 178-183.
刘乃安, 王海晖, 夏敦煌, 等. 1998. 林木热解动力学模型研究. 中国科学技术大学学报, 28(1): 40-48.
刘姝君, 储富祥, 于文吉. 2012. 竹质阻燃材料处理的研究进展. 竹子研究汇刊, 31(4): 52-56.
刘姝君, 储富祥, 于文吉. 2013. 聚磷酸铵处理竹基纤维复合材料的性能研究. 木材工业, 27(3): 5-8.
刘喜山, 谷晓昱, 侯慧娟, 等. 2013. 插层改性水滑石对尼龙 6 阻燃及力学性能的影响. 塑料, 42(1): 4-7.
刘贤淼, 费本华. 2017. 中国竹子标准国际化优势与发展. 科技导报, 35(14): 80-84.
刘晓燕, 钟国华. 2002. 白蚁防治剂的现状和未来. 农药学学报, 2(2): 14-22.
刘秀英. 1997a. 五种竹材室内耐腐性能的研究. 林产工业, 24(1): 13-15.

刘秀英. 1997b. 竹青、竹黄室内耐腐性试验研究. 林业科技通讯, (3): 18-20.
刘玄启. 2007. 中国桐油史研究. 广西林业, 1: 39-41.
刘学莘, 林志伟, 关鑫. 2016. 重组竹材料表面透明涂饰性能研究. 齐鲁工业大学学报 (自然科学版), 30(1): 18-20.
刘炀, 曹琳, 李金朋. 2016. 中低温热处理对竹材材性的影响. 河北林业科技, 3: 14-17.
刘一星. 2004. 木质资源材料学. 北京: 中国林业出版社.
刘一星, 李坚, 王金满. 1994. 热处理对木材颜色的影响. 东北林业大学学报 (英文版), 5(4): 73-78.
刘迎涛. 2016. 木质材料阻燃技术. 北京: 科学出版社.
刘元. 1994. 木材漂白与着色. 北京木材工业, (3): 31-35.
刘元, 聂长明. 1995. 木材光变色及其防止办法. 木材工业, 9(4): 34-37.
刘源智. 2003. 黑胸散白蚁的研究. 中华卫生杀虫药械, (4): 8-12.
龙柯全. 2015. 室外耐候重组竹制备与性能研究. 中南林业科技大学硕士学位论文.
卢凤珠, 陈飞, 马灵飞, 等. 2007. 不同加热面毛竹材燃烧性能研究. 林业科学研究, 20(5): 726-730.
卢凤珠, 徐跃标, 钱俊, 等. 2005a. 不同竹龄毛竹材燃烧性能的研究. 浙江林学院学报, 22(2): 198-202.
卢凤珠, 俞友明, 黄必恒, 等. 2005b. 用 CONE 法研究竹材的阻燃性能. 竹子研究汇刊, 24(1): 45-49.
陆方, 覃道春, 费本华. 2015. 季铵化纳米 SiO_2 抑菌性能和改性竹材疏水性的研究. 林产工业, 42(5): 22-26.
罗杰・罗维尔. 1988. 实木化学. 刘正添, 等, 译. 北京: 中国林业出版社: 424-427.
罗兴, 何敏, 郭建兵, 等. 2013. 水滑石对 IFR/LGFPP 性能的影响. 塑料, 42(5): 23-25.
吕黄飞. 2018. 圆竹材微波真空干燥的特性研究. 中国林业科学研究院博士学位论文.
吕建雄, 鲍甫成, 姜笑梅, 等. 2000. 3 种不同处理方法对木材渗透性影响的研究. 林业科学, 36(4): 67-76.
吕文华, 赵广杰. 2007. 杉木木材/蒙脱土纳米复合材料的结构和表征. 北京林业大学学报, 29(1): 131-135.
吕悦孝, 薛振华, 薛利忠. 2001. 微波改性木材的超微观察. 内蒙古林业科技, (4): 31-33.
麻春英. 2019. 船舶防污方法研究进展. 化工新型材料, 47(7): 31-34.
马承荣, 肖波, 杨家宽, 等. 2005. 生物质热解影响因素研究. 环境生物技术, 23(5): 10-12, 35.
马红霞, 江泽慧, 任海青, 等. 2010. 漂白和热处理竹材的表面性能. 林业科学, 46(11): 131-137.
马星霞, 蒋明亮, 李志强. 2011a. 木材生物降解与保护. 北京: 中国林业出版社.
马星霞, 蒋明亮, 覃道春. 2012. 竹材受不同败坏真菌危害的宏观和微观变化. 林业科学, 48(11): 76-82.
马星霞, 王洁瑛, 蒋明亮, 等. 2011b. 中国陆地木材生物危害等级的区域划分. 林业科学, 47(12): 129-135.
毛胜凤, 孙芳利, 段新芳, 等. 2006. 壳聚糖金属盐抑菌效果研究. 浙江农林大学学报, 23(1): 89-93.
孟凡丹, 高建民, 余养伦, 等. 2017. 热处理对纤维化竹单板表面性能和微力学性能的影响. 东北林业大学学报, 45(10): 53-59.
莫建初, 郭建强, 龚跃刚. 2008. 城乡白蚁防治实用技术. 北京: 化学工业出版社: 1-103.
莫军前, 张文博. 2019. 基于近红外光谱技术的热处理竹材物理力学性能. 林业工程学报, 4(1): 32-38.

南博, 王书强, 李延军, 等. 2015. 高温热处理对毛竹材颜色和平衡含水率的影响. 浙江林业科技, 35(3): 57-60.
牛帅红. 2016. 高温热水处理对毛竹竹材性能影响的研究. 浙江农林大学硕士学位论文.
欧阳赣, 单胜道, 罗锡平, 等. 2012. 毛竹催化热解动力学研究. 浙江农林大学学报, 29(5): 680-685.
潘艺, 杨一蕾. 2002. 试述竹材在古代采矿中的作用. 江汉考古, 85(4): 80-87.
彭华安. 1981. 竹制品害虫防治. 北京: 中国财政经济出版社.
彭万喜, 武书彬, 吴义强, 等. 2009. 尾巨桉新旧木片苯/醇抽提物的 Py-GC/MS 分析. 华南理工大学学报 (自然科学版), 37(3): 67-74.
彭万喜, 朱同林, 李凯夫, 等. 2005. 木材漂白的研究现状与趋势. 世界林业研究, 18(1): 43-48.
彭颖. 2010. 车筒竹 · 箣竹和越南巨竹的力学性质研究. 安徽农业科学, 38(10): 5086-5088, 5148.
钱素平, 邓云峰, 李世健. 2010. 纳米复合涂层用于竹制品表面的抑菌防霉效果. 林业工程学报, 24(6): 100-102.
秦莉, 于文吉. 2009. 木材光老化的研究进展. 木材工业, 23(4): 33-36.
秦莉, 于文吉, 余养伦. 2010. 重组竹材耐腐防霉性能的研究. 木材工业, 24(4): 9-11.
曲雯雯, 夏洪应, 彭金辉, 等. 2009. 核桃壳热解特性及动力学分析. 农业工程学报, 25(2): 194-198.
冉隆贤, 吴光金, 林雪贤. 1997. 竹材霉菌生理特性及防霉研究. 中南林学院学报, 17(2): 14-19.
任红玲, 陆方, 张禄晟, 等. 2013. 腐朽过程中毛竹主要化学成分的变化. 林产工业, 40(1): 52-54.
上官蔚蔚. 2015. 重组竹物理力学性质基础研究. 中国林业科学研究院博士学位论文.
邵起, 杨大宏, 鱼炳旭. 2002. 圆唇散白蚁的生物学特性观察与研究. 陕西林业科技, (4): 37-40.
邵千钧, 彭锦星, 徐群芳, 等. 2006. 竹质材料热解失重行为及其动力学研究. 太阳能学报, 27(7): 671-675.
沈钰程, 王云芳, 汤颖, 等. 2013. 高温热处理毛竹材诱发变色机理研究. 竹子研究汇刊, 32(4): 42-45.
沈哲红, 方群, 叶良明, 等. 2009. 竹醋液制剂的抑菌性及其竹材防霉性评价. 木材工业, 23(6): 37-39.
生瑜, 方镇, 朱德钦, 等. 2011. 竹粉用量对 PVC/竹粉复合材料阻燃抑烟性能的影响. 聚氯乙烯, 39(4): 30-32.
侍甜, 何利文, 黄晓光. 2017. 药剂协同增效组方在白蚁防治中的研究与应用进展. 中华卫生杀虫药械, 23(4): 385-389.
松浦力. 1991. 木材用着色剂的性能评价. 涂装工学, 3: 4-14.
松田健一. 1978. 鹿儿岛大学教育学部研究纪要. 人文 · 自然科学编, 30: 50.
松下电气 (株). 1984a. 木材脱色. 日公开特许. 昭 59-201811, 11.15.
松下电气 (株). 1984b. 木材脱色. 日公开特许. 昭 59-220314, 112.11.
松下电气 (株). 1984c. 木材漂白. 日公开特许. 昭 59-148618, 8.25.
松下电气 (株). 1985. 木材脱色. 日公开特许. 昭 60-120005, 6.27.
松下电气 (株). 1986a. 木材单板漂白. 日公开特许. 昭 61-32707, 2.15.
松下电气 (株). 1986b. 木材单板漂白和染色. 日公开特许. 昭 61-51302, 3.13.
松下电气 (株). 1986c. 木材的漂白. 日公开特许. 昭 61-32706, 2.15.
松下电气 (株). 1986d. 木材的漂白. 日公开特许. 昭 61-44601, 3.4.
松下电气 (株). 1986e. 木质材料漂白. 日公开特许. 昭 61-32706, 2.15.
宋广, 夏炎, 刘彬. 2013. 不同处理工艺防腐竹材的吸药性能和抗流失性能. 西南林业大学学报, 33(2): 107-110.

宋剑刚, 陈永兴, 王进, 等. 2017a. 竹材表面 ZnO 的低温制备及其防霉性能研究. 林业工程学报, 2(4): 19-23.

宋剑刚, 王发鹏, 顾笛. 2017b. 竹材表面仿生构筑类月季花超疏水结构的研究. 浙江农林大学学报, 34(5): 921-925.

宋路路, 高鑫, 王新洲, 等. 2017. 低场 NMR 技术测定竹材的纤维饱和点. 林业工程学报, 2(1): 36-40.

宋路路, 任慧群, 王新洲, 等. 2018. 高温饱和蒸汽处理对竹材材性的影响. 林业工程学报, 3(2): 23-28.

宋先亮, 蒋建新, 谢建杰, 等. 2009. 松香改性生漆漆膜性能研究. 林产化学与工业, 29(6): 7-10.

宋烨, 吴义强, 余雁. 2009. 二氧化钛对竹材颜色稳定性和防霉性能的影响. 竹子研究汇刊, 28(1): 30-34.

宋烨, 余雁, 王戈, 等. 2010. 竹材表面 ZnO 纳米薄膜的自组装及其抗光变色性能. 北京林业大学学报, 32(1): 92-96.

宋雨澎, 郭明辉, 龚新超. 2017. ASD 阻燃剂对落叶松材阻燃性能的影响. 林业工程学报, 2(4): 51-56.

苏团, 侯伦灯. 2014. 浸渍纸复合阻燃薄竹工艺的研究. 福建林学院学报, 34(3): 279-282.

苏文会, 顾小平, 马灵飞, 等. 2006. 大木竹竹材力学性质的研究. 林业科学研究, (5): 621-624.

眭亚萍. 2008. 壳聚糖铜盐与有机杀菌剂复配用于木竹材防腐防霉的初步研究. 西北农林科技大学硕士学位论文.

眭亚萍, 孙芳利, 杨中平, 等. 2008. 木材防白蚁药剂研究概况及展望. 浙江林学院学报, (2): 250-254.

孙德彬, 倪长雨, 陶涛, 等. 2012. 家具表面装饰工艺技术. 北京: 中国轻工业出版社.

孙芳利, 鲍滨福, 陈安良, 等. 2012. 有机杀菌剂在木竹材保护中的应用及发展展望. 浙江农林大学学报, 29(2): 272-278.

孙芳利, 段新芳, 毛胜凤, 等. 2007a. 壳聚糖金属配合物处理后竹材的防褐腐作用及力学性能 (英文). 林业科学, 43(8): 106-110.

孙芳利, 段新芳, 毛胜凤, 等. 2007b. 壳聚糖金属配合物处理后竹材的防白腐性能 (英文). 林业科学, 43(4): 82-87.

孙芳利, 方群, 鲍滨福, 等. 2017b. 原木原竹防护剂及其使用方法: 中国, 201610105100.X.

孙芳利, 文桂峰, 周文军. 2004. 竹-MMA 复合材的制备及性能研究. 竹子研究汇刊, 23(1): 42-45.

孙芳利, Prosper N K, 吴华平, 等. 2017a. 木竹材防腐技术研究概述. 林业工程学报, 2(5): 1-8.

孙丰波. 2010. 竹材 $Co_{60}\gamma$ 射线辐照效应及其机理研究. 中国林业科学研究院博士学位论文.

孙丰波, 余雁, 江泽慧, 等. 2010. 竹材的纳米 TiO_2 改性及抗菌防霉性能研究. 光谱学与光谱分析, (4): 1056-1060.

孙军, 周琼辉, 叶荣森, 等. 2008. 竹木百页窗辊涂专用丙烯酸涂料的研发和应用. 现代涂料与涂装, 11(4): 1-2.

孙立庆. 2013. 产杀白蚁化合物内生菌的分离与鉴定及其发酵代谢产物分析. 黑龙江大学硕士学位论文.

孙茂盛, 李桂明, 杨宇明, 等. 2012. 一种新型竹材防护剂及其处理技术. 安徽农业科学, 40(23): 11731-11732.

孙润鹤. 2013. 竹材高温干燥与热处理一体化技术研究. 中南林业科技大学硕士学位论文.

孙润鹤, 李贤军, 刘元, 等. 2013. 高温热处理对竹束 FTIR 和 XRD 特征的影响规律. 中南林业科技大学学报, 33(2): 97-100.
孙润鹤, 刘元, 李贤军, 等. 2012. 高温热处理对竹束颜色和平衡含水率的影响. 中南林业科技大学学报, 32(9): 138-141.
孙薇, 常建民, 张柏林. 2009. 木材变色生物防治技术研究进展. 世界林业研究, 22(6): 49-54.
覃道春. 2004. 铜唑类防腐剂在竹材防腐中的应用基础研究. 中国林业科学研究院博士学位论文.
谭速进. 2014. 白蚁在地球上的生存历史怎样表述才科学. 中华卫生杀虫药械, 20(3): 296.
汤宜庄, 袁亦生. 1990. 竹材防霉防腐处理实验研究. 木材工业, 4(2): 3-8.
汤颖, 李君彪, 沈钰程, 等. 2014. 热处理工艺对竹材性能的影响. 浙江农林大学学报, 31(2): 167-171.
唐楷, 彭涛, 颜杰, 等. 2009. 木蜡油的开发研究综述. 涂料技术与文摘, 30(1): 16-18.
唐启恒, 任一萍, 王戈, 等. 2019. 三聚氰胺聚磷酸盐对竹纤维/聚丙烯复合材料物理力学及阻燃性能的影响. 复合材料学报, 37(3): 553-561.
陶乃杰. 1990. 染整工程 (第二册). 北京: 中国纺织出版社.
田根林. 2015. 竹纤维力学性能的主要影响因素研究. 中国林业科学研究院博士学位论文.
田根林, 余雁, 王戈, 等. 2010. 竹材表面超疏水改性的初步研究. 北京林业大学学报, 32(3): 166-169.
汪帆, 隗兰华. 2012. 含硼阻燃剂的研究及应用进展. 广州化工, 40(18): 28-30.
汪亮. 2010. DDAC-OMMT 复合防腐剂的制备及其在木材中的应用. 北京林业大学硕士学位论文.
王朝晖, 江泽慧, 阮锡根. 2004. X 射线直接扫描法研究毛竹材密度的径向变异规律. 林业科学, 40(3): 111-116.
王丹青, 何静, 张求慧. 2016. 我国木材熏蒸处理技术研究进展及展望. 材料导报, 30(5): 107-113.
王飞, 刘君良, 吕文华. 2017. 木材功能化阻燃剂研究进展. 世界林业研究, 30(2): 60-66.
王汉坤. 2010. 水分对毛竹细胞壁及宏观力学行为的影响机制. 中南林业科技大学硕士学位论文.
王佳贺, 李凤竹, 陈芳, 等. 2013. 纳米氧化铜木材防腐剂的防腐性能和抗流失性研究. 林业科技, 38(1): 25-28.
王锦成, 杨胜林, 李光, 等. 2003. 膨胀型聚氨酯防火涂料阻燃机理的研究. 功能高分子学报, 16(2): 238-242.
王菊生. 1984. 染整工艺原理 (第三册). 北京: 中国纺织出版社: 2-5.
王菊生. 1987. 染整工艺原理 (第四册). 北京: 中国纺织出版社.
王菊生, 孙铠. 1983. 染整工艺原理 (第二册). 北京: 中国纺织出版社.
王恺, 陈平安, 刘茂泰. 2002. 木材工业实用大全——木材保护卷. 北京: 中国林业出版社.
王玲玲, 张东升, 朱红. 2005. 竹材热解及炭化收缩特征分析. 竹子研究汇刊, 24(3): 31-35.
王梅, 胡云楚. 2010. 木材及木塑复合材料的阻燃性能研究进展. 塑料科技, 38(3): 104-109.
王明生, 周培, 陆军, 等. 2011. 白蚁防治方法及存在问题和对策. 林业科技开发, 25(6): 10-14.
王启慧, 朱典想, 番昌怀, 等. 2014. 防白蚁胶合板的制备及性能研究. 包装工程, 35(9): 18-26.
王卿平, 刘杏娥, 张桂兰, 等. 2016. 竹材密度测定方法及变异规律研究进展. 世界林业研究, 29(2): 49-53.
王清文. 2004. 新型木材阻燃剂 FRW. 精细与专用化学品, 11(2): 12-13.
王书强, 牛帅红, 金敏, 等. 2015. 薄竹单板浸渍工艺对阻燃胶合板性能的影响. 林产加工与利用, 29(2): 95-98.

王威, 葛义, 李超. 2014. 阻燃聚醚型单组分聚氨酯防水涂料的研制. 中国建筑防水, 24: 22-24.
王文久, 陈玉惠, 付惠, 等. 2001. 云南省竹材蛀虫及其危害研究. 西南林学院学报, 21(1): 34-39, 45.
王文久, 辉朝茂. 1999. 云南 14 种主要材用竹化学成分研究. 竹子研究汇刊, 18(2): 74-78.
王文久, 辉朝茂, 陈玉惠. 2000a. 竹材霉腐真菌研究. 竹子研究汇刊, 19(4): 26-35.
王文久, 辉朝茂, 陈玉惠, 等. 2000b. 竹材的霉腐与霉腐真菌. 竹子研究汇刊, 19(2): 40-43.
王小青, 任海青, 赵荣军, 等. 2009. 毛竹材表面光化降解的 FTIR 和 XPS 分析. 光谱学与光谱分析, 29(7): 1864-1867.
王雅梅, 刘君良, 王喜明, 等. 2006. ACQ 和 CuAz 防腐剂处理对竹材力学性能的影响. 全国博士生学术论坛.
王焱, 唐杰, 王东炜, 等. 2018. 复合阻燃型 PE-HD/竹粉木塑复合建筑模板料制备. 工程塑料应用, 46(6): 20-24.
王燕. 2015. 竹材干燥特性及干燥变色机理研究. 中南林业科技大学硕士学位论文.
王宇婷, 易有金, 杨建奎, 等. 2013. 植物内生菌抗菌活性物质的研究进展. 农产品加工, 308(2): 1671-9646.
王媛媛. 2015. 竹家具设计在中国北方客厅中的应用研究. 太原理工大学硕士学位论文.
王志娟. 2005. 木材变色菌的生物学特性及其防治. 中国林业科学研究院博士后论文.
文甲龙. 2014. 生物质木质素结构解析及其预处理解离机制研究. 北京林业大学博士学位论文.
汶录凤, 王玉梅, 吴华平, 等. 2016. 染色竹材的耐光性研究及提高耐光性的方法. 西北林学院学报, 31(4): 275-278.
翁月霞, 吴开云. 1991. 环境条件对竹材霉变的影响. 林业科学研究, 4(5): 505-511.
巫其荣, 关鑫, 林金国, 等. 2017. 氧冷等离子体处理对竹材表面润湿性的影响. 西南林业大学学报 (自然科学), 37(4): 188-193.
吴旦人. 1992. 竹材防护. 长沙: 湖南科学技术出版社.
吴慧娟, 黄杨名, 陈科廷, 等. 2012. 神农香菊全草精油的化学成分及抑菌机理研究. 食品科学, 33(17): 35-39.
吴继林, 郭起荣. 2017. 中国竹类资源与分布. 纺织科学研究, (3): 76-78.
吴岩, 李玉顺, 葛贝德, 等. 2008. 改性竹材的应用与前景. 森林工程, (6): 68-71.
吴袁泊, 袁利萍, 黄自知, 等. 2018. 杂多酸对杨木燃烧过程中热/烟释放行为的影响. 功能材料, 49(10): 114-122.
吴再兴, 陈玉和, 包永洁, 等. 2013. 阻燃剂用量和胶黏剂种类对竹材胶合强度的影响. 中国人造板, 1: 20-21.
吴再兴, 陈玉和, 何盛, 等. 2017. 热处理对毛竹竹材表面颜色的影响. 森林与环境学报, 37(1): 114-118.
吴再兴, 陈玉和, 马灵飞, 等. 2014. 紫外辐照下染色竹材的色彩稳定性. 中南林业科技大学学报, 34(2): 127-132.
吴智慧, 李吉庆. 2009. 竹藤家具制造工艺. 北京: 中国林业出版社: 31-32.
武猛祥. 2008. 不同年龄龙竹材材性的综合评价. 西南林业大学硕士学位论文.
武书彬, 娄瑞, 赵增立. 2008. 秸秆原料 EMAL 木素的分离及其特性研究. 造纸科学与技术, 27(6): 87-92.

夏炎, 赵毅力. 2012. 低毒竹材防腐剂制备及防腐性能初探. 林业工程学报, 26(6): 89-91.
夏雨. 2017. 原竹家具主要用材材性及其制造工艺研究. 浙江农林大学硕士学位论文.
夏雨, 牛帅红, 李延军, 等. 2018. 常压高温热处理对红竹竹材物理力学性能的影响. 浙江农林大学学报, 155(4): 188-193.
肖海湖, 张秀青, 李文珠, 等. 2013. 木竹板材透明粉末涂饰的研究现状与趋势. 全国生物质材料科学与技术学术研讨会.
谢延军, 符启良, 王清文, 等. 2012. 木材化学功能改良技术进展与产业现状. 林业科学, 48(9): 154-161.
辛正, 王东, 张晓, 等. 2018. 植物源卫生杀虫剂开发利用与前景展望. 首都公共卫生, 12(1): 13-17.
邢来君, 李明春, 魏东盛. 2016. 普通真菌学. 北京: 高等教育出版社.
熊建华, 程昊, 王双飞, 等. 2010. 白腐菌预处理对粉单竹化学成分和微观纤维形态结构的影响. 中国造纸学报, 25(2): 27-31.
徐军. 2018. 真空冻干处理对竹材渗透性影响研究. 中国林业科学研究院硕士学位论文.
徐明, 程书娜, 傅深渊. 2006. 基于不同添加剂条件下的竹材热解特性研究. 竹子研究汇刊, 26(1): 42-45.
徐如人, 庞文琴, 霍启知. 2015. 分子筛与多孔材料化学. 北京: 科学出版社.
徐天森, 王浩杰. 2004. 中国竹子主要害虫. 北京: 中国林业出版社.
徐晓楠, 徐文毅, 吴涛. 2005. 采用锥形量热仪 (CONE) 研究和新型可膨胀石墨防火涂料. 火灾科学, 14(1): 11-15.
徐懿. 2015. 桐油防腐处理原竹管材耐久性试验及力学性能试验研究. 贵州大学硕士学位论文.
徐有明. 2006. 木材学. 北京: 中国林业出版社.
许斌, 张齐生. 2002. 竹材通过端部压注处理进行防裂及防蛀的研究. 竹子研究汇刊, (4): 61-66.
许民, 李凤竹, 王佳贺, 等. 2014. CuO-ZnO 纳米复合防腐剂对杨木抑菌性能的影响. 西南林业大学学报, 1: 87-92.
阎昊鹏, 陆熙娴, 秦特夫. 1997. 热重法研究木材热解反应动力学. 中国木材工业, 11(2): 5-18.
杨乐. 2010. 新型保护剂应用于木竹材防腐防霉的初步研究. 浙江农林大学硕士学位论文.
杨莉玲, 张绍英, 崔宽波, 等. 2017. 核桃采后杀虫技术现状与分析. 中国农机化学报, 38(12): 48-52.
杨守禄, 罗莎, 吴义强, 等. 2016a. 铜类木材防腐剂抗流失性能的研究进展. 木材工业, 30(1): 35-38.
杨守禄, 吴义强, 廖可军, 等. 2016b. 硅凝胶固着铜防霉剂处理竹材的固着性能分析. 西部林业科学, 45(3): 90-95.
杨守禄, 吴义强, 卿彦, 等. 2014. 典型硼化合物对毛竹热降解与燃烧性能的影响. 中国工程科学, 16(4): 51-59.
杨涛, 冯嘉春. 2008. 受阻胺光稳定剂的多功能性及其结构优化. 塑料助剂, 4: 4-10.
杨卫君, 王有科, 赵桂华, 等. 2009. 杨木变色菌的分离鉴定及其生物学特性的研究. 湖北农业科学, 48(5): 1225-1228.
杨喜, 刘杏娥, 杨淑敏, 等. 2013. 5 种丛生竹材物理力学性质的比较. 东北林业大学学报, 41(10): 91-93.
杨秀树, 吴华平, Nayebare K P, 等. 2018. 交联壳聚糖/聚乙烯醇的制备及其在竹材中的构建. 林业工程学报, 3(3): 57-62.

杨英. 2005. 麻竹材化学成分影响因子的研究. 华东森林经理, 19(2): 11-13.
杨宇, 陈晓平. 2013. 响应面法优化野生艾蒿中抗菌成分提取工艺的研究. 食品科技, 5: 244-249.
杨宇明, 赵大鹏, 谷中明, 等. 2016. 一种内压式置换竹液的原竹防护方法: 中国, 105818235A.
杨志晖. 2016. 基于分光光度测量研究颜色深度的客观评价方法. 中原工学院硕士学位论文.
腰希申. 2002. 中国竹材结构图谱. 北京: 科学出版社.
姚潇翎. 2019. 竹材阻燃用 MgAl-LDHs 的制备工艺及其阻燃性能研究. 浙江农林大学硕士学位论文.
姚雪霞, 李晓林, 巴子钰, 等. 2018. 壳聚糖改性竹粉/PVC 复合材料的制备和性能. 材料科学与工程学报, 1: 1-8.
叶熙萌, 张一宾. 2013. 防治木材害虫的熏蒸剂——硫代异氰酸甲酯. 世界农药, 35(2): 61-62.
叶勇军. 2015. 户外竹家具用纳米竹炭/水性聚氨酯复合涂料涂饰工艺研究. 中南林业科技大学硕士学位论文.
伊顿 R A. 1992. 木材腐朽生物学及防腐方法. 周德群, 周彤, 等, 译. 国际木材防腐及检疫技术讲习班教材.
伊松林, 张璧光, 常建民. 2002. 木材真空-过热蒸汽干燥的预热特性. 木材工业, 16(5): 21-23.
殷锦捷, 孙家琛. 2009. 环氧树脂改性水性聚氨酯阻燃涂料的研究. 电镀与涂饰, 28(5): 51-53.
殷宁, 亢茂青, 赵雨花, 等. 2003. 提高微孔聚氨酯弹性体抗紫外光老化性能的研究. 聚氨酯工业, 18(1): 15-18.
尹思慈. 2002. 木材学. 北京: 中国林业出版社.
尤龙杰, 尤龙辉, 涂永元, 等. 2017. 不同竹龄麻竹材气干密度、力学性质及燃烧性能的比较研究. 中国林业科技大学学报, 37(10): 726-730.
于海霞. 2015. 毛竹材紫外光老化机制研究. 中国林业科学研究院博士学位论文.
于海燕, 李新正. 2003. 中国近海团水虱科种类记述. 海洋科学集刊, 45: 239-259.
于丽丽. 2019. 硼基化合物处理竹丝的阻燃性能研究. 中国林业科学研究院博士后出站报告.
于文吉, 江泽慧, 叶克林, 等. 2002. 竹材特性研究及其进展. 世界林业研究, 2: 50-55.
于再君, 苏团, 吴智慧. 2016a. 不同涂料在竹家具表面渗透性微观结构分析. 龙岩学院学报, 34(2): 120-123, 136.
于再君, 吴智慧, 苏团. 2016b. 家具用竹集成材涂料渗透性微观结构分析. 林业工程学报, 1(2): 130-134.
余丽萍, 谢莉华. 2014. 硼酸盐/硅酸钠复合防腐剂的制备及其处理材的性能. 西北林学院学报, 29(1): 165-168.
余雁, 宋烨, 王戈, 等. 2009. ZnO 纳米薄膜在竹材表面的生长及防护性能. 深圳大学学报 (理工版), 26(4): 360-365.
袁炳楠, 董悦, 郭明辉. 2017. 木材表面 g-C_3N_4 的固定及其光降解性能表征. 南京林业大学学报 (自然科学版), 41(1): 193-197.
曾武, 黎建伟, 黄仁基, 等. 2013. 农作物支撑用防腐竹材的耐腐性试验. 林业工程学报, 27(5): 78-80.
翟兆兰, 高宏, 商士斌, 等. 2018. 水溶性松香树脂的制备及应用研究进展. 生物质化学工程, 52(3): 45-49.
张安将, 熊静, 叶挺镐, 等. 2001. 1-[2-(2, 4-二氯苯基)-4-烷基-1, 3-二氧戊环-2-基甲基]-1H-1, 2,

4-三唑的 NMR 研究. 波谱学杂志, 18(3): 257-262.
张斌, 郭明辉, 王金满. 2007. 木材干燥变色的研究现状及其发展趋势. 森林工程, 23(1): 37-39.
张厚培. 1986. 竹制品防霉防虫研究. 木材保护学术讨论会论文集.
张惠婷, 张上镇. 1999. 乙酰化处理对素材及透明涂装材耐光性的影响. 中华林学季刊, 32(3): 381-391.
张建, 袁少飞, 王洪艳, 等. 2018. 漂白和热处理对竹材化学组成及重组竹材理化性能的影响. 竹子研究汇刊, 37(2): 18-22.
张俊斌, 蔡尚惠, 吴志峰. 2008. 台湾水保特殊地优势植物需水量预测. 热带亚热带植物学报, 16(5): 419-424.
张禄晟. 2014. 户外用防腐竹集成材的制造与性能研究. 中国林业科学研究院硕士学位论文.
张其. 2018. 基于磷酸脒基脲和季戊四醇磷酸酯协效阻燃木材涂料研究. 东北林业大学硕士学位论文.
张巧玲, 曾钦志, 李清芸, 等. 2014. H_2O_2 溶液处理对毛竹材润湿与胶合性能的影响. 福建林学院学报, (2): 184-188.
张融, 张禄晟, 费本华, 等. 2013. 硅烷改性丙烯酸酯乳液涂饰竹集成材的防水防霉性能. 林业工程, 40(6): 57-59.
张上镇. 1994. 室外用涂料耐光性与耐候性之研究. 改进林产加工利用技术之研究论文发表及技术转移研讨会.
张世伟, 代进. 2013. 复合阻燃剂的研究进展. 化工中间体, (11): 5-8.
张双燕, 费本华, 陶仁中. 2011. 竹木复合集装箱底板的研究进展. 木材加工机械, 22(1): 36-39.
张玮, 林振清, 杨前宇, 等. 2013. 耐寒丛生竹椽竹竹材的理化性质分析. 林业科学研究, 26(4): 393-398.
张文辉, 陈琼. 2012. 紫外光下毛竹的自由基与光电子能谱分析. 光子学报, 41(8): 893-897.
张玺, 齐钟彦. 1975. 我国的贝类. 北京: 科学出版社.
张贤开, 左玉香. 1988. 拟吉丁天牛的初步研究. 昆虫知识, 25(4): 218-220.
张晓春, 徐君庭, 蒋身学, 等. 2016. 热处理重组竹材的吸湿平衡含水率和尺寸稳定性. 木材工业, 30(5): 35-37.
张旭, 周月英, 陈安良, 等. 2012. 负载戊唑醇的聚乙二醇-聚己内酯胶束的制备与性能研究. 农药学学报, 14(3): 25-31.
张亚梅. 2010. 热处理对竹材颜色及物理力学性能影响的研究. 中国林业科学研究院硕士学位论文.
张亚梅, 于文吉. 2013. 热处理对竹基纤维复合材料性能影响的研究. 林业科学, 49(5): 160-168.
张亚梅, 余养伦, 于文吉. 2009. 热处理对毛竹竹材颜色变化的影响. 木材工业, 23(5): 5-7.
张亚梅, 余养伦, 于文吉. 2011. 热处理对毛竹化学成分变化的影响. 中国造纸学报, 26(2): 6-10.
张耀丽, 夏金尉, 王军锋. 2011. 开启木材细胞通道的途径. 安徽农业大学学报, 38(6): 867-871.
张玉红, 蔡基伟, 李珍. 2018. 竹材力学性能及阻燃性能的改善. 化学研究, 29(2): 197-201.
张仲凤, 张勛. 2012. 中低温环境下竹材的热解动力学研究. 林产工业, 39(1): 19-21.
章卫钢, 谢大原, 李延军, 等. 2015. 热处理工艺对竹材蠕变性能的影响. 林业工程学报, 29(1): 72-75.
章叶萍, 刘明秋. 2017. 水性建筑涂料中常见防霉活性物性能对比. 涂料技术与文摘, 38(12): 23-28.
赵宝忱, 韩士杰, 苏润洲. 1995. 影响木材表面自由基的几个因素. 林业科学, 31(1): 56-59.

赵广杰, 罗文圣, 古野毅, 等. 2006. 阻燃处理木材燃烧残余物的热分解特征. 北京林业大学学报, 28(3): 133-137.
赵洁. 2015. 基于湘西民居装饰符号特征的“黑竹”家具设计研究. 中南林业科技大学硕士学位论文.
赵丽霞. 2016. 辐照及湿热检疫处理对竹材性状影响的研究. 北京林业大学硕士学位论文.
赵亮. 2018. 松木射频杀虫工艺研究. 西北农林大学硕士学位论文.
赵仁杰, 喻云水. 2002. 竹材人造板工艺学. 北京: 中国林业出版社.
赵小龙. 2015. 几种碳素材料在膨胀阻燃热塑性聚氨酯弹性体中的协同抑烟性能研究. 青岛科技大学硕士学位论文.
赵星, 刘文金. 2012. 竹集成材家具开发探析. 家具与室内装饰, 5: 86-87.
赵雪, 朱平, 张建波. 2006. 硼系阻燃剂的阻燃性研究及其发展动态. 染整技术, 28(4): 9-12.
赵章荣, 杨光, 傅万四, 等. 2016. 竹材防腐处理对竹材力学性能的影响. 木材加工机械, 27(4): 13-15, 23.
赵总, 李良, 蒙愈, 等. 2014. 不同霉变实验的竹材腐朽分析研究. 竹子学报, 33(1): 42-45, 51.
郑铭焕, 汪凯, 吴强, 等. 2016. 三种阻燃剂浸渍处理竹片的性能研究. 竹子学报, 35(4): 8-13.
郑郁善, 洪伟. 1998. 毛竹经营学. 厦门: 厦门大学出版社: 12-14.
钟莎. 2011. 毛竹筒材开裂机理及防裂技术的初步研究. 北京林业大学硕士学位论文.
周慧明. 1991. 木材防腐. 北京: 中国林业出版社.
周慧明, 钱大正, 王爱凤. 1985. 乙酰化竹材的物理力学性质. 南京林业大学学报, 3: 2.
周建波. 2015. 竹材弧形原态重组胶合性能研究及弧形竹片精铣机研制. 中国林业科学研究院博士学位论文.
周吓星, 陈礼辉. 2015. 抗老化剂改善竹粉/聚丙烯发泡复合材料的自然老化性能. 农业工程学报, 31(12): 301-307.
周吓星, 陈礼辉, 黄舒晟, 等. 2014. 竹粉/聚丙烯发泡复合材料加速老化性能的研究. 农业工程学报, 30(7): 287-292.
周吓星, 苏国基, 陈礼辉. 2017. 竹粉热处理改善竹粉/聚丙烯复合材料的防霉性能. 农业工程学报, 24: 308-314.
周晓剑, 杜官本, 李斌, 等. 2019. 一种圆竹防护剂及圆竹防护方法: 中国, 109551591A.
周与良, 邢来君. 1986. 真菌学. 北京: 高等教育出版社.
周玉惠. 2013. 纳米 ZnO/BC/PVA 复合水凝胶的制备与性能研究. 贵州科学, 31(4): 6-8.
周月英, 孙芳利, 鲍滨福. 2013. 不同添加剂对防霉剂野外防霉性能的影响. 浙江农林大学学报, 30(3): 385-391.
周中玺. 2018. 水基型阻燃剂阻燃处理竹材的主要性能研究. 浙江农林大学硕士学位论文.
周中玺, 杜春贵, 魏金光, 等. 2016. 竹质材料阻燃研究概况与展望. 浙江林业科技, 36(6): 71-77.
朱安峰, 单步顺. 2006. 紫外光固化竹木亚光涂料的研制. 淮阴师范学院学报 (自然科学版), 2: 146-150.
朱海清, 赵刚. 1982. 关于黄胸散白蚁与黄肢散白蚁的形态区别及天津散白蚁种类. 昆虫知识, (3): 36-38.
朱凯, 唐大全, 林鹏, 等. 2017. 蒙脱土对木材膨胀阻燃涂料性能的影响. 低温建筑技术, 39(5): 1-3.

朱敏, 黄军. 2009. 新型竹材阻燃剂的合成. 湖南林业科技, 36(1): 34-36.

庄仁爱. 2016. 高温热水处理竹束原料及其制板性能研究. 浙江农林大学硕士学位论文.

邹文娟. 2009. 三种不同剂型联苯菊酯对栖北散白蚁 (*Reticulitermes speratus* Kollbe) 和台湾乳白蚁 (*Coptotermes formosanus* Shiraki) 的药效研究. 中国海洋大学硕士学位论文.

基太村洋子. 1971. 木材中の染料の移动. 第 21 回日本木材学会大会研究发表要旨: 18.

基太村洋子. 1974. 木材の染色. 木材工业, 29: 188-193.

基太村洋子. 1975. マカバ . アサダ . ケセキ材の染色. 木材工业, 3: 15-18.

基太村洋子. 1982. 酸性染料の木材内部への浸透 (第 1 报)——木材浸透性染料的选定. 林试研报, 319: 47-68.

基太村洋子. 1985. 木材の染色に关する研究. 论文集: 56-69.

基太村洋子. 1986. 染色材的耐光性评价方法. 基太村洋子研究业务报告书. 日本: 林试验场林产化学部: 3-9.

基太村洋子, 等. 1971a. 木材的染色性 (第 1 报) 木材すよび木材构成成分の染色性. 木材学会志, (7): 292-297.

基太村洋子, 等. 1971b. 木材用着色剤の分析. 木材工业, 26: 24-26.

基太村洋子, 等. 1973. 木材的染色性 (第 2 报) 木材构成要素の染色性. 第 23 回日本木材学会讲演要旨: 178.

甲裴勇二. 1988. 木材の調色. 木材学会誌, 34(11): 867-873.

原田寿郎. 2000. 木材の燃焼性および耐火性能に関する研究. 森林総合研究所研究報告, 378: 1-85.

Agnihotri S, Mukherji S, Mukherji S. 2012. Antimicrobial chitosan-PVA hydrogel as a nanoreactor and immobilizing matrix for silver nanoparticles. Applied Nanoscience, 2(3): 179-188.

Ahmed S A, Hansson L, Morén T. 2013. Distribution of preservatives in thermally modified Scots pine and Norway spruce sapwood. Wood Science and Technology, 47(3): 499-513.

Akguuml M. 2012. The effect of heat treatment on some chemical properties and colour in Scots pine and Uludağ fir wood. International Journal of Physical Sciences, 7(21): 2854-2859.

Akhter K, Younus-uzzaman M, Chowdhury M H. 2001. Preservative treatment of muli bamboo (*Melocanna baccifera*) by pressure process. International Research Group on Wood Preservation, IRG/WP: 01-40194.

American Wood Preservatives' Association. 2011. Standard for waterborne preservatives, AWPA Standard: 5-10.

Antal M J, Varhegyi G. 1995. Cellulose pyrolysis kinetics: the current state of knowledge. Industry of Engineering and Chemistry Research, 34(3): 703-717.

Ayadi N, Lejeune F, Charrier F, et al. 2003. Color stability of heat-treated wood during artificial weathering. Holz als Roh-und Werkstoff, 61(3): 221-226.

Baileys J K, Marks B M, Ross A S, et al. 2003. Providing moisture and fungal protection to wood-based composites. Forest Products Journal, 53(1): 76-81.

Beckers E, De Meijer M, Militz H, et al. 1998. Performance of finishes on wood that is chemically modified by acetylation. Journal of Coatings Technology, 70(878): 59-67.

Behrendt C J, Blanchette R A, Farrell R L. 1995. Biological control of blue-stain fungi in wood. Phytopathology, 85(1): 92-97.

Bhat K V, Varma R V, Raju P, et al. 2005. Distribution of starch in the culms of *Bambusa bambos* (L.) Voss and its influence on borer damage. Bamboo Science & Culture, 19(1): 1-4.

Briggs P, McKellar J. 1968. Mechanism of photostabilization of polypropylene by nickel oxime chelates. Journal of Applied Polymer Science, 12(8): 1825-1833.

Brocco V F, Paes J B, Costa L G D, et al. 2017. Potential of teak heartwood extracts as a natural wood preservative. Journal of Cleaner Production, 142: 2093-2099.

Bui Q B, Grillet A C, Tran H D. 2017. A bamboo treatment procedure: effects on the durability and mechanical performance. Sustainability, 9(9): 1444.

Cetin M, Sengul T, Ozmen G, et al. 2006. The effect of egg weight on hatching rate and fattening performance of partridges (*A. chukar*). Journal of Animal and Veterinary Advances, 5(6): 507-510.

Chang H T, Yeh T F, Chang S T. 2002. Comparisons of chemical characteristic variations for photodegraded softwood and hardwood with/without polyurethane clear coatings. Polymer Degradation and Stability, 77(1): 129-135.

Chang S T, Yeh T F. 2001. Protection and fastness of green color of moso bamboo (*Phyllostachys pubescens* Mazel) treated with chromium-based reagents. Journal of Wood Science, 47(3): 228-232.

Chang T C, Chang H T, Wu C L, et al. 2010. Influences of extractives on the photodegradation of wood. Polymer Degradation and Stability, 95(4): 516-521.

Chen J B, Ma Y Y, Lin H P, et al. 2019. Fabrication of hydrophobic ZnO/PMHS coatings on bamboo surfaces: the synergistic effect of ZnO and PMHS on anti-mildew properties. Coatings, 9(1): 1-10.

Cheng D, Jiang S, Zhang Q. 2013. Effect of hydrothermal treatment with different aqueous solutions on the mold resistance of moso bamboo with chemical and FTIR analysis. Bioresources, 8(1): 371-382.

Cheng D, Li T, Smith G D, et al. 2018. The properties of moso bamboo heat-treated with silicon oil. European Journal of Wood and Wood Products, 76(4): 1273-1278.

Cho C H, Lee K H, Kim J S, et al. 2008. Micromorphological characteristics of bamboo (*Phyllostachys pubescens*) fibers degraded by a brown rot-fungus (*Gloeophyllum trabeum*). Journal of Wood Science, 54(3): 261-265.

Chou C S, Lin S H, Wang C, et al. 2010. A hybrid intumescent fire retardant coating from cake and eggshell-type IFRC. Powder Technology, 198: 149-156.

Chung M J, Cheng S S, Lee C J, et al. 2011. Novel environmentally-benign methods for green-colour protection of bamboo culms and leaves. Polymer Degradation and Stability, 96(4): 541-546.

Clausen C A, Kartal N S, Arango R A, et al. 2011. Correction: The role of particle size of particulate nano-zinc oxide wood preservatives on termite mortality and leach resistance. Nanoscale Research Letters, 6: 465.

Cristea M V, Riedl B, Blanchet P. 2010. Enhancing the performance of exterior waterborne coatings for wood by inorganic nanosized UV absorbers. Progress in Organic Coatings, 69(4): 432-441.

Dev I, Pant S C, Chand P, et al. 1991. Ammoniacal-copper-arsenite—A diffusible wood preservative for refractory timber species like eucalyptus. Journal of the Association of Physicians of India, 37(3): 12-15.

Diguistini S, Wang Y, Liao N Y, et al. 2011. Genome and transcriptome analyses of the mountain pine beetle-fungal symbiont *Grosmannia clavigera*, a lodgepole pine pathogen. Proceedings of the National Academy of Sciences of the United States of America, 108(6): 2504-2509.

Dobele G, Urbanovich I, Zhurins A, et al. 2007. Application of analytical pyrolysis for wood fire protection control. Journal of Analytical and Applied Pyrolysis, 79: 47-51.

Dong Y, Yan Y, Wang K, et al. 2016. Improvement of water resistance, dimensional stability, and mechanical properties of poplar wood by rosin impregnation. European Journal of Wood and Wood Products, 74(2): 177-184.

Du C G, Song J G, Chen Y G. 2014. The effect of applying methods of fire retardant on physical and mechanical properties of bamboo scrimber. Advanced Materials Research, 1048: 465-468.

Edwards R, Mill A E. 1986. Termites in buildings. The Rentokll Library: 224-231.

Engel M S, GrimaldiD A, Krishna K. 2009. Termites (Isoptera): their phylogeny, classification, and rise to ecological dominance. American Museum Novitates, 3650: 1-27.

Farrell R L, Blanchette R A, Brush T S, et al. 1993. Cartapip ™ : a biopulping product for control of pitch and resin acid problems in pulp mills. Journal of Biotechnology, 30(1): 115-122.

Fei P, Chen X, Xiong H G, et al. 2016. Synthesis of $H_2Ti_2O_5 \cdot H_2O$ nanotubes and their effects on the flame retardancy of bamboo fiber/high-density polyethylene composites. Composites: Part A, 90: 225-233.

Feist W C, Williams R S. 1991. Weathering durability of chromium-treated southern Pine. Forest Products Journal, 41(1): 8-14.

Forsthuber B, Schaller C, Grüll G. 2013. Evaluation of the photo stabilising efficiency of clear coatings comprising organic UV absorbers and mineral UV screeners on wood surfaces. Wood Science and Technology, 47(2): 281-297.

Fu B, Li X G, Yuan G M, et al. 2014. Preparation and flame retardant and smoke suppression properties of bamboo-wood hybrid scrimber filled with calcium and magnesium nanoparticles. Journal of Nanomaterials, 1: 1-6.

Gabrielli C P, Kamke F A. 2010. Phenol-formaldehyde impregnation of densified wood for improved dimensional stability. Wood Science and Technology, 44(1): 95-104.

Gao H Y, Huang R, Liu J, et al. 2019. Genome-wide identification of trihelix genes in moso bamboo (*Phyllostachys edulis*) and their expression in response to abiotic stress. Journal of Plant Growth Regulation, 38: 1616.

Gao M, Sun C, Wang C. 2006. Thermal degradation of wood treated with flame retardants. Journal of Thermal Analysis and Calorimetry, 85(3): 765-769.

Gao X, Dong Y, Wang K, et al. 2017. Improving dimensional and thermal stability of poplar wood via aluminum-based sol-gel and furfurylation combination treatment. Bioresources, 12(2): 3277-3288.

Gascón-Garrido P, Thevenon M, Militz H. 2015. Resistance of scots pine (*Pinus sylvestris* L.)

modified with short- and long-chain siloxanes to subterranean termites (*Reticulitermes flavipes*). Wood Science Technology, 49: 177-187.

George B, Suttie E, Merlin A, et al. 2005. Photodegradation and photostabilisation of wood- the state of the art. Polymer Degradation and Stability, 88(2): 268-274.

Ghorbani M, Akhtari M, Taghiyari H R, et al. 2012. Effects of silver and zinc-oxide nanoparticles on gas and liquid permeability of heat-treated *Paulownia* wood. Austrian Journal of Forest Science, 129(2): 106-123.

Gindl W, Gupta H S, Grunwald G. 2002. Lignification of spruce tracheid secondary cell walls related to longitudinal hardness and modulus of elasticity using nano- indentation. Can J Bot, 80: 1029-1033.

Gindl W, Schoberl W T. 2004. The significance of the elasticity modulus of wood cell walls obtained from nanoindentation measurements. Composites Part A, 35: 1345-1349.

Guha R D, Chandra A. 1979. Studies on the decay of bamboo (*Dendrocalamus strictus*) during outside storage Ⅰ. Effect of preservatives Ⅱ. Effect on pulping qualities. Indian Forester, 105(4): 293-300.

Haensel T, Comouth A, Lorenz P, et al. 2009. Pyrolysis of cellulose and lignin. Applied Surface Science, 255(18): 8183-8189.

Hamid N H, Sulaiman O, Mohammad A, et al. 2012. The decay resistance and hyphae penetration of bamboo *Gigantochloa scortechinii* decayed by white and brown rot fungi. International Journal of Forestry Research, 2012: 1-5.

Hári J, Polyák P, Mester D, et al. 2016. Adsorption of an active molecule on the surface of halloysite for controlled release application: Interaction, orientation, consequences. Applied Clay Science, 132: 167-174.

Hayward P J, Rae W J, Black J M. 2016. Encapsulated wood preservatives: US, 20140057095 A1.

He S, Lin L Y, Fu F, et al. 2014. Microwave treatment for enhancing the liquid permeability of Chinese fir. Bioresources, 9(2): 1924-1938.

Held B W, Thwaites J M, Farrell R L, et al. 2003. Albino strains of *Ophiostoma* species for biological control of sapstaining fungi. Holzforschung, 57(3): 237-242.

Higuchi T. 1986. Bamboo production and utilization: proceedings of the Congress Group 5.04, production and utilization of bamboo and related species, XVIII IUFRO World Congress Ljubljana, Yugoslavia, 7-21 September. Kyoto: Kyoto University.

Hon D N S, Feist W C. 1981. Free radical formation in wood: The role of water. Wood Science, 14(1): 41-48.

Hon D N S, Shiraishi N. 1991. Wood and Cellulose Chemistry. New York: Marcel Dekker, Inc.: 113.

Hu J, Thevenon M F, Palanti S, et al. 2017. Tannin-caprolactam and Tannin-PEG formulations as outdoor wood preservatives: biological properties. Annals of Forest Science, 74(1): 19.

Huang H L, Lin C C, Hsu K. 2015a. Comparison of resistance improvement to fungal growth on green and conventional building materials by nano-metal impregnation. Building & Environment, 93: 119-127.

Huang P, Latif E, Chang W S, et al. 2017. Water vapour diffusion resistance factor of *Phyllostachys edulis* (Moso bamboo). Construction and Building Materials, 141: 216-221.

Huang X, Kocaefe D, Kocaefe Y, et al. 2013. Structural analysis of heat-treated birch (*Betule papyrifera*) surface during artificial weathering. Applied Surface Science, 264: 117-127.

Huang X, Shupe T F, Hse C Y. 2015b. Study of moso bamboo's permeability and mechanical properties. Emerging Materials Research, 4: 130-138.

Huang Y H, Fei B H, Wei P L, et al. 2016. Mechanical properties of bamboo fiber cell walls during the culm development by nanoindentation. Industrial Crops and Products, 92: 102-108.

Huang Y H, Fei B H, Yu Y, et al. 2012. Plant age effect on mechanical properties of moso bamboo (*Phyllostachys heterocycla* var. *pubescens*) single fibers. Wood and Fiber Science, 44(2): 1-6.

Huang Y, Wang W, Cao J. 2018. Boron fixation effect of quaternary ammonium compounds (QACs) on sodium fluoroborate ($NaBF_4$)-treated wood. Holzforschung, 72(8): 711-718.

Humar M, Pavlič M, Žlindra D, et al. 2011. Performance of waterborne acrylic surface coatings on wood impregnated with Cu-ethanolamine preservatives. Bulletin of Materials Science, 34(1): 113-119.

Humphries S N, Bruce A, Wheatley R E. 2002. The effect of *Trichoderma* volatiles on protein synthesis in serpula lacrymans. FEMS Microbiology Letters, 210: 215-219.

Hwang W J, Kartal S N, Yoshimura T. 2007. Synergistic effect of heartwood extractives and quaternary ammonium compounds on termite resistance of treated wood. Pest Manage Sci, 63(1): 90-95.

Johansson C I, Beatson R P, Saddler J N. 2000. Fate and influence of western red cedar extractives in mechanical pulping. Wood Science and Technology, 34(5): 389-401.

Joshi A, Abdullayev E, Vasiliev A, et al. 2012. Interfacial modification of clay nanotubes for the sustained release of corrosion inhibitors. Langmuir, 29(24): 7439-7448.

Kaminski S, Lawrence A, Trujillo D, et al. 2016. Structural use of bamboo—part 2: durability and preservation. Journal of the Institution of Structural Engineer, 94(10): 38-43.

Karastergiou P S, Philippou J L. 2000. Thermogravimetric analysis of fire retardant treated particleboards. Wood and Fire Safety, 2: 385-394.

Kaur P J, Kardam V, Pant K K, et al. 2013. Scientific investigation of traditional water leaching method for bamboo preservation. Journal of the American Chemical Society, 23(1): 27-32.

Kaur P J, Pant K K, Naik S N. 2016a. Field investigations of selectively treated bamboo species. European Journal of Wood and Wood Products, 74(5): 771-773.

Kaur P J, Satya S, Pant K K, et al. 2016b. Chemical characterization and decay resistance analysis of smoke treated bamboo species. European Journal of Wood and Wood Products, 74(4): 625-628.

Khalil H P S A, Bhat I U H, Jawaid M, et al. 2012. Bamboo fibre reinforced biocomposites: A review. Materials & Design, 42: 353-368.

Kirilovs E, Kukle S, Gravitis J, et al. 2017. Moisture absorption properties of hardwood veneers modified by a sol-gel pocess. Holzforschung, 71: 7-8.

Klauditz W, Marschall A, Ginzel W. 1947. Zur Technology verholzter pflanzlicher Zellwande. Holzforschung, 1(4): 98-103.

Kocaefe D, Huang X, Kocaefe Y, et al. 2013. Quantitative characterization of chemical degradation of heat-treated wood surfaces during artificial weathering using XPS. Surface and Interface Analysis, 45(2): 639-649.

Krishna K, Grimaldi D A, Krishna V, et al. 2013. Treatise on the Isoptera of the world. Bulletin of the American Museum of Natural History, 377: 1-200.

Kumar A, Ryparovà P, Kasal B, et al. 2018. Resistance of bamboo scrimber against white-rot and brown-rot fungi. Wood Material Science & Engineering, 15(1): 57-63.

Kumar S, Bains B S. 1979. Diffusion through bamboo III . Ionic selectivity and temperature effects. Journal of the Association of Physicians of India, 25(4): 34-44.

Kumar S, Dobriyal P B. 1992. Treatability and flow path studies in bamboo part-I. *Dendrocalamus strictus* Nees. Wood and Fiber Science, 24(2): 113-117.

Kumar S, Shukla K S, Dev T, et al. 1994. Bamboo preservation techniques: a review. Beijing: Published jointly by INBAR and ICFRE.

Kuo M, Hu N. 1991. Ultrastructural changes of photodegradation of wood surfaces exposed to UV. Holzforschung, 45(5): 347-353.

Kwon O S, Jang J, Bae J. 2013. A review of fabrication methods and applications of novel tailored microcapsules. Current Organic Chemistry, 17(1): 3-13.

Laks P E, Pruner M S. 1995. Wood preservative properties of chlorpyrifos. Forest Products Journal, 45(2): 67-71.

Laks P E, Pruner M S, Pickens J B, et al. 1992. Efficacy of chlorothalonil against 15 wood decay fungi. Forest Products Journal, 42(9): 33-38.

Lesar B, Pavlič M, Petrič M, et al. 2011. Wax treatment of wood slows photodegradation. Polymer Degradation and Stability, 96(7): 1271-1278.

Li H, Chen M L, Lv H F. 2018. Effects of guanylurea phosphate treatment on the performance of decorative bamboo filament. Bioresources, 13(2): 3487-3499.

Li J P, Wu Z X, Bao Y J, et al. 2017. Wet chemical synthesis of ZnO nanocoating on the surface of bamboo timber with improved mould-resistance. Journal of Saudi Chemical Society, 21(8): 920-928.

Li J, Su M, Wang A, et al. 2019. *In situ* formation of Ag nanoparticles in mesoporous TiO_2 films decorated on bamboo via self-sacrificing reduction to synthesize nanocomposites with efficient antifungal activity. International Journal Molecular Sciences, 20: 5497.

Li J, Sun Q, Jin C, et al. 2015a. Comprehensive studies of the hydrothermal growth of ZnO nanocrystals on the surface of bamboo. Ceramics International, 41(1): 921-929.

Li J, Sun Q, Yao Q, et al. 2015b. Fabrication of robust superhydrophobic bamboo based on ZnO Nanosheet networks with improved water-, UV-, and fire-resistant properties. Journal of Nanomaterials, (3): 1-9.

Li N, Chen Y, Bao Y. 2012. Effect of nanocomposites coatings on exterior performance of bamboo during aging. Chinese Forestry Science and Technology, 11: 29-38.

Li Y J, Yin L P, Huang C J, et al. 2015c. Quasi-static and dynamic nanoindentation to determine the influence of thermal treatment on the mechanical properties of bamboo cell walls. Holzforschung, 69(7): 909-914.

Li Y, Du L, Kai C, et al. 2013. Bamboo and high density polyethylene composite with heat-treated bamboo fiber: thermal decomposition properties. Bioresources, 8(8): 900-912.

Liang C, Zhan H, Li B, et al. 2011. Characterization of bamboo SCMP alkaline extractives and the effects on peroxide bleaching. Bioresources, 6(2): 1484-1494.

Liese W. 1959. Bamboo preservation and soft-rot. FAO Report to the Government of India, 1106: 1-37.

Liese W. 1980. Preservation of bamboos. *In*: Lessard G, Chouinard A. Bamboo Research in Asia. Ottawa: IDRC: pp. 165-172.

Liese W. 1985. Bamboos-Biology, Silvics, Properties, Utilization. GTZ, Eschborn.

Liese W. 1992. Wood protection in tropical countries: A manual on the know-how. Technical Cooperation-FRG, Eschborn.

Liese W. 1997. The protection of bamboo against deterioration. A Grower & Builber's reference manual.

Liese W. 2003. Bamboo and Rattan in the World. Journal of Bamboo and Rattan, 2(2): 189.

Liese W, 胡延杰. 2003. 竹子在使用过程中的保护. 世界竹藤通讯, (2): 38-40.

Liese W, Köhl M, 2015. Bamboo—The Plant and Its Uses (Tropical Forestry). Cham: Springer.

Liese W, Kumar S. 2003. Bamboo Preservation Compendium. New Delhi: Art Options Design Studio.

Liese W, Tang T K H. 2015. Preservation and drying of bamboo. *In*: Liese W, Köhl M. Bamboo-The Plant and Its Uses (Tropical Forestry), vol 10. Cham: Springer.

Liu G, Lu Z, Zhu X, et al. 2019. Facile *in-situ* growth of Ag/TiO_2 nanoparticles on polydopamine modified bamboo with excellent mildew-proofing. Scientific Report, 9(1): 16496.

Liu M H, Li W J, Wang H K, et al. 2020. The distribution of furfuryl alcohol (FA) resin in bamboo materials after surface furfurylation. Materials, 13(5): 1157.

Lu K. 2006. Effects of hydrogen peroxide treatment on the surface properties and adhesion of ma bamboo (*Dendrocalamus latiflorus*). Journal of Wood Science, 52: 173-178.

Lu K, Fan S. 2008. Effects of ultraviolet irradiation treatment on the surface properties and adhesion of moso bamboo (*Phyllostachys pubescens*). Journal of Applied Polymer Science, 108: 2037-2044.

Lvov Y, Wang W, Zhang L, et al. 2016. Halloysite clay nanotubes for loading and sustained release of functional compounds. Advanced Materials, 28(6): 1227-1250.

Lykidis C, Bak M, Mantanis G, et al. 2016. Biological resistance of pine wood treated with nano-sized zinc oxide and zinc borate against brown-rot fungi. European Journal of Wood & Wood Products, 74(6): 1-3.

Lykidis C, Mantanis G, Adamopoulos S, et al. 2013. Effects of nano-sized zinc oxide and zinc borate impregnation on brown rot resistance of black pine (*Pinus nigra* L.)wood. Wood Material Science & Engineering, 8(4): 242-244.

Madene A, Jacquot M, Scher J, et al. 2006. Flavour encapsulation and controlled release—a review. International Journal of Food Science & Technology, 41(1): 1-21.

Maeta Y, Sakagam S F, Shiokawa M. 1985. Observation on a nest aggregation of the Taiwanese bamboo carpenter bee, *Xylocopa* (*Biluna*) *tranquebarorum-tranquebarorm* (Hymenoptera,

Anthophoridae). Journal of the Kansas Entomological Society, 58(1): 36-41.

Makoto O, Atsushi K, Kentaro S, et al. 1999. Characterization of acetylated wood decayed by brown-rot and white-rot fungi. Journal of Wood Science, 45(1): 69-75.

Mark R E. 1967. Cell Wall Mechanics of Trachieds. New Haven: Yale University Press.

Mehrotra R, Singh P, Kandpal H. 2010. Near infrared spectroscopic investigation of the thermal degradation of wood. Thermochimica Acta, 507/508(33): 60-65.

Ming L, Yan Q, Wu Y, et al. 2015. Facile fabrication of super hydrophobic surfaces on wood substrates via a one-step hydro-thermal process. Applied Surface Science, 330: 332-338.

Mohammad R M, Fatemeh B. 2013. Effect of nano-zinc oxide on decay resistance of wood-plastic composites. Bioresources, 8(4): 5715-5720.

Mourant D, Yang D, Lu X, et al. 2009. Copper and boron fixation in wood by pyrolytic resins. Bioresource Technology, 99(3): 1442-1449.

Muasher M, Sain M. 2006. The efficacy of photostabilizers on the color change of wood filled plastic composites. Polymer Degradation and Stability, 91(5): 1156-1165.

Müller U, Rätzsch M, Schwanninger M, et al. 2003. Yellowing and IR-changes of spruce wood as result of UV-irradiation. Journal of Photochemistry and Photobiology B: Biology, 69: 97-105.

Nguyen T T H, Li S, Li J, et al. 2013. Micro-distribution and fixation of a rosin-based micronized-copper preservative in poplar wood. International Biodeterioration and Biodegradation, 83: 63-70.

Nie S B, Liu X L, Wu K, et al. 2013. Intumescent flame retardation of polypropylene/bamboo fiber semi-biocomposites. Journal of Thermal Analysis and Calorimetry, 111: 425-430.

Nikolic M, Nguyen H D, Daugaard A E, et al. 2016. Influence of surface modified nano silica on alkyd binder before and after accelerated weathering. Polymer Degradation & Stability, 126: 134-143.

Nordstierna L, Lande S, Westin M, et al. 2008. Towards novel wood-based materials: Chemical bonds between lignin-like model molecules and poly (furfuryl alcohol) studied by NMR. Holzforschung, 62(6): 709-713.

Nuopponen M, Vuorinen T, Jämsä S, et al. 2005. Thermal modifications in softwood studied by FT-IR and UV resonance Raman spectroscopies. Journal of Wood Chemistry and Technology, 24(1): 13-26.

Okubo K, Fujii T, Yamamoto Y. 2004. Development of bamboo-based polymer composites and their mechanical properties. Composites Part A: Applied Science and Manufacturing, 35(3): 377-383.

Oltean L, Teischinger A, Hansmann C. 2008. Wood surface discolouration due to simulated indoor sunlight exposure. Holz als Roh-und Werkstoff, 66(1): 51-56.

Omar R, Idris A, Yunus R, et al. 2011. Characterization of empty fruit bunch for microwave-assisted pyrolysis. Fuel, 90(4): 1536-1544.

Page D H, El-Hosseiny F, Winkler K. 1971. Behaviour of single wood fibres under axial tensile strain. Nature, 229(5282): 252-253.

Pandey K K. 2005. Study of the effect of photo-irradiation on the surface chemistry of wood. Polymer Degradation and Stability, 90(1): 9-20.

Parameswaran N, Liese W. 1976. On the fine structure of bamboo fibres. Wood Science and Technology, 10(4): 231-246.

Pařil P, Baar J, Čermák P, et al. 2017. Antifungal effects of copper and silver nanoparticles against white and brown-rot fungi. Journal of Materials Science, 52(5): 2720-2729.

Paulsson M, Parkas J. 2012. Review light induced yellowing of lignocellulosic pulps-mechanisms and preventive methods. Bioresources, 7: 5995-6040.

Peng Y, Liu R, Cao J, et al. 2015. Anti-weathering effects of vitamin E on wood flour/polypropylene composites. Polymer Composites, 35(11): 2085-2093.

Pizzi A. 1990. Extended durability by the chemical fixation of unsaturated alkyd surface finishes to wood. Holzforschung und Holzverwertung, 42(6): 107-109.

Pospíšil J. 1995. Aromatic and heterocyclic amines in polymer stabilization. Polysoaps/Stabilizers/ Nitrogen-15 NMR: 87-189.

Prosper N K, Zhang S Y, Wu H P, et al. 2018. Enzymatic biocatalysis of bamboo chemical constituents to impart antimold properties. Wood Science and Technology, 52: 619-635.

Purushotham A. 1963. Instructions for treatment of timber, bamboos, etc. when facilities for pressure treatment are not available. J. Timb. Dryers Pres. Assoc. (India), 9: 17-18.

Qiang T, Chen L, Zhang Q, et al. 2018. A sustainable and cleaner speedy tanning system based on condensed tannins catalyzed by laccase. Journal of Cleaner Production, 197: 1117-1123.

Qu H, Wu W, Wu H, et al. 2011. Study on the effects of flame retardants on the thermal decomposition of wood by TG-MS. Journal of Thermal Analysis and Calorimetry, 103(3): 935-942.

Ramezanpour M, Tarmian A, Taghiyari H R. 2014. Improving impregnation properties of fir wood to acid copper chromate (ACC) with microwave pre-treatment. Forest Biogeosciences and Forestry, 8: 89-94.

Ramos A M, Jorge F C, Botelho C. 2006. Boron fixation in wood: studies of fixation mechanisms using model compounds and maritime pine. Holz als Roh-und Werkstof, 64(6): 445-450.

Rao F, Chen Y, Zhao X, et al. 2018. Enhancement of bamboo surface photostability by application of clear coatings containing a combination of organic/inorganic UV absorbers. Progress in Organic Coatings, 124: 314-320.

Rapp A O. 2001. Oil heat treatment of wood in Germany-state of the art. Proceedings of Special Seminar "Review on heat treatments of wood". Antibes, France.

Rastogi S C. 2002. UV filters in sunscreen products—a survey. Contact Dermatitis, 46(6): 348-351.

Ratajczak I, Mazela B. 2007. The boron fixation to the cellulose, lignin and wood matrix through its reaction with protein. Holz als Roh-und Werkstoff, 65(3): 231.

Raveendran K, Ganesh A, Khilar K C. 1996. Pyrolysis characteristics of biomass and biomass components. Fuel, 75(8): 987-998.

Rehman M A, Ishaq S M. 1947. Seasoning and shrinkage of bamboo. Indian Forest Records, 4(2): 1-22.

Ren D, Li J, Xu J, et al. 2018. Efficient antifungal and flame-retardant properties of ZnO-TiO_2-layered double-nanostructures coated on bamboo substrate. Coatings, 8(10): 341.

Ross R J. 2010. Wood handbook: Wood as an engineering material. USDA Forest Service, Forest Products Laboratory, General Technical Report FPL-GTR-190, 509.

Rosu D, Bodîrlău R, Teacă C A, et al. 2016. Epoxy and succinic anhydride functionalized soybean oil for wood protection against UV light action. Journal of Cleaner Production, 112: 1175-1183.

Rowell R M. 2012. Handbook of Wood Chemistry and Wood Composites. Florida: CRC Press.

Saathoff F, Spittel M, Dede C, et al. 2010. Entwicklung eines Verfahrens zum Schutz von Holzpfählen gegen Teredo navalis-Zwischenbericht September.

Salaita G N, Ma F M, Parker T C, et al. 2008. Weathering properties of treated southern yellow pine wood examined by X-ray photoelectron spectroscopy, scanning electron microscopy and physical characterization. Applied Surface Science, 254(13): 3925-3934.

Schaller C, Rogez D, Braig A. 2008. Hydroxyphenyl-s-triazines: advanced multipurpose UV-absorbers for coatings. Journal of Coatings Technology and Research, 5(1): 25-31.

Shangguan W, Gong Y, Zhao R, et al. 2016. Effects of heat treatment on the properties of bamboo scrimber. Journal of Wood Science, 62(5): 383-391.

Shukla K S, Indra D. 2000. Boucherie process: a review. Journal of the Timber Development Association of India, 46(3/4): 33-40.

Singh B, Tewari M C. 1979. Studies on the treatment of bamboos by steeping, open tank and pressure processes. Journal of the Indian Academy of Wood Science, 10: 68-71.

Singh T, Singh A P. 2012. A review on natural products as wood protectant. Wood Science and Technology, 46(5): 851-870.

Singh T, Vesentini D S A P, Daniel G. 2008. Effect of chitosan on physiological, morphological, and ultrastructural characteristics of wood-degrading fungi. International Biodeterioration & Biodegradation, 62(2): 116-124.

Sonti V R, Sonti S C, hatterjee B. 1989. Studies on the preservative treatment of round bamboos by a new technique. International Research Group on Wood Preservation, IRG/WP 3536.

Srinivas K, Pandey K K. 2012. Photodegradation of thermally modified wood. Journal of Photochemistry and Photobiology B: Biology, 117: 140-145.

Stark N M, Matuana L M, Clemons C M. 2004. Effect of processing method on surface and weathering characteristics of wood-flour/HDPE composites. Journal of Applied Polymer Science, 93(3): 1021-1030.

Sun F L, Bao B F, Ma L F, et al. 2012. Mould-resistance of bamboo treated with the compound of chitosan-copper complex and organic fungicides. Journal of Wood Science, 58(1): 51-56.

Sun F, Zhou Y, Bao B, et al. 2011. Influence of solvent treatment on mould resistance of bamboo. Bioresources, 6(2): 2091-2100.

Tang T K H, Schmidt O, Liese W. 2012. Protection of bamboo against mould using environment-friendly chemicals. Journal of Tropical Forest Science, 24(2): 285-290.

Tang T, Chen X, Zhang B, et al. 2019a. Research on the physico-mechanical properties of moso bamboo with thermal treatment in tung oil and its influencing factors. Materials, 12: 599.

Tang T, Zhang B, Liu X, et al. 2019b. Synergistic effects of tung oil and heat treatment on physicochemical properties of bamboo materials. Scientific Reports, 9: 12824.

Temiz A, Alfredsen G, Yildiz U C, et al. 2015. Leaching and decay resistance of alder and pine wood treated with copper-based wood preservatives. Maderas: Ciencia y Tecnología, 16(1): 63-76.

Temiz A, Terziev N, Eikenes M, et al. 2007. Effect of accelerated weathering on surface chemistry of modified wood. Applied Surface Science, 253(12): 5355-5362.

Terzi E, Kartal S N, Yılgör N, et al. 2016. Role of various nano-particles in prevention of fungal decay, mold growth and termite attack in wood, and their effect on weathering properties and water repellency. International Biodeterioration & Biodegradation, 107: 77-87.

Tewari M C. 1979. Bamboos: their utilization and protection against bio-deterioration. Journal of Timber Development Association (India), 25(4): 12-23.

Thevenon M F, Tondi G, Pizzi A. 2009. High performance tannin resin-boron wood preservatives for outdoor end-uses. European Journal of Wood & Wood Products, 67(1): 89-93.

Thévenon M F, Tondi G, Pizzi A. 2010. Friendly wood preservative system based on polymerized tannin resin-boric acid for outdoor applications. Maderas: Ciencia y Tecnología, 12(3): 253-257.

Tolvaj L, Mitsui K. 2005. Light source dependence of the photodegradation of wood. Journal of Wood Science, 51(5): 468-473.

Tomak E D, Topaloglu E, Gumuskaya E, et al. 2013. An FT-IR study of the changes in chemical composition of bamboo degraded by brown-rot fungi. International Biodeterioration & Biodegradation, 85: 131-138.

Torgovnikov G, Vinden P. 2010. Microwave wood modification technology and its applications. Forest Products Journal, 60(2): 173-182.

Treu A, Zimmer K, Brischke C, et al. 2018. Hibernation or spring awakening?—The research on wood durability and protection in marine environment. IRG/WP 18-10929.

Valcke A. 1989. Suitability of propiconazole (R 49362) as a new-generation wood-preserving fungicide. International Research Group on Wood Preservation, IRG/WP: 89-3529.

Veerabadran N G, Price R R, Lvov Y M. 2007. Clay nanotubes for encapsulation and sustained release of drugs. Nano, 2(2): 115-120.

Vernois M. 2001. Heat treatment of wood in France-state of the art. Antibes, France: Proceedings of Special Seminar "Review on heat treatments of wood".

Vick C B. 1990. Adhesion of phenol-formaldehyde resin to waterborne emulsion preservatives in aspen veneer. Forest Products Journal, 40(11/12): 25-30.

Von Gentzkow W, Huber J, Kapitza H, et al. 1997. Halogen-free flame-retardant thermo sets for eleetronies. Journal of Vinyl and Additive Technology, 3(2): 175-178.

Vorontsova M. 2018. World Checklist of Bamboo and Rattans. Beijing: Science Press.

Wai N N, Nanko H, Murakami K. 1985. A morphological study on the behavior of bamboo pulp fibers in the beating process. Wood Science and Technology, 19(3): 211-222.

Wang B, Sheng H, Shi Y, et al. 2015. Recent advances for microencapsulation of flame retardant. Polymer & Degradation Stability, 113: 96-109.

Wang H J, Varma R V, Xu T S. 1998. Insect Pests of Bamboos in Asia: An Illustrated Manual. Beijing:

International Network for Bamboo and Rattan.

Wang J, Wang H, Wu X, et al. 2021. Anti-mold activity and reaction mechanism of bamboo modified with laccase-mediated thymol. Industrial Crops and Products, 172: 114067.

Wang J, Wang H, Ye Z, et al. 2020. Mold resistance of bamboo after laccase-catalyzed attachment of thymol and proposed mechanism of attachment. RSC Advances, 10(13): 7764-7770.

Wang Q P, Cao J Z, Jiang M L. 2020. Self-healing coating to reduce isothiazolinone (MCI/MI) leaching from preservative-treated bamboo. Bioresources, 15(1): 1904-1914.

Wang Q W, Li J, Winandy J E. 2004. Chemical mechanism of fire retardance of boric acid on wood. Wood Science and Technology, 38: 375-389.

Wang X, Ren H. 2009. Surface deterioration of moso bamboo (*Phyllostachys pubescens*) induced by exposure to artificial sunlight. Journal of Wood Science, 55(1): 47-52.

Wang X, Zhou S, Xing W, et al. 2013. Self-assembly of Ni-Fe layered double hydroxide/graphene hybrids for reducing fire hazard in epoxy composites. Journal of Materials Chemistry A, 1(13): 4383-4390.

Wen J L, Sun S L, Xue B L, et al. 2015. Structural elucidation of inhomogeneous lignins from bamboo. International Journal of Biological Macromolecules, 77: 250-259.

Wikberg H, Maunu S L. 2004. Characterisation of thermally modified hard-and softwoods by ^{13}C CPMAS NMR. Carbohydrate Polymers, 58(4): 461-466.

Williams P T, Besler S. 1996. The influence of temperature and heating rate on the slow pyrolysis of biomass. Renewable Energy, 7(3): 233-250.

Wimmer R, Lucas B N, Tsui T Y, et al. 1997. Longitudinal hardness and Young's modulus of spruce tracheid secondary walls using nanoindentation technique. Wood Science and Technology, 31(2): 131-141.

Wu H P, Yang X S, Rao J, et al. 2018. Improvement of bamboo properties via *in situ* construction of polyhydroxyethyl methylacrylate and polymethyl methylacrylate networks. Bioresources, 13(1): 6-14.

Xia M, Zhao R, Gong X, et al. 2017. Denitration and adsorption mechanism of heat-treated bamboo charcoal. Journal of Environmental Chemical Engineering, 5(6): 6194-6200.

Xie Y J, Liu Y X, SunY X. 2002. Heat-treated wood and its development in Europe. Journal of Forestry Research, 13(3): 224-230.

Xu J, He S, Li J, et al. 2018. Effect of vacuum freeze-drying on enhancing liquid permeability of moso bamboo. Bioresources, 13(2): 4159-4174.

Xu J, Liu R, Wu H, et al. 2019a. A comparison of the performance of two kinds of waterborne coatings on bamboo and bamboo scrimber. Coatings, 9(3): 161.

Xu J, Liu R, Wu H, et al. 2019b. Coating performance of water-based polyurethane-acrylate coating on bamboo/bamboo scrimber substrates. Advances in Polymer Technology: 1-9.

Yadollahi M, Gholamali I, Namazi H, et al. 2015. Synthesis and characterization of antibacterial carboxymethyl cellulose/ZnO nanocomposite hydrogels. International Journal of Biological Macromolecules, 74: 136-141.

Yalinkilic M K, Imamura Y, Takahashi M, et al. 1998. Effect of boron addition to adhesive and/or surface coating on fire-retardant properties of particleboard. Wood and Fiber Science, 30(4): 348-359.

Yamaguchi H, Okuda K I. 1998. Chemically modified tannin and tannin-copper complexes as wood preservatives. Holzforschung, 52(6): 596-602.

Yamaguchi H, Yoshino K, Kido A. 2002. Termite resistance and wood-penetrability of chemically modified tannin and tannin-copper complexes as wood preservatives. Journal of Wood Science, 48(4): 331-337.

Yamauchi S, Iijima Y, Doi S. 2005. Spectrochemical characterization by FT-Raman spectroscopy of wood heat-treated at low temperature: Japanese larch and beech. Journal of Wood Science, 51(5): 498-506.

Yang D M, Wang H, Yuan H J, et al. 2016. Quantitative structure activity relationship of cinnamaldehyde compounds against wood-decaying fungi. Molecules, 21(11): 1563.

Yang H, Yan R, Chen H, et al. 2007. Characteristics of hemicellulose, cellulose and lignin pyrolysis. Fuel, 86(12/13): 1781-1788.

Yang V W, Clausen C A. 2007. Antifungal effect of essential oils on southern yellow pine. International Biodeterioration & Biodegradation, 59(4): 302-306.

Yao X L, Du C G, Hua Y T, et al. 2019. Flame-retardant and smoke suppression properties of nano MgAl-LDH coating on bamboo prepared by an *in situ* reaction. Journal of Nanomaterials, 1: 1-13.

Yu L L, Cai J, Lu F, et al. 2017a. Combustibility of boron-containing fire retardant treated bamboo filament. Wood and Fiber Science, 49(2): 125-133.

Yu L L, Cai J, Lu F, et al. 2017b. Effects of boric acid and/or borax treatments on the fire resistance of bamboo filament. Bioresources, 12(3): 5296-5307.

Yu Y, Fei B, Zhang B, et al. 2007. Cell-wall mechanical properties of bamboo investigated by *in-situ* imaging nanoindentation. Wood and Fiber Science, 39(4): 527-535.

Yu Y, Jiang Z, Fei B, et al. 2011a. An improved microtensile technique for mechanical characterization of short plant fibers: a case study on bamboo fibers. Journal of Materials Science, 46(3): 739-746.

Yu Y, Tian G, Wang H, et al. 2011b. Mechanical characterization of single bamboo fibers with nanoindentation and microtensile technique. Holzforschung, 65: 113-119.

Yun H, Li K, Tu D, et al. 2016. Effect of heat treatment on bamboo fiber morphology crystallinity and mechanical properties. Wood Res-Slovakia, 61: 227-233.

Yuri M L, Dmitry G S, Helmuth M, et al. 2008. Halloysite clay nanotubes for controlled release of protective agents. ACS Nano, 2(5): 814-820.

Zakzeski J, Bruijnincx P C A, Jongerius A L, et al. 2010. The catalytic valorization of lignin for the production of renewable chemicals. Chemical Reviews, 110(6): 3552-3599.

Zhang J, Zhang B, Chen X, et al. 2017. Antimicrobial bamboo materials functionalized with ZnO and graphene oxide nanocomposites. Materials (Basel), 10(239): 1-12.

Zhang P, Hu Y, Song L, et al. 2010. Effect of expanded graphite on properties of high-density polyethylene/paraffin composite with intumescent flame retardant as a shape-stabilized phase change material. Solar Energy Materials and Solar Cells, 94(2): 360-365.

Zhang Y M, Yu W J, Zhang Y H. 2013. Effect of steam heating on the color and chemical properties of neosinocalamus affinis bamboo. Journal of Wood Chemistry and Technology, 33(4): 235-246.

Zheng C M, Wen S L, Teng Z L, et al. 2019. Formation of $H_2Ti_2O_5 \cdot H_2O$ nanotube-based hybrid coating on bamboo fibre materials through layer-by-layer self-assembly method for an improved flame retardant performance. Cellulose, 26: 2729-2741.

Zivkovic V, Arnold M, Radmanovic K, et al. 2014. Spectral sensitivity in the photodegradation of fir wood (*Abies alba* Mill.) surfaces: colour changes in natural Weathering. Wood Science and Technology, 48(2): 239-252.